本书获陕西省计算机教育学会优秀教材奖

高等学校新工科应用型人才培养系列教材

微机原理及单片机应用技术

（第二版）

主　编　高　晨

副主编　雷俊红　李国柱　卢　锋　谢　悦

西安电子科技大学出版社

内 容 简 介

本书结合当前地方本科教育的转型、发展和专业建设，整合了“微机原理及应用”“单片机原理与接口技术”两门课程，全面系统地介绍了微型计算机的工作原理、汇编语言程序设计、STM32 单片机的工作原理、STM32 单片机的应用开发以及常用可编程接口芯片的工作原理与应用技术。

全书分上、下两篇，共 11 章。上篇为微型计算机原理（第 1～5 章），下篇为单片机原理(第 6～11 章)。第 1 章介绍微型计算机的基础知识；第 2 章介绍 8086/8088 微处理器；第 3 章介绍汇编语言与汇编程序设计基础；第 4 章介绍计算机的重要部件—— 存储器及其接口；第 5 章介绍微型计算机的 I/O 接口与中断技术；第 6 章介绍 STM32 单片机的架构以及开发模式；第 7 章介绍软件开发工具 Keil MDK 的使用；第 8 章介绍 STM32 单片机的 GPIO；第 9 章介绍 STM32 单片机的中断控制器以及中断配置步骤；第 10 章介绍 STM32 单片机的定时器原理及应用；第 11 章介绍 STM32 单片机的 USART 原理及应用。

本书可作为高等学校电气、电子、信息及自动化等专业“微机原理及应用”和“单片机原理与接口技术”等课程的教材，也可作为计算机应用方面的工程技术人员的参考书。

图书在版编目(CIP)数据

微机原理及单片机应用技术(第二版) / 高晨主编. —2 版 —西安：西安电子科技大学出版社，2021.8(2024.9 重印)

ISBN 978-7-5606-6099-8

Ⅰ. ①微… Ⅱ. ①高… Ⅲ. ①微型计算机—理论—高等学校—教材 ②单片微型计算机—高等学校—教材 Ⅳ. ①TP36

中国版本图书馆 CIP 数据核字(2021)第 124726 号

策　　划　李惠萍
责任编辑　阎　彬
出版发行　西安电子科技大学出版社(西安市太白南路 2 号)
电　　话　(029)88202421　88201467　　邮　　编　710071
网　　址　www.xduph.com　　电子邮箱　xdupfxb001@163.com
经　　销　新华书店
印刷单位　陕西日报印务有限公司
版　　次　2021 年 8 月第 2 版　2024 年 9 月第 6 次印刷
开　　本　787 毫米×1092 毫米　1/16　印张 18.5
字　　数　438 千字
定　　价　43.00 元

ISBN　978-7-5606-6099-8

XDUP 6401002-6

***如有印装问题可调换

前　言

随着我国高等教育教学改革的发展，以及地方本科教育转型、发展的深入，在落实工程教育朝着技术型、应用型一体化方向迈进的教学改革中，形成了将理论与实践有机结合，课内与课外有机结合，知识传授与能力培养有机结合，学习习惯与创新思维培养有机结合，实现知识、能力、素质一体化培养的改革思路。按照这一思路，本书本着“以理论作基础，以实践促提高，以能力培养为特色”的编写理念，整合了“微机原理及应用”“单片机原理与接口技术”两门课程，侧重于微处理器基础知识的学习和 CPU 组成原理的理解，使读者通过对汇编语言的学习更好地掌握微处理器的应用。为适应单片机的最新发展现状以及紧扣最新、最实际的教学需求，本次修订完全改换掉第一版中的 80C51 单片机内容，以当今主流的 STM32 单片机为教学模型，侧重于 STM32 单片机的实际应用，精心挑选具有工程适用性的实例，从软件开发和硬件电路搭建，到最终在实验平台上运行与结果观测，让读者可以完整地了解一整套单片机系统开发的流程。

本书从教学与工程实际应用的双角度出发，内容由浅入深，循序渐进，通俗易懂，既考虑到学生的知识层次，又适当结合当前计算机发展的现状，实用性强。为便于读者理解与掌握本书的内容，每章均配有大量例题与习题。

本书可作为高等学校电气、电子、信息及自动化等专业“微机原理及应用”和“单片机原理与接口技术”等课程的教材。另外，由于本书涉及大量工程领域相关内容，因此也可供嵌入式单片机 STM32 的初学者及有一定嵌入式应用基础的电子工程技术人员使用。

本书的参考教学时数为 80 学时，其中微型计算机原理部分 36 学时，单片机原理部分 44 学时，另外可以安排独立实验课 24 学时。

本书由西安文理学院组织编写，其中谢悦编写第 1 章，高晨编写第 2～5 章，李国柱编写第 6、7 章，雷俊红编写第 8、9 章，卢锋编写第 10、11 章。全书由高晨统稿、定稿。

由于编者水平有限，书中难免存在不妥之处，敬请广大读者批评指正。

编　者

2021 年 5 月

目　录

下篇　单片机原理

上篇　微型计算机原理

第 1 章　概　　述

1.1　计算机的应用与发展概述

1.1.1　计算机的应用

计算机是由各种电子元器件组成的现代化设备，能够自动、高速、精确地进行算术运算、逻辑控制和信息处理，被广泛应用于科学计算、数据(信息)处理和过程控制等领域。

有关统计资料表明，计算机早期的主要应用领域是科学计算。在科学研究，特别是理论研究中，经过严密的论证和推导，得出非常复杂的数学方程，如果靠手工计算来求方程的解，可能要经过数月、数年的时间，有时甚至是无法完成的。面对这样的难题，计算机可以发挥其强大的威力。

计算机在科学计算中的应用具有以下三个特点：

(1) 采用高级语言编写程序。

(2) 科学计算没有很强的实时性要求。虽然使用者在程序运行时也希望尽快得到运算结果，但对结果产生的时间没有严格的要求，结果产生的迟早并不影响结果的有效性。

(3) 在科学计算中，需要输入计算机中的数据一般不是从某种物理现场实时采集到的，不需要有专用的完成数据采集任务的输入设备；同样，计算的结果一般也不完成对外界的控制功能，不需要有专门的输出设备与其他系统相连。

计算机在数据(信息)处理和过程控制中的应用较复杂。除了对系统的实时性有很高的要求外，还要用专门的输入设备将有关信息输入计算机，用专门的输出设备输出处理结果或对被控对象实施控制。实时数据(信息)处理和过程控制要求实时性，希望编写的程序更精练，运行速度更快，且需要专用的输入/输出设备连接计算机与被控系统。因此，要求我们必须深入了解计算机的工作原理、逻辑组成、与外界的接口技术，掌握汇编语言的编程方法。

1.1.2　计算机发展简史

想要深入全面地学习微型计算技术，首先要了解计算机的产生和发展历程。

计算机从诞生至今已超过 70 年，它的出现使人类社会发生了翻天覆地的变化，如国防、工业、农业及日常生活的各个领域都产生了飞跃式的发展。计算机的生产、推广和应用已成为世界各国现代化建设的重要内容。

世界上公认的第一台电子计算机 ENIAC 是 1946 年由美国宾夕法尼亚大学研制出来的。在今天看来，这台计算机既昂贵又笨重，功能也很简单，但它却是 20 世纪信息革命的先驱。此后的 70 多年，计算机的发展日新月异，至今已经历了电子管计算机、晶体管计算机、大规模集成电路计算机和超大规模集成电路计算机四代的发展。

第五代计算机是具有人工智能的计算机。人工智能计算机将人类的推理能力、逻辑判断能力及图形、语音辨识等能力集成于一体。

第六代计算机是神经网络计算机。它用许多微电脑处理器模仿人脑的神经元结构，采用大量的并行分布式网络构成神经网络计算机——神经电脑。神经电脑有类似神经的节点，因此，神经电脑又称为人工大脑。

目前，正在研发的还有量子计算机、生物计算机、光子计算机和超导计算机等。

随着计算机的功能和作用的不断增强，各行业对它的需求也在与日俱增，这促进了计算机产业的不断革新和发展。当今世界各行各业中，发展速度最快的首推计算机行业。

在 20 世纪七八十年代，计算机派生出大小不一、花样繁多的各种类型。人们曾经按规模、性能、用途和价格等特征，把计算机分为巨型、大型、中型、小型、微型计算机。20 世纪 90 年代后期，计算机的发展趋势是：一方面向着高速、大容量、智能化的超级巨型机的方向发展，另一方面又向着微型计算机的方向发展。

巨型(也称超级)计算机主要用于大型科学研究、试验及超高速、大容量的数学计算。它的研制水平可以在一定程度上体现出一个国家科技、经济和国防的综合实力。

微型计算机(Microcomputer)简称微机，即大家所熟知的个人计算机(Personal Computer，PC)，也称通用计算机或者微型计算机系统(因为通常还包括显示器及键盘等外部设备)，主要用于一般的计算、管理和办公，还可用于工业控制等领域。微型计算机的核心部件中央处理器(Central Processing Unit，CPU)集成在一个小硅片上，而巨型计算机的 CPU 则是由多处理器并行处理电路组成的。为了与巨型计算机的 CPU 相区别，微型计算机的 CPU 又称微处理器(Micro Processing Unit，MPU 或 Microprocessor)。除此之外，因为微型计算机充分利用了大规模和超大规模集成电路工艺，所以其体积小、成本低、容易掌握，且适用面广，因此，微型计算机自 20 世纪 70 年代诞生后，就在社会的各行业中得到了广泛应用，现已进入现代计算机的发展阶段。

1.1.3　微型计算机的产生和发展

1971 年，Intel 公司研制出第一个微处理器 4004，在此基础上，为适应社会发展的需要，微处理器不断地更新换代，新产品层出不穷。

1974—1978 年，8 位微处理器诞生，其代表性产品有 Intel 8080、Z80、MC 6800 及 6502 等。之后，Intel 公司又推出了 16 位微处理器 8086。1976 年，世界上第一台微型计算机面世，即苹果机 Apple Ⅱ，它是能独立运行、完成特定功能的计算机。

第一台 PC 诞生于 1981 年 8 月 12 日，IBM 公司将其命名为 IBM PC，这对全球计算机产业来说是一个里程碑，标志着计算机从此进入了办公室与家庭。

微型计算机的普及与广泛应用，应归功于苹果机的发明，以及 IBM 公司出品的 PC。虽然早在 IBM PC 推出之前，就已经出现了世界上第一台微型计算机，但是，IBM PC 的

诞生才真正具有划时代的意义，因为它首创了个人计算机的概念，并为个人计算机制定了全球通用的工业标准。目前，这类通用个人计算机被称为微型计算机、PC、微机或电脑。随着微电子技术的进步，用于微型计算机的通用微处理器从 286、386、486、586 迅速发展到奔腾系列……而操作系统处理海量数据文件的能力和多媒体等功能则使通用微型计算机日趋完美。

通用式微型计算机难以实现对各种机电设备及众多体积小的对象(如家用电器、仪器仪表等)进行智能化控制的要求。1976 年诞生的 Intel MCS-8051 单片机(后来简称微控制器MCU)则为这类设备的智能化控制提供了可能，由此，计算机便以一种新的形态进入各种设备与系统中。为了区别于原有的通用计算机系统，把嵌入到对象体系中，实现对对象体系智能化控制的计算机称为嵌入式计算机。从 1976 年开始至今 40 多年的时间里，嵌入式计算机已发展成为一个品种齐全、功能丰富的庞大家族，并推动了传统的电子系统向智能化、网络化方向发展。

如果说微型计算机的出现使计算机进入大量普及的阶段，那么嵌入式计算机的诞生则标志着微型计算机进入了通用计算机与嵌入式计算机两大分支并行发展的时代。通用计算机与嵌入式计算机的专业化分工共同推动了计算机产业革命的高速发展。

微型计算机技术发展的两大分支不仅形成了计算机发展的专业化分工，而且将计算机技术扩展到各个领域，使人类迅速进入全球化的网络、通信、虚拟世界和数字化生活的新时代。

1.2　微型计算机系统概述

计算机的发展趋势是：组成越来越复杂，功能越来越强大，应用越来越容易。这里所说的应用越来越容易是指对一般用户而言，计算机具有简单的应用环境，但这是建立在无数专业软件开发者艰苦努力所开发出的大量语言、软件工具等基础之上的。

1.2.1　微型计算机的基本概念

一般来说，微型计算机是以微处理器作为中央处理器的计算机，其普遍的特性就是占用很少的空间。我们日常生活中的笔记本、平板电脑、桌面计算机(台式机)都属于微型计算机的范畴。一个微型计算机系统由硬件(Hardware)和软件(Software)两部分构成。硬件是指组成计算机的物理实体，包括主机箱及其内部的电子元器件、逻辑电路和键盘、鼠标、显示器、打印机、磁盘驱动器等。它们是能使计算机正常工作的基础平台。软件则是能在计算机硬件设备上运行的系统程序或应用程序，如 Windows 系统。软件通过控制计算机硬件设施实现整个计算机系统的功能。

下面介绍几个有关的概念。

微处理器(μP、MPU 或 Microprocessor)：由一片或几片大规模集成电路组成的具有运算器和控制器功能的中央处理器，也称为微处理机。

微型计算机(Microcomputer)：简称 μC 或 MC，是以微处理器为核心，配上存储器、输入/输出接口电路及系统总线所构成的计算机，又称为主机或微电脑。把微处理器、存储器、输入/输出接口电路组装在一块或多块电路板上或集成在单片芯片上，分别称为单板机、多板机或单片微型计算机。

微型计算机系统(Microcomputer System)：简称 μCS 或 MCS，是以微型计算机为中心，配上相应的外围设备、电源和辅助电路(通称硬件)，以及指挥微型计算机工作的系统软件所构成的系统。

图 1.1(a)所示为微处理器实物图，图 1.1(b)所示为微型计算机实物图。

(a) 微处理器

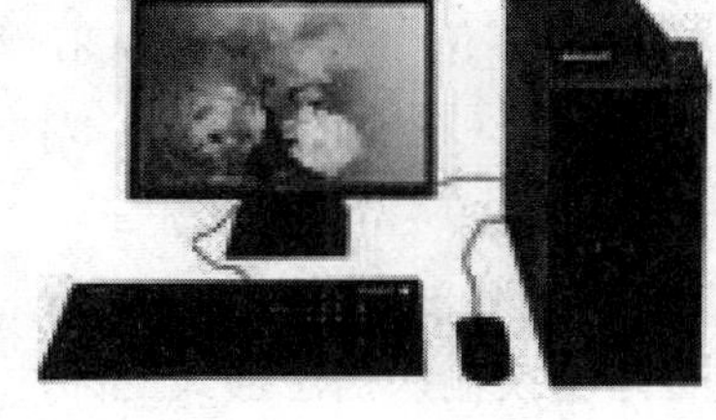

(b) 微型计算机

图 1.1 微处理器、微型计算机实物图

1.2.2 微型计算机系统的组成

1. 微型计算机的硬件系统

微型计算机主要由中央处理器(CPU)、存储器(RAM 和 ROM)、I/O 接口、I/O 设备及总线组成，如图 1.2 所示。

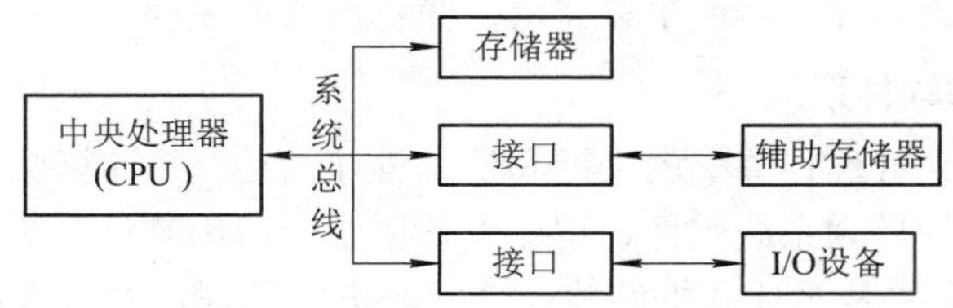

图 1.2 微型计算机的基本结构

1) 中央处理器(CPU)

中央处理器(Central Processing Unit，CPU)或称微处理器，具有算术运算、逻辑运算和控制操作的功能，是微型计算机的核心部分。从物理特性上来讲，它是集成了数量庞大的微型晶体管与其他电子组件的半导体集成电路芯片。

2) 存储器(主存或内存)

存储器(Memory)的主要功能是存放程序和数据，程序是计算机操作的依据，数据是计算机操作的对象。不管是程序还是数据，在存储器中都是用二进制的“1”或“0”表示，统称为信息。为实现自动计算，这些信息必须预先放在存储器中。

3) 总线

总线是把计算机各个部分有机地连接起来的一组并行的导线，是各个部分之间进行信息交换的公共通道。在微型计算机中，连接 CPU、存储器和各种 I/O 设备并使它们之间能

够相互传送信息的信号线及其控制信号线称为系统总线。系统总线上除电源线、地线外主要有 3 组总线，这 3 组总线是地址总线 AB(Address Bus)、数据总线 DB(Data Bus)和控制总线 CB(Control Bus)。

4) I/O 接口

外部设备与计算机之间通过接口连接。设置接口主要有以下几个方面的原因：一是外部设备大多数都是机电设备，传送数据的速度远远低于计算机，因而需要接口作为数据缓存；二是外部设备表示信息的格式与计算机不同，例如，由键盘输入的数字、字母，需先由键盘接口转换成 8 位二进制码(ASCII 码)，再送入计算机，因此需用接口进行信息格式的转换；三是接口还可以向计算机报告设备运行的状态，传达计算机的命令等。

5) I/O 设备

I/O 设备又称为外部设备(简称外设)，它通过 I/ O 接口与微型计算机连接。

输入设备是变换输入信息形式的部件。它将人们熟悉的信息形式变换成计算机能接收并识别的信息形式。输入的信息形式有数字、字母、文字、图形、图像等多种，送入计算机的只有一种形式，就是二进制数据。一般的输入设备只用于原始数据和程序的输入。常用的输入设备有键盘、模/数转换器、扫描仪等。

输出设备是变换计算机的输出信息形式的部件。它将计算机处理结果的二进制信息转换成人们或其他设备能接收和识别的形式，如字符、文字、图形等。常用的输出设备有显示器、打印机、绘图机等。

磁盘和光盘等大容量存储器也是计算机重要的外部设备，它们既可以作为输入设备，也可以作为输出设备。此外，它们还有存储信息的功能，因此，常常作为辅助存储器使用。而一般所指的存储器为内存储器或主存储器，简称内存或主存。

2. 微型计算机的软件系统

软件系统主要用来管理计算机的资源和控制程序的运行。计算机软件由计算机语言编码完成，按照功能可划分为系统软件、程序设计语言、应用软件三类。

(1) 系统软件：主要是对计算机的软硬件资源进行管理，并且为用户提供各种服务。它是微机系统的重要组成部分，是用户与硬件之间沟通的桥梁，是保障计算机系统正常运行的基础环境。操作系统是最重要的系统软件，用于提供人机接口和管理、调度计算机的硬件与软件资源。操作系统最为重要的核心部分是常驻监控程序。计算机开机后，常驻监控程序始终存放在内存中，它通过接受用户命令启用操作系统来执行相应的操作。

I/O 驱动程序和文件管理程序也是操作系统的重要组成部分，其中：I/O 驱动程序用于执行 I/O 操作；文件管理程序用于管理存放在外存(或海量存储器)中的大量数据集合。当用户程序或其他系统程序需要使用 I/O 设备时，通过操作系统及 I/O 驱动程序来实现。文件管理程序与 I/O 驱动程序配合使用，即可完成文件的存取、复制和其他处理。此外，系统软件还包括各种高级语言翻译程序、汇编程序、文本编辑程序以及辅助编写其他程序的程序。

(2) 程序设计语言：将用户语言编码成计算机可以识别的机器语言，以便于用户对计算机进行控制和开发。目前程序设计语言主要分为机器语言、汇编语言和高级语言三类。

(3) 应用软件：用户可以使用的各种程序设计语言，以及用各种程序设计语言编制的应用程序的集合，分为应用软件包和用户程序。

硬件系统和软件系统相辅相成，它们共同构成微型计算机系统，缺一不可。现代的计算机硬件系统和软件系统之间的分界线并不明显，总的趋势是两者统一融合，在发展上相互促进。

1.2.3 微型计算机的应用

微型计算机的诞生与发展使计算机的应用日益广泛和深入。微型计算机以极高的性能价格比、性能体积比，以及极大的使用方便性、灵活性，很快赢得了广阔的市场，使计算机迅速推广应用到国防事业和国民经济的各个行业、各个领域，引起了社会、经济的巨大变革。今天，微型计算机不仅早已进入人们的工作间、办公室，而且已进入千家万户，正在改变着人们的工作、学习和生活习惯。归纳起来，微型计算机的应用主要有以下几个方面：

(1) 科学计算与数据处理。这是最原始也是所占比重最大的计算机应用领域。在科学研究、工程设计和社会经济规划管理中存在大量复杂的数学计算问题，如卫星轨道的计算、大型水坝的设计、航天测控数据的处理、中长期天气预报、地质勘探与地震预测、社会经济发展规划的制订等，常常会涉及大量的数值计算，利用微型计算机可快速得到较准确的结果。

(2) 生产与试验过程控制。在工业、国防、交通等领域，利用计算机对生产和试验过程进行自动实时监测、控制和管理，可提高效率和质量，降低成本。

(3) 自动化仪器仪表及装置。在仪器仪表装置中使用微处理器或微型计算机，可增强仪器仪表装置的功能，提高其性能，减小重量和体积。

(4) 信息管理与办公自动化。现代企事业单位和政府、军队各部门的工作中需要管理的内容很多，如财务管理、人事档案管理、情报资料管理、仓库材料管理、生产计划管理、信贷业务管理、购销合同管理等，采用微型计算机和目前迅猛发展的计算机网络技术，可实现信息管理与办公自动化。

(5) 计算机辅助设计。在航空航天器结构设计、建筑工程设计、机械产品设计和大规模集成电路设计等复杂设计活动中，为了提高质量，缩短周期，提高自动化水平，普遍借助计算机进行设计，即计算机辅助设计(Computer Aided Design，CAD)。随着CAD技术的迅速发展，其应用范围不断拓宽，派生出了计算机辅助测试(Computer Aided Testing，CAT)，计算机辅助制造(Computer Aided Manufacturing，CAM)，以及将设计、测试、制造融为一体的计算机集成制造系统(Computer Integrated Manufacturing System，CIMS)等新的技术分支。

(6) 计算机仿真。在对一些复杂的工程问题、工艺过程、运动过程、控制行为等进行研究时，在建立数学模型的基础上，用计算机仿真的方法对相关的理论、方法、算法和设计方案进行综合分析和评估，可以节省大量的人力、物力和时间。

(7) 人工智能。人工智能是用计算机系统模拟人类某些智能行为的新兴学科，它包括声音、图像、文字等模式识别，自然语言理解，问题求解，定理证明，程序设计自动化和机器翻译，专家系统等。

(8) 文化、教育、娱乐和日用家电。计算机辅助教学(Computer Aided Instruction，CAI)早已成为一种重要的教学手段。目前，电影、电视作品的设计、制作，多媒体组合音像设

备的推出，许多全自动、半自动家电产品以及许多智能型儿童玩具的出现，无一不是微型计算机在发挥着作用。

1.2.4 微型计算机的主要技术指标

衡量一台微型计算机的技术指标有很多，其主要指标有以下几项。

1. CPU 的主要指标

1) 字长

字长是指计算机能同时处理的二进制数的位数，习惯上称为位长。基本字长一般是指参加一次运算的操作数的位数。基本字长可反映寄存器、运算部件和数据总线的位数。在微型计算机中，每个存储单元存放二进制数的位数在一般情况下和它的算术运算单元的位数是相同的。

2) 主频

主频是指计算机中的主时钟频率，是 CPU 的工作频率。主频的快慢在很大程度上可以决定计算机运算的速度。主频的常用单位是 MHz、GHz。

在微型计算机中，CPU 的主频 = 外频 × 倍频系数。外频是由外部振荡器提供的基准频率，它决定整块主板的运行速度。在 CPU 中，时钟电路按一定比例把外频提高到主频，这个提高的比例即倍频系数。

下面列举了 Intel 公司部分 CPU 的主频：

(1) 8086 的最高主频为 10 MHz。

(2) Pentium 的主频为 100 MHz。

(3) Pentium Ⅱ的最高主频为 450 MHz。

(4) Pentium Ⅲ的最高主频为 850 MHz。

(5) Pentium Ⅳ的最高主频为 3.8 GHz。

3) 运算速度

运算速度是指计算机每秒执行指令的条数，它反映了计算机运算和对数据处理的速度，单位通常采用 MIPS(百万条指令/秒)。

4) 内存容量

内存容量是指最多能够存储的二进制数据的信息量。常用的容量单位有 KB(1 KB = 1024 B)、MB(1 MB = 1024 KB)、GB(1 GB = 1024 MB)、TB(1 TB = 1024 GB)。

2. 硬盘的性能指标

1) 容量

容量反映了硬盘的存储能力，是用户优先考虑的指标，以 MB 和 GB 为单位。硬盘的容量有 40 GB、60 GB、80 GB、100 GB、120 GB、160 GB、200 GB 等。

2) 速度

硬盘速度在微机系统中的意义仅次于 CPU 和内存。硬盘电机驱动转速为 4200 r/m、5400 r/m、7200 r/m、10 000 r/m。

3) 硬盘缓存容量

现今主流硬盘采用 2 MB 和 8 MB 缓存，而在服务器或特殊应用领域中缓存容量设置达到了 16 MB、64 MB 等。

4) 安全性

为了提高计算机抗外界震动或抗瞬间冲击以及数据传输纠错等能力，众多厂家开发了一系列硬盘安全技术和软件。

3. 总线结构与总线的性能指标

1) 总线结构

总线结构是微机性能的重要指标之一。常用的总线结构有以下几种：

(1) ISA(Industry Standard Architecture)是工业标准体系结构总线的简称，是 PC/AT 及其兼容机所使用的 16 位标准体系扩展总线，又称 PC-AT 总线，其数据传输率为 16 MB/s。

(2) EISA(Extended ISA)是扩展 ISA 总线的简称，其数据和地址总线均增加为 32 位，数据传输率为 33 MB/s，适合 32 位微机系统。

(3) PCI(Peripheral Component Interconnect)是外设互连总线的简称，是 Intel 公司推出的 32/16 位标准总线，数据传输率为 132 MB/s，用于 Pentium 以上的微机系统。

(4) AGP(Accelerated Graphics Port)是专门为提高视频带宽而设计的总线规范，可使数据传输率提高到 266 MB/s(×1 模式)、532 MB/s(×2 模式)或 1.064 GB/s(×4 模式)。

2) 总线的主要性能指标

总线的主要性能指标包括以下几项：

(1) 总线宽度：单位时间内总线上可传输的数据量，以 MB/s 为单位。

(2) 总线位宽：能同时传输的数据位数，如 16 位、32 位、64 位等。在工作频率一定的条件下，总线宽度与总线位宽成正比。

(3) 总线工作频率：也称为总线的时钟频率，以 MHz 为单位，是用于协调总线上各种操作的时钟频率。工作频率越高，总线带宽越宽，总线宽度 = (总线位宽/8) × 总线工作频率(MB/s)。

1.2.5 微型计算机的基本工作原理

CPU、存储器、I/O 接口、外部设备及总线构成了计算机的硬件(Hardware)系统，仅有这样的硬件只是具备了计算的可能。计算机要真正能够进行计算还必须有多种程序的配合。那么什么是程序呢？当用计算机完成某项任务时，例如，解算一道数学题时，需要把题目的解算方法分成计算机能识别并能执行的基本操作命令，这些基本操作命令按一定顺序排列起来，就组成了程序，而其中每一条基本操作命令就是一条指令，指令是对计算机发出的一条条工作命令，命令计算机执行规定的操作。因此，程序是实现既定任务的指令序列，其中的每条指令都规定了计算机执行的一种基本操作，计算机按程序安排的顺序执行指令，就可以完成既定任务。

指令必须满足两个条件：一是指令的形式是计算机能够接收并识别的，因此指令采用和数据一样的二进制数字编码形式表示；二是指令规定的操作必须是计算机能够执行的，

即每条指令的操作均有相应的电子线路实现。各种类型的计算机指令都有自己的格式和具体的含义，但必须指明操作性质(如加、减、乘、除、比较大小等)和参加操作的有关信息(如数据或数据的存放地址等)。

指令的不同组合方式，可以构成完成不同任务的程序。一台机器的指令种类是有限的，但在人们的精心设计下，完成信息处理任务的程序可以无限多，计算机严格地按照程序安排的指令顺序，有条不紊地执行规定的操作，完成预定任务。为实现自动连续地执行程序，必须先把程序和数据送到具有记忆功能的存储器中保存起来，然后由控制器和 ALU 依据程序中指令的顺序周而复始地取出指令，分析指令，执行指令，直到完成全部指令操作为止。存储程序和程序控制体现了现代计算机的基本特性，是微型计算机的基本工作原理。

1.3　计算机的数制与编码

1.3.1　计算机的数制

计算机最早是作为一种计算工具出现的，所以它最基本的功能是对数进行加工和处理。数在机器中是以器件的物理状态来表示的。一个具有两种不同的稳定状态且能相互转换的器件可以用来表示 1 位(bit)二进制数。二进制数有运算简单、便于物理实现、节省设备等优点，所以目前在计算机中数几乎全部采用二进制表示。但是二进制数书写起来太长，不便于阅读和记忆，且目前大部分微型计算机是 8 位、16 位或 32 位的，都是 4 的整数倍，而 4 位二进制数是 1 位十六进制数，所以微型计算机中的二进制数都采用十六进制数来表示。十六进制数用 0～9、A～F 等 16 个数码表示十进制数 0～15。因此，1 个 8 位的二进制数可用 2 位十六进制数表示，1 个 16 位的二进制数可用 4 位十六进制数表示等，这样的形式书写方便且便于阅读和记忆。然而人们最熟悉、最常用的是十进制数，为此，要熟练地掌握十进制数、二进制数和十六进制数间的相互转换。它们之间的关系如表 1.1 所示。

表 1.1　十进制数、二进制数及十六进制数对照表

十进制数	0	1	2	3	4	5	6	7	8	9	10	11	12	13	14	15
二进制数	0000	0001	0010	0011	0100	0101	0110	0111	1000	1001	1010	1011	1100	1101	1110	1111
十六进制数	0	1	2	3	4	5	6	7	8	9	A	B	C	D	E	F

为了区别十进制数、二进制数及十六进制数 3 种数制，可在数的右下角注明数制，或者在数的后面加一字母。如 B(Binary)表示二进制数制；D(Decimal)表示十进制数制；H(Hexadecimal)表示十六进制数制。其中，十进制数后的字母 D 可以省略。

1.3.2　计算机中数制的转换

1. 十进制数转换成二进制数和十六进制数

1) 整数部分的转换

下面通过一个简单的例子对转换方法进行分析。例如：

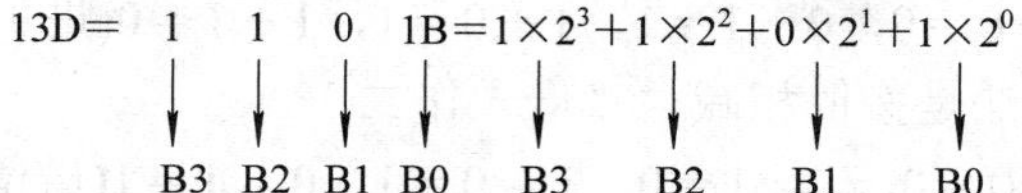

可见，要确定 13D 对应的二进制数，只需从右到左分别确定 B0、B1、B2、B3 即可。

十进制整数部分转换为二进制数的方法是：除以基数(2)取余数，先为低位(B0)后为高位。

显然，该方法也适用于将十进制整数转换为八进制整数(基数为 8)、十六进制整数(基数为 16)以及其他任何进制的整数。

2) 小数部分的转换

十进制小数部分转换为二进制小数的方法是：小数部分乘以基数(2)取整数(0 或 1)，先为高位后为低位。

显然，该方法也适用于将十进制小数转换为八进制小数(基数为 8)、十六进制小数(基数为 16)以及其他任何进制的小数。

【例 1-1】 将 13.75 转换为二进制数。

解 分别将整数和小数部分进行转换：

整数部分：13 = 1101B；

小数部分：0.75 = 0.11B。

因此，13.75 = 1101.11B。

【例 1-2】 将 28.75 转换为十六进制数。

解 分别将整数和小数部分进行转换：

整数部分：28 = 1CH；

小数部分：0.75 × 16 = 12.0，12 = CH，小数部分已为 0，停止计算。

因此，28.75 = 1C.CH。

2. 二进制数和十六进制数间的相互转换

根据表 1.1 所示的对应关系即可实现二进制数和十六进制数之间的转换。

二进制整数转换为十六进制数，其方法是：从右(最低位)向左将二进制数分组，每 4 位为 1 组，最后一组若不足 4 位则在其左边添加 0，以凑成 4 位 1 组，每组用 1 位十六进制数表示。如：

1111111000111B →1 1111 1100 0111 B → 0001 1111 1100 0111 B = 1FC7H

十六进制数转换为二进制数，只需用 4 位二进制数代替 1 位十六进制数即可。如：

3AB9H = 0011 1010 1011 1001B

3. 任意进制数转换为十进制数

任意进制数转换为十进制数的方法很简单，只要各位按权展开(即该位的数值乘以该位的权)求和即可。

1.3.3　二进制数的运算

1. 二进制数的算术运算

(1) 加：二进制数加法是按值相加，“逢二进一”。

$$0+0=0，0+1=1，1+0=1，1+1=0(\text{进}1)$$

(2) 减：二进制数减法是按值相减，“借一作二”。

$$0-0=0，1-1=0，1-0=1，0-1=1(\text{借位})$$

(3) 乘：二进制数的乘法是“按位相乘”。

$$0\times0=0，0\times1=0，1\times0=0，1\times1=1$$

(4) 除：二进制数的除法是乘法的逆运算。

2. 二进制数的逻辑运算

(1) “与”运算(AND)。“与”运算又称逻辑乘，可用符号“∧”或“·”表示，运算规则如下：

$$0\wedge0=0，0\wedge1=0，1\wedge0=0，1\wedge1=1$$

(2) “或”运算(OR)。“或”运算又称逻辑加，可用符号“∨”或“+”表示，运算规则如下：

$$0\vee0=0，0\vee1=1，1\vee0=1，1\vee1=1$$

(3) “非”运算(NOT)。操作数 A 的“非”运算结果用 $\overline{A}$ 表示，运算规则如下：

$$\overline{0}=1，\overline{1}=0$$

(4) “异或”运算(XOR)。“异或”运算可用符号“∀”或“⊕”表示，运算规则如下：

$$0\forall0=0，0\forall1=1，1\forall0=1，1\forall1=0$$

1.3.4　符号数的表示法

1. 机器数与真值

二进制数与十进制数一样有正负之分。在计算机中，常用数的符号和数值部分一起编码的方法表示有符号数。常用的有原码、反码和补码 3 种表示法。这几种表示法都将数的符号数码化。

通常正号用“0”表示，负号用“1”表示。为了区分，一般书写表示的数和机器中用编码表示的数分别称为真值与机器数，即数值连同符号数码“0”或“1”一起表示的一个数称为机器数，而它的数值连同符号“+”或“–”一起表示的一个数称为机器数的真值。把机器数的符号位也当作数值的数，就是无符号数。

为了方便表示，常把 8 位二进制数称为字节，把 16 位二进制数称为字，把 32 位二进制数称为双字。对于机器数，应将其用字节、字或双字表示。

2. 原码

数值用其绝对值，正数的符号位用 0 表示，负数的符号位用 1 表示，这样表示的数称为原码。如：

$$X1=105=+1101001B，[X1]_{\text{原}}=01101001B$$

$$X2=-105=-1101001B，[X2]_{\text{原}}=11101001B$$

其中最高位为符号，后面 7 位是数值。用原码表示时，+105 和 –105 的数值部分相同而符号位相反。

8 位原码数的数值范围为 FFH～7FH(–127～127)。原码数 00H 和 80H 的数值部分相同、符号位相反，它们分别为 +0 和 –0。16 位原码数的数值范围为 FFFFH～7FFFH(–32 767～32 767)。原码数 0000H 和 8000H 的数值部分相同、符号位相反，它们分别为 +0 和 –0。

一个二进制符号数的扩展是指一个数从较少位数扩展到较多位数，如从 8 位(字节)扩展到 16 位(字)，或从 16 位扩展到 32 位(双字)。对于用原码表示的数，它的正数和负数仅 1 位符号位相反，数值位都相同。原码数的扩展是将其符号位向左移至最高位，符号位移过之位即最高位与数值位间的所有位都填入 0。例如：68 用 8 位(二进制数)表示的原码为 44H，用 16 位(二进制数)表示的原码为 0044H；–68 用 8 位(二进制数)表示的原码为 C4H，用 16 位(二进制数)表示的原码为 8044H。

原码表示方法简单易懂，而且与真值的转换方便，但若是两个异号数相加，或两个同号数相减，就要做减法。为了把减运算转换为加运算，从而简化计算机的硬件结构，就引入了反码和补码的概念。

3. 反码

正数的反码与原码相同；负数的反码为它的绝对值按位取反，符号位不变。如：

$$X1 = 105 = +1101001B，[X1]_{反} = 01101001B$$
$$X2 = -105 = -1101001B，[X2]_{反} = 10010110B$$

4. 补码

正数的补码与原码相同；负数的补码为与它的绝对值相等的正数的补数。把一个数连同符号位按位取反再加 1，可以得到该数的补数。如：

$$X1 = 105 = +1101001B，[X1]_{补} = 01101001B$$
$$X2 = -105 = -1101001B，[X2]_{补} = 10010111B$$

补数还可以直接求得，方法是：从最低位向最高位扫描，保留直至第一个“1”的所有位，以后各位按位取反。负数的补码可以由其正数求补得到。根据两数互为补数的原理，对补码表示的负数求补就可以得到其正数，即可得该负数的绝对值。如：

$$[-105]_{补} = 10010111B = 97H$$

对其求补，从右向左扫描，第一位就是 1，故只保留该位，对其左面的七位均求反得 01101001，即补码表示的机器数 97H 的真值是 –69H(–105)。

一个用补码表示的机器数，若最高位为 0，则其余几位即为此数的绝对值；若最高位为 1，其余几位不是此数的绝对值，对该数求补，才得到它的绝对值。

8 位补码数的数值范围为 80H～7FH(–128～127)。16 位补码数的数值范围为 8000H～7FFFH(–32 768～32 767)。字节 80H 和字 8000H 的真值分别是 –128(–80H)和 –32 768(–8000H)。补码数 80H 和 8000H 的最高位既代表了符号为负又代表了数值为 1。

一个二进制补码数的符号位向左扩展若干位后，所得到的补码数的真值不变。对于用补码表示的数，正数的扩展应该在其前面补 0，而负数的扩展，则应该在前面补 1。例如：68 用 8 位(二进制数)表示的补码为 44H，用 16 位(二进制数)表示的补码为 0044H；–68 用 8 位(二进制数)表示的补码为 BCH，用 16 位(二进制数)表示的补码为 FFBCH。

当数采用补码表示时，就可以把减法转换为加法。例如：

$$64-10=64+(-10)$$

$$[64]_{补}=40H=0100\ 0000B$$

$$[10]_{补}=0AH=0000\ 1010B$$

$$[-10]_{补}=1111\ 0110B$$

做减法运算过程如下：

```
  0100 0000
 -0000 1010
 ----------
  0011 0110
```

用补码相加过程如下：

```
  0100 0000
+ 1111 0110
 ----------
 1 0011 0110
 ↑
 进位自然丢失
```

上述两种方法的结果相同，其真值为 54(36H = 48 + 6)。

最高位的进位是自然丢失的，故做减法与用补码相加的结果是相同的。因此，在微型计算机中，符号数一律用补码表示，运算结果也用补码表示。如：

$$34-68=34+(-68)\qquad 34=22H=0010\ 0010B$$

$$68=44H=0100\ 0100B\qquad -68=1011\ 1100B$$

做减法运算过程如下：

```
   0100 0010
 - 0100 0100
 -----------
 1 1101 1110
 ↑
 借位自然丢失
```

用补码相加过程如下：

```
  0010 0010
 +1011 1100
 ----------
  1101 1110
```

上述两种方法的结果相同。因为符号位为 1，所以结果为负数。对其求补，得其真值：−00100010B，即为 −34(−22H)。

由上面两个例子还可以看出：当数采用补码表示后，两个正数相减，若无借位，则化为补码相加会有进位；若有借位，则化为补码相加不会有进位。

1.3.5　二进制数的加减运算

计算机把机器数均当作无符号数进行运算，即符号位也参与运算。运算的结果要根据运算结果的符号、运算有无进(借)位和溢出等来判断。计算机中设置有这些标志位，标志位的值由运算结果自动设定。

1. 无符号数的运算

无符号数实际上是指参加运算的数均为正数，且整个数位全部用于表示数值。n 位无符号二进制数的范围为 0～(2^n-1)。

(1) 两个无符号数相加：由于两个加数均为正数，因此其和也是正数。当和超过其位数所允许的范围时，就向更高位进位。如：

127 + 160 = 7FH + A0H

```
    0111 1111
–   1010 0000
-----------------
  1 0001 1111 = 11FH = 256 + 16 + 15 = 287
  ↑
 进位
```

(2) 两个无符号数相减：被减数大于或等于减数，无借位，结果为正；被减数小于减数，有借位，结果为负。如：

192 – 10 = C0 H – 0A H

```
    1100 0000
–   0000 1010
-----------------
    1011 0110 = B6H = 176 + 6 = 182
```

反过来相减，即 10 – 192，运算过程如下：

```
    0000 1010
–   1100 0000
-----------------
  1 0100 1010 = –10110110B = –B6H = –182
  ↑
 借位
```

由此可见，对无符号数进行减法运算，其结果的符号用进位来判别：CF = 0(无借位)，结果为正；CF = 1(有借位)，结果为负(对 8 位数值位求补得到它的绝对值)。

2. 有符号数的运算

n 位二进制数，除去 1 位符号位，还有 n – 1 位表示数值，其所能表示的补码的范围为-2^{n-1}～$2^{n-1}-1$。如果运算结果超过此范围就会产生溢出。如：

105 + 50 = 69H + 32H

```
    0110 1001
–   0011 0010
-----------------
    1001 1011 = 9BH = 155 或 = –65H = –101
```

若将此结果视为无符号数，则得到 155，结果是正确的；若将此结果视为有符号数，其符号位为 1，结果为 –101，这显然是错误的。其原因是和数 155 大于 8 位符号数所能表示的补码数的最大值 127，使数值部分占据了符号位的位置，产生了溢出，从而导致结果错误。又如：

–105 – 50 = –155

```
      1001 0111
+     1100 1110
-----------------
    1 0110 0101
    ↑
   进位
```

两个负数相加，和应为负数，而结果 01100101B 却为正数，这显然是错误的。其原因是和

数 −155 小于 8 位符号数所能表示的补码数的最小值−128，也产生了溢出。若不将第 7 位(第 7 位～第 0 位)0 看作符号，而看作数值，并将进位看作数的符号，则结果为 −10011011B = −155，此结果是正确的。

因此，应当注意溢出与进位及补码运算中的进位或借位丢失之间的区别。

(1) 进位或借位是指无符号数运算结果的最高位向更高位进位或借位。通常多位二进制数将其拆成两部分或三部分甚至更多部分进行运算时，数的低位部分均无符号位，只有最高部分的最高位才为符号位。运算时，低位部分向高位部分进位或借位。由此可知，进位主要用于无符号数的运算，这与溢出主要用于符号数的运算是有区别的。

(2) 溢出与补码运算中的进位丢失也应加以区别，如：

$$-50 - 5 = -55$$

```
    1100 1110
 -  1111 1011
--------------
  1 1100 1001 = -00110111B = -55
  ↑
进位丢失
```

两个负数相加，结果为负数是正确的。这里虽然出现了补码运算中产生的进位，但由于和数并未超出 8 位二进制补码数 −128～127 的范围，因此无溢出。那么如何来判断有无溢出呢？

设符号位向前进位为 C_Y，数值部分向符号位的进位为 C_S，则溢出

$$OF = C_Y \oplus C_S$$

OF = 1，有溢出；OF = 0，无溢出。

下面用 M、N 两数相加来证明。设 M_S 和 N_S 为两个加数的符号位，R_S 为结果的符号位，则有表 1.2 所示的真值表。由真值表得逻辑表达式如下：

$$OF = \overline{C}_S C_Y + C_S \overline{C}_Y = C_S \oplus C_Y$$

再来看 105 + 50、−105 − 50 和 −50 − 5 这 3 个运算有无溢出：

```
   0110 1001          1001 0111          1100 1110
 - 0011 0010        - 1100 1110        - 1111 1011
 -----------        -----------        -----------
   1001 1011         1 0110 0101        1 1100 1001
```

$C_Y = 0$，$C_S = 1$　　$C_Y = 1$，$C_S = 0$　　$C_Y = 1$，$C_S = 1$

$OF = 0 \oplus 1 = 1$，有溢出　　$OF = 1 \oplus 0 = 1$，有溢出　　$OF = 1 \oplus 1 = 0$，无溢出

表 1.2　符号、进位、溢出真值表

M_S	N_S	R_S	C_S	C_Y	OF
0	0	0	0	0	0
0	0	1	1	0	1
0	1	0	1	1	0
0	1	1	0	0	0
1	0	0	1	1	0
1	0	1	0	0	0
1	1	0	0	1	1
1	1	1	1	1	0

3. 溢出及其判断方法

1) 进位与溢出

进位是指运算结果的最高位向更高位的进位，用来判断无符号数运算结果是否超出了计算机所能表示的最大无符号数的范围。

溢出是指有符号数的补码运算溢出，用来判断有符号数补码运算结果是否超出了补码所能表示的范围。例如，字长为 n 位的有符号数，它能表示的补码范围为 $-2^{n-1}\sim 2^{n-1}-1$，如果运算结果超出此范围，就称补码溢出，简称溢出。

2) 溢出的判断方法

判断溢出的方法很多，常见的有以下三种：

(1) 通过参加运算的两个数的符号及运算结果的符号来判断结果是否溢出。

(2) 单符号位法，即通过符号位和数值部分最高位的进位状态来判断结果是否溢出。

(3) 双符号位法(又称变形补码法)，即通过运算结果的两个符号位的状态来判断结果是否溢出。

上述三种方法中，第一种方法仅适用于手工运算时对结果是否溢出的判断，其他两种方法在计算机中都有使用。限于篇幅，本节仅通过具体例子对第二种方法作简要介绍。

若符号位进位状态用 CF 来表示，当符号位向前有进位时，CF = 1，否则，CF = 0；数值部分最高位的进位状态用 DF 来表示，当该位向前有进位时，DF = 1，否则，DF = 0。单符号位法就是通过该两位进位状态的异或结果来判断是否溢出的。

$$OF = CF \oplus DF$$

若 OF = 1，则说明结果溢出；若 OF = 0，则说明结果未溢出。也就是说，当符号位和数值部分最高位同时有进位或同时没有进位时，结果没有溢出，否则，结果溢出。

1.4 二进制编码

如上所述，计算机中数是用二进制表示的，而计算机又应能识别和处理各种字符，如大小写英文字母、标点符号、运算符号等，这些又如何表示呢？在计算机中，字母、各种符号及指挥计算机执行操作的指令，都是用二进制数的组合来表示的，称为二进制编码。

1.4.1 BCD 编码

十进制数有 0～9 这 10 个数码。要表示这 10 个数码，需要用 4 位二进制数，称为二进制编码的十进制数，简称 BCD(Binary Coded Decimal)数。用 4 位二进制数编码表示 1 位十进制数的方法很多，较常用的是 8421 BCD 码，如表 1.3 所示。8 位二进制数可以表示两个十进制数，这种表示的 BCD 数称为压缩的 BCD 数，而把用 8 位二进制数表示一个十进制数位的数称为非压缩的 BCD 数。例如，将十进制数 1994 用压缩的 BCD 数表示为

0001 1001 1001 0100B 或 1994H

而用非压缩的 BCD 数表示为

00000001 00001001 00001001 00000100B 或 01090904H

十进制数与 BCD 数的转换是比较直观的，但是 BCD 数与二进制数之间的转换却不是直接的。将 BCD 数转换为二进制数的方法是：首先写出 BCD 数的十进制数，然后按十进制数转换为二进制数的方法将十进制数转换为二进制数。例如，将压缩的 BCD 数 1994H 转换为二进制数，其方法如下：

压缩的 BCD 数 1994H 即是十进制数 1994；

$$1994 = 2048 - 54 = 2^{11} - 32\text{H} - 4\text{H} = 1000\ 0000\ 0000\text{B} - 32\text{H} - 4\text{H}$$
$$= 800\text{H} - 36\text{H} = 7\text{CAH}$$

同样，将二进制数转换为 BCD 数的方法是：首先将二进制数转换为十进制数，然后根据十进制数写出 BCD 数。例如，将二进制数 0111 1100 1010B(即 7CAH)转换为非压缩的 BCD 数，其方法如下：

$$7\text{CAH} = 1994$$

十进制数 1994 的非压缩 BCD 数为 01090904H。

表 1.3　8421 BCD 编码表

十进制数	压缩 BCD 数	非压缩 BCD 数(ASCII BCD 数)
0	0H(0000B)	00H(0000 0000B)
1	1H(0001B)	01H(0000 0001B)
2	2H(0010B)	02H(0000 0010B)
3	3H(0011B)	03H(0000 0011B)
4	4H(0100B)	04H(0000 0100B)
5	5H(0101B)	05H(0000 0101B)
6	6H(0110B)	06H(0000 0110B)
7	7H(0111B)	07H(0000 0111B)
8	8H(1000B)	08H(0000 1000B)
9	9H(1001B)	09H(0000 1001B)

1.4.2　ASCII 字符编码

所谓字符，是指数字、字母以及其他一些符号的总称。

现代计算机不仅用于处理数值领域的问题，而且要处理大量的非数值领域的问题。这样一来，必然需要计算机能对数字、字母、文字以及其他一些符号进行识别和处理，而计算机只能处理二进制数，因此，通过输入/输出设备进行人机交换信息时使用的各种字符也必须按某种规则，用二进制数码“0”和“1”来编码，计算机才能进行识别与处理。

目前，国际上使用的字符编码系统有许多种。在微机、通信设备和仪器仪表中广泛使用的是 ASCII 码(American Standard Code for Information Interchange)——美国标准信息交换码。ASCII 码用一个字节来表示一个字符，采用 7 位二进制代码来对字符进行编码，最高位一般用作校验位。7 位 ASCII 码能表示 $2^7 = 128$ 种不同的字符，其中包括数码(0～9)、英文大小写字母、标点符号及控制字符等。

计算机也是用 8 位二进制数表示一个字符，普遍采用 ASCII 码。常用字符的 ASCII

码如表 1.4 所示。

表 1.4 常用字符的 ASCII 码

字符	ASCII 码(H)
0～9	30～39
A～Z	41～5A
a～z	61～7A
换行 LF	OA
回车 CR	OD

十进制数的 10 个数码 0～9 的 ASCII 码是 30H～39H，它们的低 4 位与其 BCD 码相同，且又是用 8 位二进制数表示一个十进制数，因此也称非压缩 BCD 数为 ASCII BCD 数。将十进制数的 ASCII 码转换为二进制数的方法是：首先将其转换为 ASCII BCD 数，然后写出 ASCII BCD 数的十进制数，最后将十进制数转换为二进制数。例如，将十进制数的 ASCII 码 31393934H 转换为二进制数，其方法如下：

$$31393934H \rightarrow 01090904H$$
$$01090904H \rightarrow 1994$$
$$1994 = 7CAH$$

将二进制数转换为十进制数的 ASCII 码的过程与上述过程相反。

可以根据十进制数的 ASCII 码直接写出十进制数，但难以根据十六进制数的 ASCII 码直接写出十六进制数。十进制数的 ASCII 码与十进制数之间有一固定差值 30H，这是因为十进制数 0～9 及十进制数的 ASCII 码 30H～39H 都是连续的；而十六进制数的 ASCII 码却是不连续的，十六进制数的 16 个 ASCII 码为 30H～39H 和 41H～46H，它们分段连续，在 39H 和 41H 之间还有一差值 7。因此，将十六进制数的 ASCII 码转换为十六进制数或将十六进制数转换为十六进制数的 ASCII 码，就要分段相减或相加，即先判断 ASCII 码是在哪个区段内，然后加或减 30H 或 37H。例如，将 3 位十六进制数的 ASCII 码 374341H 转换为十六进制数，其方法是：

$$37H - 30H = 07H，43H - 37H = 0CH，41H - 37H = 0AH$$

即 ASCII 码 374341H 的十六进制数为 7CAH。

本 章 小 结

本章作为微机系统的概述部分，讲述了微机原理的各个方面和它们之间的关系，同时对计算机中的数制表示方法进行了复习性学习。初学者学习本章只能似懂非懂地了解微机软硬件的组成概况，保留许多问题是很自然的。这些问题将在以后各章展开具体讨论时逐渐解答。初学者在开始学习本章后，在以后各章学习期间应经常回到本章反复体会。这样做的好处是能不断地从局部到整体理解计算机，又以整体的思想去分析分解计算机的组成部分，从而真正掌握计算机的原理和建立在原理基础上的计算机应用技术。

思考与练习

1. 按构成计算机的电子元器件的不同，可将其分为哪几代？微型计算机属于第几代计算机？

2. 微型计算机系统由哪几部分组成？

3. 什么是计算机系统的硬件？其主要组成部分是什么？

4. 什么是计算机系统的软件？按其功能如何分类？

5. 微型计算机与单片机有何区别？

6. 求下列用补码表示的机器数的真值。

(1) 01101100B　　(2) 11101101B　　(3) 00111100B

(4) 11110001B　　(5) 00011110B　　(6) 10001001B

7. 设机器字长为 8 位，写出下列用真值表示的二进制数的原码、反码和补码。

(1) −1000000B　　(2) +1000000B　　(3) −1111111B

(4) +1111111B　　(5) −0010101B　　(6) +0010101B

8. 设有变量 x = 11101111B，y = 11001001B，z = 01110010B，w = 01011010B。试计算 x + y、x + z、y + z 和 z + w，并判断：① 若为无符号数，计算结果是否正确；② 若为有符号补码数，计算结果是否溢出。

9. 简述计算机在进行算术运算时所产生的“进位”与“溢出”二者之间的区别。

10. 将下列 8421 BCD 码表示成十进制数和二进制数。

(1) 10011001　　(2) 01010111　　(3) 10000011　　(4) 01111001

11. 写出下列字符串的 ACSII 码。

(1) SP(空格)　　(2) CR(回车)　　(3) LF(换行)　　(4) HELLO

第 2 章　8086/8088 微处理器

微处理器是微型计算机的核心。在计算机技术发展日新月异的今天，不同性能、不同档次、不同品牌的微处理器涌入市场，这些产品各具特色，形成一种激烈竞争的态势。其中 Intel 公司、AMD 公司和 Cyrix 公司的产品占据了市场的绝大部分份额，是当今微处理器的主流。

Intel 公司是第一个推出微处理器的公司，Intel 公司的微处理器一直处于微处理器发展的前沿；AMD 公司和 Cyrix 公司是 Intel 公司的两大竞争对手，它们分别是世界第二和第三大微处理器生产商。

Intel 系列微处理器中各种型号的微处理器均向上兼容，这是它获得巨大成功的重要原因之一，所以了解 Intel 系列微处理器的结构及工作原理对学习微型计算机的组成、原理大有帮助。Intel 系列微处理器的种类繁多，本章将对 8086/8088 这两种类型的微处理器作较详细的讲解，对之后的 80186、80286、80386 以及 Pentium(奔腾)系列作简要介绍。

2.1　8086/8088 微处理器的工作原理

2.1.1　8086/8088 微处理器的技术指标

8086 是 Intel 公司于 1978 年推出的第三代微处理器，数据总线为 16 位。为方便原 8 位机用户，大约一年后又推出 8088 芯片，它是一种准 16 位微处理器产品，内部结构与 8086 基本相同，指令系统与 8086 完全兼容，内部数据总线为 16 位，外部数据总线为 8 位。

在 8086/8088 的设计中，引入了存储器分段和指令流水线技术，这种系统结构在以后的 Intel 系列微处理器中一直被沿用并不断发展。8086/8088 CPU 的主要技术指标如下：

(1) 字长。16 位/准 16 位。

(2) 时钟频率。8086/8088 标准主频为 5 MHz，基本指令执行时间为 0.3～0.6 ms。

(3) 数据总线、地址总线复用。

(4) 内存容量。20 位地址总线，可直接寻址 1MB 存储空间。

(5) 端口地址。16 位 I/O 地址总线，可直接寻址 64KB 个端口。

(6) 中断功能。可处理内部软件中断和外部硬件中断，中断源可多达 256 个。

(7) 两种工作模式。支持单片 CPU 或多片 CPU 系统工作。

2.1.2　8086/8088 微处理器的内部结构

8086 微处理器由两个独立的工作单元组成，如图 2.1 所示，即执行单元(Execution Unit,

EU)和总线接口单元(Bus Interface Unit，BIU)。图的左半部分为执行单元 EU，右半部分为总线接口单元 BIU。EU 不与外部总线(或称外部世界)相连，它只负责执行指令。而 BIU 则负责从存储器或外部设备中读取指令和读/写数据，即完成所有的总线操作。这两个单元处于并行工作状态，可以同时进行读/写操作和执行指令的操作。这样就可以充分利用各部分电路和总线，提高微处理器执行指令的速度。

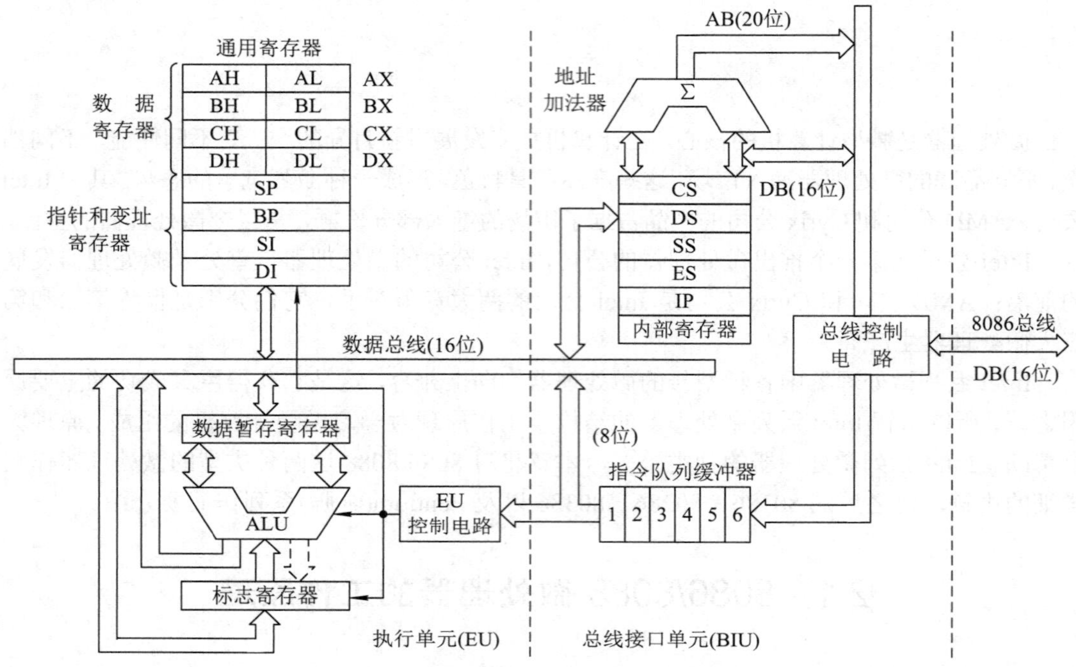

图 2.1　8086 CPU 内部结构

1. 执行单元(EU)

执行单元(EU)不与系统外部直接相连，它的功能只是负责执行指令。执行的指令从 BIU 的指令队列缓冲器中直接获取，执行指令时若需要从存储器或 I/O 端口读取操作数，则由 EU 向 BIU 发出请求，再由 BIU 对存储器或 I/O 端口进行访问。EU 由下列部件组成：

(1) 16 位算术逻辑单元(ALU)：用于进行算术和逻辑运算。

(2) 16 位标志寄存器 FLAGS：用来存放 CPU 运算的状态特征和控制标志。

(3) 数据暂存寄存器：协助 ALU 完成运算，暂存参加运算的数据。

(4) 通用寄存器：包括 4 个 16 位数据寄存器 AX、BX、CX、DX 和 4 个 16 位指针与变址寄存器 SP、BP 与 SI、DI。

(5) EU 控制电路：它是控制、定时与状态逻辑电路，用于接收从 BIU 中的指令队列取来的指令，经过指令译码形成各种定时控制信号，对 EU 的各个部件实现特定的定时操作。

2. 总线接口单元(BIU)

总线接口单元(BIU)的功能是负责完成 CPU 与存储器或 I/O 设备之间的数据传输。

BIU 内有 4 个 16 位段寄存器，一个 16 位的指令指针寄存器(Instruction Pointer，IP)，一个 20 位地址加法器，6 个字节(8088 是 4 个)指令队列缓冲器，一个与 EU 通信的内部寄存器以及总线控制电路等。

BIU 的具体任务如下：

(1) 指令队列出现空字节(8088 CPU 有 1 个空字节，8086 CPU 有 2 个空字节)时，BIU 从内存取出后续指令。BIU 取指令时并不影响 EU 的执行，两者并行工作，大大提高了 CPU 的执行速度。

(2) EU 需要从内存或外设端口读取操作数时，BIU 根据 EU 给出的地址从内存或外设端口读取数据供 EU 使用。

(3) EU 的运算结果、数据或控制命令等由 BIU 送往指定的内存单元或外设端口。

8088 CPU 的内部结构与 8086 基本相似，两者的执行单元(EU)完全相同，其指令系统、寻址方式及程序设计方法都相同，所以两种 CPU 完全兼容。它们的区别仅在于总线接口单元(BIU)，归纳起来主要有以下几个方面的差异：

(1) 外部数据总线位数不同。8086 外部数据总线为 16 位，在一个总线周期内可以输入/输出一个字(16 位数据)，而 8088 外部数据总线为 8 位，在一个总线周期内只能输入/输出一个字节(8 位数据)。

(2) 指令队列缓冲器大小不同。8086 指令队列可容纳 6 个字节，且在每一个总线周期中从存储器取出 2 个字节的指令代码填入指令队列；而 8088 指令队列只能容纳 4 个字节，在一个机器周期中取出 1 个字节的指令代码送至指令队列。

(3) 部分引脚的功能定义有所区别。

2.1.3　8086/8088 微处理器的寄存器

8086/8088 CPU 中可供编程使用的有 14 个 16 位寄存器，按其用途可分为 3 类：通用寄存器、段寄存器、控制寄存器，如表 2.1 所示。

表 2.1　8086/8088 CPU 内部寄存器组

<table>
<tr><td>AH</td><td>AL</td><td>累加器</td><td rowspan="4">4 个数据寄存器</td><td rowspan="8">通用寄存器</td></tr>
<tr><td>BH</td><td>BL</td><td>基址寄存器</td></tr>
<tr><td>CH</td><td>CL</td><td>计数寄存器</td></tr>
<tr><td>DH</td><td>DL</td><td>数据寄存器</td></tr>
<tr><td colspan="2">SP</td><td>堆栈指针寄存器</td><td rowspan="4">2 个地址指针和 2 个变址寄存器</td></tr>
<tr><td colspan="2">BP</td><td>基址指针寄存器</td></tr>
<tr><td colspan="2">SI</td><td>源变址寄存器</td></tr>
<tr><td colspan="2">DI</td><td>目的变址寄存器</td></tr>
<tr><td colspan="2">IP</td><td>指令指针寄存器</td><td rowspan="2">2 个控制寄存器</td><td rowspan="2">控制寄存器</td></tr>
<tr><td colspan="2">FLAGS</td><td>标志寄存器</td></tr>
<tr><td colspan="2">CS</td><td>代码段寄存器</td><td rowspan="4">4 个段寄存器</td><td rowspan="4">段寄存器</td></tr>
<tr><td colspan="2">DS</td><td>数据段寄存器</td></tr>
<tr><td colspan="2">SS</td><td>堆栈段寄存器</td></tr>
<tr><td colspan="2">ES</td><td>附加数据段寄存器</td></tr>
</table>

1. 通用寄存器(AX、BX、CX、DX)

通用寄存器分为数据寄存器、地址指针和变址寄存器两组。数据寄存器包括 4 个 16 位的寄存器 AX、BX、CX 和 DX，一般用来存放 16 位数据，故称为数据寄存器。其中的每一个又可根据需要将高 8 位和低 8 位分成独立的两个 8 位寄存器来使用，即 AH、BH、CH、DH 和 AL、BL、CL、DL 两组，用于存放 8 位数据，它们均可独立寻址、独立使用。地址指针和变址寄存器包括指针寄存器 SP、BP 和变址寄存器 SI、DI，都是 16 位寄存器，一般用来存放地址的偏移量。这 8 个 16 位通用寄存器都具有通用性，从而提高了指令系统的灵活性。它们可以按照功能分为以下几类。

1) 数据寄存器(AX、BX、CX、DX)

数据寄存器一般用于存放参与运算的操作数或运算结果。每个数据寄存器都是 16 位的，但又可将高 8 位和低 8 位分别作为两个独立的 8 位寄存器来用。高 8 位分别记作 AH、BH、CH、DH，低 8 位分别记作 AL、BL、CL、DL。例如 AX 可当作两个 8 位寄存器 AH、AL 使用。注意，8086/8088 CPU 的 14 个寄存器除了这 4 个 16 位寄存器能分别当作两个 8 位寄存器来用之外，其他寄存器都不能如此使用。

上述 4 个寄存器一般用来存放数据，但它们各自都有自己的特定用途，例如：

AX(Accumulator)称为累加器。用该寄存器存放运算结果可使指令简化，提高指令的执行速度。此外，所有的 I/O 指令都使用该寄存器与外设端口交换信息。

BX(Base)称为基址寄存器。8086/8088 CPU 中有两个基址寄存器 BX 和 BP。BX 用来存放操作数在内存中数据段内的偏移地址，BP 用来存放操作数在堆栈段内的偏移地址。

CX(Counter)称为计数寄存器。在设计循环程序时使用该寄存器存放循环次数，可使程序指令简化，有利于提高程序的运行速度。

DX(Data)称为数据寄存器。在寄存器间接寻址的 I/O 指令中存放 I/O 端口地址；在做双字长乘除法运算时，DX 与 AX 一起存放一个双字长操作数，其中 DX 存放高 16 位数。

2) 地址指针寄存器(SP、BP)

SP(Stack Pointer)称为堆栈指针寄存器。在使用堆栈操作指令(PUSH 或 POP)对堆栈进行操作时，每执行一次进栈或出栈操作，系统会自动将 SP 的内容减 2 或加 2，以使其始终指向栈顶。

BP(Base Pointer)称为基址指针寄存器。作为通用寄存器，它可以用来存放数据，但更重要的用途是存放操作数在堆栈段内的偏移地址。

3) 变址寄存器(SI、DI)

SI(Source Index)称为源变址寄存器。DI(Destination Index)称为目的变址寄存器。这两个寄存器通常用在字符串操作时存放操作数的偏移地址，其中 SI 存放源串在数据段内的偏移地址，DI 存放目的串在附加数据段内的偏移地址。

这些通用寄存器还各自有特定的用法，见表 2.2。

表 2.2　通用寄存器的特定用法

寄存器	操　作
AX	字乘，字除，字 I/O
AL	字节乘，字节除，字节 I/O，查表转换，十进制运算
AH	字节乘，字节除
BX	查表转换
CX	数据串操作指令，循环指令
CL	变量移位，循环移位
DX	字乘，字除，间接 I/O
SP	堆栈操作
SI	数据串操作指令
DI	数据串操作指令

在 8086 出现之前，如 8080 系列 CPU 都是 8 位的 CPU，之前讲过 8086 16 位 CPU 是兼容 8 位的，从寄存器中便可以体现这一点，8086 中的 CPU 都是由两个独立的 8 位寄存器组成一个 16 位寄存器。每一个 8 位寄存器均可以单独使用。我们可以认为通用寄存器中任何一组的两个寄存器都是相互独立的，比如指令“MOV AL，01H”，CPU 在执行时就不会读取 AH 中的数值。表 2.3 展示了 AH 和 AL 在 AX 中的分布情况。

表 2.3　AX 寄存器中 AH 和 AL 的分布情况

AX															
15	14	13	12	11	10	9	8	7	6	5	4	3	2	1	0
AH								AL							

2. 段寄存器

为了对 1M 个存储单元进行管理，8086/8088 对存储器进行分段管理，即将程序代码或数据分别放在代码段、数据段、堆栈段或附加数据段中，每个段最多可达 64K 个存储单元。段基址分别放在对应的段寄存器中，代码或数据在段内的偏移地址由有关寄存器或立即数给出，如表 2.4 所示。

表 2.4　8086/8088 段寄存器与段内偏移地址寄存器之间的用法

段 寄 存 器	提供段内偏移地址的寄存器
CS	IP
DS	BX、SI、DI 或一个 16 位立即数形式的偏移地址
SS	SP 或 BP
ES	DI(用于字符串操作指令)

8086/8088 的 4 个段寄存器分别如下：

CS(Code Segment)称为代码段寄存器，用来存储程序当前使用的代码段的段地址。CS 的内容左移 4 位再加上指令指针寄存器(IP)的内容就是下一条要读取的指令在存储器中的物理地址。

DS(Data Segment)称为数据段寄存器，用来存放程序当前使用的数据段的段地址。DS 的内容左移 4 位再加上按指令中存储器寻址方式给出的偏移地址即得到对数据段指定单元

进行读/写的物理地址。

SS(Stack Segment)称为堆栈段寄存器，用来存放程序当前所使用的堆栈段的段地址。堆栈是存储器中开辟的按先进后出原则组织的一个特殊存储区，主要用于在调用子程序或执行中断服务程序时保护断点和现场。

ES(Extra Segment)称为附加数据段寄存器，用来存放程序当前使用的附加数据段的段地址。附加数据段用来存放字符串操作时的目的字符串。

3. 控制寄存器(IP、FLAGS)

指令指针寄存器(IP)：16 位的寄存器，存放 EU 要执行的下一条指令的偏移地址，用以控制程序中指令的执行顺序，实现对代码段指令的跟踪。

标志寄存器 FLAGS：16 位的寄存器，共 9 个标志，其中 6 个用作状态标志，3 个用作控制标志，如表 2.5 所示。

表 2.5　标志寄存器位表

FLAGS															
15	14	13	12	11	10	9	8	7	6	5	4	3	2	1	0
				OF	DF	IF	TF	SF	ZF		AF		PF		CF

1) 状态标志

状态标志位用来反映算术和逻辑运算结果的一些特征，如结果是否为 0，是否有进位、借位、溢出等。不同指令对状态标志位的影响是不同的。下面分别介绍 6 个状态标志位的功能。

CF(Carry Flag)：进位标志。当进行加减运算时，若最高位发生进位或借位，则 CF 为 1，否则为 0。通常该位用于判断无符号数运算结果是否超出了计算机所能表示的无符号数的范围。

PF(Parity Flag)：奇偶标志位。当指令执行结果的低 8 位中含有偶数个 1 时，PF 为 1，否则为 0。

AF(Auxiliary Flag)：辅助进位标志位。当执行一条加法或减法运算指令时，若结果的低字节的低 4 位向高 4 位有进位或借位，则 AF 为 1，否则为 0。

ZF(Zero Flag)：零标志位。若当前的运算结果为 0，则 ZF 为 1，否则为 0。

SF(Sign Flag)：符号标志位。当运算结果的最高位为 1 时，SF 为 1，否则为 0。

OF(Overflow Flag)：溢出标志位。当运算结果超出了计算机所能表示的有符号数数值范围，即溢出时，OF 为 1，否则为 0。该标志位用来判断有符号数运算结果是否溢出。

2) 控制标志

控制标志是用来控制 CPU 的工作方式或工作状态的。

控制标志位有 3 个：TF、IF 和 DF，用来控制 CPU 的操作，由程序设置或清除。

TF(Trap Flag)：跟踪(陷阱)标志位。该位是为方便测试程序而设置的。若将 TF 置 1，则 8086/8088 CPU 处于单步工作方式，否则，将正常执行程序。

IF(Interrupt Flag)：中断允许标志位。该位是用来控制可屏蔽中断的控制标志位。若用 STI 指令将 IF 置 1，则表示允许 CPU 接收外部从 INTR 引脚上发来的可屏蔽中断请求信号；若用 CLI 指令将 IF 清零，则禁止 CPU 接收可屏蔽中断请求信号。IF 的状态对非屏蔽中断及内部中断没有影响。

DF(Direction Flag)：方向标志位。若用 STD 指令将 DF 置 1，则串操作按减地址方式进行，也就是说，从高地址开始，每操作一次地址自动递减；若用 CLD 指令将 DF 清零，则串操作按增地址方式进行，即每操作一次地址自动递增。

注意：有关寄存器，尤其是在存储器寻址时用来存放操作数在段内偏移地址的地址寄存器和标志寄存器中各控制标志位的使用方法，将在后续章节中进一步详细介绍，请读者务必熟练掌握。

【例 2-1】 8088/8086 ALU 执行 9234H + 9BCDH 加法运算后，各个标志位的含义是什么？

解 把上述 16 进制数加法写成二进制数加法：

```
     1001 0010 0011 0100
+    1001 1011 1100 1101
------------------------
   1 0010 1110 0000 0001
```

因为最高位有进位，所以 CF = 1；结果中包含 5 个 1，1 的个数为奇数，所以 PF = 0；第 4 位向第 5 位有进位，所以 AF = 1；结果不为零，所以 ZF = 0；结果的符号位为 0，所以 SF = 0；结果超出了 16 位有符号数的范围，所以 OF = 1。(从两个负数相加结果为正数也可以看出结果溢出)

2.2 8086/8088 微处理器的外部特性

在学习 8086/8088 CPU 总线之前必须了解 CPU 的最小模式和最大模式之间的区别。最小模式就是在系统中只有一个 8086/8088 微处理器，所有的总线控制器都直接由 8086/8088 CPU 产生，需设计的控制电路最少。最大模式是相对于最小模式而言的。在最大模式的系统中可包含两个或多个微处理器，主处理器是 8086/8088，其他的处理器称之为协处理器，它们是协同工作的，比如输入/输出的协处理器是 8089，数学运算的协处理器是 8087。至于系统到底是最小模式还是最大模式取决于硬件系统的设计。CPU 模式不同时，部分引脚的功能是不同的。

1. 8086/8088 的引脚和功能

如图 2.2 所示为 8086 CPU 芯片的引脚。该芯片共有 40 条引脚，这些引脚线用来输出或接收各种信号：地址线、数据线、控制线和状态线、电源线和定时线。8086/8088 CPU 芯片的引脚应包括 20 根地址线，16 根(8086 CPU)或 8 根(8088 CPU)数据线以及控制线、状态线、电源线和地线等，若每条引脚只传输一种信息，那么芯片的引脚将会太多，不利于芯片的封装，因此，8086/8088 CPU 的部分引脚定义了双重功能。如第 33 引脚 $MN/\overline{MX}$ 上电平的高低代表两种不同的信号；第 24～31 引脚在 CPU 处于两种不同的工作模式(最大工作模式和最小工作模式)时具有不同的名称和定义；引脚 9～16(8088 CPU)及引脚 2～16 还有第 39 引脚(8086 CPU)采用了分时复用技术，即在不同的时刻分别传输地址或数据信息等。

由于 8088 CPU 是一种准 16 位机，其内部结构与信号基本上与 8086 相同，只是有一

些引脚的功能有所不同。在这里，我们将以 8086 为例，具体介绍最小模式和最大模式下各引脚的功能，如出现功能不同的引脚再具体讲解。

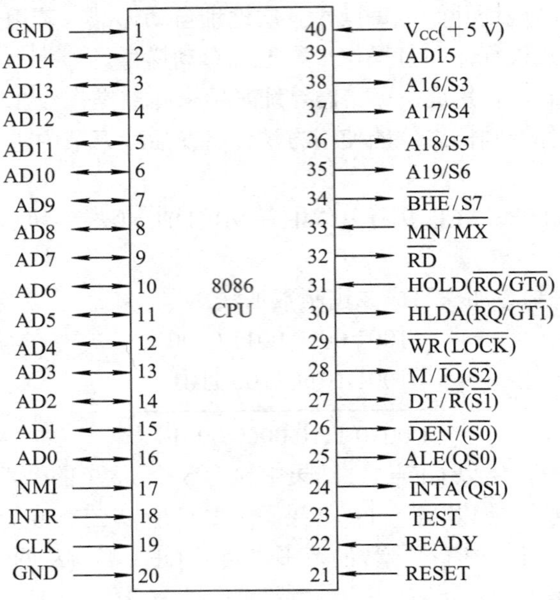

图 2.2　8086 CPU 引脚图

8086 CPU 引脚按功能可分为三大类：电源线和地线、地址/数据引脚以及控制引脚。

1) 电源线和地线

- 电源线 V_{CC}(第 40 引脚)：输入，接入单一 +5V(±10%)电源。
- 地线 GND(引脚 1、20)：输入，两条地线均应接地。

2) 地址/数据引脚

- 地址/数据分时复用引脚 AD15～AD0(Address Data)：引脚 39 及引脚 2～16，传输地址时单向输出，传输数据时双向输入或输出。
- 地址状态分时复用引脚 A19/S6～A16/S3(Address/Status)：引脚 35～38，输出、三态总线。该总线采用分时输出，即在 T1 状态时作地址线用，在 T2～T4 状态时用于输出状态信息。当 CPU 访问存储器时，T1 状态输出 A19～A16，与 AD15～AD0 一起构成访问存储器的 20 位物理地址；当 CPU 访问 I/O 端口时，不使用这 4 条引脚，A19～A16 保持为 0。状态信息中的 S6 为 0，用来表示 8086 CPU 当前与总线相连，所以在 T2～T4 状态时，S6 总为 0，以表示 CPU 当前连在总线上；S5 表示中断允许标志位 IF 的当前设置，IF = 1 时，S5 为 1，否则为 0；S4～S3 用来指示当前正在使用哪个段寄存器，如表 2.6 所示。

表 2.6　S4 与 S3 组合代表的正在使用的段寄存器

S4	S3	当前使用的段寄存器
0	0	ES
0	1	SS
1	0	CS 或未使用任何段寄存器
1	1	DS

3) 控制引脚

• NMI(Non-Maskable Interrupt)：引脚 17，非屏蔽中断请求信号，输入，上升沿触发。此请求不受标志寄存器 FLAGS 中的中断允许标志位(IF)状态的影响，只要此信号一出现，在当前指令执行结束后立即进行中断处理。

• INTR(Interrupt Request)：引脚 18，可屏蔽中断请求信号，输入，高电平有效。CPU 在每个指令周期的最后一个时钟周期检测该信号是否有效，若此信号有效，则表明有外设提出了中断请求。这时若 IF = 1，则执行完当前指令后立即响应中断；若 IF = 0，则中断被屏蔽，外设发出的中断请求将不被响应。程序员可通过指令 STI 或 CLI 将 IF 标志位置 1 或清零。

• CLK(Clock)：引脚 19，系统时钟，输入。它通常与 8284A 时钟发生器的时钟输出端相连。

• RESET：引脚 21，复位信号，输入，高电平有效。复位信号使处理器马上结束现行操作，对处理器内部寄存器进行初始化。8086/8088 CPU 要求复位脉冲宽度不得小于 4 个时钟周期。复位后，内部寄存器的状态如表 2.7 所示。系统正常运行时，RESET 保持低电平。

表 2.7　复位后内部寄存器的状态

内部寄存器	状态
标志寄存器	0000H
IP	0000H
CS	FFFFH
DS	0000H
SS	0000H
ES	0000H
指令队列缓冲器	空
其余寄存器	0000H

• READY：引脚 22，数据“准备好”信号线，输入。它实际上是所寻址的存储器或 I/O 端口发来的数据准备就绪信号，高电平有效。CPU 在每个总线周期的 T3 状态对 READY 引脚采样，若为高电平，则说明数据已准备好，若为低电平，则说明数据还没有准备好，CPU 在 T3 状态之后自动插入一个或几个等待状态 T_W，直到 READY 变为高电平，才能进入 T4 状态，完成数据传输过程，从而结束当前总线周期。

• $\overline{\text{TEST}}$：引脚 23，等待测试信号，输入。当 CPU 执行 WAIT 指令时，每隔 5 个时钟周期对引脚进行一次测试，若为高电平，CPU 就仍处于空转状态进行等待，直到 $\overline{\text{TEST}}$ 引脚变为低电平，CPU 结束等待状态，执行下一条指令，以使 CPU 与外部硬件同步。

• $\overline{\text{RD}}$ (Read)：引脚 32，读控制信号，输出。当 $\overline{\text{RD}}$ = 0 时，表示将要执行一个对存储器或 I/O 端口的读操作。到底是从存储单元还是从 I/O 端口读取数据，取决于 M/$\overline{\text{IO}}$ (8086 CPU)或 IO/$\overline{\text{M}}$ (8088 CPU)信号。

• $\overline{\text{BHE}}$ /S7(Bus High Enable/Status)：引脚 34，高 8 位数据总线允许/状态复用引脚，输出。$\overline{\text{BHE}}$ 在总线周期的 T1 状态时输出，当该引脚输出为低电平时，表示当前数据总线上高 8 位数据有效。该引脚和地址引脚 A0 配合表示当前数据总线的使用情况，如表 2.8 所示，详见“2.3.1　8086/8088 存储器组织”一节。S7 在 8086 CPU 中未被定义，暂作备用状态信号线。

表 2.8　$\overline{BHE}$ 与地址引脚 A0 编码的含义

$\overline{BHE}$	A0	数据总线的使用情况
0	0	16 位字传输(偶地址开始的两个存储器单元的内容)
0	1	在数据总线高 8 位(D15～D8)和奇地址单元间进行字节传输
1	0	在数据总线低 8 位(D7～D0)和偶地址单元间进行字节传输
1	1	无效

- MN/$\overline{MX}$ (Minimum/Maximum mode control)：引脚 33，最小/最大工作方式控制信号，输入信号。MN/$\overline{MX}$引脚接高电平时，8086/8088 CPU 工作在最小工作方式，在此方式下，全部控制信号由 CPU 提供；MN/$\overline{MX}$引脚接低电平时，8086/8088 CPU 工作在最大工作方式，此时第 24～31 引脚的功能如图 2.2 所示(括号内)，这时，CPU 发出的控制信号经 8288 总线控制器进行变换和组合，从而使总线的控制功能更加完善。

2. 8086 CPU 最小工作模式系统

所谓 8086 CPU 最小工作模式，就是系统中只有 8086 一个微处理器，是一个单微处理器系统。在这种系统中，所有的总线控制信号都直接由 8086 CPU 产生，系统中的总线控制逻辑电路被减到最少。当把 8086 CPU 的 33 脚 MN/$\overline{MX}$接 +5 V 时，8086 CPU 就处于最小工作模式。如图 2.3 所示为 8086 的最小工作模式的系统组成。

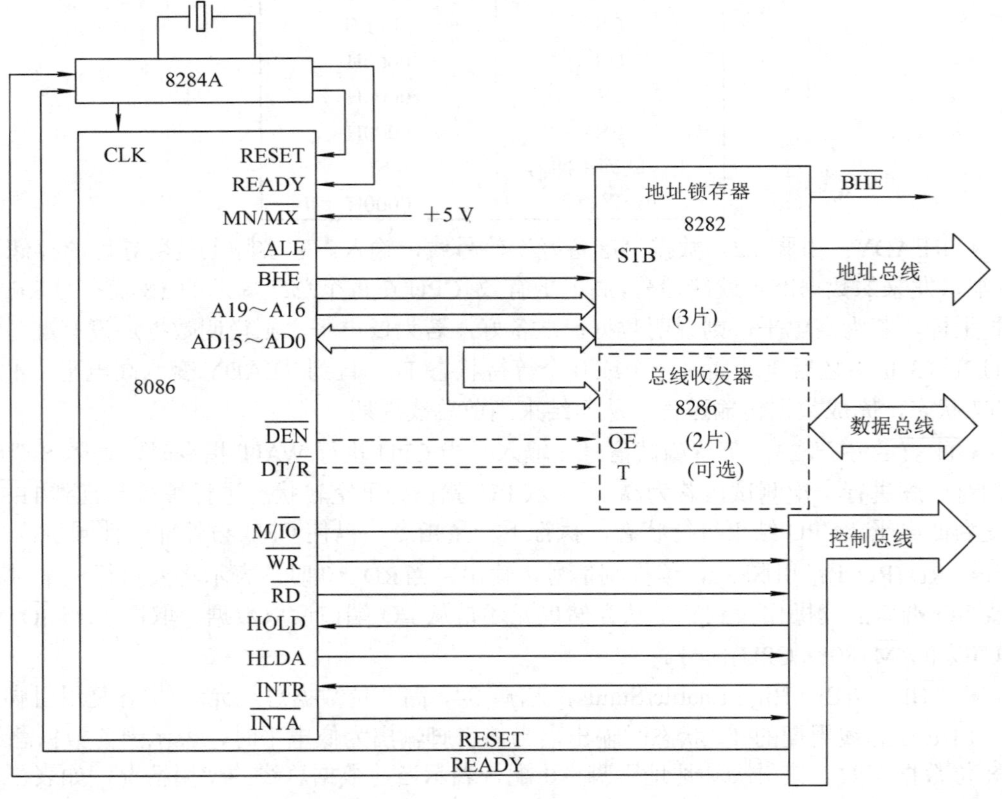

图 2.3　8086 CPU 最小工作模式的系统组成

8284A 为时钟发生器，它除了给 CPU 提供频率恒定的时钟信号 CLK 外，还对外部来的“准备好”信号 READY 及复位信号 RESET 进行同步。由于外部这两个信号的发出是随机的，经 8284A 内部逻辑电路在时钟脉冲下同步，被同步的“准备好”信号 READY 和复位信号 RESET 从 8284A 输出，送至 8088CPU。

8282 为 8 位地址锁存器。当 8086 CPU 访问存储器时，在总线周期的 T1 状态下发出地址信号，经 8282 锁存后的地址信号可以在访问存储器操作期间始终保持不变，为外部提供稳定的地址信号。8282 是典型的 8 位地址锁存芯片，8086 CPU 采用 20 位地址，再加上 $\overline{\text{BHE}}$ 信号，所以需要 3 片 8282 作为地址锁存器。

8286 为具有三态输出的 8 位数据总线收发器，用于需要增加驱动能力的系统。在 8086 CPU 系统中需要 2 片 8286，而在 8088 CPU 系统中只用 1 片就可以了。

系统中还有一个等待状态产生电路，它向 8284A 的 READY 端提供一个信号，经 8284A 同步后向 CPU 的 READY 端发送数据准备就绪信号，通知 CPU 数据已准备好，可以结束当前的总线周期。当 READY = 0 时，CPU 在 T3 之后自动插入 T_W 状态，以避免 CPU 与存储器或 I/O 设备进行数据交换时，因后者速度慢而丢失数据。

在最小工作模式下，8086 CPU 第 24～31 引脚的功能如下：

- $\overline{\text{INTA}}$ (Interrupt Acknowledge)：引脚 24，中断响应信号，输出。该信号用于对外设的中断请求(经 INTR 引脚送入 CPU)作出响应。$\overline{\text{INTA}}$ 实际上是两个连续的负脉冲信号，第一个负脉冲通知外设接口，它发出的中断请求已被允许；外设接口接到第二个负脉冲后，将中断类型号放到数据总线上，以便 CPU 根据中断类型号到内存的中断向量表中找出对应中断的中断服务程序入口地址，从而转去执行中断服务程序。

- ALE(Address Latch Enable)：引脚 25，地址锁存允许信号，输出。它是 8086/8088 CPU 提供给地址锁存器的控制信号，高电平有效。在任何一个总线周期的 T1 状态，ALE 均为高电平，以表示当前地址/数据复用总线上输出的是地址信息，ALE 在由高到低的下降沿把地址装入地址锁存器中。

- $\overline{\text{DEN}}$ (Data Enable)：引脚 26，数据允许信号，输出。当使用数据总线收发器时，该信号为收发器的 $\overline{\text{OE}}$ 端提供了一个控制信号，该信号决定是否允许数据通过数据总线收发器。当 $\overline{\text{DEN}}$ 为高电平时，收发器在收或发两个方向上都不能传输数据；当 $\overline{\text{DEN}}$ 为低电平时，允许数据通过数据总线收发器。

- DT/$\overline{\text{R}}$ (Data Transmit/Receive)：引脚 27，数据发送/接收信号，输出。该信号用来控制数据的传输方向，当其为高电平时，8086 CPU 通过数据总线收发器进行数据发送；当其为低电平时，则进行数据接收。在 DMA 方式下，该引脚被浮置为高阻状态。

- M/$\overline{\text{IO}}$ (Memory/Input and Output)：引脚 28，存储器或 I/O 端口控制信号，输出。该信号用来区分 CPU 是进行存储器访问还是 I/O 端口访问。当该信号为高电平时，表示 CPU 正在和存储器进行数据传输；当它为低电平时，表明 CPU 正在和输入/输出设备进行数据传输。在 DMA 方式下，该引脚被置为高阻状态。

- $\overline{\text{WR}}$ (Write)：引脚 29，写信号，输出。$\overline{\text{WR}}$ 有效时，表示 CPU 当前正在进行存储器或 I/O 写操作，到底是哪一种写操作，取决于 M/$\overline{\text{IO}}$ 信号。在 DMA 方式下，该引脚被置为高阻状态。

- HOLD(Hold request)：引脚 31，总线保持请求信号，输入。当 8086/8088 CPU 之外的总线主设备要求占用总线时，通过该引脚向 CPU 发送一个高电平的总线保持请求信号。

• HLDA(Hold Acknowledge)：引脚 30，总线保持响应信号，输出。当 CPU 接收到 HOLD 信号后，如果 CPU 允许让出总线，就在当前总线周期完成时，在 T4 状态发出高电平有效的 HLDA 信号给予响应。此时，CPU 让出总线使用权，发出 HOLD 请求的总线主设备获得总线的控制权。

3. 8086 CPU 最大工作模式

8086 CPU 最大工作模式是指除 8088 CPU 之外，系统可能还有一片或多片微处理器，8086 处理器之外的其他处理器称为协处理器，如数值运算处理器 8087 和外设 I/O 处理器 8089。另外一种情况是，当系统规模较大时，即使是单 CPU，也做成最大模式。此时系统中增加了一个总线控制器 8288，以提高驱动能力，提供较好的大系统。例如 IBMPC/XT 就属于这种情况，它在主机板上为 8087 预留有空着的 40 芯插座，可以使系统工作在多处理器的最大模式。

当 $MN/\overline{MX}$ 接低电平时，系统工作于最大模式，即多处理器方式，其典型系统组成如图 2.4 所示。

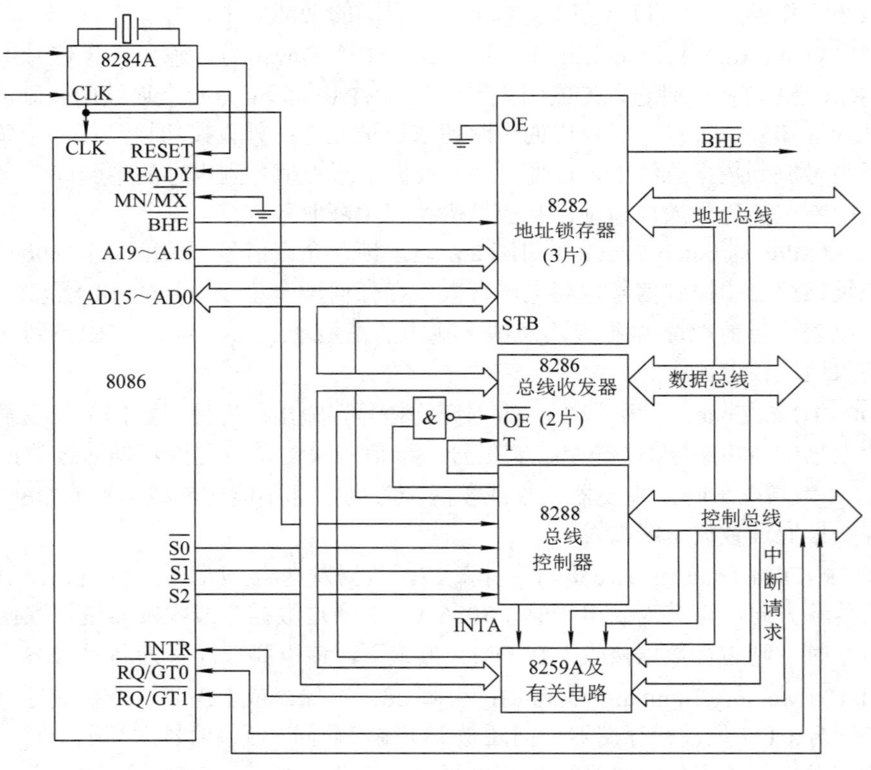

图 2.4　8086 CPU 最大工作模式的系统组成

比较最大工作模式和最小工作模式的系统结构图可以看出，最大工作模式和最小工作模式有关地址总线和数据总线的电路部分基本相同，即都需要地址锁存器及数据总线收发器。然而两者控制总线的电路部分有很大差别。在最小工作模式下，控制信号可直接从 8086/8088 CPU 得到，不需要外加电路。最大模式是多处理器工作方式，需要协调主处理器和协处理器的工作。因此，8086/8088 CPU 的部分引脚需要重新定义，控制信号不能直接从 8086/8088 CPU 得到，需要外加 8288 总线控制器，通过它对 CPU 发出的控制信号(S0、S1、S2)进行变换和组合，以得到对存储器或 I/O 端口的读/写控制信号和对地址锁存器 8282 及对总线收发器 8286 的控制信号，使总线的控制功能更加完善。

在最大工作模式下，8086 CPU 第 24～31 引脚的功能如下：

• QS1、QS0(Instruction Queue Status)：引脚 24、25，指令队列状态信号，输出。QS1、QS0 两个信号电平的不同组合指明了 8086/8088 CPU 内部指令队列的状态，其代码组合对应的含义如表 2.9 所示。

表 2.9　QS1、QS0 的组合状态

QS1	QS0	含　义
0	0	无操作
0	1	从指令队列的第一字节中取走代码
1	0	队列为空
1	1	除第一字节外，还取走了后续字节中的代码

• $\overline{S2}$、$\overline{S1}$、$\overline{S0}$(Bus Cycle Status)：引脚 26、27、28，总线周期状态信号，输出。低电平有效的三个状态信号连接到总线控制器 8288 的输入端，8288 对这些信号进行译码后产生内存及 I/O 端口的读/写控制信号。表 2.10 所示为这三个状态信号的代码组合使 8288 产生的控制信号及其对应的操作。

表 2.10　$\overline{S2}$、$\overline{S1}$、$\overline{S0}$的代码组合对应的操作

$\overline{S2}$	$\overline{S1}$	$\overline{S0}$	8288 控制信号	对应操作
0	0	0	$\overline{INTA}$	中断响应信号
0	0	1	$\overline{IORC}$	读 I/O 端口
0	1	0	$\overline{IOWC}$ / $\overline{AIOWC}$	写 I/O 端口
0	1	1	无	暂停
1	0	0	$\overline{WRDC}$	取指令
1	0	1	$\overline{WRDC}$	读内存
1	1	0	$\overline{NWTC}$ / $\overline{AMWC}$	写内存
1	1	1	无	无源状态

表 2.10 中前 7 种代码组合都对应某个总线操作过程，通常称为有源状态，它们处于前一个总线周期的 T4 状态或本总线周期的 T1、T2 状态中，$\overline{S2}$、$\overline{S1}$、$\overline{S0}$中至少有一个信号为低电平。在总线周期的 T3、T_W状态并且 READY 信号为高电平时，$\overline{S2}$、$\overline{S1}$、$\overline{S0}$都成为高电平，此时，前一个总线周期就要结束，后一个新的总线周期尚未开始，通常称为无源状态。在总线周期的最后一个状态即 T4 状态，$\overline{S2}$、$\overline{S1}$、$\overline{S0}$中任何一个或几个信号的改变都意味着下一个新的总线周期的开始。

• $\overline{LOCK}$ (Lock)：引脚 29，总线封锁信号，输出。当$\overline{LOCK}$为低电平时，系统中其他总线主设备不能获得总线的控制权而占用总线。$\overline{LOCK}$信号由指令前缀 LOCK 产生，执行 LOCK 指令后面的一条指令后，便撤销了$\overline{LOCK}$信号。另外，在 DMA 期间，$\overline{LOCK}$被悬空而处于高阻状态。

● $\overline{RQ}/\overline{GT1}$、$\overline{RQ}/\overline{GT0}$ (Request/Grant)：引脚 30、31，总线请求信号(输入)/总线请求允许信号(输出)。这两个信号可供 8086/8088 CPU 以外的两个总线主设备向 8086/8088 CPU 发出使用总线的请求信号 RQ(相当于最小模式时的 HOLD 信号)。8086/8088 CPU 在现行总线周期结束后让出总线，发出总线请求允许信号 GT(相当于最小模式的 HLDA 信号)，此时，外部总线主设备便获得了总线的控制权。其中$\overline{RQ}/\overline{GT0}$比$\overline{RQ}/\overline{GT1}$的优先级高。

4. 8088 与 8086 引脚的区别

8088 CPU 与 8086 CPU 绝大多数引脚的名称和功能是完全相同的，仅有以下 3 点不同：

(1) AD15～AD0 的定义不同。AD15～AD0 在 8086 CPU 中都定义为地址/数据分时复用引脚；而在 8088 CPU 中，由于只需要 8 根数据线，因此，对应于 8086 CPU 的 AD15～AD8 这 8 条引脚在 8088 CPU 中定义为 A15～A8，它们在 8088 CPU 中只作地址线用。

(2) 引脚 34 的定义不同。在最大工作模式下，8088 CPU 的第 34 引脚保持高电平，而 8086 CPU 的第 34 引脚的定义与最小工作模式下相同。

(3) 引脚 28 的有效电平高低定义不同。8088 CPU 和 8086 CPU 的第 28 引脚的功能是相同的，但有效电平的高低定义不同。8088 CPU 的第 28 引脚为 IO/$\overline{M}$，当该引脚为低电平时，表明 8088 CPU 正在进行存储器操作；当该引脚为高电平时，表明 8088 CPU 正在进行 I/O 端口操作。8086 CPU 的第 28 引脚为 M/$\overline{IO}$，其高低电平与 8088 CPU 正好相反。

2.3 8086/8088 存储器和 I/O 组织

2.3.1 8086/8088 存储器组织

8086/8088 CPU 有 20 根地址线，可直接对 1M 个存储单元进行访问。每个存储单元存放一个字节(8 位)数据，一个“字”占两个字节即 16 位，存放在两个相邻的存储单元中，高字节存放在高地址单元，低字节存放在低地址单元。每个存储单元都有一个 20 位的地址，这 1M 个存储单元对应的地址为 00000H～FFFFFH($0\sim2^{20}-1$)，如表 2.11 所示。

表 2.11 8086/8088 存储空间

存储数据	存储单元地址
AAH	00000H
⋮	⋮
55H	00001H
11H	00002H
22H	00003H
33H	00004H
⋮	⋮
01H	EFFFFH
9EH	F0000H
⋮	⋮
86H	FFFFFH

上面讲到一个“字”需要占用存储器连续的两个字节，则将“字”的低位字节存放在低地址单元，高位字节存放在高位地址单元。如表 2.11 中从地址 EFFFH 开始的两个连续单元中存放一个字节型数据，该数据为 9E01H，记为(EFFFH) = 9E01H。一个“字”中的每个字节都有一个字节地址，一个“字”中最低位为 0，最高位为 15。

若存放的是双字型数据(32 位二进制数，这种数一般作为地址指针，其低位字是被寻址地址的偏移量，高位字是被寻址地址所在段的段地址)，这种类型的数据要占用连续的 4 个存储单元，同样，低字节存放在低地址单元，高字节存放在高地址单元。如从地址 00001H 开始的连续 4 个存储单元中存放了一个双字型数据，则该数据为 66A65E65H，记为(E800AH) = 33221155H。

1. 存储器的段结构

8086/8088 CPU 中可用来存放地址的寄存器如 IP、SP 等都是 16 位的，故只能直接寻址 64 KB。为了对 1M 个存储单元进行管理，8086/8088 CPU 采用了段结构的存储器管理方法。

8086/8088 CPU 将整个存储器分为许多个逻辑段，每个逻辑段的容量小于或等于 64 KB，允许它们在整个存储空间中浮动，各个逻辑段之间可以紧密相连，也可以互相重叠。用户编写的程序(包括指令代码和数据)被分别存储在代码段、数据段、堆栈段、附加数据段中，这些段的段基址分别存储在段寄存器 CS、DS、SS、ES 中，而指令或数据在段内的偏移地址可由对应的地址寄存器或立即数给出，如表 2.12 所示。

表 2.12　段寄存器与偏移地址的对应关系

存储器操作类型	段基址		偏移地址
	正常来源	其他来源	
取指令	CS	无	IF
存取操作数	DS	CS、ES、SS	有效地址 EA
通过 BP 寻址存取操作数	SS	CS、ES、SS	有效地址 EA
堆栈操作	SS	无	BP、SP
源字符串	DS	CS、ES、SS	SI
目的字符串	ES	无	DI

如果从存储器中读取指令，则段基址来源于代码段寄存器 CS，偏移地址来源于指令指针寄存器 IP。

如果从存储器读/写操作数，则段基址通常由数据段寄存器 DS 提供(必要时可通过指令前缀实现段超越，将段地址指定为由 CS、ES 或 SS 提供)，偏移地址则要根据指令中所给出的寻址方式确定。这时，偏移地址通常由寄存器 BX、SI、DI 以及立即数等提供，这类偏移地址也被称为有效地址(EA)。但是，如果操作数是通过基址指针寄存器 BP 寻址的，则此时操作数所在段的段基址由堆栈段寄存器 SS 提供(必要时可指定为由 CS、SS 或 ES 提供)。

如果使用堆栈操作指令(PUSH 或 POP)进行进栈或出栈操作，以保护断点或现场，则段基址来源于堆栈段寄存器 SS，偏移地址来源于堆栈指针寄存器 SP(详见本节“堆栈操作”)。

如果执行的是字符串操作指令，则源字符串所在段的段基址由数据段寄存器 DS 提供(必要时可指定为由 CS、ES 或 SS 提供)，偏移地址由源变址寄存器 SI 提供；目的字符串所在段的段基址由附加数据段寄存器 ES 提供，偏移地址由目的变址寄存器 DI 提供。

以上这些存储器操作时，段基址和偏移地址的约定是由系统设计时事先规定好的，编写程序时必须遵守这些约定。

2. 逻辑地址与物理地址

由于采用了存储器分段管理方式，8080/8088 CPU 在对存储器进行访问时，根据当前的操作类型(取指令或存取操作数)以及读取操作数时指令所给出的寻址方式，CPU 就可确定要访问的存储单元所在段的段基址以及该单元在本段内的偏移地址(如表 2.4 所示)。我们把通过段基址和偏移地址来表示的存储单元地址称为逻辑地址，记为“段基址：偏移地址”。CPU 在对存储单元进行访问时，必须在 20 位的地址总线上提供一个 20 位的地址信息，以便选中所要访问的存储单元。我们把 CPU 对存储器进行访问时实际寻址所使用的 20 位地址称为物理地址。

物理地址是由 CPU 内部总线接口单元(BIU)中的地址加法器根据逻辑地址产生的。由逻辑地址形成 20 位物理地址的方法为：段基址×10H + 偏移地址。

图 2.5 所示为存储器分段示意。如果当前的 IP = 1000H，那么，下一条要读取的指令所在存储单元的物理地址为：CS × 10H + IP = 1000H × 10H + 1000H = 11000H；如果某操作数在数据段内的偏移地址为 8000H，则该操作数所在存储单元的物理地址为：DS × 10H + 8000H = 2A0FH × 10H + 8000H = 320F0H。

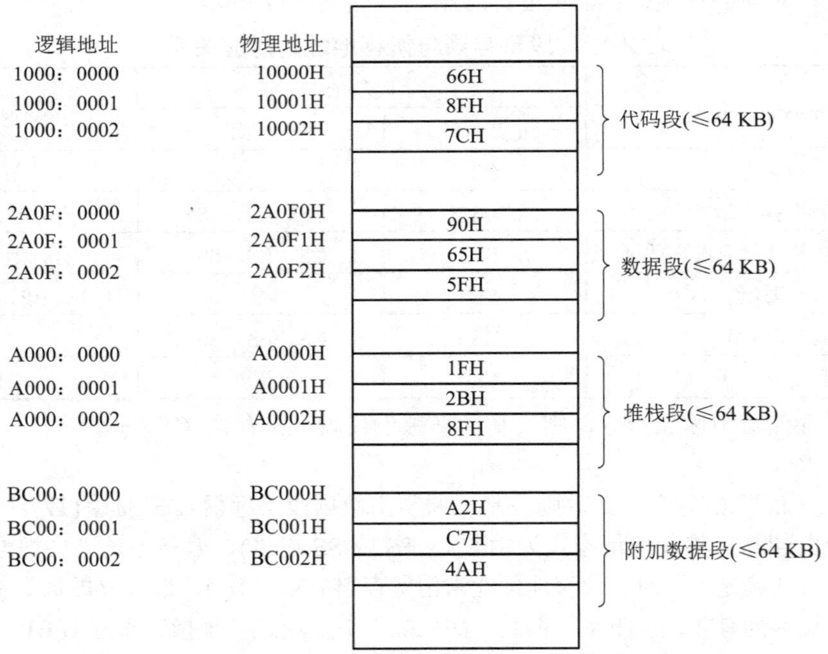

逻辑地址	物理地址	存储单元	
1000：0000	10000H	66H	代码段(≤64 KB)
1000：0001	10001H	8FH	
1000：0002	10002H	7CH	
2A0F：0000	2A0F0H	90H	数据段(≤64 KB)
2A0F：0001	2A0F1H	65H	
2A0F：0002	2A0F2H	5FH	
A000：0000	A0000H	1FH	堆栈段(≤64 KB)
A000：0001	A0001H	2BH	
A000：0002	A0002H	8FH	
BC00：0000	BC000H	A2H	附加数据段(≤64 KB)
BC00：0001	BC001H	C7H	
BC00：0002	BC002H	4AH	

设当前 CS = 1000H，DS = 2A0FH，SS = A000H，ES = BC00H

图 2.5　存储器分段示意图

可以看出，对某一个存储单元而言，它有唯一的物理地址，但由于 8086/8088 CPU 允许段与段之间的重叠，因此，存储单元的逻辑地址不是唯一的，即一个存储单元只有唯一确定的物理地址，但可以有一个或多个逻辑地址。

3. 堆栈操作

堆栈是在存储器中开辟的一个特定区域。堆栈在存储器中所处的段称为堆栈段，和其他逻辑段一样，它可在 1 MB 的存储空间中浮动，其容量可达 64 KB。开辟堆栈的目的主要有以下两点：

(1) 存放指令操作数(变量)。此时，由于操作数在堆栈段中，因而对操作数进行访问时，段地址自然由堆栈段寄存器 SS 来提供，操作数在该段内的偏移地址由基址指针寄存器 BP 来提供。

(2) 保护断点和现场，此为堆栈的主要功能。所谓保护断点，是指主程序在调用子程序或执行中断服务程序时，为了在执行子程序或中断服务程序后能顺利返回主程序，必须把断点处的有关信息(如代码段寄存器 CS 的内容(需要时)、指令指针寄存器 IP 的内容以及标志寄存器 FLAGS 的内容等)压入堆栈，待执行子程序或中断服务程序后，按先进后出的原则再将其弹出堆栈，以恢复有关寄存器的内容，从而使主程序能从断点处继续往下执行。保护断点的操作由系统自动完成，不需要程序员干预。

保护现场是指将在子程序或中断服务程序中用到的寄存器的内容压入堆栈，在返回主程序之前再将其弹出堆栈，以恢复寄存器原有的内容，从而在返回主程序后能继续正确执行后续程序。保护现场的操作要求程序员在编写子程序或中断服务程序时使用进栈指令 PUSH 和出栈指令 POP 完成。有关 PUSH 和 POP 指令的使用方法将在第 3.3.1“数据传送指令”一节介绍。

下面简要介绍进栈和出栈操作的过程。在执行进栈和出栈操作时，段地址由堆栈段寄存器 SS 提供，段内偏移地址由堆栈指针寄存器 SP 提供，SP 始终指向栈顶，当堆栈空时，SP 指向栈底。如图 2.6 所示，设在存储器中开辟了 100H 个存储单元的堆栈段，当前 SS = 2000H，堆栈空时 SP = 0100H，即此时 SP 指向栈底，如图 2.6(a)所示。由于 PUSH 和 POP 指令要求操作数为字型数据，因此，每进行一次进栈操作，SP 值减 2，如图 2.6(b)所示；每进行一次出栈操作，SP 值加 2，如图 2.6(c)所示。在进栈和出栈操作过程中，SP 始终指向栈顶。

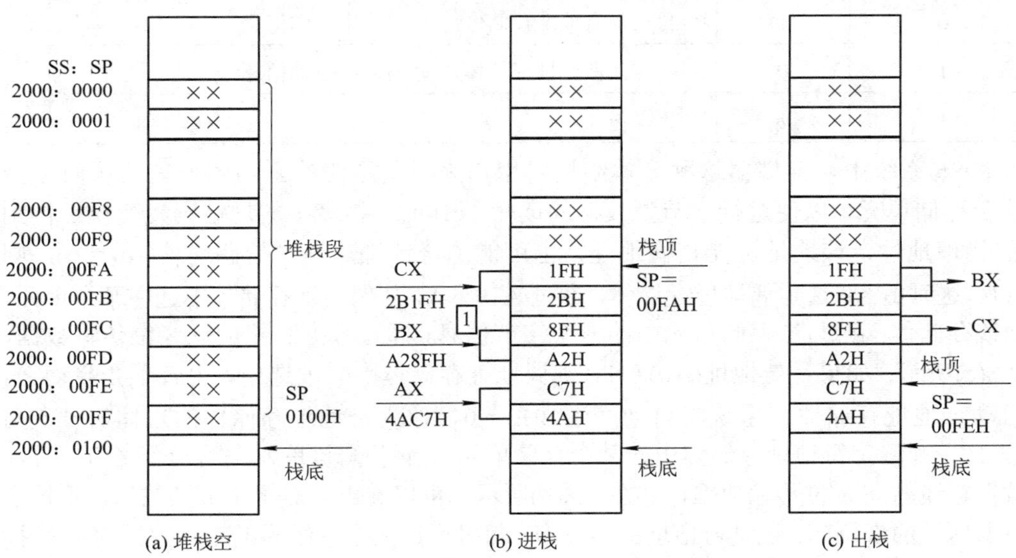

图 2.6　进栈与出栈操作示意图

4. 8086/8088 存储器结构

8086 CPU 的 1 MB 存储空间实际上分为两个 512 KB 的存储体，又称存储库，分别叫高位库和低位库，如图 2.7 所示。低位库与数据总线 D7～D0 相连，该库中每个存储单元的地址为偶数地址；高位库与数据总线 D15～D8 相连，该库中每个存储单元的地址为奇数地址。地址总线 A19～A1 可同时对高、低位库的存储单元寻址，A0 和 $\overline{\text{BHE}}$ 用于对库的选择，分别连接到库选择端 $\overline{\text{SEL}}$ 上。当 A0 = 0 时，选择偶数地址的低位库；当 $\overline{\text{BHE}}$ = 0 时，选择奇数地址的高位库；当两者均为 0 时，则同时选中高、低位库。利用 A0 和 $\overline{\text{BHE}}$ 这两个控制信号，既可实现对两个库进行读/写(即 16 位数据)操作，也可单独对其中一个库进行读/写操作(8 位数据)，如表 2.13 所示。

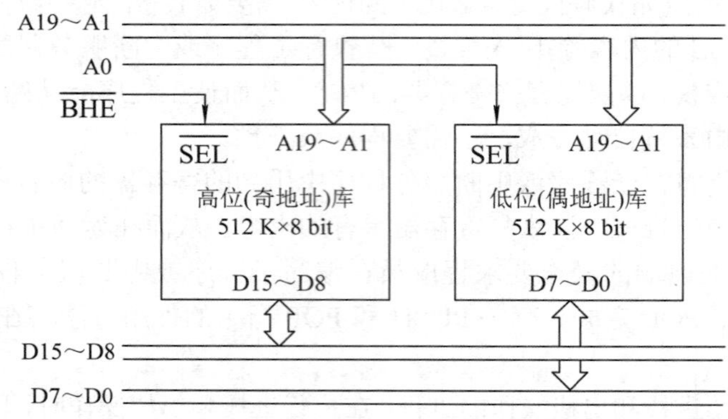

图 2.7　8086 存储器高、低位库的连接

表 2.13　8086 存储器高、低位库选择

$\overline{\text{BHE}}$	A0	对 应 操 作
0	0	同时访问两个存储体，读/写一个字的信息
0	1	只访问奇地址存储体，读/写高字节的信息
1	0	只访问偶地址存储体，读/写低字节的信息
1	1	无操作

在 8086 系统中，存储器这种分体结构对用户来说是透明的。当用户需要访问存储器中某个存储单元，以便进行字节型数据的读/写操作时，指令中的地址码经变换后得到 20 位的物理地址，该地址可能是偶地址，也可能是奇地址。如果是偶地址(A0 = 0)，则 $\overline{\text{BHE}}$ = 1，这时由 A0 选定偶地址存储体，通过 A19～A1 从偶地址存储体中选中某个单元，并启动该存储体，读/写该存储单元中的一个字节信息，通过数据总线的低 8 位传输数据，如图 2.8(a)所示；如果是奇地址(A0) = 1，则偶地址存储体不会被选中，也就不会启动它。为了启动奇地址存储体，系统将自动产生 $\overline{\text{BHE}}$ = 0，作为奇地址存储体的选体信号，与 A19～A1 一起选定奇地址存储体中的某个存储单元，并读/写该单元中的一个字节信息，通过数据总线的高 8 位传输数据，如图 2.8(b)所示。可以看出，对于字节型数据，不论它存放在偶地址的低位库，还是奇地址的高位库，都可通过一个总线周期完成数据的读/写操作，如表 2.13 所示。

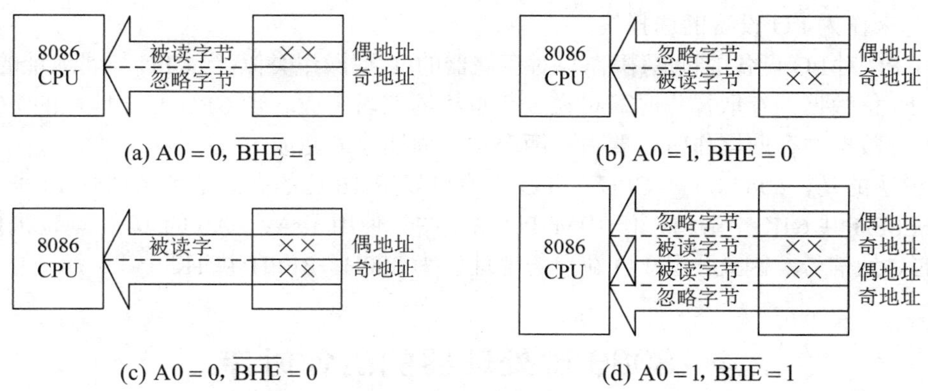

图 2.8 从 8086 存储器的偶地址和奇地址读字节和字

如果用户需要访问存储器中某两个存储单元，以便进行字型数据的读/写时，可分两种情况来讨论。一种情况是用户要访问的是从偶地址开始的两个连续存储单元(即字的低字节在偶地址单元，高字节在奇地址单元)，这种存放称为规则存放，这样存放的字称为规则字。对于规则存放的字可通过一个总线周期完成读/写操作，这时 A0 = 0，$\overline{BHE}$ = 0，如图 2.8(c)所示。另一种情况是用户要访问从奇地址开始的两个存储单元(即字的低字节在奇地址单元，高字节在偶地址单元)，这种存放称为非规则存放，这样存放的字称为非规则字。对于非规则存放的字需要通过两个总线周期才能完成读/写操作，即第一次访问存储器时读/写奇地址单元中的字节，第二次访问存储器时读/写偶地址单元中的字节，如图 2.8(d)所示。显然，为了加快程序的运行速度，需将字型数据在存储器中规则存放。

在 8088 系统中，可直接寻址的存储空间同样也是 1 MB，但其存储器的结构与 8086 有所不同，它的 1 MB 存储空间同属于一个单一的存储体，即存储体为 1 MB 8 位数据线。它与总线之间的连接方式很简单，其 20 根地址线 A19～A0 与 8 根数据线分别与 8088 CPU 对应的地址线和数据线相连。8088 CPU 每访问一次存储器只能读/写一个字节信息，因此在 8088 系统的存储器中，字型数据需要两次访问存储器才能完成读/写操作。

2.3.2 8086/8088 的 I/O 组织

8086/8088 系统和外部设备之间是通过 I/O 接口电路来联系的。每个 I/O 接口都有一个或几个端口。在微机系统中每个端口分配一个地址号，称为端口地址。一个端口通常为 I/O 接口电路内部的一个寄存器或一组寄存器。

8086/8088 CPU 用地址总线的低 16 位作为对 8 位 I/O 端口的寻址线，所以 8086/8088 系统可访问的 8 位 I/O 端口有 65 536(64K)个。两个编号相邻的 8 位 I/O 端口可以组成一个 16 位的端口。一个 8 位的 I/O 设备既可以连接在数据总线的高 8 位上，也可以连接到数据总线的低 8 位上。一般为了使数据地址总线的负载平衡，希望连接在数据地址总线高 8 位和低 8 位上的设备数目最好相等。当一个 I/O 设备连接在数据总线低 8 位(AD7～AD0)上时，这个 I/O 设备所包含的所有端口地址都将是偶数地址(A0 = 0)；若一个 I/O 设备连接在数据总线的高 8 位(AD15～AD8)上，那么该设备包含的所有端口地址都是奇数地址(A0 = 1)。如果某种特殊 I/O 设备既可使用偶地址又可使用奇地址，此时必须将 A0 和 $\overline{BHE}$ 两个

信号结合起来作为I/O设备的选择线。

8086 CPU对I/O设备的读/写操作与对存储器的读/写操作类似。当CPU与偶地址的I/O设备实现16位数据的存取操作时，可在一个总线周期内完成。当CPU与奇地址的I/O设备实现16位数据的存取操作时，要占用两个总线周期才能完成。

需要说明的是，8086/8088 CPU的I/O指令可以用16位的有效地址A15～A0来寻址0000H～FFFFH共64K个端口，但IBM PC系统中只使用了A9～A0的10位地址来作为I/O端口的寻址信号，因此，其I/O端口的地址仅为000H～3FFH共1K个。

2.4　8086微处理器的工作时序

2.4.1　总线周期

计算机的工作过程是执行指令的过程。为提高指令的执行效率，在8086/8088 CPU中设置了可独立操作的指令执行单元EU和总线接口单元BIU，两者的分工各不相同。

总线接口单元BIU负责从存储器取出指令送入指令队列中，或者从存储器或I/O端口取出操作数去参加EU中的运算，又或者将EU运算的结果写入存储器或I/O端口中，实际上BU是负责与CPU外部(包括存储器和I/O端口)交换数据的，而这些操作均要经过系统外部总线来完成，所以在8086/8088 CPU中把BIU完成一次访问存储器或访问一次I/O端口操作所需要的时间称为一个总线周期。在理想情况下BIU可处于连续工作状态，不断地访问存储器进行读取指令或读/写操作数，又或者访问I/O端口，即不断地执行总线周期。

指令执行单元EU负责执行指令。它只需要从指令队列中取得指令，分析并执行指令。在执行指令的过程中，可根据需要随时要求BIU访问存储器取操作数或写运算结果又或者访问I/O端口。EU的操作与BIU访问外设的操作可并行进行，在理想情况下EU也可处于连续工作状态，不断地执行从指令队列中取得的指令。

实际上EU和BIU均不可能完全处于连续工作状态。当EU执行某些复杂指令时，内部操作时间很长，且不需要访问外设，此时BIU处于空闲状态，可用T1表示。而同样EU有时需要等待BIU从外部设备取出操作数后才能进行计算；或遇到转移指令时，原来指令队列中已取出的指令全部作废，要等待BIU重新从存储器中取出目标地址中的指令后，EU才能继续执行下一条指令。但是，由于EU的内部操作过程可被BIU的总线周期所覆盖，所以可以不考虑EU的内部操作时序。

在8086/8088 CPU中，每个总线周期至少包含4个时钟周期((T1～T4)，图2.9(a)所示为典型的总线周期时序。在T1状态中，BIU把要访问的存储单元地址(20位)或I/O端口地址(16位)输出到地址总线上。若为读周期，则在T2状态中总线AD0～AD15处于悬浮(高阻)缓冲状态，以使CPU有足够的时间从输出地址信息方式转变为输入(读)数据信息的方式，并等待存储器或I/O接口从接收地址信息到可靠地把数据送到数据线上；然后在T3～T4中，CPU从总线AD0～AD15上读入数据。若为写周期，由于输出地址和输出数据都是输出(写)方式，CPU无须转变输入/输出方式的缓冲时间，CPU可以在T2～T4中把数据输出到数据总线上。考虑到CPU与慢速的存储器或I/O接口之间传输速度间的配合，有时需要在 T3 和 T4 状态之间插入若干个附加的时钟周期 T_W，待存储器或 I/O 接口将准备好的数据送至数据总线或可靠地从数据总线上获取数据后，再通知 CPU 脱离等待状态，并立即进入 T4 状态。如图 2.9(b)所示，这种插入的附加时钟周期称为等待周期 T_W。

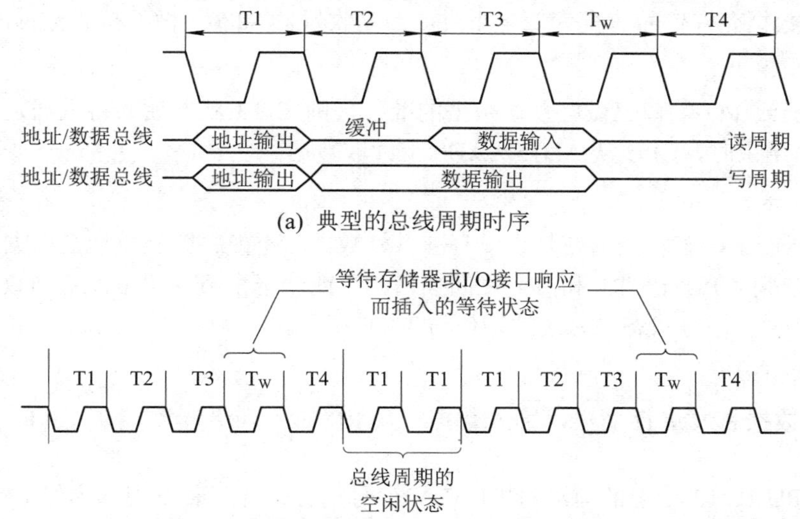

图 2.9　总线周期时序

应当指出，仅当 BIU 需要补充指令队列中的空缺，或者当 EU 在执行指令过程中需要经外部总线访问存储单元或 I/O 端口时，BIU 才会进入执行总线周期的工作时序。也就是说，总线周期不是一直存在的，而时钟周期却是一直存在的。在两个总线周期之间，可能会出现一些没有 BIU 活动的时钟周期，处于这种时钟周期中的总线状态称为空闲状态(Idle State)或简称 T_I。图 2.9(b)所示为总线周期中有空闲状态及等待状态的时序。通常当 EU 执行一条占用很多时钟周期的指令(如乘除法指令)时，或者在多处理器系统中交换总线控制权时就会出现空闲状态。

8086/8088 CPU 在最小工作模式和最大工作模式中的控制信号不完全相同，因此时序也有所不同，本节只介绍最小工作模式下的部分时序。

2.4.2　最小工作模式读/写总线周期

1. 8086 CPU 读总线周期(存储器或 I/O 读时序)

该总线周期包括：T1、T2、T3(T_W)、T4 机器周期。

1) T1 状态

M/$\overline{\text{IO}}$：存储器或 I/O 端口控制信号，用来区分 CPU 从存储器读还是从 I/O 设备中读数据。

AD15～AD0、A19/S7～A16/S3：用于确定 20 位地址。

$\overline{\text{BHE}}$：用于选择奇地址存储体。

ALE：地址锁存允许信号，以使地址/数据线分开。

2) T2 状态

A19/S6～A16/S3：显示 S6～S3 状态信号，用于确定段寄存器、IF 状态、8086 CPU 是

否连在总线上。

AD15～AD0：高阻状态。

$\overline{RD}$：读控制信号，由高电平变为低电平时，开始进行读操作。

$\overline{DEN}$：数据允许信号，变为低电平时，启动收发器8286，做好接收数据的准备。

3) T3状态

若存储器或I/O端口已做好发送数据的准备，则在T3状态期间将数据发送至数据总线上，在T3结束时，CPU从AD15～AD0上读取数据。

4) T_W状态

在T3状态下，若存储器或外设没有准备好数据，不能将数据发送至数据总线上，使READY = 0，则CPU在T3和T4之间插入一个或若干个T_W状态，直到数据准备好且READY = 1为止。T_W状态时总线的动作与T3时相同。

5) T4状态

CPU对数据总线进行采样，读入数据。由$\overline{RD}$的上升沿读入，在T3(T_W)与T4的转换处。

8086 CPU在T3状态的前沿对READY信号进行采样，若发现其为低电平，则在T3周期结束后插入一个T_W状态。以后在每个T_W周期的前沿均对READY信号进行采样，一旦发现它为高电平，就在这个T_W周期结束后进入T4周期。

读总线周期时序如图2.10所示。

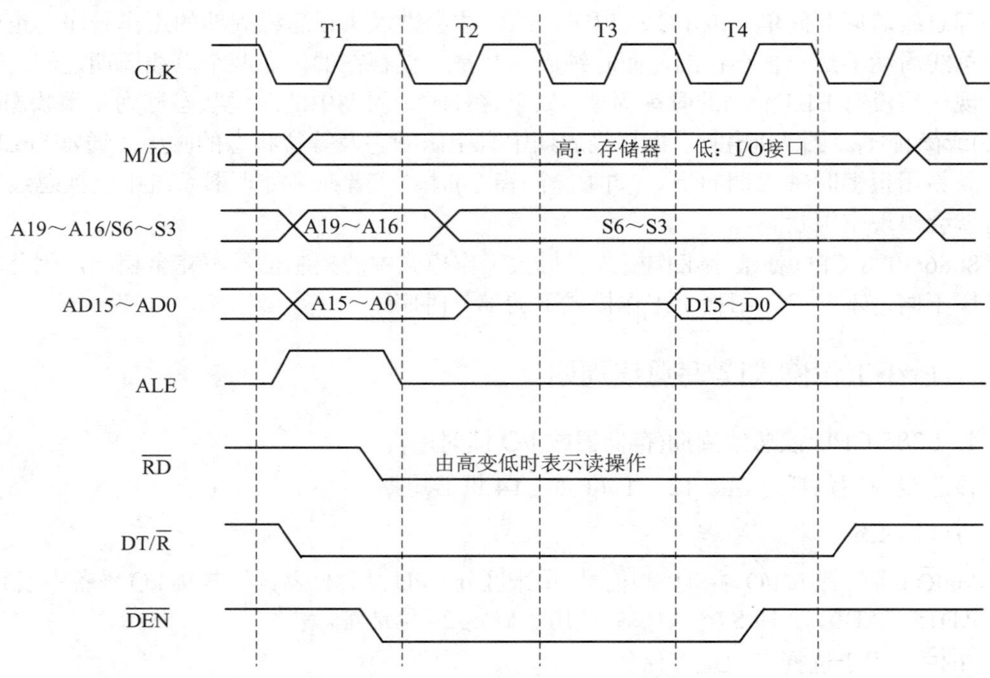

图2.10　8086 CPU读总线周期时序图(最小工作模式下)

2. 8086 CPU写总线周期(存储器或I/O写时序)

存储器或I/O写时序与存储器或I/O读时序相似，其不同之处在于以下几个方面：

(1) AD15～AD0：在 T2～T4 期间由 CPU 送来的欲输出的数据，无高阻态。

(2) $\overline{\text{WR}}$：写信号，在 T2～T4 期间有效。

(3) DT/$\overline{\text{R}}$：数据发送接收信号，在整个总线周期内为高电平，表示写周期，在接有数据收发器的系统中，用来控制数据传输方向。存储器或 I/O 写总线周期时序如图 2.11 所示。

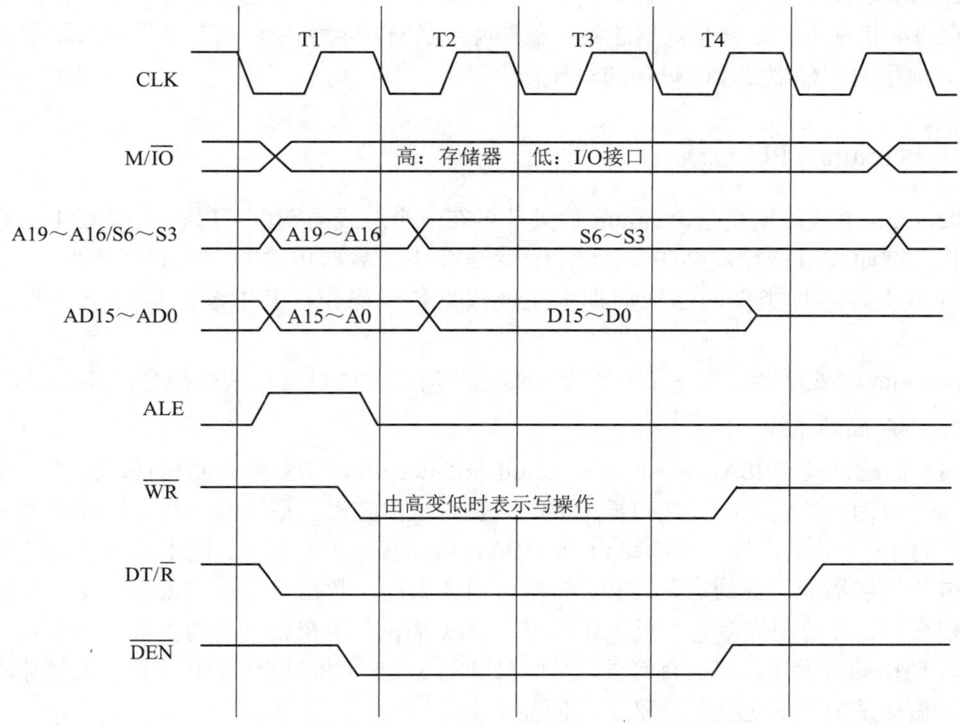

图 2.11 8086 CPU 写总线周期时序图(最小工作模式下)

1) T1 状态

M/$\overline{\text{IO}}$ 信号：用于选择对存储器写数据还是对 I/O 设备写数据。

AD15～AD0、A19/S7～A16/S3：用于确定 20 位地址。

$\overline{\text{BHE}}$：用于选择奇地址存储体。

ALE：地址锁存允许信号，以区分地址/数据线。

DT/$\overline{\text{R}}$：高电平有效，用于指示收发器 8286 发送数据，进行写操作。

2) T2 状态

A19/S6～A16/S3：显示 S6～S3 状态信号，用来确定段寄存器、IF 状态、8086 CPU 是否连在总线上。

AD15～AD0：用于发送 16 位数据。

$\overline{\text{WR}}$：由高电平变为低电平时，开始进行写操作。

$\overline{\text{DEN}}$：数据允许信号，变为低电平时，启动收发器 8286，做好发送数据的准备。

3) T3 状态

若存储器或 I/O 端口已做好接收数据的准备，则在 T3 状态期间将数据发送至数据总线上，在 T3 结束时，CPU 将 AD15～AD0 上的数据写入存储器或 I/O 设备中。

4) T_W状态

在 T3 状态下，若存储器或外设没有准备好接收数据，使 READY = 0，则 CPU 在 T3 和 T4 之间插入一个或若干个 T_W状态，直到数据准备好且 READY = 1 为止。

5) T4 状态

在 T4 状态下，数据从数据总线上被撤除，各种控制信号和状态信号进入无效状态，CPU 完成了对存储器或 I/O 设备的写操作。

2.4.3 Pentium CPU 总线

Pentium 总线周期是指 Pentium 微处理器在一个总线周期内可以有 1 次或 4 次数据传输操作。例如成组传输周期(Burst Cycle)就是有 4 次数据传输的一种总线周期。Pentium 微处理器支持多种类型的总线周期来完成数据传输操作，其中最简单的一种便是单次传输。

Pentium 微处理器还配备了 6 种专用的总线周期，用以指示某些指令已被执行。

1. ISA 局部总线

ISA 插槽是基于 ISA(Industrial Standard Architecture，工业标准结构)总线的扩展插槽，其颜色一般为黑色，比 PCI 接口插槽要长一些，位于主板的最下端。其工作频率为 8 MHz 左右，为 16 位插槽，最大传输率为 16 MB/s，可插接显卡、声卡、网卡以及所谓的多功能接口卡等扩展插卡。其缺点是 CPU 资源占用率太高，数据传输带宽太小，是已经被淘汰的插槽接口。目前在许多老主板上还能看到 ISA 插槽，现在新出品的主板上已经几乎看不到 ISA 插槽的身影了，但也有例外，某些品牌的 845E 主板甚至 875P 主板上都还带有 ISA 插槽，估计是为了满足某些特殊用户的需求。

最早的 PC 总线是 IBM 公司于 1981 年在 PC/XT 电脑上采用的系统总线，它基于 8 bit 的 8088 处理器，被称为 PC 总线或 PC/XT 总线。1984 年，IBM 推出了基于 16 bit Intel 80286 处理器的 PC/AT 电脑，系统总线也相应地扩展为 16 bit，被称为 PC/AT 总线。为了开发与 IBM PC 兼容的外围设备，行业内逐渐确立了以 IBM PC 总线规范为基础的 ISA 总线。

ISA 是 8/16 bit 的系统总线，最大传输速率仅为 8 MB/s，但允许多个 CPU 共享系统资源。由于兼容性好，它在 20 世纪 80 年代是最为广泛采用的系统总线，不过它的弱点也是显而易见的，比如传输速率过低、CPU 占用率高、占用硬件中断资源等。后来在 PC98 规范中，就开始放弃了 ISA 总线，而 Intel 从 i810 芯片组开始，也不再提供对 ISA 接口的支持。

使用 286 和 386SX 以下 CPU 的电脑似乎与 8/16 bit ISA 总线还能够融洽相处，但当出现了 32 bit 外部总线的 386DX 处理器之后，总线的宽度就已经成为了严重影响到处理器性能发挥的瓶颈问题。因此在 1988 年，康柏、惠普等 9 个厂商协同把 ISA 扩展到 32 bit，这就是著名的 EISA(Extended ISA，扩展 ISA)总线。EISA 总线的工作频率仅有 8 MHz，并且与 8/16 bit 的 ISA 总线完全兼容，由于是 32 bit 总线，因此带宽提高了一倍，达到了 32 MB/s。可惜的是，EISA 总线仍旧由于速度有限，并且成本过高，在还没成为标准总线之前，在 20 世纪 90 年代初期，就被 PCI 总线所取代。

2. PCI 局部总线

PCI 是由 Intel 公司于 1991 年推出的一种局部总线。从结构上看，PCI 是在 CPU 和原来的系统总线之间插入的一级总线，具体由一个桥接电路实现对这一层的管理，并提供上下之间的接口以协调数据的传输。管理器提供了信号缓冲，使之能支持 10 种外设，并能在高时钟频率下保持高性能，它为显卡、声卡、网卡、MODEM 等设备提供了连接接口，它的工作频率为 33 MHz/66 MHz。

PCI 是 Peripheral Component Interconnect(外设部件互连标准)的缩写，它是目前个人电脑中使用最为广泛的接口，几乎所有的主板产品上都带有这种插槽。PCI 插槽也是主板带有数量最多的插槽类型，在目前流行的台式机主板上，ATX 结构的主板一般带有 5～6 个 PCI 插槽，而小一点的 MATX 主板也都带有 2～3 个 PCI 插槽，可见其应用的广泛性。

PCI 总线是一种不依附于某个具体处理器的局部总线。管理器提供了信号缓冲，使之能支持 10 种外设，并能在高时钟频率下保持高性能。PCI 总线也支持总线主控技术，允许智能设备在需要时取得总线控制权，以加速数据传输。

PCI 总线取代了早先的 ISA 总线，当然与在 PCI 总线后面出现的专门用于显卡的 AGP 总线以及现在的 PCI Express 总线相比，它的功能没有那么强大，但是 PCI 总线能从 1992 年用到现在，说明它有许多优点，比如即插即用(Plug and Play)、中断共享等。从数据宽度上看，PCI 总线有 32 bit、64 bit 之分；从总线速度上看，PCI 总线分为 33 MHz、66 MHz 两种类型。目前流行的 PCI 总线类型是 32 bit/33 MHz。

PCI 总线是一种同步的独立于处理器的 32 bit 或 64 bit 局部总线，最高工作频率为 33 MHz，峰值速度在 32 bit 时为 132 MB/s，64 bit 时为 264 MB/s，总线规范由 PCISIG 发布。与 ISA 总线相比，PCI 总线具有如下显著的特点：

(1) 高速性。PCI 总线以 33 MHz 的时钟频率操作，采用 32 bit 数据总线，数据传输速率可高达 132 MB/s，远超过以往各种总线。早在 1995 年 6 月 Intel 推出的 PCI 总线规范 2.1 已定义了 64 bit、66 MHz 的 PCI 总线标准，因此 PCI 总线完全可为未来的计算机提供更高的数据传输率。另外，PCI 总线的主设备(Master)可与微机内存直接交换数据，而不必经过微机 CPU 中转，从而提高了数据传输的效率。

(2) 可靠性高。PCI 总线独立于处理器的结构，形成了一种独特的中间缓冲器设计方式，将中央处理器子系统与外围设备分开。这样用户可以随意增添外围设备，以扩充电脑系统而不必担心在不同时钟频率下会导致性能的下降。与原先微机常用的 ISA 总线相比，PCI 总线增加了奇偶校验错(PERR)、系统错(SERR)、从设备结束(STOP)等控制信号及超时处理等可靠性措施，使数据传输的可靠性大为增加。

(3) 扩展性好。当需要把许多设备连接到 PCI 总线上，而总线驱动能力不足时，可以采用多级 PCI 总线。该总线可以并发工作，每个总线上均可挂接若干设备。因此 PCI 总线结构的扩展性是非常好的。由于 PCI 总线的设计是要辅助现有的扩展总线标准，因此与 ISA、EISA 及 MCA 总线完全兼容。

(4) 规范严格。PCI 总线对协议、时序、电气性能、机械性能等指标都有严格的规定，保证了 PCI 总线的可靠性和兼容性。PCI 总线规范十分复杂，其接口的实现具有较高的技术难度。

3. IDE 总线

IDE 总线是专门用于主机和硬盘连接的外部总线，也适用于光驱和软驱的连接。当前微机系统中，主机和硬盘之间都采用 IDE 或 EIDE 总线连接，IDE 总线采用 16 位并行传输，其中除了数据线外，还有 DMA 请求和应答信号、中断请求信号、输入/输出读信号、输入/输出写信号和复位信号等。一个 IDE 接口可连接两个硬盘。

4. SCSI 总线

SCSI 总线是一个高速智能接口，可以作为各种磁盘、光盘、磁带机、打印机、扫描仪、条码阅读器以及通信设备的接口。

SCSI 总线是处于主适配器和智能设备控制器之间的并行输入/输出接口，一块主适配器可以连接 7 台具有 SCSI 接口的设备。SCSI 总线可以采用单级和双级两种连接方式，单级连接方式的最大传输距离可达 6 m；双级连接方式通过两条信号线传输差分信号，有较高的抗干扰能力，最大传输距离可达 25 m。

5. USB 总线

USB(Universal Serial Bus)总线即通用串行总线，是 Intel、DEC、Compaq、Microsoft 和 IBM 等公司 1995 年共同制定的串行接口标准。

USB 总线属于一种轮询式总线，计算机控制端口初始化所有的数据传输。每一个总线动作最多传输 3 个数据包，包括令牌(Token)、数据(Data)、联络(HandShake)。按照传输前制定好的原则，在每次传输开始时，主机发送一个描述传输动作的种类、方向、USB 设备地址和终端号的 USB 数据包，这个数据包通常被称为令牌包(Token Packet)。USB 设备从解码后的数据包的适当位置取出属于自己的数据。数据传输方向不是从主机到设备就是从设备到主机。在传输开始时，由标志包来表示数据的传输方向，然后发送端开始发送包含信息的数据包或表明没有数据传输。接收端也要相应发送一个握手的数据包表明是否传输成功。发送端和接收端之间的 USB 数据传输，在主机和设备的端口之间可视为一个通道。USB 中有一个特殊的通道——缺省控制通道，它属于消息通道，设备一启动即存在，从而为设备的设置、状态查询和输入控制信息提供一个入口。

6. AGP 总线

AGP 是 Accelerated Graphics Port(图形加速端口)的缩写，是显示卡的专用扩展插槽，它是在 PCI 图形接口的基础上发展而来的。AGP 并不是一种总线，而是一种接口方式。由于图形界面引擎越来越复杂，使用了大量的 3D 特效和纹理，使原来传输速率为 133 MB/s 的 PCI 总线越来越不堪重负，因此 Intel 推出了拥有高带宽的 AGP 接口。这是一种与 PCI 总线迥然不同的图形接口，它完全独立于 PCI 总线之外。AGP 总线直接与主板的北桥芯片相连，且通过该接口让显示芯片与系统内存直接相连，避免了窄带宽的 PCI 总线形成的系统瓶颈，提高了 3D 图形数据传输速度，同时在显存不足的情况下还可以调用系统内存。所以它拥有很高的传输速率，这是 PCI 等总线无法与其相比的。由于采用了数据读/写的流水线操作，因而减少了内存等待时间，大大提高了数据传输速率，使其具有 133 MHz 及更高的数据传输频率；地址信号与数据信号分离可提高随机内存访问的速度；采用并行操作，允许在 CPU 访问系统 RAM 的同时通过 AGP 显示卡访问 AGP 内存；显示带宽也不与其他设备共享；这些都进一步提高了系统性能。

2.5 80X86 的工作方式与存储器结构

2.5.1 80X86 的工作方式

80X86 的工作方式有 4 种：实地址方式(Real Address Mode)、虚地址保护方式(Protected Virtual Address Mode)、虚拟 8086 方式(Virtual 8086 Mode)、系统管理方式(System Management Mode)。

8086/8088 CPU 只有实地址方式一种工作方式，80286 CPU 有实地址方式和虚地址保护方式两种工作方式，80386 CPU 和 80486 CPU 有实地址方式、虚地址保护方式和虚拟 8086 方式三种工作方式，Pentium CPU 有实地址方式、虚地址保护方式、虚拟 8086 方式和系统管理方式四种工作方式。

1. 实地址方式

实地址方式是 1 MB 的物理地址空间的工作方式，实地址方式采用存储器地址分段的方法，使两个 16 位的地址实现了对 1 MB 地址空间寻址的 20 位的物理地址。在实地址方式下，操作数的默认长度为 16 位，可以运行 8086 CPU 的全部指令。80X86 CPU 除了虚地址保护方式指令外，其余指令都可以在实地址方式下运行。8086 和 80286 微处理器允许 4 种存储器分段，段寄存器为 CS、DS、SS 和 ES。80386 以上微处理器允许 6 种存储器分段，段寄存器为 CS、DS、SS、ES、FS 和 GS。

2. 虚地址保护方式

虚地址保护方式是支持虚拟存储器、支持多任务、支持特权级与特权保护的工作方式。在虚地址保护方式下，32 位微处理器可访问的物理空间为 4 GB(2^{32} 字节)，由辅存和内存提供的虚拟空间可达 64 TB(2^{46} 字节)。该方式对如此之大的虚拟存储空间采取保护措施，使系统程序和用户的任务程序之间以及各任务程序之间互不干扰地运行。最主要的保护措施是特权级和特权保护。特权级(Privilege Level)分为 4 级，由 2 位二进制数组成，特权级编号为 0～3，其中 0 级为最高特权级，3 级为最低特权级。每个存储段都同一个特权级相联系，只有足够级别的程序才可以对相应的段进行访问。在程序运行的过程中，通过 CPL、DPL 和 RPL 三个特权级来实施特权级保护。

CPL(Current Privilege Level)是当前特权级，它既是代码段寄存器 CS 最低 2 位的值，也是当前代码段的值，用来表示当前正在运行的程序的特权级。

DPL(Descriptor Privilege Level)是描述符特权级，每个段的段描述符中都有 2 位 DPL 来标明此段的特权级。只有当 CPL 等于或高于 DPL 时，当前任务才能访问描述符所确定的段中的数据。

RPL(Request Privilege Level)是请求特权级，它位于数据段寄存器的最低 2 位，用来防止特权级较低的程序访问特权级较高的数据段。

3. 虚拟 8086 方式

虚拟 8086 方式是一种在 32 位虚地址保护方式下支持 16 位实地址方式应用程序运行

的特殊工作方式。微处理器的工作过程与虚地址保护方式下的工作过程相同，但程序指定的逻辑地址又与 8086 实地址方式相同。在这种方式下操作系统可以建立多个 8086 虚拟机，每个虚拟机都认为自己是唯一运行的机器，安全地运行以实地址方式编写的 16 位应用程序。虚拟 8086 方式是具有最低特权级(特权级为 3)的保护方式。当标志寄存器的 VM 位为 1 时，微处理器进入虚拟 8086 方式。

4. 系统管理方式

系统管理方式主要为系统管理而设置。该方式可使系统设计人员实现高级管理功能，例如对电源实施管理，对操作系统和正在运行的程序实施管理，提供透明的安全性。系统管理方式也是 80X86 的一项主要特征，它由计算机内部的硬件(装有系统程序代码的 ROM)来控制。

2.5.2　80X86 存储器的分段和物理地址的生成

1. 实地址方式下的存储器分段

在实地址方式下的存储器只使用地址总线的低 20 位，寻址空间为 1 MB，采用分段的存储器结构，但是不能实现多任务，是系统复位向虚地址保护方式过渡的一种方式。

8086/8088 CPU 在实地址方式下可寻址 $2^{20} = 1$ MB，分为 $2^{16} = 64$ K 个段，每一段最多可寻址 $2^{16} = 64$ K 个单元。每个段的首地址的低 4 位为 0。

2. 实地址方式下物理地址的形成

在实地址方式下，程序对存储器的访问采用分段地址的形式，分段地址由一个段值和一个偏移地址构成。段值由段寄存器的内容决定，表示一个物理段的起始地址，又称段基地址。

$$物理地址 = 段基地址 \times 10H + 偏移地址$$

8086 CPU 共有 20 根地址线，可寻址 1 MB 的存储器空间，而段寄存器地址是 16 位的，所以 16 位寄存器就无法放入 20 位地址线中。为了解决这一问题，8086 CPU 内部设置了一个 20 位的地址加法器，首先将段基地址左移 4 位(×10H)，然后再与 16 位的偏移地址相加形成 20 位的物理地址，如图 2.12 所示。

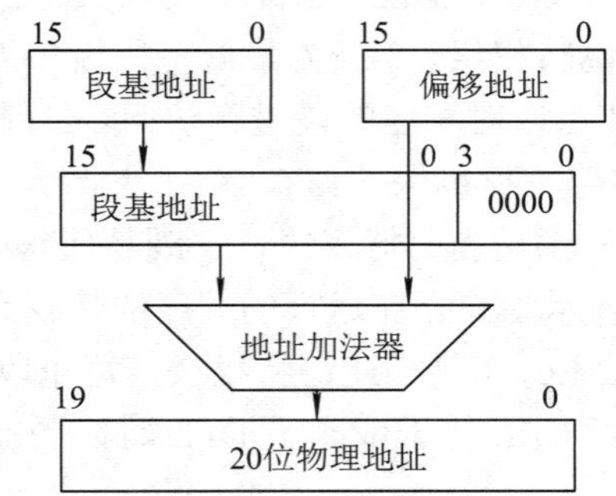

图 2.12　实地址方式下物理地址的形成

2.5.3　80286 的寄存器

在 80286 CUP 内部寄存器中，通用寄存器(AX、BX、CX、DX、BP、SP、SI、DI)和

指令指针寄存器 IP 与 8086/8088 CPU 的完全相同，但 4 个段寄存器以及标志寄存器 FLAGS 与 8086/8088 CPU 的有所区别。此外，80286 CPU 还增加了几个寄存器，如机器状态寄存器 MSW、任务寄存器 TR、描述符表寄存器 GDTR、LDTR 和 IDTR 等。下面对 4 个段寄存器、标志寄存器 FLAGS 以及 80286 新增的寄存器进行介绍。

1. 段寄存器

在实地址方式下，4 个段寄存器的功能与 8086/8088 CPU 的完全相同。在保护方式下，每个段寄存器都有一个 16 位的可见部分(简称段选择器)和一个程序无法访问的不可见部分(称为段描述符高速缓冲存储器寄存器，简称段描述符高速缓存寄存器)。段寄存器中的 16 位段选择器用来提供该段对应的段描述符在段表中的偏移地址；段描述符高速缓存寄存器是 80286 及其后续 CPU 内部对描述符这样的数据结构的硬件支持，是实地址方式下的段寄存器的扩展。

2. 标志寄存器

80286 CPU 的标志寄存器与 8086/8088 CPU 的相比，除增加了 IOPL(第 12、13 位)和 NT(第 14 位)外，其余 9 个标志位完全相同。

IOPL：I/O 特权标志位。该标志位只适用于保护方式，指明 I/O 操作的级别。

NT：嵌套标志位。当前执行的任务正嵌套在另一任务中时，NT = 1；否则，NT = 0。该标志位只适用于保护方式。

3. 80286 CPU 新增的寄存器

1) 机器状态寄存器(MSW)

机器状态寄存器(MSW)是一个 16 位的寄存器，仅使用其中的低 4 位，用来表示 80286 CPU 当前所处的工作方式与状态。MSW 各位的含义如表 2.14 所示。

表 2.14　机器状态寄存器各位含义

15　　　　　　　　　4	3	2	1	0
内部保留	TS	EM	MP	PE

PE(实地址方式与保护方式转换位)：当 PE = 1 时，表示 80286 CPU 已从实地址方式转换为保护方式，且除复位外，PE 位不能被清零；当 PE = 0 时，表示 80286 CPU 当前工作于实地址方式。PE 是一个十分重要的状态标志。

MP(监督协处理器位)：当协处理器工作时，MP = 1；否则，MP = 0。

EM(协处理器仿真状态位)：当 MP = 0，而 EM = 1 时，表示没有协处理器可供使用，系统要用软件仿真协处理器的功能。

TS(任务切换位)：当在两任务之间进行切换时，使 TS = 1，此时，不允许协处理器工作；一旦任务转换完成，则 TS = 0。只有在任务转换完成后，协处理器才可在下一任务中工作。

2) 任务寄存器(TR)

任务寄存器(TR)是一个 64 位寄存器，它只能在保护方式下使用，用来存放表示当前正在执行的任务的状态。当进行任务切换时，该寄存器用来自动保存和恢复机器状态。

3) 描述符表寄存器(GDTR、LDTR 和 IDTR)

描述符表寄存器共有 3 个，即 64 位的局部描述符表寄存器(LDTR)、40 位的全局描述符表寄存器(GDTR)和 40 位的中断描述符表寄存器(IDTR)。

与 8086/8088 CPU 相比，80286 CPU 具有以下特点：

(1) 采用 68 引脚的 4 列直插式封装，不再使用分时复用地址/数据引脚，具有独立的 16 条数据引脚 D15～D0 和 24 条地址引脚 A23～A0。

(2) 8086/8088 CPU 内部有 BIU 和 EU 两个独立单元并行工作，而 80286 CPU 内部有 BU、IU、EU 和 AU 共 4 个单元并行工作，从而提高了吞吐量，加快了处理速度。

(3) 80286 CPU 内 AU 单元的 MMU 首次实现了虚拟存储器管理，这是一个十分重要的技术。所谓虚拟存储器管理，就是要解决如何把较小的物理存储空间分配给具有较大虚拟存储空间的多用户/多任务的问题。在 80286 CPU 中，虚拟存储空间可达 1 G(2^{30})个字节，而物理存储空间只有 16 M(2^{24})个字节。80286 存储器管理机构使用段式管理方式。

(4) 能有效地运行实时多任务操作系统，支持存储器管理和保护功能。存储器管理可以两种方式(实地址方式和虚地址保护方式)对存储器进行访问；保护功能包括对存储器进行合法操作与对任务实现特权级的保护两个方面。

2.5.4　80386 的寄存器

80386 CPU 可划分为 7 大类 32 个寄存器，包括通用寄存器、段寄存器、指令指针和标志寄存器、控制寄存器、系统地址寄存器、调试寄存器和测试寄存器等。

1. 通用寄存器

80386 CPU 的 8 个 32 位通用寄存器 EAX、EBX、ECX、EDX、ESP、EBP、ESI、EDI 皆由 8086/8088、80286 CPU 的相应 16 位寄存器 AX、BX、CX、DX、SP、BP、SI、DI 扩展而来。32 位寄存器的低 16 位可单独使用，与 8086/8088、80286 CPU 的相应寄存器作用相同。与 8086/8088 CPU 的一样，AX、BX、CX、DX 寄存器的高、低 8 位也可分别作为 8 位寄存器使用，如表 2.15 所示。

表 2.15　80386 CPU 通用寄存器

名称	31　16	15　0	名称	31　16	15　0
EAX		(AH)AX(AL)	ESP		SP
EBX		(BH)BX(BL)	EBP		BP
ECX		(CH)CX(CL)	ESI		SI
EDX		(DH)DX(DL)	EDI		DI

2. 段寄存器

80386 CPU 的段寄存器仍是 16 位，共 6 个，包括 CS、DS、SS、ES、FS 和 GS。其中 CS、DS、SS、ES 与 8086/8088、80286 CPU 的相同，而 FS 和 GS 是 80386 CPU 扩充的两个附加数据段寄存器。

在实地址方式下，80386 与 8086/8088 CPU 段寄存器的使用完全相同。

在虚地址保护方式下，80386 与 80286 CPU 段寄存器类似，但 80386 CPU 支持存储器的段页式管理。存储单元的逻辑地址仍由两部分组成，即段基地址和段内偏移地址。段内偏移地址为 32 位，由各种寻址方式确定。段基地址也是 32 位，但它不是由段寄存器中的值直接确定的，而是由段寄存器(即段选择器)从描述符表中找到所指向的描述符，再从描述符中找到段基地址后与段内偏移地址一起确定物理地址。

每个段寄存器都有一个与它相联系的但程序员不可见的段描述符高速缓存寄存器，如表 2.16 所示。它用来存放描述该段的基地址、段大小以及段属性等段描述符，其中的内容是在装入段寄存器值时，由操作系统从段描述符表中将对应段的段描述符拷贝到该高速缓存寄存器中的。于是，在下一次再访问该段时，可直接从高速缓存寄存器中直接得到该段的段基地址，而不需要再到存储器中查段表来得到段基地址，这样可大大提高存储器的访问速度。

表 2.16　80386 CPU 段寄存器

段寄存器	描述符高速缓存寄存器
CS 选择器	CS 描述符高速缓存寄存器
SS 选择器	SS 描述符高速缓存寄存器
DS 选择器	DS 描述符高速缓存寄存器
ES 选择器	ES 描述符高速缓存寄存器
FS 选择器	FS 描述符高速缓存寄存器
GS 选择器	GS 描述符高速缓存寄存器

3. 指令指针和标志寄存器

80386 CPU 的指令指针寄存器(EIP)也是由 8086/8088、80286 CPU 相应的 16 位指令指针寄存器(IP)扩展成 32 位得到的。由于 80386 CPU 的地址线是 32 位，故 EIP 中存放的是下一条要取出的指令在代码段内的偏移地址。80386 CPU 在实地址方式时采用 16 位的指令指针寄存器(IP)。

80386 CPU 的标志寄存器 EFLAGS 是 32 位的寄存器，其中低 16 位中有关标志位的定义与 80286 CPU 的完全相同，如表 2.17 所示。80386 CPU 中新定义了两个标志位：RF(第 16 位)和 VM(第 17 位)

表 2.17　80386 指令指针和标志寄存器

31　　16	15　　0	名称	31　　16	15　　0
EIP	IP	EFLAGS		FLAGS

VM(Virtual 8086 Mode)：虚拟 8086 方式标志位。处于保护方式的 80386 CPU 转为虚拟 8086 CPU 方式时，VM = 1。

RF(Resume Flag)：恢复标志位。该标志位配合调试寄存器的断点或单步操作一起使用，在处理断点之前，在两条指令之间检查到 RF 位置 1 时，则下一条指令执行时的调试故障被忽略。在成功地完成一条指令后，处理器把 RF 清零；而当接收到一个非调试故障的故障信号时，处理器把 RF 置 1。

4. 控制寄存器(Control Register)

80386 CPU 中有 3 个 32 位的控制寄存器 CR0、CR2、CR3(CR1 保留)，它们的作用是保存全局性的机器状态。

(1) CR0——控制寄存器 0。如表 2.18 所示，80386 CPU 中 CR0 定义了 6 个控制和状态标志位。

表 2.18　CR0 控制寄存器(80386)

31		16	15		4	3	2	1	0
PG					ET	TS	EM	MP	PE

PG(页式管理使能位)：PG = 1 时，表示允许 80386 CPU 内部分页部件工作；否则，分页部件不工作。

PE(实地址方式与虚地址保护方式转换位)：PE = 1 时，表示 80386 CPU 从实地址方式进入虚地址保护方式；PE = 0 时，表示 80386 CPU 当前工作于实地址方式。

可通过加载 CR0 指令来改变 PE 的值，通常由操作系统在初始化时执行一次。在 80386 及其后续 CPU 中，在进入虚地址保护方式以后，可改变 PG 和 PE 的值，使系统切换到实地址方式，但 80286 CPU 除复位外，PE 位不能被清零。

MP、EM、TS 和 ET 位用于控制 80387 协处理器的操作。ET 位用于控制与协处理器通信时使用的协议，MP、EM 和 TS 用于确定浮点指令和 WAIT 指令是否产生设备不可使用异常以及确定其他操作。

(2) CR2——控制寄存器 1(页故障线性地址寄存器)。它保存一个 32 位的线性地址(如表 2.19 所示)，该地址是由最后检测出的页故障所产生的。

表 2.19　CR2、CR3 控制寄存器(80386)

寄存器	31												0
CR2	页故障线性地址寄存器												
CR3	页目录基地址寄存器	11	10	9	8	7	6	5	4	3	2	1	0
		0	0	0	0	0	0	0	0	0	0	0	0

(3) CR3——控制寄存器 2(页目录基地址寄存器)。它包含了页目录表示的物理基地址(目录基地址)，由分页硬件使用，其低 12 位总是 0，因此，80386 CPU 的页目录表总是按页对齐，即每页均为 4 KB。

5. 系统地址寄存器(System Address Register)

80386 CPU 中设置了 4 个系统地址寄存器，用来保存操作系统所需要的保护信息和地址转换表信息，如表 2.20 和表 2.21 所示。

表 2.20　80386 CPU 系统地址寄存器

32 位线性基地址	16 位段界限	系统地址寄存器
47　　　16	15　　　0	
		GDTR
		IDTR

表 2.21　LDTR 与 TR 寄存器(80386)

寄存器	15　　　　　　　　　0
LDTR	选择器
TR	选择器

GDTR(Global Descriptor Table Register)：48 位寄存器，用来保存全局描述符表的 32 位线性基地址和 16 位段界限。

IDTR(Interrupt Descriptor Table Register)：48 位寄存器，用来保存中断描述符表的 32 位线性基地址和 16 位段界限。

LDTR(Local Descriptor Table Register)：16 位寄存器，用来保存当前任务的 LDT(局部描述符表)的 16 位选择符。

TR(Task State Register)：16 位寄存器，用来保存当前任务的 TSS(任务状态段)的 16 位选择符。

6. 调试寄存器(Debug Register)

80386 CPU 中设置了 8 个调试寄存器 DR0～DR7，它们为程序调试提供了硬件支持。8 个寄存器中 DR0～DR3 为线性断点寄存器，用于保存 4 个断点地址，程序设计人员可利用它们定义 4 个断点，从而方便地按照调试意图组合指令的执行和数据的读/写。DR4 和 DR5 Intel 公司保留，DR6 用于保存断点状态，DR7 用于控制断点设置，如表 2.22 所示。

表 2.22　80386 CPU 调试寄存器

寄存器	31　　　　　　　　　　　　0
DR0	线性断点地址 0
DR1	线性断点地址 1
DR2	线性断点地址 2
DR3	线性断点地址 3
DR4	Intel 保留
DR5	Intel 保留
DR6	保存断点状态
DR7	控制断点设置

7. 测试寄存器(Test Register)

80386 CPU 中设置了两个 32 位的测试寄存器 TR6 和 TR7，其中 TR6 为测试命令寄存器，用于对 RAM 和相关寄存器进行测试，TR7 用于保留测试后的结果。

2.5.5　80486 的寄存器

80486 CPU 的内部寄存器包括 80386 和 80387 的全部寄存器，共分为四大类：基本寄存器、浮点寄存器、系统级寄存器、调试与测试寄存器，如表 2.23 所示。

表 2.23　80486 CPU 内部寄存器

基本寄存器	通用寄存器	应用程序可访问
	指令指针寄存器	
	标志寄存器	
	段寄存器	
浮点寄存器	数据寄存器	
	指令和数据指示器	
	标志寄存器	
	控制字	
系统级寄存器	控制寄存器	特权级 0 以上由系统程序访问的寄存器
	系统地址寄存器	
调试与测试寄存器		特权级 0 以上可访问的寄存器

80486 CPU 中 32 位的通用寄存器 EAX、EBX、ECX、EDX、EBP、ESP、ESI、EDI、指令指针寄存器(EIP)、段寄存器和段描述符高速缓存寄存器与 80386 CPU 的完全相同。

与 80386 CPU 相比，80486 CPU 中的 32 位标志寄存器(EFLAGS)增加了一个“对界检查”标志位 AC(第 18 位)。当 AC = 1 时，表示有对界地址故障。对界地址故障仅由特权级 3(用户程序)运行时产生，在特权级 0、1、2 上 AC 位不起作用。

80486 CPU 的控制寄存器、调试寄存器和测试寄存器与 80386 CPU 的基本相同，其中有的寄存器增加了内容。

2.5.6　Pentium 的寄存器

1. 通用寄存器

Pentium 微处理器包含了 EAX、EBX、ECX、EDX、ESP、EBP、ESI、EDI 等通用寄存器，它们均为 32 位，如表 2.24 所示。

表 2.24　Pentium 通用寄存器

名称	31　　16	15　　0	名称	31　　16	15　　0
EAX		(AH)AX(AL)	ESP		SP
EBX		(BH)BX(BL)	EBP		BP
ECX		(CH)CX(CL)	ESI		SI
EDX		(DH)DX(DL)	EDI		DI
EIP		IP	EFLAGS		F

低 16 位 AX、BX、CX、DX、SP、BP、SI、DI 的用法与 8086 的完全相同。

2. 指令指示器(EIP)

EIP 是 32 位的寄存器，用来存放下一条要执行指令的偏移地址。其中低 16 位是 8086 的指令指针寄存器 IP，可单独使用。

在保护方式下，EIP 是 32 位的寄存器；实地址方式下，EIP 是 16 位的指令指示器 IP。

3. 标志寄存器(EFLAGS)

Pentium 包含的标志寄存器(EFLAGS)如表 2.25 所示。

表 2.25　Pentium 标志寄存器

名称	位	用　途	名称	位	用　途
ID	21	识别标志位	DF	10	方向标志
VIP	20	虚拟中断挂起标志位	IF	9	中断允许标志
VIF	19	虚拟中断标志位	TF	8	陷阱标志或单步操作标志
AC	18	对准检查标志位	SF	7	符号标志
VM	17	虚拟 8086 方式标志位	ZF	6	零标志
RF	16	恢复标志位	AF	4	辅助进位标志
NT	14	任务嵌套标志位	PF	2	奇偶标志
IOPL	13～12	I/O 特权级标志位	CF	0	进位标志
OF	11	溢出标志			

4. 段寄存器

Pentium 微处理器包含 6 个 16 位段寄存器：CS、SS、DS、ES、FS、GS。

在实地址方式下，段寄存器用来存放段的起始地址即段基址的高 16 位地址；CS、SS、DS 和 ES 的作用与 8086 的相同，FS 和 GS 的作用与 ES 相同。在虚地址保护方式下，段寄存器中存放的是选择字。CS、SS、DS 中的描述符索引分别指向当前段对应的段描述符，ES、FS 和 GS 中的描述符索引指向当前 3 个附加数据段对应的段描述符，由此可以找到当前各个段的段基地址。

5. 系统寄存器

Pentium 微处理器包含的系统寄存器如下：

GDTR：48 位寄存器，其中高 32 位是全局描述符表(GDT)的线性基地址，低 16 位是 GDT 的界限。

IDTR：48 位寄存器，其中高 32 位是中断描述符表(IDT)的线性基地址，低 16 位是 IDT 的界限。

LDTR：16 位寄存器，用来存放描述符索引，据此可在全局描述符表(GDT)中检索到局部描述符表(LDT)对应的描述符。

TR：16 位寄存器，用来存放描述符索引，据此可在全局描述符表(GDT)中检索到任务状态段(TSS)对应的描述符。

6. 控制寄存器

Pentium 微处理器包含的控制寄存器如下：

CR0：用来保存系统的标志，CR0 的低位字是机器状态字(Machine Status Word，MSW)。

CR2 和 CR3：用于存储器管理的地址寄存器。在分页操作时，如果出现异常，那么 CR2 中会保存异常处的 32 位线性地址。CR3 的前 20 位用来保存页目录表的基地址，CR3 的 D3 位和 D4 位用来对外部 Cache 进行控制。

CR4：只用了最低 7 位。

7. 调试寄存器

Pentium 微处理器的 8 个调试寄存器 DR0～DR7 主要用来设置程序的断点和程序调试。

DR0～DR3：用于保存 4 个断点的线性地址。

DR4 和 DR5：Intel 公司保留。

DR6：调试状态寄存器，在调试过程中用来报告断点处的状况。

DR7：配合设置的断点控制寄存器，用来设置控制标志，控制断点的设置、设置条件、断点地址的有效范围以及是否进入异常中断等。

8. 测试寄存器

Pentium 微处理器有 18 个测试寄存器，用寄存器号 00H～14H 来表示，其中有 3 个号未使用；每个测试寄存器有一个特定的测试功能。Pentium 微处理器有专用的读/写指令来访问这些测试寄存器。

9. 浮点寄存器

Pentium 微处理器包含的浮点寄存器如下：

(1) 数据寄存器：共 8 个，它们是 R0～R7。每个寄存器有 80 位，80 位的浮点数中 1 位为符号位，15 位为阶码，64 位为尾数。

(2) 标记字寄存器：1 个 16 位的寄存器，每 2 位为 1 个标记，共 8 个标记，分别指示 8 个数据寄存器的状态。

(3) 状态寄存器：16 位的寄存器，用来指示浮点处理单元的当前状态。

本 章 小 结

本章主要讲述了微型计算机 8086/8088 CPU 的构成和工作原理，8086CPU 的外部特性和工作时序，以及 80X86 微处理器的工作方式与存储器结构。在学习本章时务必掌握以下三个方面的基础概念：

寄存器的结构。寄存器是微型计算机的高速存储部件，可以用来存储指令、数据及地址，但是容量非常小。寄存器是每个微处理器内部必要的组件，是学习单片机软件的基础，也是学习汇编语言程序设计的重点。

微处理器的存储结构。微处理器的存储器分为高速缓冲(Cache)、内存、外存三大类，其容量递增，而速度则递减。存储器主要解决了高速 CPU 和低速外设之间进行高效的数据通信时采用的存储策略问题。

时序逻辑：以 8086 的读/写时序为例，学习分析时序、判断时序，这对掌握数字电路设计中的逻辑电路设计起着非常重要的作用。

另外，本章对 80286 以上的 CPU 的基本结构和功能进行了介绍，以备后续学习之用。

思考与练习

1. 总线接口部件有哪些功能？请逐一说明。80X86 的总线接口部件由哪几部分组成？

2. 说明 8086 CPU 包含哪些寄存器，其主要功能是什么。

3. 8086 CPU 的标志寄存器包含哪些标志位？各个标志位的作用是什么？

4. 什么是最小工作模式和最大工作模式？它们在用途上有什么不同？

5. $\overline{BHE}$ 信号的作用是什么？试说明当起始地址为奇地址或偶地址，一次读/写一个字节和一个字时，A0 的状态。

6. 根据 8086 CPU 的存储器读/写时序图，请说明：

(1) 地址信号应在哪些时间内有效？

(2) 读/写动作发生在什么时间内？

(3) 为什么读数据与写数据的有效时间长短不一样？

(4) 什么情况下才要插入 T_W 周期？它能否加在 T1、T2 之间？

7. 在总线周期的 T1、T2、T3、T4 状态下，CPU 分别执行什么动作？什么情况下需要插入等待状态 T_W？T_W 在哪里插入？怎样插入？

8. 画出 8086 最小工作模式的写周期时序。

9. 什么是逻辑地址？什么是物理地址？已知逻辑地址为 3800H：2100H，物理地址为多少？

10. 简要说明堆栈的作用及堆栈的操作过程。

11. 总线如何分类？

12. 总线的性能指标有哪些？

13. 什么叫总线标准？它包含哪些内容？

14. 什么叫描述符？它们分为哪几种？各描述符的主要功能是什么？

15. 简要分析 80286 以上 CPU 在功能结构上与 80X86 CPU 的相同之处与不同之处。

第3章　汇编语言与汇编程序设计基础

计算机的指令是由一个或多个二进制数组成的代码，称为机器指令。由于二进制代码不方便记忆，所以用一些助记符号来代替二进制代码。这些能正确表达原代码的助记符集合称为汇编语言。将用汇编语言编写的源程序翻译成机器指令(目标程序)的过程称为汇编。完成汇编任务的程序称为汇编程序。汇编程序具有以下功能：按用户要求自动分配存储区(包括程序区、数据区等)；自动把各种进制数转换成二进制数；计算表达式的值；对源程序进行语法检查并给出错误信息(如非法格式，未定义符号)等。具有这些功能的汇编程序又被称为基本汇编。在基本汇编的基础上，进一步允许在源程序中把一个指令序列定义为一条宏指令的汇编称为宏汇编。

一台计算机所能执行全部指令的集合称为指令系统，指令系统功能的强弱决定了计算机性能的高低。

3.1　汇编语言指令格式

任何一种汇编语言的指令都是与机器指令一一对应的，并通过汇编程序将其翻译成机器指令代码，通过这些代码使 CPU 执行某种操作。汇编语言的指令格式如下：

操作助记符 [目的操作数][，源操作数][；注释]

(1) 操作助记符也称指令助记符，它以符号形式给出该指令进行什么操作，例如："MOV"表示传送指令，"ADD"表示加法指令等。汇编程序对源程序汇编时，将其翻译成对应的二进制机器指令代码。

(2) 操作数是指令要处理的数据或数据所存放的地址。有些指令不需要操作数，而有些指令有 1 个或 2 个操作数，有的有 3 个操作数，故指令格式中使用了可选择符号"[]"。如果有操作数，应至少用一个空格符使之与助记符分隔；如果有两个操作数，则操作数之间要用逗号"，"分隔，并且通常将它们分别称为目的操作数和源操作数。操作数可以由变量、常量、表达式或寄存器构成。

通常，一条带有操作数的指令应指明用什么方式寻找操作数，寻找操作数的方式称为寻址方式。在汇编语言中，熟悉并灵活地运用计算机寻址方式是至关重要的。

3.2　8086/8088 CPU 的寻址方式

指令中关于如何求出操作数有效地址的方法称为寻址方式。计算机按照指令给出的寻址方式求出操作数有效地址的过程称为寻址操作。在程序设计中，有时要求直接写出操作数本身，有时要求给出操作数的地址，有时要求给出操作数所在存储单元的地址。为了满足程序设计需要，8086/8088 CPU 给出了多种寻址方式，根据操作数的类型及来源大致分为三类：数据寻址、转移地址寻址、I/O 寻址。本节讲解数据寻址方式，后两类寻址方式分别见转移指令及 I/O 指令部分。

8086/8088 系列计算机有 7 种基本的数据寻址方式：立即寻址、寄存器寻址、直接寻址、寄存器间接寻址、寄存器相对寻址、基址变址寻址、相对基址变址寻址。其中后 5 种寻址方式属于存储器寻址，用来确定操作数所在的存储单元的有效地址 EA 的计算方法。

3.2.1　立即寻址

立即寻址即指令中直接给出操作数本身。采用该寻址方式的操作数与指令代码一起存放在代码段中。

【例 3-1】 指令“MOV　AX, 1234H；AX←1234H”，其中源操作数的寻址方式为立即寻址。执行过程如图 3.1 所示。

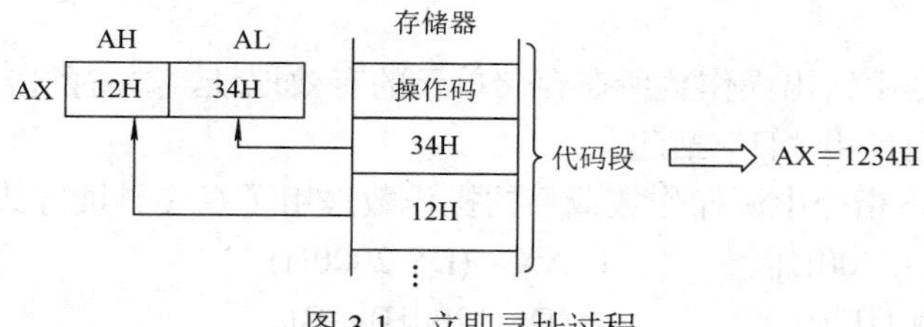

图 3.1　立即寻址过程

注意：

(1) 立即寻址通常用于二地址指令中，且只能是源操作数。

(2) 数据传送应理解为复制传送，源操作数不会因为传送而失去数据。

3.2.2　寄存器寻址

寄存器寻址是指操作数存放在寄存器中，指令中给出寄存器名。对于 16 位操作数，寄存器可以是 AX、BX、CX、DX、SI、DI、SP、BP、CS、DS、SS、ES；对 8 位操作数，寄存器可以是 AH、AL、BH、BL、CH、CL、DH、DL。

【例 3-2】 以下指令中均采用了寄存器寻址方式，在每条指令后，说明了采用该方式的操作数。

(1) MOV　AX, 1234H　　；目的操作数

(2) MOV　DX, AX　　　；目的操作数、源操作数

以指令(2)为例说明寄存器寻址的寻址过程。设 AX = 5678H，指令执行过程如图 3.2 所示。

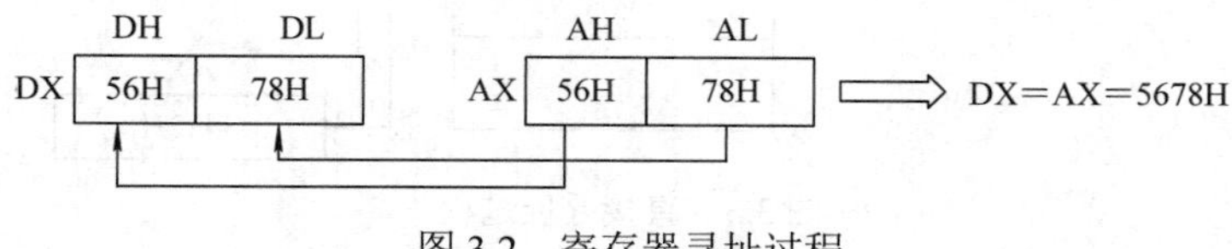

图 3.2　寄存器寻址过程

特点：

(1) 操作数在寄存器中，寄存器在 CPU 内部，执行指令时，操作就在 CPU 的内部进行，不需要访问存储器来取得操作数，因而执行速度快。

(2) 寄存器号比内存地址短，汇编后机器码长度最短。

(3) 寄存器寻址方式既可用于源操作数，也可用于目的操作数，还可以两者都用寄存器寻址方式。

在编程中，如有可能，尽量使用寄存器寻址方式的指令。

注意：

(1) 当指令中的源操作数和目的操作数均为寄存器时，必须采用同样长度的寄存器。

(2) 两个操作数不能同时为段寄存器。

(3) 目的操作数不能是代码段寄存器。

除以上 2 种寻址方式外，下面 5 种寻址方式的操作数均在存储器中，统称为内存寻址方式。当采用内存操作数时，必须注意双操作数指令中的两个操作数不能同时为内存操作数。

3.2.3　直接寻址

直接寻址即指令中给出操作数所在存储单元的有效地址，缺省的段为数据段。为了区别于立即数，有效地址用“[]”括起。

【例 3-3】 以下指令中源操作数或目的操作数采用了直接寻址方式。

```
(1) MOV   AX, [2000H]          ; AX←(DS:2000H)
(2) MOV   [1200H], BL          ; (DS:1200H)←BL
(3) MOV   ES: [0100H], AL      ; (ES:100H)←AL
```

说明：

(1) DS:2000H 表示内存单元地址；(DS:2000H)表示地址是 DS:2000H 内存单元的内容。同样，约定用寄存器名(如 AX)表示寄存器的内容，(寄存器名)(如(AX))表示以寄存器的内容为地址的内存单元内容。

(2) 以例 3-3 中的指令(1)为例，说明直接寻址的寻址过程。设 DS = 4000H，则此指令将数据段中物理地址为 42000H 单元的内容传送至 AX 寄存器。执行过程如图 3.3 所示。

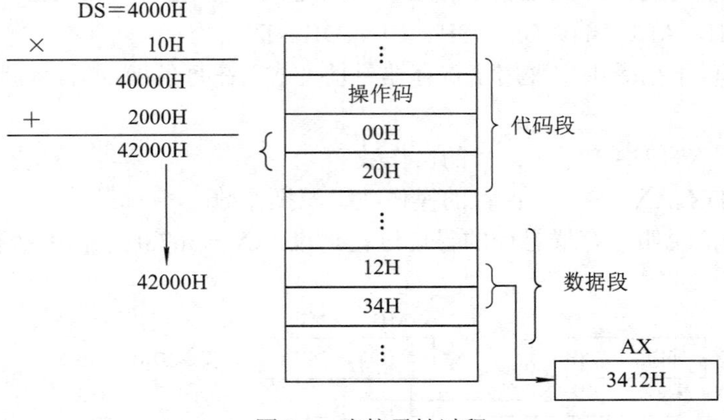

图 3.3　直接寻址过程

① 根据指令中给出的有效地址，得到存储单元的物理地址：

$$DS \times 10H + 4000H = 42000H$$

② 把该内存单元中的内容送到 AX 中。

③ 字在内存中占两个内存单元，低字节在低地址，高字节在高地址，并以低字节的地址作为字的地址。

直接寻址允许数据存于附加段、堆栈段、代码段，这称为“段跨越”，此时需要段说明，如例 3-3 的指令(3)，数据存于附加段中，操作数的物理地址为 ES × 10H + 0100H。

在汇编语言指令中，可以用符号地址代替数值地址。

【例 3-4】 指令如下：

VALUE DB 12H，34H，56H；数据定义

MOV AL，VALUE 或 MOV AL，　[VALUE]

寻址示意如图 3.4 所示。

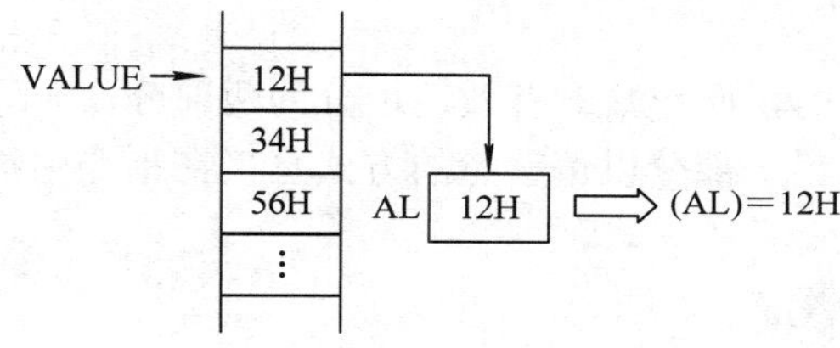

图 3.4　符号地址

3.2.4　寄存器间接寻址

寄存器间接寻址是把内存操作数的有效地址存储于寄存器中，并且指令中给出存放地址的寄存器名。因为有效地址是 16 位，所以存放地址的寄存器必须是 16 位的。8086/8088 CPU 中可以用于间接寻址的寄存器有基址寄存器 BX、BP 和变址寄存器 SI、DI。为了区别于寄存器寻址，寄存器名用“[]”括起。

【例 3-5】 指令如下：

(1) MOV　AX，[SI]　　　；AX←(DS：SI+1，DS：SI)

(2) MOV [BX]，1234H　　；(DS：BX+1，DS：BX)←1234H

不同的寄存器所隐含的对应段不同。采用 SI、DI、BX 寄存器时，数据存于数据段中；采用 BP 寄存器，数据存于附加段中，即操作数的物理地址计算式为

物理地址 = DS × 10H + SI (也可以是 DI 或 BX)

或物理地址 = SS × 10H + BP

这里以例 3-5 中的指令(1)为例来说明寄存器间接寻址的寻址过程。设 DS = 3000H，SI = 2000H，寻址过程如图 3.5 所示。

(1) 根据指令中给出的寄存器及寄存器内容得到存储单元的物理地址：

$$DS \times 10H + 2000H = 32000H$$

(2) 将该内存单元开始的两个字节的内容送到 AX 中。将低地址单元的内容送到 AL 中，高地址单元的内容送到 AH 中。

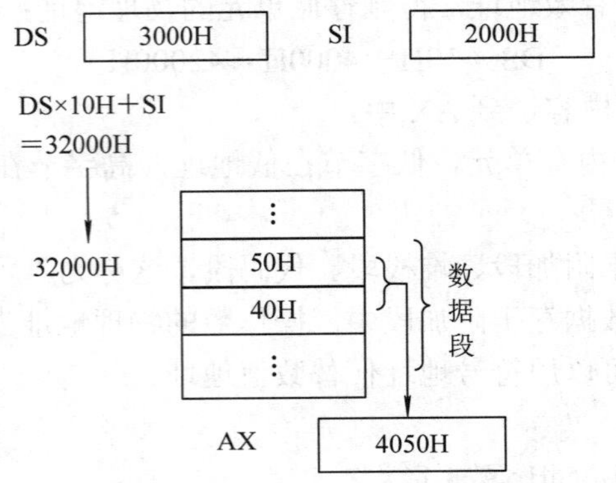

图 3.5　寄存器间接寻址过程

3.2.5　寄存器相对寻址

采用寄存器相对寻址时，操作数的有效地址分为两部分，一部分存于寄存器中，并且指令中给出该寄存器名；另一部分以偏移量的方式直接在指令中给出。

【例 3-6】 指令如下：

(1) MOV　AL，8[BX]

(2) MOV　AX，COUNT[SI]

其中，寄存器前的值(如 8)或符号常量 COUNT 为偏移量。可用于寄存器间接寻址的寄存器也可用于寄存器相对寻址。选用不同的寄存器，对应的段不同，规律同寄存器寻址。操作数的有效地址为

$$EA1 = SI(也可以是 DI 或 BX) + 8 位 disp (或 16 位 disp)(disp 代表偏移量)$$

或

$$EA2 = BP + 8 位 disp (或 16 位 disp)$$

操作数的物理地址为

$$PA1 = DS \times 10H + EA1$$

或

$$PA2 = SS \times 10H + EA$$

这里以例 3-6 中的指令(1)为例来说明寄存器相对寻址的寻址过程。设 DS = 3000H，BX = 100H，源操作数的寻址过程如图 3.6 所示。

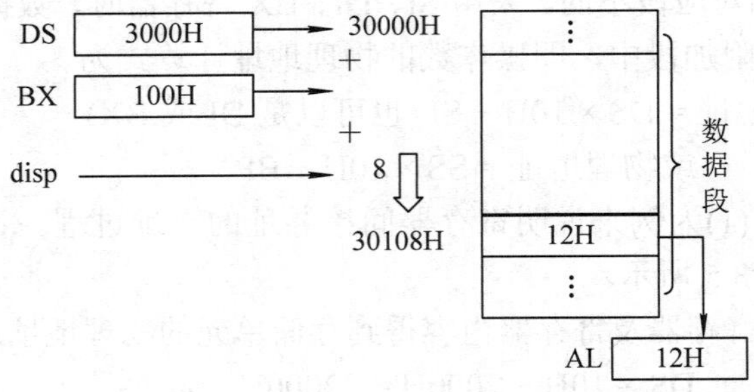

图 3.6　寄存器相对寻址过程

(1) 根据指令中给出的寄存器名、偏移量及寄存器内容，得到存储单元的物理地址：

$$DS \times 10H + BX + disp = 30108H$$

(2) 将该内存单元中的内容传送到 AL 中。

说明：

(1) 偏移量是符号数，8 位偏移量的取值范围为 00H～0FFH(即－128～127)；16 位偏移量的取值范围为 0000H～0FFFFH(即 －32768～32767)。

(2) IBM 汇编允许用 3 种形式表示相对寻址，它们的效果是一样的，如：

```
MOV   AX，[BX]+6          ；标准格式
MOV   AX，6[BX]           ；先写偏移值
MOV   AX，[BX+6]          ；偏移值写在括号内
```

3.2.6　基址变址寻址

采用基址变址寻址时，操作数的有效地址分为两部分，一部分存于基址寄存器(BX 或 BP)中，另一部分存于变址寄存器(SI 或 DI)中，指令中分别给出两个寄存器名。操作数的有效地址为

$$EA1 = BX + SI\ (或\ DI)$$

或

$$EA2 = BP + SI(或\ DI)$$

当基址寄存器选用 BX 时，数据隐含存于数据段中；当基址寄存器选用 BP 时，数据隐含存于堆栈段中。操作数的物理地址为

$$PA1 = DS \times 10H + EA1$$

$$PA2 = SS \times 10H + EA2$$

【例 3-7】 指令如下：

(1) MOV AL，[BP][SI]

(2) MOV AX，ES：[BX][DI]

这里以例 3-7 中的指令(1)为例来说明基址变址寻址过程。设 SS = 3000H，BP = 100H，SI = 5H，源操作数的寻址过程如图 3.7 所示。

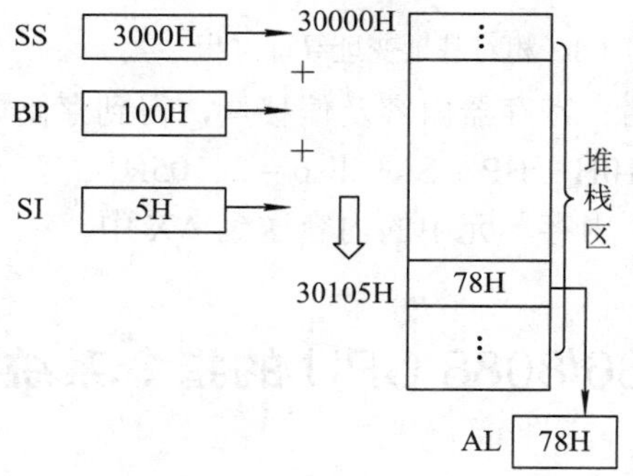

图 3.7　基址变址寻址过程

(1) 根据指令中给出的寄存器名及寄存器内容，得到存储单元的物理地址：

$$SS \times 10H + BP + SI = 30105H$$

(2) 将该内存单元中的内容送到 AL 中。

3.2.7　相对基址变址寻址

采用相对基址变址寻址时，操作数的有效地址分为三部分：一部分存于变址寄存器 SI 或 DI 中；一部分存于基址寄存器 BX 或 BP 中；一部分为偏移量。指令中分别给出两个寄存器名及 8 位或 16 位的偏移量。操作数的有效地址为

EA1 = BX + SI(或 DI) + 8 位 (或 16 位 disp)

或　　EA2 = BP + SI(或 DI) + 8 位 (或 16 位 disp)

当基址寄存器选用 BX 时，数据隐含存于数据段中；当基址寄存器选用 BP 时，数据隐含存于堆栈段中。操作数的物理地址为

PA1 = DS × 10H + EA1

PA2 = SS × 10H + EA2

【例 3-8】 指令如下：

(1) MOV　AL，5[BP][SI]

(2) MOV　AX，5[BX][SI]

这里以例 3-8 中的指令(1)为例来说明相对基址变址寻址的寻址过程。

设 SS = 2000H，BP = 1000H，SI = 100H，源操作数的寻址过程如图 3.8 所示。

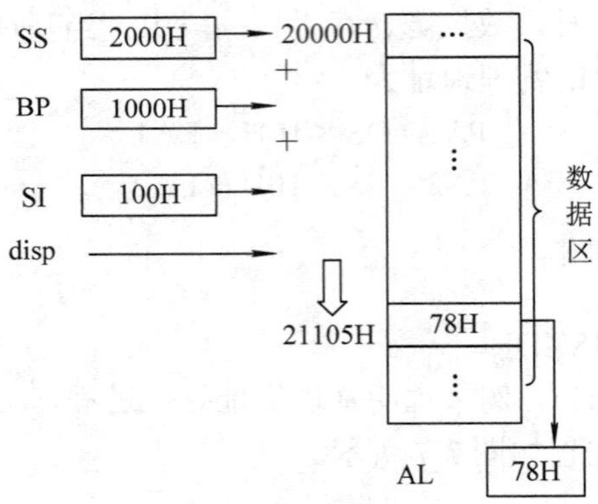

图 3.8　相对基址变址寻址过程

(1) 根据指令中给出寄存器名、寄存器内容及偏移量，得到存储单元的物理地址：

SS × 10H + BP + SI + disp = 21105H

(2) 将该地址开始的连续两个内存单元中的内容送到 AX 中。

3.3　8086/8088 CPU 的指令系统

指令对于程序而言，如同人们说话与写作时的文字及其语法。在学习指令的过程中，必须重视指令的功能及指令的格式。

8086/8088 CPU 的指令按其功能大致可分为六类：数据传送指令、算术运算指令、逻辑运算和移位指令、串操作指令、控制转移指令、处理器控制指令。

为了表示方便，汇编语言中约定了一些指令符号，如表 3.1 所示。

表 3.1　符号约定及含义

符号	含　义
i8	一个 8 位的立即数
i16	一个 16 位的立即数
imm	一个 8 位或 16 位的立即数
r8	一个 8 位通用寄存器：AH、AL、BH、BL、CH、CL、DH、DL
r16	一个 16 位通用寄存器：AX、BX、CX、DX、BP、SP、SI、DI
reg	一个 8 位或 16 位通用寄存器
seg	一个段寄存器：DS、ES、SS、CS
m8	一个 8 位存储器操作数(包括所有的内存寻址方式)
m16	一个 16 位存储器操作数(包括所有的内存寻址方式)
mem	一个 8 位或 16 位存储器操作数(包括所有的内存寻址方式)
dest	目的操作数
src	源操作数
port	I/O 端口号

3.3.1　数据传送指令

数据传送指令是将数据或地址传送到寄存器或存储单元中。它可分为四类：通用数据传送指令、地址传送指令、标志传送指令、输入 / 输出指令。下面介绍前三类指令。

数据传送指令中，除第三类标志传送指令会对标志位产生影响外，其余的指令均不影响标志位。所以在下面的阐述中，对于第一、二类指令，将不再说明它们对标志状态位的影响。

1. 通用数据传送指令 MOV、PUSH、POP、XCHG、XLAT

1) 数据传送指令 MOV

数据传送指令的格式：

```
MOV   dest，src
```

数据传送指令的功能：将源操作数的内容传送给目的操作数，即(dest)←(src)。其中，src 可以为 mem、seg、reg、imm，dest 可以为 mem、seg、reg。

MOV 可以实现一个字节或一个字的传送，但要求 dest 与 src 类型相同，即长度相等。数据允许的传送方向如图 3.9 所示。

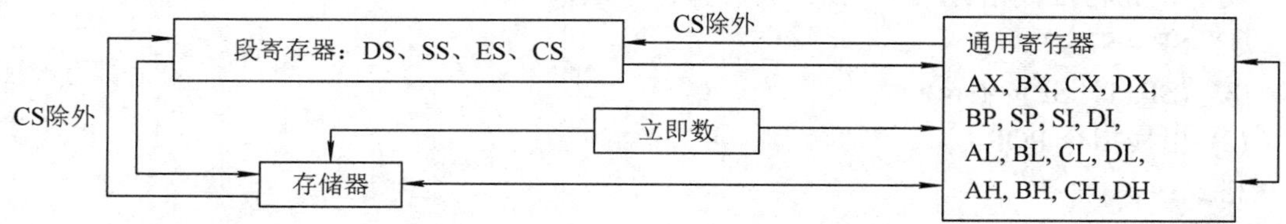

图 3.9　MOV 指令数据传送方向

从图 3.9 可知：段寄存器 CS 不能作为目的操作数，即不能给 CS 赋值；源操作数与目的操作数不能同时为内存操作数。

【例 3-9】 以下指令均为合法的传送指令，括号中为目的操作数与源操作数的寻址方式。

```
(1) MOV  AL，5                ；(寄存器，立即数)
(2) MOV  AX，BX               ；(寄存器，寄存器)
(3) MOV  DS，AX               ；(段寄存器，寄存器)
(4) MOV  ES，DS               ；(段寄存器，段寄存器)
(5) MOV  ES：VAR，12          ；(存储器，立即数)
(6) MOV  WORD PTR[BX]，12     ；(存储器，立即数)
```

说明：

(1) 例 3-9 中的指令(5)有段超越，VAR 为符号地址。

(2) 例 3-9 中的指令(6)的 WORD PTR 指明存储器操作数的属性是字属性。

2) 堆栈操作指令 PUSH、POP

堆栈是计算机的一种数据结构，其数据的存取原则是“先进后出，后进先出”。好比堆放货物，先到的货物放在下面，后到的货物堆放在上面；取货物时，堆在上面的货物先被取走。

一般地，计算机系统中的堆栈区建立在内存中，通过堆栈指针实现堆栈的管理。堆栈指针总是指向栈顶。堆栈指针的初值为栈底。把数据从栈顶存入堆栈中，同时调整堆栈指针保持指向栈顶，这一操作称为入栈(或压入)；把数据通过栈顶从堆栈中取出，同时调整堆栈指针保持指向栈顶，称为出栈(或弹出)。

在 8086 系统中，堆栈的最大空间为 64 KB。堆栈的基地址放在堆栈段寄存器 SS 中，由堆栈指针寄存器 SP 给出栈顶的偏移地址。堆栈操作是双字节的操作，即每次压入或弹出两个字节。入栈时堆栈指针 SP 被减 2，出栈时堆栈指针 SP 被加 2。当进行压入操作后堆栈指针回到初值，表明堆栈满；当执行弹出操作后堆栈指针回到初值，表明堆栈空。当栈满时，再压入数据，称为“堆栈溢出”。

8086 指令系统中，堆栈压入操作指令为 PUSH，弹出指令为 POP。另外还有一些指令也会对堆栈进行操作，将在后面予以介绍。

(1) 进栈指令 PUSH。

格式：

```
PUSH   src
```

其中 src 可以是 r16、seg、m16。

功能：先将堆栈指针减 2，然后将源操作数送入栈顶，即

① SP←SP−2

② (SP+1，SP)←(src)

(2) 出栈指令 POP。

格式：

```
POP   dest
```

其中 dest 可以为 r16、seg、m16。

功能：实现将栈顶字数据传送至目的操作数，同时堆栈指针加 2，即

① (dest)←(SP+1，SP)

② SP←SP+2

【例 3-10】 指令如下：

```
MOV   AX，6688H
PUSH   AX
POP BX
```

执行入栈指令前，堆栈段寄存器 SS = 2100H，堆栈指针寄存器 SP = 0010H。执行入栈指令后，字单元 SS：000EH 的内容(SS：000EH) = 6688H；堆栈指针寄存器 SP = 000EH，指向新的栈顶。

当执行 POP BX 后，BX =6688H，SP = 0010H，指向新的栈顶。

在调用子程序或转入中断服务程序时，堆栈被用于保存返回地址。为了实现子程序或中断嵌套，必须使用堆栈技术。堆栈还被用于数据的暂存、交换、子程序的参数传递等。

3) 数据交换指令 XCHG

格式：

```
XCHG   dest，src
```

其中 dest 可以为 reg、mem；src 可以为 reg、mem。

功能：将源操作数与目的操作数互换，即(dest)↔(src)。

【例 3-11】 指令如下：

AX = 4A7BH，(DS：2000H) = 1234H

执行指令“XCHG AX，[2000H]”后，有

AX = 1234H，(DS：2000H) = 4A7BH

【例 3-12】 利用 XCHG，实现两个内存单元 VALUE1 和 VALUE2 的内容互换。指令如下：

```
MOV     AX，VALUE1          ①
XCHG    AX，VALUE2          ②
MOV     VALUE1，AX          ③
```

由于 XCHG 指令不允许同时对两个存储单元进行操作，因而必须借助于一个通用寄存器：① 把一个存储单元中的数据传送到通用寄存器；② 将通用寄存器中的内容与另一个存储单元的内容进行交换；③ 把通用寄存器中的内容回传给第一个存储单元。

4) 换码指令 XLAT

格式：

```
XLAT   TABLE
```

注：TABLE 为一待查表格的首地址。

该指令中，源操作数、目的操作数均隐含。

功能：把数据段寄存器 DS 中偏移地址为 BX + AL 的内存单元的内容送到 AL 中，即 AL←(BX + AL)。

设 BX = 100H，AL = 03H，以 DS：BX 为首址的一段内存单元内容如图 3.10 所示。

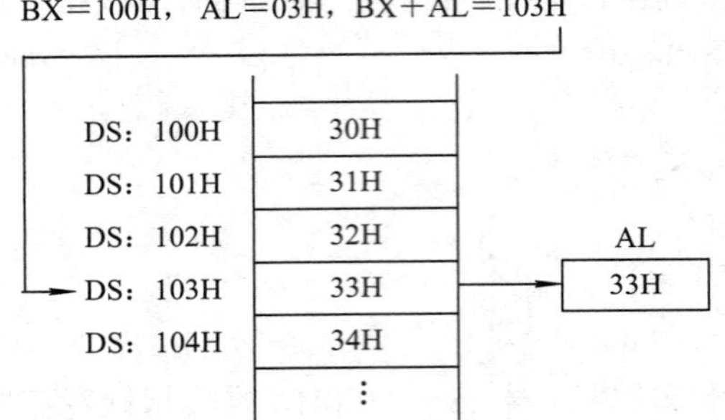

图 3.10　执行指令 XLAT 后内存单元内容

执行指令 XLAT 后，有

AL = (DS：BX + AL) = (DS：103H) = 33H = '3'

说明：格式中的变量名或表格首址只是为了提高程序的可读性而设置的，BX 中的内容为变量的偏移地址或表格首地址。

换码指令常用于代码转换：把字符扫描码转换成 ASCII 码；把数字的二进制编码转换为七段数码管显示代码等；如图 3.10 所示把数字 3 转换为 3 的 ASCII 码“33H”。

【例 3-13】 表格 TABLE 中定义了十六进制数 0～F 的 ASCII 码，取出 A 的 ASCII 码。相关的指令如下：

```
TABLE   DB'0', '1', '2', '3', '4', '5', '6', '7'
        DB'8', '9', 'A', 'B', 'C', 'D', 'E', 'F'       ; 数据定义
LEA   BX, TABLE                                         ; 把表格首地址送到 BX 寄存器中
MOV   AL, 10                                            ; 字符序号送到 AL 寄存器中
```

2. 地址传送指令 LEA、LDS、LES

在汇编语言中，地址是一种特殊操作数，区别于一般数据操作数，它无符号，长度为 16 位。为了突出其地址特点，可由专门的指令进行地址传送。

1) 取有效地址指令 LEA

格式：

```
LEA   r16, mem
```

功能：取内存单元 mem 的有效地址，送到 16 位寄存器 r16 中，即 r16←EA(mem)。

【例 3-14】 设 DS = 2100H，BX = 100H，SI = 10H，(DS：110H) = 1234H。则执行指令“LEA　BX，[BX + SI]”后，BX = BX + SI = 110H。

2) 地址指针装入 DS 指令 LDS

格式：

```
LDS   r16, m32
```

功能：把内存中的 32 位源操作数中低 16 位送到指定寄存器 r16 中，高 16 位送到段寄存器 DS 中。即 r16←m32 低 16 位；DS←m32 高 16 位。

【例 3-15】 执行指令 LDS 操作示意如图 3.11 所示。

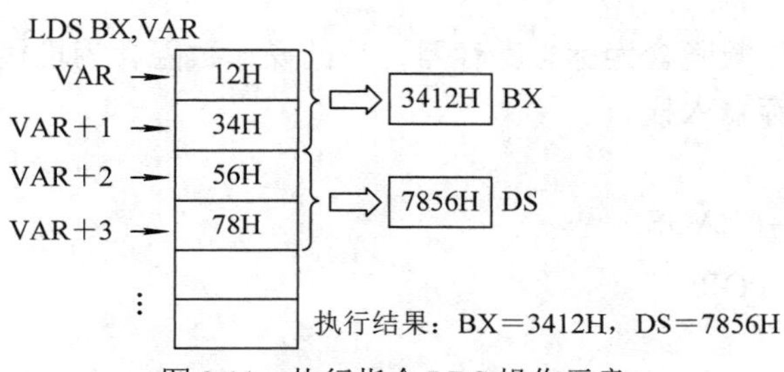

图 3.11　执行指令 LDS 操作示意

3) 地址指针装入 ES 指令 LES

把 LDS 指令中的 DS 换成 ES，即成为 LES 指令。

3. 标志传送指令 LAHF、SAHF、PUSHF、POPF

标志寄存器用于记载执行指令引起的状态变化及一些特殊控制位，以此作为控制程序执行的依据。所以，标志寄存器是特殊寄存器，不能像一般数据寄存器那样随意操作，以免其中的值发生变化。

1) 取标志指令 LAHF

格式：

```
LAHF
```

该指令中，源操作数隐含为标志寄存器低 8 位，目的操作数隐含为 AH。

功能：将 16 位的标志寄存器低 8 位送至寄存器 AH 中，即 AH←(FLAGS0～FLAGS7)。

执行指令 LAHF 操作示意如图 3.12 所示。

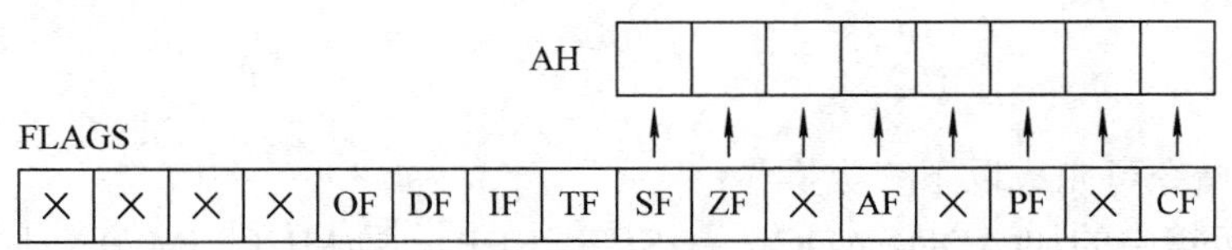

图 3.12　执行指令 LAHF 操作示意

2) 置标志指令 SAHF

格式：

```
SAHF
```

该指令中，源操作数隐含为 AH，目的操作数隐含为标志寄存器。

功能：将寄存器 AH 中的内容送至 16 位的标志寄存器低 8 位，即(FLAGS0～FLAGS7)←AH。

此操作是 LAHF 的逆操作。

【例 3-16】 利用 LAHF、SAHF 对标志位 CF 求反，其他位不变。指令如下：

```
LAHF              ; 取标志寄存器的低 8 位
XOR   AH，01H     ; 最低位求反，其他位不变
SAHF              ; 送入标志寄存器的低 8 位
```

3) 标志入栈指令 PUSHF

格式：

```
PUSHF
```

该指令中，源操作数隐含为标志寄存器，目的操作数隐含为堆栈区。

功能：将标志寄存器入栈。

① SP←SP−2

② (SP+1，SP)←FLAGS

4) 标志弹出指令 POPF

格式：

```
POPF
```

该指令中，源操作数隐含为堆栈区，目的操作数隐含为标志寄存器。

功能：将数据出栈到标志寄存器。

① FLAGS←(SP+1，SP);

② SP←SP+2

此操作是 PUSHF 的逆操作。

【例 3-17】 将标志寄存器的 TF 位清零，其他标志位不变。指令如下：

```
PUSHF                  ；标志寄存器入栈
POP AX                 ；取标志寄存器中的内容
AND AX，0FEFFH         ；TF 清零，其他位不变
PUSH AX                ；新值入栈
POPF                   ；送入标志寄存器
```

3.3.2 算术运算指令

1. 概述

算术运算指令可完成以下三类操作：

(1) 算术运算中的加(ADD，ADC)、减(SUB，SBB)、乘(MUL，IMUL)、除(DIV，IDIV)、加 1(INC)、减 1(DEC)、数据比较(CMP)。

(2) 辅助运算指令(CBW，CBD)。

(3) BCD 数算术运算结果的调整(DAA，DAS，AAA，AAS，AAM，AAD)。(本书中不详细讲)

操作数分为无符号二进制数、有符号二进制数、压缩 BCD 码、非压缩 BCD 码四种类型。其中压缩 BCD 码可以进行加、减运算，其余三类操作数可进行加、减、乘、除四种运算，如表 3.2 所示。

表 3.2 8086/8088 CPU 算术运算适用的操作数

操作数类型	加 法	减 法	乘 法	除 法
无符号二进制数	ADD、ADC、INC	SUB、SBB、DEC	MUL	DIV
有符号二进制数	ADD、ADC、INC	SUB、SBB、DEC	MUL	IDIV
压缩 BCD 码	ADD、ADC、DAA	SUB、SBB、DAC	—	—
非压缩 BCD 码	ADD、ADC、AAA	SUB、SBB、AAS	MUL、AAM	DIV、AAD

数据传送类指令中，除标志传送指令外，都不影响标志位。与其相反的是算术运算指令，它们基本都对标志位产生影响(见表 3.3)，并且这些影响通常成为程序控制的依据。所以，掌握指令对标志位的影响，是学习算术运算指令时需要特别注意的一个重点。

表 3.3　算术运算指令功能及其对标志位的影响

分类	指令助记符	功能简介	标志位					
			OF	SF	ZF	AF	PF	CF
扩展	CBW	AL 符号扩展到 AH	–	–	–	–	–	–
	CBD	AX 符号扩展到 DX	–	–	–	–	–	–
加 1 减 1	INC	加 1	+	+	+	+	+	–
	DEC	减 1	+	+	+	+	+	–
加	ADD	加法	+	+	+	+	+	+
	ADC	带进位加	+	+	+	+	+	+
减	SUB	减	+	+	+	+	+	+
	SBB	带借位减	+	+	+	+	+	+
	CMP	数据比较	+	+	+	+	+	+
	NEG	求补	+	+	+	+	+	+
乘	MUL	无符号数乘	+	?	?	?	?	+
	IMUL	有符号数乘	+	?	?	?	?	+
除	DIV	无符号数除	?	?	?	?	?	?
	IDIV	有符号数除	?	?	?	?	?	?
BCD 数调整	DAA	压缩 BCD 数加法调整	?	+	+	+	+	+
	DAS	压缩 BCD 数减法调整	?	+	+	+	+	+
	AAA	非压缩 BCD 数加法调整	?	?	?	+	?	+
	AAS	非压缩 BCD 数减法调整	?	?	?	+	?	+
	AAM	非压缩 BCD 数乘法调整	?	+	+	?	+	?
	AAD	非压缩 BCD 数除法调整	?	+	+	?	+	?

注：“+”表示有影响；“–”表示不影响；“?”表示没有定义。

2. 扩展指令 CBW、CWD

扩展指令用于将字节扩展为字(CBW)或将字扩展为双字(CWD)。扩展指令的格式及功能见表 3.4。

表 3.4　CBW、CWD 指令的格式及功能

格式	功　能	说　明
CBW	把寄存器 AL 中数据的符号位扩展到 AH 寄存器中，使字节扩展为字。 AL ＜ 80H 时，AH←00H AL≥80H 时，AH←FFH	源操作数隐含为寄存器 AL，目的操作数隐含为寄存器 AX
CWD	把寄存器 AX 中数据的符号位扩展到 DX 寄存器中，使字扩展为双字。 AX ＜ 80 00H 时，DX←0000H AX≥80 00H 时，DX←FFFFH	源操作数隐含为寄存器 AX，目的操作数隐含为寄存器 DX、AX

一个数经符号扩展后，就补码表示的数而言，数值大小没有变化。

【例 3-18】 指令如下：

```
(1) MOV   AL，75H
    CBW               ；执行结果为 AX = 0075H
(2) MOV   AX，0A085H
    CBW               ；执行结果为 DX = 0FFFFH，AX = 0A085H
```

3. 加减指令

1) 指令格式

加减指令的格式及功能见表 3.5。其中，dest 可以为 reg、mem，src 可以为 reg、mem、imm，dest 与 src 不能同时为内存操作数。

表 3.5　加减指令格式及功能

指令	格　式	功　能	说　明
加 1	INC dest	(dest)←(dest)+1	
减 1	DEC dest	(dest)←(dest)−1	
加	ADD dest，src	(dest)←(dest)+(src)	
带进位加	ADC dest，src	(dest)←(dest)+(src)+CF	用于多字节或多字加法运算
减	SUB dest，src	(dest)←(dest)−(src)	
带借位减	SBB dest，src	(dest)←(dest)−(src)−CF	用于多字节或多字减法运算
比较	CMP dest，src	(dest)←(src)	影响标志位，不保留结果
求补	NEG dest	(dest)←0−(dest)	

2) 举例说明

(1) 加 1 指令 INC。

【例 3-19】 指令如下：

```
① MOV   AL，0FFH
  INC   AL              ；L=00H，OF=0，SF=0，ZF=1，AF=1，PF=1，CF 不变
```

② INC BYTE PTR[BX]　　；数据段中由 BX 寻址存储单元的字节内容加 1

(2) 减 1 指令 DEC。

【例 3-20】 指令如下：

① MOV AL，0

DEC　AL　　；L=0FFH，OF=0，SF=1，ZF=0，AF=1，PF=1，CF 不变

② DEC NUMB　　；数据段 NUMB 单元的内容减 1，由定义 NUMB 的方法来确定
；这是字节减 1 还是字减 1

(3) 加法指令 ADD。

【例 3-21】 指令如下：

② 　ADD CX，DI　　；CX←CX+DI

② ADD [BP]，CL　　；CL 加堆栈段中用 BP 作为偏移地址的存储单元的
；内容，结果存入该单元

③ ADD CL，TEMP　　；数据段 TEMP 单元的内容加到 CL，结果存入 CL

④ ADD BYTE PTR[DI]，3　　；数据段中由 DI 寻址的存储单元的字节内容加上 3，
；并存入该单元

(4) 带进位加法指令 ADC。

【例 3-22】 由 BX 和 AX 组成的 32 位数与由 DX 和 CX 组成的 32 位数相加，将和送入 BX 和 AX 中，指令如下：

① ADD　AX，CX

② ADC　BX，DX

执行指令操作示意图如图 3.13 所示。

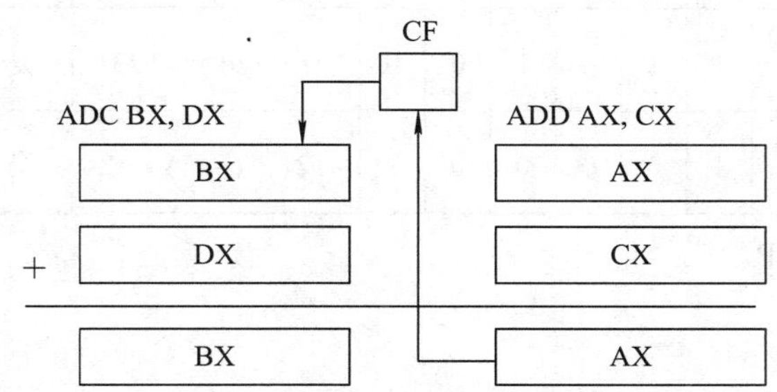

图 3.13　ADC 加法指令操作示意

(5) 减法指令 SUB。

【例 3-23】 指令如下：

① SUB　AX，0CCCCH　；AX←AX−0CCCCH

② SUB　[DI]，CH　　；从由 DI 寻址的数据段存储单元的字节内容中减去 CH

(6) 带借位减法指令 SBB。

【例 3-24】 由 BX 和 AX 组成的 32 位数与由 SI 和 DI 组成的 32 位数相减，将差送入 BX 和 AX 中，指令如下：

① SUB　AX，DI

② SBB　BX，SI

执行 SBB 减法指令操作示意如图 3.14 所示。

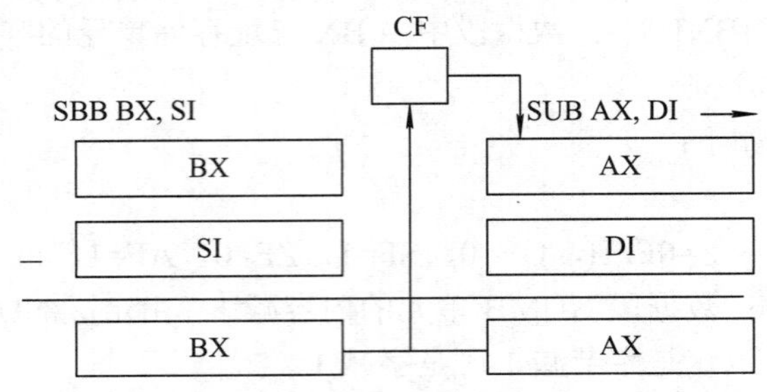

图 3.14　SBB 减法指令操作示意

加减运算指令中，不区分有符号数与无符号数，即有符号数与无符号数使用相同的加减指令。CPU 运算时统一使用补码运算规则。应用中是有符号数还是无符号数，取决于编程人员看待问题的视角，可以从有符号数的角度看，也可以从无符号数的角度看。相同的编码从不同的视角来看，值有所不同，并且对运算结果的溢出判断标准也不同。对于有符号数，当 OF = 1 时，溢出；OF = 0 时，不溢出。对于无符号数，当 CF = 1 时，溢出；CF = 0 时，不溢出。不同运算结果如表 3.6 所示。

表 3.6　相同的操作与不同视角产生的不同运算结果

序号	被加数 + 加数 =CPU 运算结果	状态标志位						有符号数		无符号数	
		OF	SF	ZF	AF	PF	CF	真值运算	溢出	真值运算	溢出
1	00000100 + 00001011 =00001111	0	0	0	0	1	0	4 + 11 = 15	不	4 + 11 = 15	不
2	00000111 + 11111011 =00000010	0	0	0	1	0	1	7 + (−5) = 2	不	7 + 251 = 2	是
3	00001001 + 01111100 =10000101	1	1	0	1	0	0	9 + 124 = −123	是	9 + 124 = 133	不
4	10000111 + 11110101 =01111100	1	0	0	0	0	1	−121 + (−11) = 124	是	135 + 245 = 124	是

(7) 比较指令 CMP。

格式：

CMP dest，src

功能：从目的操作数的内容中减去源操作数的内容，相减的结果不回送到目的操作数，但影响所有的状态标志位。

【例 3-25】指令如下：

```
CMP AL，0
CMP AX，DX
CMP AX，[BX +SI +1000H]
CMP [DI]，BX
```

注意：

① 对于两个数的比较有以下几种情况：

当两数相等时，根据 ZF 状态判断。如果 ZF = 1，则两个操作数相等；否则，两个操作数不相等。

两数相异时，可分无符号数和有符号数两种情况来考虑。

a. 对两个无符号数，可根据 CF 标志位的状态来确定。若 CF = 0，则被减数大于减数；否则，被减数小于减数。

例如：执行指令“CMP AX，BX”后，若 CF = 0，则 AX＞BX，否则，AX＜BX。

b. 对两个有符号数，情况要稍微复杂一些。若相减后无溢出，即 OF =0，则 SF =0，被减数大于减数，SF = 1，减数大于被减数。

若相减后有溢出，即 OF = 1，则 SF = 1，被减数大于减数，SF = 0，被减数小于减数。

归纳以上结果，可得出判别两个有符号数大小关系的方法，即

当 $OF \oplus SF = 0$ 时，被减数大于减数；

当 $OF \oplus SF = 1$ 时，减数大于被减数。

② 比较指令主要用于比较两个数之间的关系，即两者是否相等，或两者中哪一个大。通常在比较指令后面紧跟一条件转移指令，测试标志位的状态，以决定程序的转向。

(8) 求补指令 NEG。

【例 3-26】 指令如下：

```
MOV   DL，01111000B        ；DL = 120D
NEG   DL                   ；结果：DL = 0−01111000 = 10001000B = −120D
```

4. 乘除指令

乘除指令的格式及操作见表 3.7。

表 3.7　乘除指令格式及操作

指令	助记符	格式	操　　作
无符号数乘	MUL	MUL src	src 为字节：AX←AL × src src 为字：DX AX←AX × src
有符号数乘	IMUL	IMUL src	
无符号数除	DIV	DIV src	src 为字节：AL←AX ÷ (src)的商，AH←AX ÷ (src)的余数 src 为字：AX←DX AX ÷ (src)的商，DX←DX AX ÷ (src)的余数
有符号数除	IDIV	IDIV src	

注：src 可以为 reg、mem。

1) 乘法指令 MUL、IMUL

8086/8088 CPU 可实现字节与字节相乘、字与字相乘。指令中给出了乘数，而被乘数隐含。乘数可以是寄存器或内存操作数，但不能是立即数。

字节相乘时，乘积的高 8 位存于寄存器 AH 中，低 8 位存于寄存器 AL 中。字相乘时，被乘数隐含为寄存器 AX，乘积的高 16 位存于寄存器 DX 中，低 16 位存于寄存器 AX 中，如图 3.15 所示。

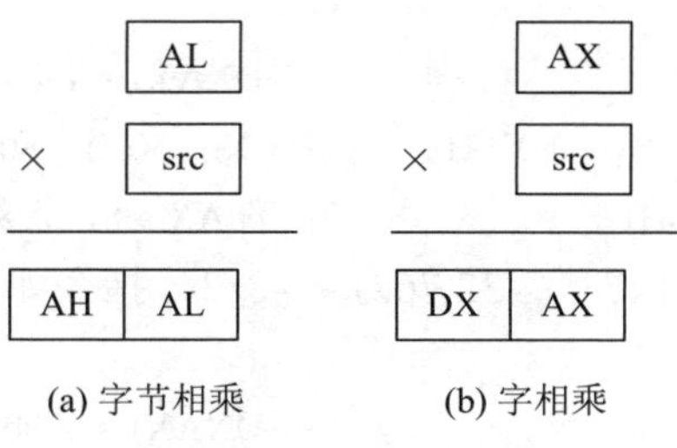

(a) 字节相乘　　(b) 字相乘

图 3.15　乘法示意

【例 3-27】 指令如下：

(1) IMUL　CL　　　　　　　；有符号数乘法，AL 乘以 CL，乘积存放在 AX 中

(2) MUL　WORD PTR[SI]　　；无符号数乘法，AX 乘以由 SI 寻址的数据段存储单
　　　　　　　　　　　　　；元的字内容，乘积存放在 DX 和 AX 中

乘法指令仅影响标志位 OF、CF，对其他标志位无定义。对于无符号数的乘法，字节相乘时，如果 AH = 0，则 OF = CF = 0；如果 AH ≠ 0，则 OF = CF = 1。字相乘时，如果 DX = 0，则 OF = CF = 0；如果 DX ≠ 0，则 OF = CF = 1。即有符号数相乘时，当乘积的高 8 位(字节相乘)或高 16 位(字相乘)是低字节(字节相乘)或低字(字相乘)的符号扩展时，OF = CF = 0；否则，OF = CF = 1。

2) 除法指令(DIV、IDIV)

8086/8088 CPU 可实现除数为字节与除数为字的两种除法。指令中给出了除数，而被除数隐含。除数可以是寄存器或内存操作数，但不能是立即数。除数为字节时，被除数必须为 16 位，隐含为寄存器 AX，商存于寄存器 AL 中，余数存于寄存器 AH 中；除数为字时，被除数必须为 32 位，隐含为寄存器 DX、AX，商存于寄存器 AX 中，余数存于寄存器 DX 中，如图 3.16 所示。

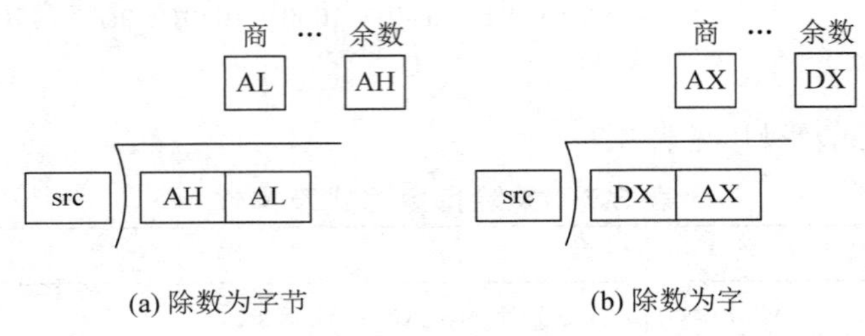

图 3.16　除法示意

【例 3-28】 指令如下：

(1) IDIV　CL　　　　　　　；X 被 CL 除；AL 中是有符号的商，余数在 AH 中

(2) DIV　BYTE PTR[BP]　　；X 被堆栈段用 BP 寻址的存储单元的字节内容除，无符
　　　　　　　　　　　　　；号的商在 AL 中，余数在 AH 中

除非发生溢出，除法对所有标志位均无定义。所谓溢出，指除数为字节时，商大于 0FFH，或除数为字时，商大于 0FFFH。当除法发生溢出时，OF=1，并产生 0 型中断(溢出中断)。有符号数除法中，商的符号遵循除法法则，余数的符号与被除数一致。

【例 3-29】 40003H ÷ 8000H

(1) 无符号数除，即 262 147 ÷ 32 768 = 8…3，指令如下：

```
MOV    DX，4
MOV    AX，3                          ；(DXAX) = 40003H = 262147D
MOV    WORD  PTR[30H]，8000H          ；(DS：30H) = 8000H = 32768D
DIV    WORD  PTR[30H]                 ；商 AX = 8，余数 DX = 3
```

(2) 有符号数除，即 262 147 ÷ (−32 768) = −8…3，指令如下：

```
MOV    DX，4
MOV    AX，3                          ；(DXAX) = 40003H = 262147D
```

```
MOV   WORD PTR[30H]，8000H        ；(DS：30H) = 8000H = −32768D
DIV   WORD PTR[30H]               ；商 AX = 0FFF8H = −8D，余数 DX = 3D
```

3.3.3 逻辑运算和移位指令

1. 逻辑运算指令

逻辑运算指令包括逻辑非(NOT)、逻辑与(AND)、逻辑测试(TEST)、逻辑或(OR)和逻辑异或(XOR)指令。这些指令的操作数可以是 8 位、16 位，运算按位进行。对操作数的要求与 MOV 指令相同。逻辑运算指令的格式及功能如表 3.8 所示。

表 3.8　逻辑运算指令格式及功能

指令名	格　式	功　能	标志位
逻辑非	NOT dest	(dest)← $\overline{\text{(dest)}}$	① CF、OF 清零 ② 影响 SF、ZF、PF ③ AF 不变
逻辑与	AND dest，src	(dest)←(dest)∧(src)	
逻辑测试	TEST dest，src	(dest)∧(src)	
逻辑或	OR dest，src	(dest)←(dest)∨(src)	
逻辑异或	XOR dest，src	(dest)←(dest)⊕(src)	

测试指令 TEST，执行相与操作，只根据结果影响标志位，不保留结果。

【例 3-30】 指令如下：

```
(1) AND    AL，BL              ；AL←AL∧BL
(2) XOR    AX，[DI]            ；X 异或数据段存储单元的字内容，结果存入 AX 中
(3) OR     SP，990DH           ；(SP)←(SP)∨990DH
(4) NOT    BYTE PTR[BX]        ；数据段存储单元的字节内容求反
(5) TEST   AH，4               ；AH∧4，AH 不变，只影响标志位
```

逻辑运算符的定义如表 3.9 所示。

由表 3.9 可知：

(1) 任何数与 0 相与，得 0；与 1 相与，得原值。

(2) 任何数与 0 相或，得原值；与 1 相或，得 1。

(3) 任何数与 0 异或，得原值；与 1 异或，得相反数。

表 3.9　逻辑运算符的定义

X Y	X AND Y	X OR Y	X XOR Y	NOT X
0　0	0	0	0	1
0　1	0	1	1	1
1　0	0	1	1	0
1　1	1	1	0	0

【例 3-31】 把 BCD 数 8H 变成 ASCII 码 '8'。指令如下：

```
MOV   AL，8H
OR    AL，30H                ；AL = 38H = '8'
```

【例 3-32】 从端口 61H 读取一个字节，D1 位求反后，从 61H 送出。指令如下：

```
IN    AL，61H
XOR   AL，00000010B
OUT   61H，AL
```

【例 3-33】 寄存器 AX 清零。指令如下：

```
XOR   AX，AX
```

2. 移位指令

移位指令包括逻辑左移指令 SHL、逻辑右移指令 SHR、算术右移指令 SAR、算术左移指令 SAL。移位指令的格式及功能见表 3.10。

表 3.10　移位指令格式及功能

名　称	格　式	功能图示及说明	说　明
逻辑左移	SHL dest，1/CL	目的操作数左移 CNT 次，最低位补 0，最高位移至标志位 CF 中	① CNT 代表移动次数；② CNT > 1 时，必须由寄存器 CL 说明；③ CF、ZF、SF、PF 由运算结果定；④ CNT = 1 时，若移位后符号位发生变化，则标志位 OF = 1，否则 OF = 0；⑤ CNT > 1 时，对 OF 无定义
逻辑右移	SHR dest，1/CL	目的操作数右移 CNT 次，最低位移至标志位 CF 中，最高位补 0	
算术左移	SAL dest，1/CL	目的操作数左移 CNT 次，最低位补 0，最高位移至标志位 CF 中	
算术右移	SAR dest，1/CL	目的操作数右移 CNT 次，最低位移至标志位 CF 中，最高位不变	

【例 3-34】 分别给出下列移位指令执行结果。设 AL = 0B4H = 10110100B，CF = 1，CL = 4。

```
(1) SAL   AL，1                 ； AL = 01101000B，CF = 1，OF = 1
(2) SAR   AL，1                 ； AL = 11011010B，CF = 0，OF = 0
(3) SHL   AL，1                 ； AL = 01101000B，CF = 1，OF = 1
(4) SHR   AL，CL                ； AL = 00001011B，CF = 0，OF 无定义
(5) SAL   DATA1，     CL        ； 数据段中的 DATA1 按 CL 的内容算术左移数个位
(6) SAR   WORD PTR[BP]，1       ； 堆栈段由 BP 寻址的存储单元的字内容算术右移 1 位
```

这组指令除了可以实现基本的移位操作外，还可以实现数倍增(左移)或倍减(右移)，使用这种方法比直接使用乘除法效率要高得多。用逻辑移位指令可实现无符号数的乘除运算，算术移位指令可实现有符号数的乘除运算。只要不超出数的表示范围，执行 SHL 或

SAL 后，数为原数的 2^{CNT} 倍，执行 SHR 或 SAR 后，数为原数的 $1/2^{CNT}$。

【例 3-35】 设无符号数 X 在寄存器 AL 中，用移位指令实现 X×10 的运算。指令如下：

```
MOV   AH，0
SAL   AX，1          ；计算 2X
MOV   BX，AX
MOV   CL，2
SAL   AX，CL         ；计算 8X
ADD   AX，BX         ；计算 2X + 8X = 10X
```

3. 循环移位指令

循环移位指令包括以下 4 条：不带进位循环左移指令(ROL)、不带进位循环右移指令(ROR)、带进位循环左移指令(RCL)、带进位循环右移指令(RCR)。循环指令的格式及功能见表 3.11。

表 3.11　循环指令格式及功能

名称	格式	功能图示及说明	说　明
不带进位循环左移	ROL dest，1/CL	CF ROL 目的操作数循环左移 CNT 次，最高位移至最低位的同时移至标志位 CF 中	① CNT 代表移动次数； ② CNT > 1 时，必须由寄存器 CL 说明； ③ CF 由运算结果定； ④ 不影响 SF、ZF、AF、PF； ⑤ 对 OF 的影响同 SHL
不带进位循环右移	ROR dest，1/CL	CF ROR 目的操作数循环右移 CNT 次，最低位移至最高位的同时移至标志位 CF 中	
带进位循环左移	RCL dest，1/CL	CF RCL 目的操作数及标志位 CF 一起循环左移 CNT 次，最高位移至标志位中，标志位移至最低位	
带进位循环右移	RCR dest，1/CL	CF RCR 目的操作数及标志位 CF 一起循环右移 CNT 次，最低位移至标志位中，标志位移至最高位	

【例 3-36】 分别写出下列循环移位指令的执行结果，设 AL = 01010100B，CF = 1，CL = 4。

(1) ROL　　AL，1　　　　　；AL = 10101000B，CF = 0，OF = 1

(2) ROR　AL，1　　；AL = 00101010B，CF = 0，OF = 0
(3) RCL　AL，1　　；AL = 10101001B，CF = 0，OF = 1
(4) RCR　AL，CL　　；AL = 10010101B，CF = 0，OF 未定义

3.3.4　串操作指令

“串”指一组数据，所以串操作指令的操作对象不是一个字节或一个字，而是内存中地址连续的一组字节或一组字。缺省情况下，原串存于数据段中，目标串存于附加段中。在每次基本操作后，能够自动修改源及目标地址，从而为下一次操作做好准备。串操作指令前可以加重复前缀，此时，基本操作在满足条件的情况下得到重复，直至完成预设次数。

1. 串操作指令

串操作指令共有 5 条：串传送指令 MOVS、串装入指令 LODS、串送存指令 STOS、串比较指令 CMPS、串扫描指令 SCAS。串操作指令的格式及功能见表 3.12。

表 3.12　串操作指令

指令名	指令格式	无前缀时基本操作	可用前缀	说　明
串传送	MOVS dest，src MOVSB MOVSW	(ES：DI)←(DS：SI) SI←SI±1 或 SI±2 DI←DI±1 或 DI±2	REP	① 格式中的 dest，src 仅为了增加程序的可读性； ② 字节操作时，地址调整量是 1，字操作时，地址调整量是 2； ③ 地址是增或减由标志位 DF 决定： DF=0，地址增； DF=1，地址减； ④ 寻址方式规定为寄存器间接寻址：源操作数隐含为数据段，偏移地址由寄存器 SI 指明，允许段跨越：目的操作数隐含为附加段，偏移地址由寄存器DI指明，不允许段跨越
串装入	LODS src LODSB LODSW	AL←(DS：SI) SI←SI±1 或 SI±2	REP	
串送存	STOS dest STOSB STOSW	(ES：DI)←AL DI←DI±1 或 DI±2	REP	
串比较	CMPS src，dest CMPSB CMPSW	(DS：SI)←(ES：DI) SI←SI±1 或 SI±2 DI←DI±1 或 DI±2	REPE/REPZ REPNE/REPNZ	
串扫描	SCAS dest SCASB SCASW	AL/AX−(ES：DI) DI←DI±1 或 DI±2	REPE/REPZ REPNE/REPNZ	

2. 指令前缀

串操作指令的基本操作可以用于一个数据被执行一次，也可以用于一组数据被重复执行，因此在指令中需要指明该指令的基本操作是否被重复、重复的条件及重复的次数。串操作指令的前缀用于说明前两个问题，重复次数隐含在寄存器 CX 中。前缀有 3 种：无条件重复前缀 REP、相等重复前缀 REPE 或 REPZ、不相等重复前缀 REPNE 或 REPNZ。

1) 无条件重复前缀 REP

当在串操作指令前加上前缀 REP 后，指令执行流程如图 3.17 所示。

(1) 若 CX = 0，则结束该指令，执行后续指令；否则，执行 CX←CX−1。

(2) 执行前缀后的串操作指令的基本操作(包括地址修改)。

(3) 重复第①、②步骤。

注：MOVS、LODS、STOS 指令前可用前缀 REP。

2) 相等重复前缀 REPE 或 REPZ

当在串操作指令前加上前缀 REPZ 或 REPE 后，指令执行流程如图 3.18 所示。

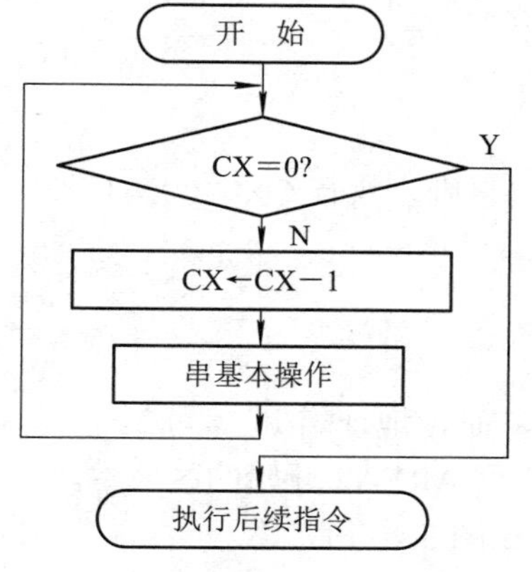

图 3.17　REP 指令执行流程

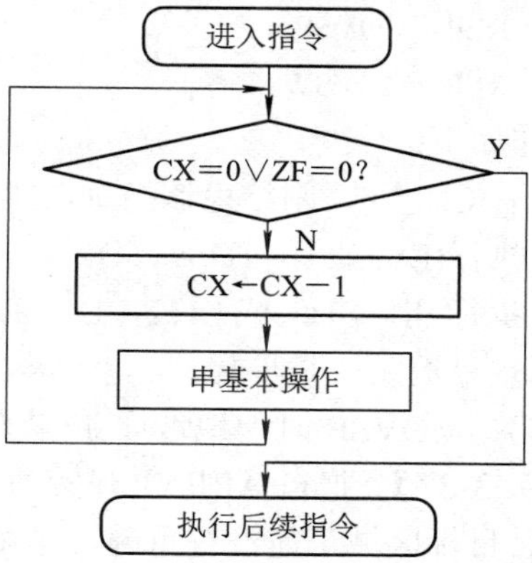

图 3.18　REPE 或 REPZ 指令执行流程

(1) 若 CX = 0 或 ZF = 0，则结束该指令，执行后续指令；否则执行 CX←CX−1。

(2) 执行前缀后的串操作指令的基本操作(包括地址修改)。

(3) 重复第①、②步骤。

注：指令 CMPS、SCAS 前可用前缀 REPE 或 REPZ。

3) 不相等重复前缀 REPNE 或 REPNZ

当在串操作指令前加上前缀 REPNZ 或 REPNE 后，指令执行流程如图 3.19 所示。

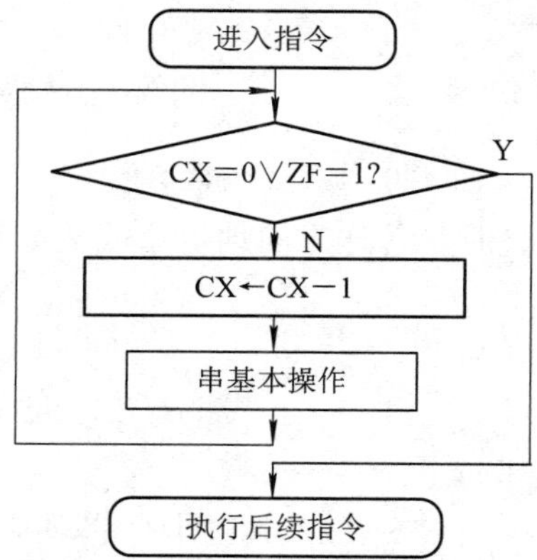

图 3.19　REPNE 或 REPNZ 指令执行流程

(1) 若 CX = 0 或 ZF = 1，则结束该指令，执行后续指令；否则，执行 CX←CX−1。

(2) 执行前缀后的串操作指令的基本操作(包括地址修改)。

(3) 重复第①、②步骤。

注：指令 CMPS、SCAS 前可用前缀 REPNE 或 REPNZ。有前缀的串操作中，CX−1 不影响标志位。

3. 加前缀的串操作指令

1) 与 REP 联合使用的 MOVS、STOS、LODS

(1) 重复串传送。

格式：

```
    REP  MOVS dest，src
或  REP  MOVSB
或  REP  MOVSW
```

操作如下：

① 若 CX = 0，则结束该指令，执行后续指令；否则，执行 CX←CX−1。

② 执行(ES：DI)←(DS：SI)。

③ 执行 SI←SI±1 或 SI±2，DI←DI±1 或 DI±2。

④ 重复第①～③步骤。

说明：MOVSB 时，地址增/减量为 1；MOVSW 时，地址增/减量为 2。

【例 3-37】 把自 AREA1 开始的 100 个字传送到 AREA2 开始的区域中。

源、目标区域可能没有重叠，也可能有重叠，如图 3.20 所示。

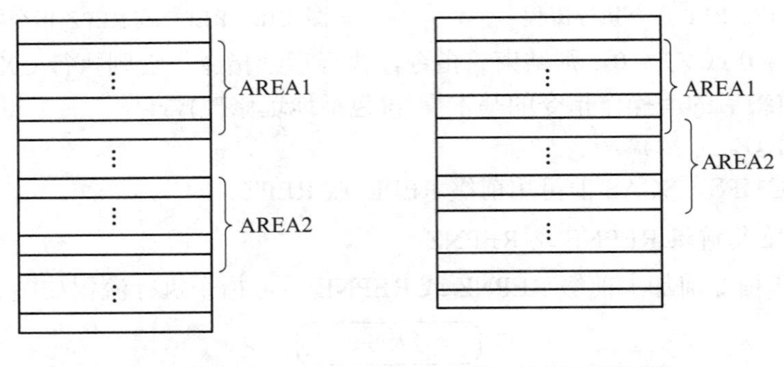

(a) 源、目标区域不重叠　　(b) 源、目标区域有重叠

图 3.20　源、目标区两种情况

① 源、目标区域没有重叠时，传送方向地址增或地址减均可，下面以地址增为例进行说明。

```
MOV    AX，SEG AREA1
MOV    DS，AX          ；源区段地址送段寄存器 DS
MOV    AX，SEG AREA2
MOV    ES，AX          ；目标区段地址送段寄存器 ES
LEA    SI，AREA1       ；源区首字的偏移地址送寄存器 SI
LEA    DI，AREA2       ；目标区首字的偏移地址送寄存器 DI
MOV    CX，100         ；串长送寄存器 CX
CLD                    ；DF = 0，地址增
REP    MOVSW           ；串传送
```

② 源、目标区域有重叠时，选择地址减。

```
MOV    CX，100              ；串长送寄存器 CX
MOV    AX，SEG AREA1
MOV    DS，AX               ；源区段地址送段寄存器 DS
MOV    AX，SEG AREA2
MOV    ES，AX               ；目标区段地址送段寄存器 ES
LEA    SI，AREA1
ADD    SI，CX               ；源区末字的偏移地址送寄存器 SI
LEA    DI，AREA2
ADD    DI，CX               ；目标区末字的偏移地址送寄存器 DI
STD                         ；DF = 1，地址减
REP    MOVSW                ；串传送
```

(2) 重复串送存。重复串送存，用于在一段地址连续的内存单元中存入相同的数。

格式：

```
    REP STOS dest
或  REP STOSB
或  REP STOSW
```

操作如下：

① 若 CX = 0，则结束该指令，执行后续指令；否则，执行 CX←CX−1。

② 执行(ES：DI)←AL。

③ 执行 DI←DI±1 或 DI±2。

④ 重复第①～③步骤。

【例 3-38】 在内存 DS：2100H～DS：2110H 中存入符号“$”。指令如下：

```
MOV  ES，DS                 ；目标段段地址送段寄存器 ES
MOV  DI，2100H              ；目标段首字节偏移地址送寄存器 DI
MOV  CX，10H                ；串长送寄存器 CX
CLD                         ；设置方向增
REP   STOSB                 ；重复串送存
```

(3) 重复串装入。

格式：

```
    REP   LODS src
或  REP   LODSB
或  REP   LODSW
```

操作如下：

① 若 CX = 0，则结束该指令，执行后续指令；否则，执行 CX←CX−1。

② 执行 AL←(DS：SI)。

③ 执行 SI←SI±1 或 SI±2。

④ 重复第①～③步骤。

从上述操作步骤可见，串装入的重复没有多大意义，最终取到的数是最后一个送入寄存器 AL 中的值。

2) 与 REPE 或 REPZ 联合使用的 CMPS、SCAS

(1) 相等重复串比较。

格式：

REPE/REPZ　CMPS dest，src

或　REPE/REPZ　CMPSB

或　REPE/REPZ　CMPSW

操作如下：

① 若 CX = 0 或 ZF = 0，则结束该指令，执行后续指令；否则，执行 CX←CX−1。

② 执行(DS：SI)−(ES：DI)，影响标志位。

③ 执行 SI←SI±1 或 SI±2，DI←DI±1 或 DI±2。

④ 重复第①～③步骤。

该指令将源串与目标串的数据逐个比较，如果两者相等就继续比较下去。退出该指令时有两种情况：① 比较完毕退出，此时 CX=0；② 源串与目标串的数据不相等而退出，此时 ZF = 0。所以，该指令常用于判断源串与目标串中的数据是否相等，方法是：当检测退出后的标志位 ZF:ZF = 1 时，源串与目标串中的数据相等；ZF = 0 时，源串与目标串中的数据不相等。从以上分析可知，不能以是否比较完毕来判断源串与目标串中的数据是否相等。

(2) 相等重复串扫描。

格式：

REPE/REPZ　SCAS dest

或　REPE/REPZ　SCASB

或　REPE/REPZ　SCASW

操作如下：

① 若 CX = 0 或 ZF = 0，则结束该指令，执行后续指令；否则，执行 CX←CX−1。

② 执行 AL/AX−(DS：SI)，影响标志位。

③ 执行 DI←DI±1 或 DI±2。

④ 重复第①～③步骤。

该指令将目标串的数据逐个与 AL 中的数据比较，如果两者相等就继续比较下去。退出该指令时有两种情况：① 目标串中出现与 AL 中数据不相等的数据，此时，ZF = 0；② 目标串中的所有数据相等，且等于 AL 中的数据，此时，CX = 0，ZF = 1。所以，该指令可用于判断串中所有数据是否相等。

3) 与 REPNE 或 REPNZ 联合使用的 CMPS、SCAS

(1) 不相等重复串比较。

格式：

REPNE/REPNZ　CMPS dest，src

或　REPNE/REPNZ　CMPSB

或　REPNE/REPNZ　CMPSW

操作如下：

① 若 CX = 0 或 ZF = 1，则结束该指令，执行后续指令；否则，执行 CX←CX−1。

② 执行(DS：SI) − (ES：DI)，影响标志位。

③ 执行 SI←SI±1 或 SI±2，DI←DI±1 或 DI±2。

④ 重复第①～③步骤。

该指令将源串与目标串的数据逐个比较，如果两者不相等就继续比较下去。退出该指令时有两种情况：① 比较完毕退出，此时 CX = 0，表示源串与目标串对应位置上的字符均不相等；② 相等退出，此时 ZF = 1，表示源串与目标串对应位置上出现相同数据。可见，该指令仅可用于说明源串与目标串对应位置上是否有相等数据，并且一旦发现，立即停止操作。

(2) 不相等重复串扫描。

格式：

```
    REPNE/REPNZ   SCAS dest
或  REPNE/REPNZ   SCASB
或  REPNE/REPNZ   SCASW
```

操作：

① 若 CX = 0 或 ZF = 1，则结束该指令，执行后续指令；否则，执行 CX←CX−1。

② 执行 AL/AX − (DS：SI)，影响标志位。

③ 执行 DI←DI±1 或 DI±2。

④ 重复第①～③步骤。

该指令将目标串的数据逐个与 AL 中的数据比较，如果两者不相等就继续比较下去。退出该指令时有两种情况：① 目标串中出现与 AL 相等的数据，此时，ZF = 1；② 目标串中不存在与 AL 相等的数据，此时，CX = 0。本指令适用于在串中寻找某特定字节或字，在该字节或字第一次出现时，停止指令操作，但数据指针(DI)指在该数据的前一个数据处。

3.3.5　控制转移指令

控制转移指令用来改变程序的执行顺序，执行转移就是将目标地址传送给代码段寄存器(CS)与指令指针寄存器(IP)。跳转目的地与被转移点在同一代码段，称为段内转移，此时，只需指明目标地址的有效地址(16 位)。跳转目的地与被转移点不在同一代码段，称为段间转移，此时，需指明目标地址的段地址(16 位)及有效地址(16 位)。

控制转移指令的寻址方式分为直接寻址、间接寻址两种。指令中直接给出目标地址，如地址标号或立即数(偏移量，目标与源之间的偏移距离)，称为直接寻址；指令中给出目标地址存放地，如寄存器名或内存地址，称为间接寻址。

控制转移指令包括转移指令、循环控制指令、过程调用和返回指令和中断指令等 4 种。

1. 转移指令

转移指令可将正在执行的指令集的执行点从一处转到另一处。源地址与目标地址的距离称为跳转偏移量，偏移量是符号数。当用一个字节表示偏移量时，即源地址与目标地址的间距在−128～127 字节之内，称为“短(Short)转移”；当用一个字表示偏移量时，即源地址与目标地址的间距在−32 768～32 767 字节之内，称为“近(Near)转移”。

转移指令又可分为两类：无条件转移指令与条件转移指令。

1) 无条件转移指令 JMP

格式：

```
JMP   dest
```

其中，dest 可以是标号、立即数、寄存器、内存操作数。

功能：跳转到 dest 所指目标处。

不同的寻址方式，目标地址的计算见表 3.13。

表 3.13　无条件跳转在不同寻址方式下的目标地址计算

<table>
<tr><th>类型</th><th>寻址方式</th><th>操作数</th><th colspan="2">目标地址计算</th><th>示例</th><th>说明</th></tr>
<tr><td rowspan="4">段内转移</td><td rowspan="2">直接</td><td>地址符号</td><td colspan="2" rowspan="2">IP←IP+偏移量
CS 不变</td><td>JMP SHORT NEXT</td><td rowspan="7">① SHORT 表示短跳；
② FAR 表示段间跳；
③ DWORD PTR 表明内存操作数属性为双字</td></tr>
<tr><td>立即数(偏移量)</td><td>JMP 2100H</td></tr>
<tr><td rowspan="2">间接</td><td>寄存器</td><td>IP←寄存器</td><td rowspan="2">CS 不变</td><td>JMP BX</td></tr>
<tr><td>存储器</td><td>IP←(存储器)</td><td>JMP [BX]</td></tr>
<tr><td rowspan="3">段间转移</td><td rowspan="2">直接</td><td>地址符号</td><td colspan="2" rowspan="2">IP←目标偏移地址/立即数低 16 位
CS←目标段地址/立即数高 16 位</td><td>JMP FAR PTR NEXT</td></tr>
<tr><td>立即数(32 位)</td><td>JMP 2100：0100H</td></tr>
<tr><td>间接</td><td>内存(双字)</td><td colspan="2">IP←(EA+1，EA)
CS←(EA+3，EA+2)</td><td>JMP DWORD PTR [BX]</td></tr>
</table>

【例 3-39】 短转移。程序如下：

```
0000   33 BD                     XOR   BX，BX
0002   D8 0001         START：   MOV AX，1
0005   03 C3                     ADD AX，BX
0007   EB 17                     JMP SHORT NEXT
0009   …
  ⋮
0020   8B D8           NEXT：    MOV BX，AX
0022   EB DE                     JMP START
```

上述程序指出了短转移指令怎样从程序的一部分转移到另一部分，也说明了和转移指令联合使用的标号。用下一条指令的地址(0009H)加第一条转移指令的符号扩展位移量(0017H)，就得到 NEXT 位于 0017H + 0009H 的地址处，即 0020H 处。第二条转移指令(JMP START)也按短转移指令进行汇编，因为已知地址 START，当转移指令引用标号时，标号等效于地址。

转移指令中极少使用十六进制地址，但是汇编程序支持使用 $± 位移量，即相对于指令指针的寻址，如 JMP$+ 2，也就是相对 JMP 指令向后越过两个存储单元。

【例 3-40】 近转移。程序如下：

```
        XOR   BX，BX
START：MOV   AX，1
```

```
        ADD   AX，BX
        JMP   NEXT
NEXT：  MOV   BX，AX
        JMP   START
```

例 3-39 与例 3-40 的程序基本相同，只是转移的距离不同。

2) 条件转移指令

格式：

```
Jcc   short-label
```

其中，cc 表示跳转条件，short-label 表示该指令只能实现段内短转移。short-label 参数形式通常为符号地址。

根据不同的条件，条件转移指令共有 19 条，其助记符及相应的跳转条件见表 3.14。

表 3.14　条件跳转指令

特征	助记符	转移条件	说　明	
单标志位	JAE/JNB	CF = 0	无符号数	大于等于或不小于转移
	JB/JANE	CF = 1		小于或不大于等于转移
	JC	CF = 1	有进位或借位转移	
	JNC	CF = 0	无进位/借位转移	
	JZ	ZF = 1	等于转移	
	JNZ	ZF = 0	不等于转移	
	JNO	OF = 0	无溢出转移	
	JO	OF = 1	有溢出转移	
	JNP/JPO	PF = 0	1 的个数为奇数转移	
	JP/JPE	PF = 1	1 的个数为偶数转移	
	JNS	SF = 0	正数转移	
	JS	SF = 1	负数转移	
多标志位	JA/JNBE	$CF \vee ZF = 0$	无符号数	大于或不小于等于转移
	JBE/JNA	$CF \vee ZF = 1$		小于等于或不大于转移
	JGE/JNL	$SF \vee OF = 0$	有符号数	大于等于或不小于转移
	JL/JNGE	$SF \vee OF = 1$		小于或不大于等于转移
	JG/JNLE	$(SF \wedge OF) \vee ZF = 0$		大于或不小于等于转移
	JLE/JNG	$(SF \wedge OF) \vee ZF = 1$		小于等于或不大于转移
CX	JCXZ	CX = 0		

单标志位条件转移指令简单明了，它们只测试一个标志位；多标志位转移指令可测试多个标志位。比较有符号数时使用术语“大于”或“小于”，用 JG、JL、JGL、JLE、JE 或 JNE 指令；比较无符号数时则使用术语“高于”或“低于”，用 JA、JB、JAE、JBE、

JE 及 JNE 指令。无符号数集合中，FFH(255)高于 00H，而有符号数集合中则 FFH(-1)小于 00H。

【例 3-41】 比较两个字属性的符号数 X、Y 的大小：如果 X > Y，则 AL 为 1；如果 X = Y，则 AL 为 0FFH；如果 X < Y，则 AL 为 0。程序如下：

```
          MOV   AX，X
          CMP   AX，Y
          JLE   LE
          MOV   AL，1            ；如果 X > Y，则 AL = 1
          JMP   DONE
LE:       JL  L
          MOV AL，0FFH           ；如果 X = Y，则 AL = 0FFH
          JMP DONE
L:        MOV AL，0              ；如果 X < Y，则 AL = 0
DONE:     HLT
```

2. 循环控制指令

循环控制指令用于控制程序段的循环，它使用 CX 寄存器作为循环次数计算器，表示某程序段的最大循环次数，且循环体每执行一次，CX 即减 1。8088/8086 CPU 规定被循环的程序段必须在同一段内，且长度不能大于 256 字节。

循环控制指令有 3 条：循环指令(LOOP)、相等循环指令(LOOPE/LOOPZ)、不相等循环指令(LOOPNE/LOOPNZ)，其格式及操作如表 3.15 所示。

表 3.15　循环控制指令格式及操作

名　称	格　式	操　　作
循环指令	LOOP short-label	① CX←CX−1 ② 如果 CX = 0，则结束循环，执行后续语句；否则，转移到标号处，循环体被重复
相等循环指令	LOOPZ/LOOPE short-label	① CX←CX−1 ② 如果 CX = 0 或 ZF = 0，则结束循环，执行后续语句；否则，转移到标号处，循环体被重复
不相等循环指令	LOOPNZ/LOOPNE short-label	① CX←CX−1 ② 如果 CX = 0 或 ZF = 1，则结束循环，执行后续语句；否则，转移到标号处，循环体被重复

注：short-label 通常为循环体起始位置处的标号。

【例 3-42】有一首地址为 Array 且长度为 M 字的数组，试编写实现下列功能的程序：统计出数组中 0 元素的个数，并存入变量 total 中。

程序如下：

```
        MOV    CX，   M           ；数组长度存入循环计数器 CX 中
        MOV    total，0           ；计数初始值 0 送入计数变量
        MOV    SI，   0           ；采用寄存器相对寻址，初始偏移量送入寄存器 SI
AGAIN:  MOV    AX，   Array[SI]   ；取数
```

```
        CMP    AX,  0          ；与0比较
        JNZ    NEXT            ；不为0时，取下一个数
        INC    total           ；为0时，计数器累加
NEXT:   INC    SI              ；调整地址，指向下一个数
        INC    SI
        LOOP   AGAIN           ；进入下一轮循环
```

显然，LOOP AGAIN 等效于下列语句：

```
        DEC    CX
        JNZ    AGAIN
```

但是，LOOP 指令中完成的操作 CX←CX−1 不影响标志位。

3. 过程调用和返回指令

如果某些程序段需要在不同的地方多次出现，则可以将这些程序段设计成过程(即子程序)，供需要时调用，在过程中安排返回指令，使得过程结束时程序可返回到调用处。

过程与调用程序在同一段内，称为段内调用；过程与调用程序不在同一段内，称为段间调用。过程调用的寻址方式与转移指令类似，分为直接寻址和间接寻址。调用指令中直接给出被调用过程的首地址(标号或立即数)，称为直接寻址；预先把被调用过程的地址存于寄存器或内存，调用指令仅给出这些地址存放处(寄存器名或内存地址)，称为间接寻址。

过程调用指令为 CALL，返回指令为 RET，两者均不影响标志位，但影响堆栈内容。

1) 过程调用指令(CALL)

CALL 指令的格式及其操作如表 3.16 所示。

表 3.16 CALL 指令的格式及其操作

调用类型	寻址方式	格式	操作	示例	说明
段内调用	直接	CALL proc-name CALL disp16	① IP 入栈； ② IP←IP+偏移量	CALL SUB1	① 段内调用，CS 不变； ② FAR PIR 表示段间调用； ③ DWORD PTR 表明内存操作数属性为双字，用于段间调用
	间接	CALL r16/m16	① IP 入栈； ② IP←(r16)/(m16)	CALL BX CALL WORD PTR [BX]	
段间调用	直接	CALL FAR proc-name	① CS 入栈； ② IP 入栈； ③ CS←过程的段地址； ④ IP←过程的偏移地址	JMP FAR PTR NEXT	
	间接	CALL mem32	① CS 入栈； ② IP 入栈； ③ IP←(EA+1，EA)； ④ CS←(EA+3，EA+2)	CALL DWORD PTR [BX]	

2) 返回指令(RET)

RET 指令用于从被调用过程返回到调用处。根据调用类型的不同，返回指令操作有所

不同，具体如表 3.17 所示。

表 3.17　RET 指令的格式及其操作

返回类型	格　式	操　作	说　明
段内	RET	IP 出栈	格式 RET exp 允许在返回的同时，修改堆栈指针
	RET exp	① IP 出栈； ② SP←SP+exp	
段间	RET	① IP 出栈； ② CS 出栈	
	RET exp	① IP 出栈； ② CS 出栈； ③ SP←SP+exp	

4. 中断指令

中断是指计算机暂时挂起正在执行的主程序而转向处理某件事，处理完毕再返回原程序继续运行的过程。对某件事的处理即执行一段例行程序，该程序被称为中断处理(子)程序。8086/8088 CPU 的中断分为内部中断和外部中断。

中断处理子程序的入口地址称为中断向量，由中断处理子程序所在段地址及偏移地址组成，共 32 位，占 4 个字节。8086/8088 CPU 规定内存 0000：0000H～0000：3FFFH 处存放中断向量，共 1 KB，可存入 256 个中断向量，称为中断向量表。中断向量在中断向量表中的位置由其类型决定，类型取值为 0～0FFH，共 256 个。每个中断向量占 4 个字节，类型为 n 的中断，其中断向量存放处为 0000：4n～0000：4n + 3 连续 4 个单元，其中低 16 位为偏移地址，高 16 位为段地址，如图 3.21 所示。

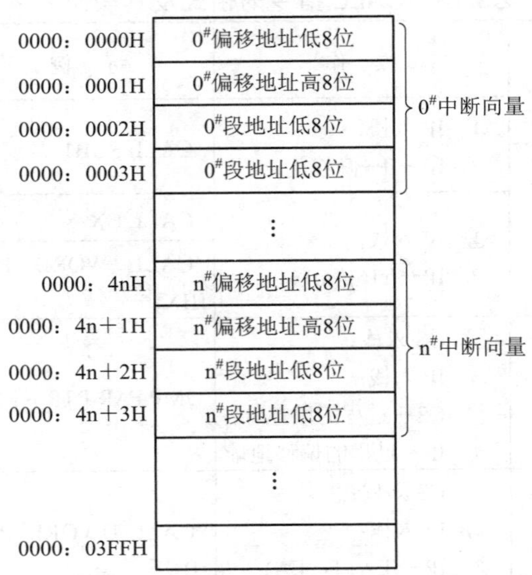

图 3.21　中断向量表示意图

与中断相关的指令有：中断调用指令(INT n)、溢出中断指令(INTO)、中断返回指令(IRET)。

1) 中断调用指令(INT n)

格式：

INT　n

功能：产生一个类型为 n 的软中断。

操作：

(1) 标志寄存器入栈。

(2) 断点地址入栈，CS 先入栈，IP 后入栈。

(3) 从中断向量表中获取中断服务程序入口地址，即

IP←(0：4n+1，0：4n)

CS←(0：4n+3，0：4n+2)

2) 溢出中断指令 INTO

格式：

INTO

功能：检测 OF 标志位，当 OF = 1 时，产生中断类型为 4 的中断；当 OF = 0 时，该指令不起作用。

操作：当产生中断类型为 4 的中断时，有

(1) 标志寄存器入栈。

(2) 断点地址入栈，CS 先入栈，IP 后入栈。

(3) 从中断向量表中获取中断服务程序入口地址，即

IP←(0：13，0：12)

CS←(0：15，0：14)

3) 中断返回指令 IRET

格式：

IRET

功能：从中断服务程序的断点处返回，继续执行原程序。用于中断处理程序中。

操作：

(1) 断点出栈，IP 先出栈，CS 后出栈。

(2) 标志寄存器出栈。

3.4　伪　指　令

伪指令是用于告诉汇编程序如何进行汇编的指令，它既不控制机器的操作也不被汇编成机器代码，只能为汇编程序所识别并指导汇编如何进行。伪指令的表示形式及其在语句中所处的位置与 CPU 指令相似，但二者有着明显的区别。首先，伪指令不像机器指令那样在程序运行期间由 CPU 来执行，它是在汇编程序对源程序汇编期间由汇编程序处理的操作；其次，汇编以后，每条 CPU 指令产生一一对应的目标代码，而伪指令则不产生与之相应的目标代码。

伪指令大致可分为以下几类：数据定义伪指令；符号定义伪指令；段定义伪指令；过

程定义伪指令；宏处理伪指令；模块定义和结束伪指令；处理器方式伪指令；条件伪指令；列表伪指令及其他伪指令。

本节介绍一些常用的基本伪指令。

3.4.1　数据定义伪指令

数据定义伪指令用来为数据分配存储单元，建立变量与存储单元之间的联系。该指令的格式如下：

[变量名]数据定义伪指令　操作数1[，操作数2…]

伪指令有DB、DW、DD、DQ、DT，分别用来定义类型属性为字节(DB)、字(DW)、双字(DD)、4字(DQ)、5字(DT)的变量。

操作数可以是以下几类：

(1) 数字常量，允许以十进制、八进制、十六进制、二进制等形式表示，缺省形式是十进制。

(2) 字符常量，用单引号括起来，被存储的是该字符的ASCII码。

(3) 符号常量，必须是预先已定义的符号。

(4) 符号“?”，表示预留空间，内容不定。

(5) DUP，表示内容重复的数据。具体形式为：次数DUP(被重复内容)。

【例3-43】 数据定义如下，其存储示意如图3.22所示。

```
DATA_B    DB   10，'A'，?
DATA_W    DW   1234H，?
DATA_S    DB   '1234'，2DUP(1，2DUP(2))
```

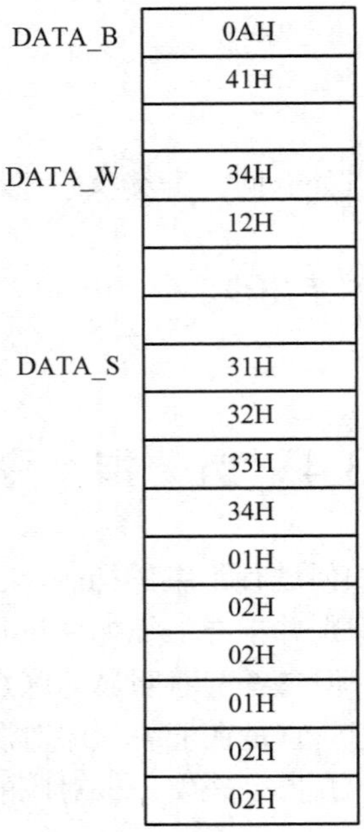

DATA_B	0AH
	41H
DATA_W	34H
	12H
DATA_S	31H
	32H
	33H
	34H
	01H
	02H
	02H
	01H
	02H
	02H

图3.22　数据存储示意图

从图 3.22 知：

(1) DB 定义的数据，每个数据元素占据 1 个存储单元。

(2) DW 定义的数据，每个数据元素占据 2 个存储单元。

(3) 字数据存储时，低字节存储在低地址单元中，高字节存储在高地址单元中。

(4) 字符在存储时应采用 ASCII 码的形式，如 'A' 的 ASCII 码为 41H。

(5) DUP 可以嵌套使用。

(6) 符号地址具有以下关系：

DATA_W =DATA_B+3

DATA_S=DATA_W+4=DATA_B+7

3.4.2　符号定义伪指令

汇编语言中所有的变量名、标号名、过程名、寄存器名及指令助记符等统称为符号。这些符号可以用符号定义伪指令来命名或重新命名。伪指令不占用内存。常用的符号定义伪指令有等值语句(EQU)、等号语句(=)、符号名定义语句(LABEL)。

1. 等值语句(EQU)

格式：

名字 EQU 表达式

其中表达式可以是一个常数、已定义的符号、数值表达式或地址表达式。

功能：给表达式赋予一个名字。定义后，可用名字代替表达式。

【例 3-44】 指令如下：

```
VB      EQU 64×1024          ；B 代表数值表达式的值
A       EQU   7
B       EQU   A−2
```

注意： 在 EQU 语句的表达式中，如果有变量的表达式，则在该语句前应先给出它们的定义；EQU 语句不能对某一变量重复定义。

2. 等号语句(=)

格式：

名字=表达式

功能：与 EQU 语句基本相同，区别是它可以对同一个名字重新定义。

【例 3-45】 指令如下：

```
COUNT=10
MOV    AL，COUNT
   ⋮
COUNT=5
   ⋮
```

3. 符号名定义语句(LABEL)

格式：

变量/标号 LABEL 类型

其中变量的类型有 BYTE、WORD、DWORD、DQ、DT；标号的类型有 NEAR、FAR。

功能：定义变量或标号的类型，而变量或标号的段属性和偏移属性由该语句所处的位置确定。

【例 3-46】 利用 LABEL 语句使同一个数据区有一个以上的类型及相关属性。

```
AREAW   LABEL WORD          ；AREAW 与 AREAB 指向相同的数据区，AREAW 的类型为
                            ；字，而 AREAB 的类型为字节
AREAB   DB      100 DUP(?)
   ⋮
MOV     AX，    1234H
MOV     AREAW，AX           ；(AREAW)=1234H
   ⋮
MOV     BL，AREAB           ；BL=34H
```

3.4.3 段定义伪指令

汇编源程序以段为其基本组织结构，段定义伪指令用于汇编源程序中段的定义，相关指令有 SEGMENT、ENDS、ASSUME。

1. 段定义伪指令 SEGMENT、ENDS

格式：

```
段名 SEGMENT[定位类型][组合类型]['类别']
   ⋮
段名 ENDS
```

功能：定义一个逻辑段。

SEGMENT 和 ENDS 必须成对使用，它们前面的段名必须是一致的。SEGMENT 后面中括号内的内容为可选项，是告诉汇编程序和连接程序如何确定段的边界、如何连接几个程序模块。

1) 定位类型

定位类型用于说明段的起始地址应有怎样的边界值，它包括以下几种类型：

BYTE：×××× ×××× ×××× ××××B，即段可以从任何地址开始。

WORD：×××××××××××××××0B，即段的起始地址必须为偶地址。

PARA：×××× ×××× ×××× 0000B，即段从节(Paragraph)边界开始，内存中，每 16 个字节为 1 小段，所以，定位类型为 PARA 的段，其起始地址必为 16 的倍数。

PAGE：×××× ×××× 00000000B，即段从页边界开始，内存中，每 256 个字节为 1 页，所以，定位类型为 PAGE 的段，其起始地址必为 256 的整数倍数。

定位类型的缺省值为 PARA。

2) 组合类型

组合类型用于说明程序连接时的段合并方法，它包括以下几种类型：

PUBLIC：将同名(即类别名相同)段组装在一起形成一个逻辑段。

STACK：与 PUBLIC 一样，只用于堆栈段。在汇编及连接后，系统自动为 SS 及 SP 分配值，在可执行程序中，SP 初值指向栈底。

COMMON：因为同名段从同一个内存地址开始装入，所以各个逻辑段将发生覆盖。源程序连接以后，该段长度取决于同名段中最长的那个，而内容有效的是最后装入的那个。

MEMORY：与 PUBLIC 同义，只不过 MEMORY 定义的段装在所有同名段的最后。若源程序连接时出现多个 MEMORY，则最先遇到的段按组合类型 MEMORY 处理，其他段按 PUBLIC 组合类型处理。

PRIVATE：不进行组合，该段与其他段逻辑上不发生关系，即使同名，各段也拥有各自的段基地址。

ATexp：段地址为表达式 exp 的值(长度为 16 位)。此项不能用于代码段。

组合类型的缺省值为 PRIVATE。

3) 类别

类别名必须用单引号括起来。类别的作用是在连接时决定各逻辑段的装入顺序。当几个程序模块进行连接时，其中，具有相同类别名的段，按出现的先后顺序被装入连续的内存区，没有类别名的段，与其他无类别名的段一起连续装入内存。

2. ASSUME 指令

格式：

ASSUME 段寄存器名：段名[，段寄存器名：段名…]

其中，段寄存器可以是 CS、DS、ES、SS；段名为已定义的段。凡是程序中使用的段，都应说明它与段寄存器之间的对应关系。

功能：用于明确段与段寄存器的关系。

注意：本伪指令只是指示各逻辑段使用段寄存器的情况，并没有对段寄存器的内容进行赋值。DS、ES 的值必须在程序段中用指令语句进行赋值，而 CS、SS 由系统负责设置，程序中也可对 SS 进行赋值，但不允许对 CS 赋值。

3.4.4 过程定义伪指令

过程定义伪指令用于定义过程。该指令的格式如下：

```
过程名  PROC [类型]
    ⋮
RET
    ⋮
过程名 ENDP
```

其中，过程名按汇编语言命名规则设定，汇编及连接后，该名称表示过程程序的入口地址，供调用使用。

注意：PROC 与 ENDP 必须成对出现，PROC 表示开始一个过程，ENDP 表示结束一个过程。成对的 PROC 与 ENDP 的前面必须有相同的过程名。

类型取值为 NEAR 或 FAR，表示该过程是段内调用或段间调用，缺省值为 NEAR。

一个过程中，至少有一条过程返回指令 RET，一般出现在 ENDP 之前。

3.4.5 模块定义和结束伪指令

在编写规模比较大的汇编语言程序时，可以将整个程序划分为几个独立的源程序(或模块)，然后将各个模块分别进行汇编，生成各自的目标程序，最后将它们连接成为一个完整的可执行程序。

1. NAME 指令

格式：

NAME 模块名

功能：为源程序的目标程序指定一个模块名。

如果程序中没有 NAME 伪指令，则汇编程序将 TITLE 伪指令定义的标题名前 6 个字符作为模块名；如果程序中既没有 NAME，又没有 TITLE，则汇编程序将源程序的文件名作为目标程序的模块名。

2. END 指令

格式：

END [标号]

功能：表示源程序的结束。

标号指示程序开始执行的起始地址。如果是多个程序模块相连接，则只有主程序要使用标号，其他子模块只用 END 而不必指定标号。

3.5 汇编语言源程序结构

汇编语言介于机器语言和高级语言之间，汇编语言程序设计与高级语言程序设计尽管有相似之处，但也有很大的不同。下面通过一个具体程序例子来学习如何使用汇编语言进行编程。

【例 3-47】 实现 123 + 456→sum 的源程序。

```
        DATA    SEGMENT                   ；行 1
        A       W       123               ；行 2
        B       DW      456               ；行 3
        SUM     DW      ?                 ；行 4
        DATA    ENDS                      ；行 5
        CODE    SEGMENT                   ；行 6
        MAIN    PROC    FAR               ；行 7
        ASSUME  CS：CODE，DS：DATA          ；行 8
START： PUSH    DS                        ；行 9
        MOV     AX，0                      ；行 10
        PUSH    AX                        ；行 11
        MOV     AX，DATA                   ；行 12
```

```
MOV     DS，AX          ；行 13
MOV     AX，A           ；行 14
ADD     AX，B           ；行 15
MOV     SUM，AX         ；行 16
RET                     ；行 17
MAIN    ENDP            ；行 18
CODE    ENDS            ；行 19
END     START           ；行 20
```

1. 段式结构

从例 3-47 的程序中可明显地看出段式结构。该程序共有两段：行 1～行 5 为一段，行 6～行 19 为一段；DATA、CODE 分别为两个段的名字。每一段有明显的起始语句与结束语句，这些语句称为“段定义”语句。代码段的第一个语句(例中的行 8)ASSUME 用于明确段与段寄存器的关系。由此可知，本程序中的 DATA 是数据段，CODE 是代码段。一个汇编语言源程序中，代码段不可缺少，其他段视具体情况而定。

2. 语句

源程序是由语句组成的。汇编语言的源程序语句可以分为指令语句、伪指令语句和宏指令语句。

1) 指令语句

指令语句是能产生目标代码的语句，这些目标代码可供 CPU 执行并完成特定操作。指令语句的格式如下：

[标号：]操作码 [操作数][；注释]

其中，操作码和操作数是用助记符表示的指令的两个部分。标号具有该指令语句所在内存地址属性，通常在转移指令中用作目标地址。注释简单说明本语句的功能或在程序中的作用。

2) 伪指令语句/指示性语句

伪指令语句是一种不产生目标代码的语句，它仅仅在汇编过程中告诉汇编程序应如何汇编，如告诉汇编程序哪些语句是属于一个段、是什么类型的段、各段存入内存应如何组装、给变量分配多少存储单元、给数字或表达式命名等。伪指令语句的格式如下：

[名字/变量] 伪指令　参数[；注释]

3) 宏指令语句

宏是若干语句组成的程序段，宏指令语句用来定义宏。一旦把某程序段定义成宏，就可以用宏名代替那段程序。在汇编时，要对宏进行宏展开，展开的过程是将宏名用程序段代替。宏指令的格式如下：

[标号：]宏指令　参数 1，…，[；注释]

3. 设置返回操作系统的功能

计算机一旦启动成功，就由操作系统掌握 CPU 的控制权。应用程序只是作为操作系统的子程序，执行完应用程序，必须返回操作系统。例 3-47 程序的行 9～行 11 及行 17 就是为了完成此功能而设计的。

3.6 汇编语言程序实现

3.6.1 汇编语言程序实现步骤

汇编语言程序实现流程如图 3.23 所示。

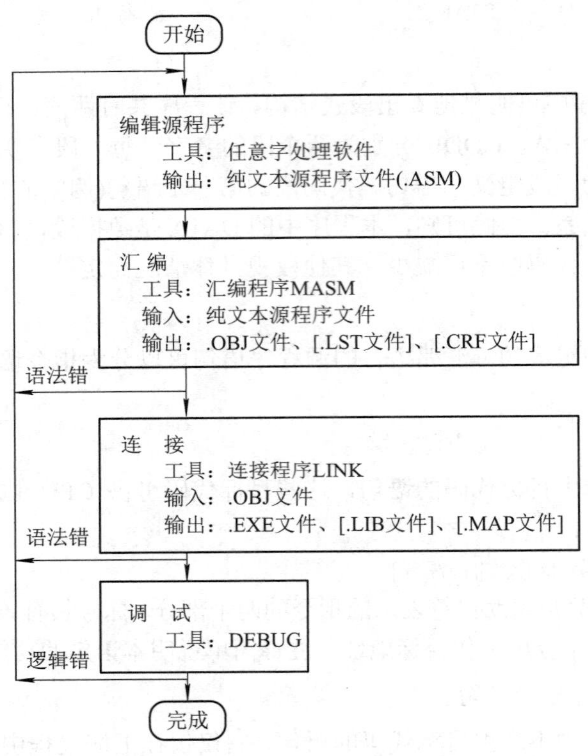

图 3.23　汇编语言程序实现流程

1. 编辑源程序

编辑源程序是指用字处理软件创建源程序。常用编辑工具有 EDIT.COM、记事本、Word 等。无论采用何种编辑工具，生成的文件必须是纯文本文件，所有字符为半角。

2. 汇编

汇编是指用汇编工具，对上述源程序文件(如 .ASM)进行汇编，产生目标文件(.OBJ)等文件。汇编程序的主要功能是检查源程序的语法，并给出错误信息；产生目标程序文件；展开宏指令。

3. 连接

汇编产生的二进制目标文件(.OBJ)并不是可执行的程序，还要用连接程序把它转换为可执行的 EXE 文件。

4. 程序运行

在建立了 EXE 文件后，只需在提示符下键入文件名即可运行程序。若程序能够运行但不能得到预期结果，则需要静态或动态查错。静态查错即检查源程序，并用文本编辑器进行修改，然后再汇编、连接、运行。

5. 程序调试及结果查看

有时静态检查不容易发现问题，尤其在碰到复杂的程序时更是如此，这时就需要使用调试工具动态查错。当程序结果不能在屏幕上显示时也需要用调试工具查看结果。常用的动态调试工具为 DEBUG。

3.6.2 COM 文件的生成

可执行文件除了上述的 EXE 文件外，还有一种是 COM 文件。COM 文件比 EXE 文件短小高效。下面介绍创建 COM 文件的两种方法。

1. 把 EXE 文件转换成 COM 文件

不是任何 EXE 文件都能被转换，能够被转换成 COM 文件的 EXE 文件，其源程序必须是 TINY 模式，即必须满足以下条件：

(1) 程序长度不大于 64KB，只有一个代码段，ASSUME 4 个段寄存器指向同一个段。

(2) 程序中的所有过程都必须为 NEAR，程序中不得出现段间转移和段间调用指令。

(3) 程序入口点是 0100H。

(4) 程序中可使用 DB 和 DW 定义数据，并且将这些语句放在指令语句之后的程序尾部。

对于符合转换条件的 EXE 文件，用 EXE2BIN 转换程序生成 COM 文件。操作方法是：在提示符下键入命令及文件名。设 AB.ASM 源程序符合上述条件，且汇编及连接后生成了可执行文件 AB.EXE，以下命令语句可完成由 AB.ASM 生成 AB.COM：

EXE2BIN AB.EXEf

利用高版本的 MASM 6.x，对 TINY 模式源程序可直接生成 COM 文件。

2. 用 DEBUG 生成 COM 文件

下面举例说明如何用 DEBUG 生成 COM 文件(画线部分为键盘输入内容)。

```
C：\MASM >debugf                 启动 DEBUG
-A CS：0100f                     编辑源程序
××××：0100 MOV DX，0109f         本程序实现屏幕显示“Hello!”
××××：0103 MOV AH，9↙
××××：0105 INT 21f
××××：0107 INT 20f
××××：0109 DB 'Hello!$' f
××××：0110 -
-N ABC.COMf                      文件命名为 ABC.COM
-R BXf                           设置文件长度，高 16 位存于 BX，低 16 位存于 CX
BX 0000f
：f
```

-R CXf	设置文件长度，高 16 位存于 BX，低 16 位存于 CX
CX 0000	
：10f	源程序共有 10H 个字节
-Wf	存盘
Writing 0011bytes	
-Qf	退出 DEBUG
C：\MASM >ABC.COMf	运行程序

3.6.3　可执行程序的装入

1. EXE 程序

EXE 程序有独立的代码段、数据段、堆栈段，并且每种类型的段可以有一个以上，程序大小可以超过 64 KB，程序起始地址可以由操作系统任意指定。EXE 程序文件在磁盘上由文件头和装入模块两部分组成。装入模块即程序本身，文件头则由连接程序生成，含有文件的控制信息和重定位信息，供 DOS 装入 EXE 文件时使用。

DOS 装入 EXE 文件的过程如下：

(1) DOS 确定当前内存最低的可用地址作为该程序的装入起始点。

(2) DOS 在偏移地址 00H～0FFH(共 256 字节)处，为该程序建立一个程序段前缀(Program Segment Prefix，PSP)控制块。

(3) DOS 利用文件头对有关数据进行重新定位，从偏移地址 100H 开始装入程序本身。

(4) 程序装载成功，DOS 将控制权交给该程序，程序开始执行，CS 和 IP 指向第一条指令。

EXE 装入内存的映像如图 3.24 所示。

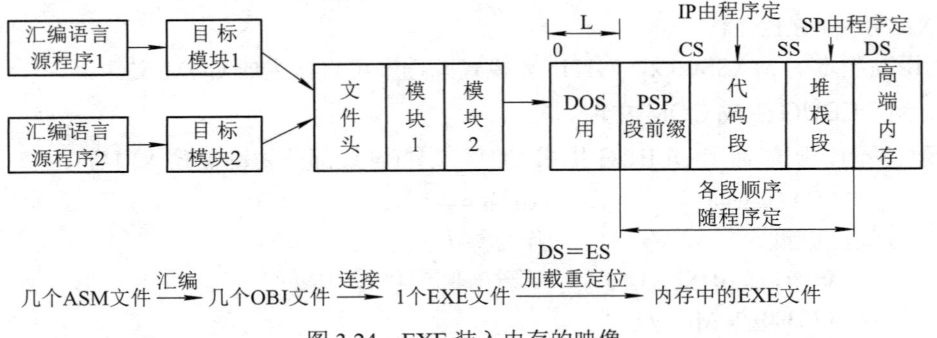

图 3.24　EXE 装入内存的映像

由图 3.24 可知：

(1) DS 和 ES 指向 PSP(程序前缀)，而不是用户程序的数据段和附加段，所以应在程序中根据实际的数据段和附加段设置 DS 和 ES 值。

(2) CS 和 IP 指向代码段第一条指令处，所以程序会从第一条指令开始执行。

(3) SS 和 SP 指向堆栈段。源程序中如果没有堆栈段，则 SS 为 PSP 所在段的段地址，SP=100H，即堆栈段占用 PSP 中的部分区域。这正是连接时出现 No Stack Segment 错误提示并不影响程序运行的原因，但前提必须是用户程序本身对堆栈区要求不大。

2. COM 文件

COM 文件是一种只有一个逻辑段的程序，其中包含代码、数据和堆栈，大小不超过 64 KB。COM 文件存储在磁盘上是内存的完全映像。与 EXE 文件相比，COM 文件装入速度快，占用的磁盘空间少。DOS 装入 COM 文件的过程类似于 EXE 文件的装入过程，也要建立程序段前缀 PSP，但不需要重新定位，直接将程序装入偏移地址 100H 开始的区域，并从 100H 处开始执行程序，如图 3.25 所示。

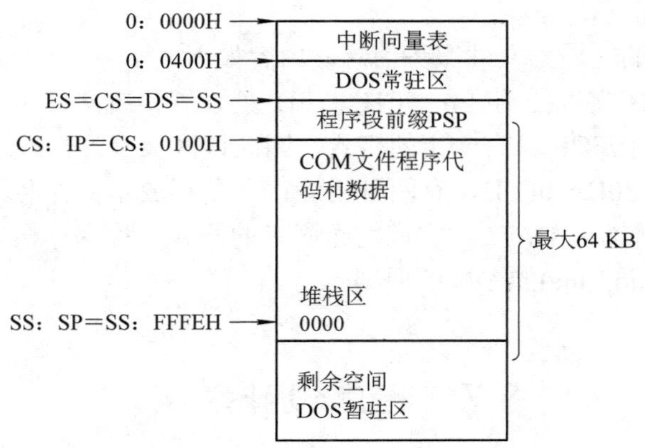

图 3.25　COM 文件内存映像

由图 3.25 可知：

(1) 所有段寄存器都指向 PSP 的段地址。

(2) 程序执行起点是 PSP 后的第 1 条指令，即 IP = 100H，这就要求 COM 文件的第一条指令必须在 100H 处。

(3) 堆栈区设在 64 KB 物理段尾部(SP = 0FFFEH)，栈底元素为 0。

(4) COM 文件长度存放在 BX：CX 寄存器中，例如 BX：CX = 0000：1000，则长度为 4 KB。

3. 程序段前缀

程序段前缀(PSP)的结构如图 3.26 所示。

图 3.26　PSP 的结构

偏移 2DH 前各项是为程序运行提供的服务信息，它们包括下列三个方面：

(1) 程序结束处理信息：偏移 00H 处存放了中断指令 INT 20H(指令代码：CD20)，偏移 0AH 处存放了 INT 22H 的中断向量，利用它们可正常返回 DOS 或主程序。

(2) 程序中间停止处理信息：偏移 0EH 处存放了 INT 23H 的中断向量，处理 CTRL + C 操作；偏移 12H 处存放了 INT 24H 的向量，处理出现的严重错误。

(3) 环境块参数地址：指示环境块参数地址所存段地址，借以取得恢复 Command. COM 暂驻部分和 Path 路径信息。

在偏移 2EH 以后的区域为文件服务信息，内容如下：

(1) 格式化的 FCB(文件控制区)：5CH～7FH 处设置传统文件访问方式中使用的文件控制块 FCB 结构。由于 FCB 具有一定的格式，因此该区又称为格式化区。

(2) 非格式化区：80H～0FFH，有两种用途：一是存放本文件名和路径字符串；二是作为系统默认的磁盘传输区 DATA。它们均无固定的格式，称为非格式化区。该区用于存储最初命令行(Command Line)的参数的原副本。

3.7 程序设计举例

3.7.1 数制和代码转换

【例 3-48】 将 5 位 ASCII 码表示的十进制数(注：不大于 65 535)转换成 2 字节二进制数。如：'12345'→11000000111001。

分析设计：2 字节无符号二进制数的最大表示范围为 65 535，所以要求被转换的十进制数不大于 65 535。设 5 位 ASCII 码存放在以 ASDEC 为首址的数据区中，转换好的 1 字节二进制数存放在同一数据区 RESULT 单元中，见图 3.27。

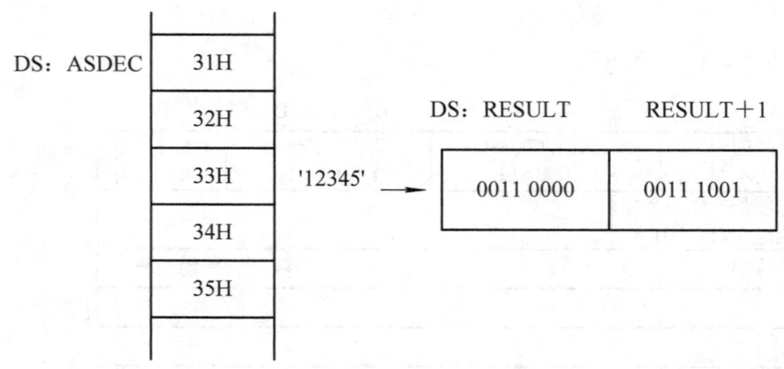

图 3.27　存储示意图

例 3-48 算法思想与源程序

算法思想与源程序详见二维码。

【例 3-49】 将 1 字节二进制数转换成 2 位十六进制 ASCII 码表示的十六进制数。如：01001111B(4FH)→'4F'。

例 3-49 算法思想与源程序

算法思想与源程序详见二维码。

【例 3-50】 把 16 位二进制数转换成十进制的 ASCII 码串。如：0000010100011100B (1308D)→'01308'。

算法思想与源程序详见二维码。

例 3-50 算法思想与源程序

3.7.2　BCD 数的算术运算

1. 非压缩 BCD 码(ASCII 码)的加减运算

【例 3-51】 编写一个 4 字节非压缩 BCD 码的减法运算。如：SUM←2974 + 7326。

算法思想与源程序详见二维码。

例 3-51 算法思想与源程序

2. 压缩 BCD 码的加减运算

【例 3-52】 编写一个 4 字节压缩 BCD 码的加法运算。如：SUM←29 385 476+17 653 749。

算法思想与源程序详见二维码。

例 3-52 算法思想与源程序

3. BCD 码的乘法运算

非压缩型 BCD 码的乘法和加减法不同，加减法可以直接用 ASCII 码参加运算而不管其 ASCII 码的高 4 位，只要在 ADC 或 SBB 指令后用一条调整指令 AAA 或 AAS 就能得到正确的结果。乘法运算则要求参加运算的乘数、被乘数必须是真正的非压缩型 BCD 码，即高 4 位为 0，低 4 位为一位十进制数。也就是说当乘数、被乘数用 ASCII 码表示时，在进行乘法运算之前必须将 ASCII 码的高 4 位清零，然后采用指令系统提供的十进制乘法调整指令 AAM 和 MUL 指令配合才可完成十进制的乘法运算。

【例 3-53】 用非压缩型 BCD 码完成 57 394 × 8 的运算，并在显示器上输出显示。

算法思想与源程序详见二维码。

以上程序仅讨论了多位被乘数和一位乘数的乘法运算。通过学习可以很容易地掌握多位被乘数和多位乘数的相乘运算程序的编制。

例 3-53 算法思想与源程序

4. 多字节非压缩 BCD 码的除法运算

非压缩型 BCD 码除法运算与加、减、乘法运算不同，其十进制算术除法调整指令 AAD 是用在除法指令之前，即十进制数的除法运算是先将 BCD 码调整成真正的二进制数，然后再做二进制除法运算。

【例 3-54】 用非压缩型 BCD 码完成 672 597 ÷ 9 的运算，并将结果在显示器上输出显示。

分析设计：设被除数从高位到低位以 ASCII 码形式放在数据区以 ADR1 为首址的单元中，同样除数也以 ASCII 码形式存放在 ADR2 单元中，相除后所得到的商也从高位到低位以 ASCII 码形式存放在以 RESULT 为首址的单元中，如图 3.28 所示。要求在屏幕上显示结果，则必须把运算结果转换为 ASCII 码。

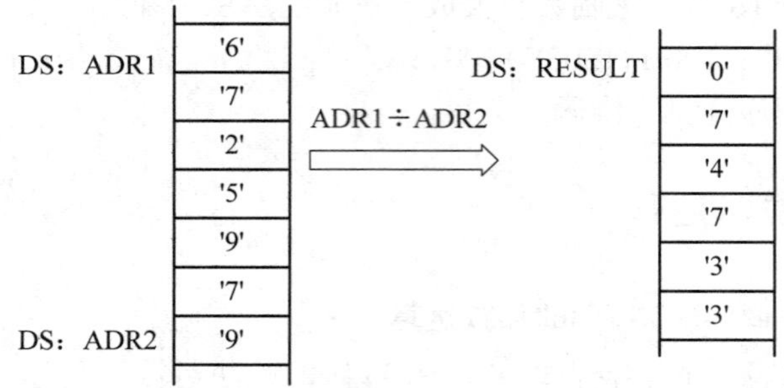

图 3.28　672597 ÷ 9 = 74733 存储示意图

算法思想：从高位到低位依次将各位非压缩的 BCD 码与前一次除法的余数合在一起转换成二进制数，除以除数，将商转换成 ASCII 码保存，余数作为被除数的十位参与下一次除法运算。

例 3-54 算法思想与源程序

算法思想与源程序详见二维码。

3.7.3　表格处理与应用

1. 排序

排序的目的是为检索提供方便，一组数据按照由小到大的顺序排列称为升序，反之则称为降序。排序的方法很多，如交换排序、选择排序、快速排序等，本节主要介绍交换排序。所谓交换排序，就是将相邻的两个数进行比较，如果它们不是按规定的顺序(例如升序)排列，则交换它们的位置，否则就不交换。一种典型的交换排序称为气泡排序法，又称冒泡排序，其基本思想如下：

采用两两比较的方法，先拿第 N 个数 d_N 与第 N−1 个数 d_{N-1} 比较，若 $d_N > d_{N-1}$ 则不变动；反之，则交换。然后拿 d_{N-1} 与第 N−2 个数 d_{N-2} 相比，按同样方法决定是否交换，这样一直比较到 d_2 与 d_1。当第一次大循环结束时，数组中的最小值冒到顶部。此时数组尚未按大小顺序排列好，还要进行第二次大循环，循环结束时，数组中的第二小值也上升到顶部的相应位置…… 这样不断地循环下去，若数组的长度为 N，则最多经过 N−1 次大循环，就可以使数组按由小到大的升序排列整齐。在每一次大循环中，两两比较的次数，在第一次大循环时为 N−1，在第二次大循环时为 N−2……依次类推。

【例 3-55】 数字 2、−1、6、3、−5 的冒泡排序过程如图 3.29 所示。

由图 3.29 可知，有的数组不需要经过 N−1 次大循环就已经排列整齐了，为此需要设置交换标志。如果在一次大循环中，一次交换都未发生，或只在 d_N 与 d_{N-1} 相比较时发生交换，则说明数组在此大循环中已经有序，这样下一次大循环就不再进行。由上述操作过程不难分析出对于 N 个数排序的结论：

(1) 至多需进行 N−1 轮比较(外循环)。

(2) 第 i 轮中共需进行 N−i 次比较(内循环)。

(3) 每次比较时只比较相邻两数，并且将小数变换至上面。

(4) 每次比较必须由上至下即只向下移动一个位置。

(5) 排序结束标志是当前一轮比较中无数据交换。

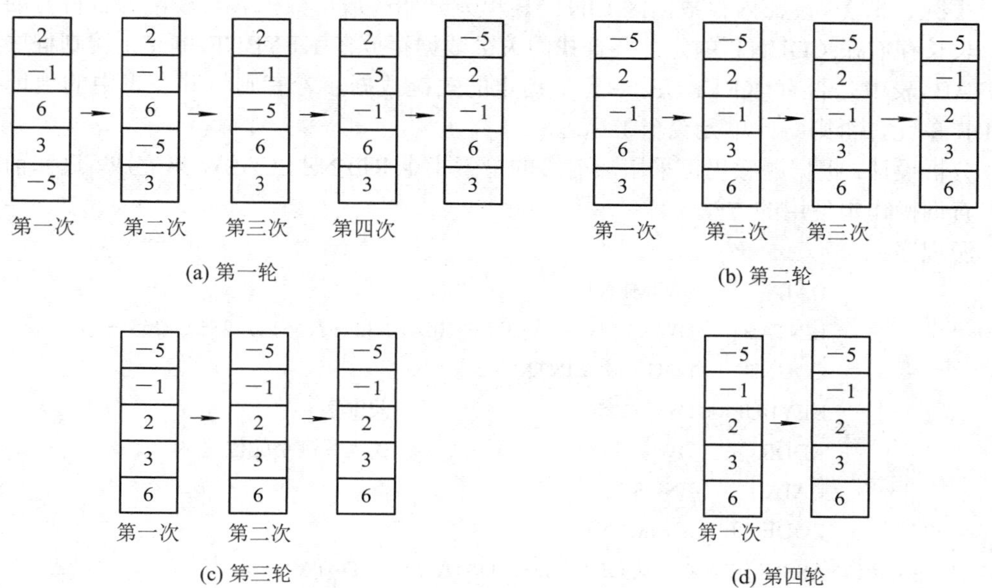

图 3.29　冒泡排序过程

下面来编写一个实用的冒泡排序法程序。

【例 3-56】 设在内存数据区 TABLE 地址开始存放一列表，表长存放在 LEN 单元，表中数据为有符号字节数据，请用冒泡排序法编程将表中数据从小到大排序。

算法思想与源程序详见二维码。

例 3-56 算法思想与源程序

2. 查找

查找就是在一张表中查询指定的数据(一般又称关键字)。例如对学生考试成绩的查询、某一职工出生年月的查询、图书目录的查询、电话号码的查询等都要用到查表操作。查表的方法很多，对于不同的表格结构，采用的查表方法也不同，最常用的有直接查表法、顺序查表法和对分查表法。

查表后有两种可能的结果。若在表中查到指定的数据，则称查表成功，此时可给出数据在表格中的位置(地址)或设置查表成功的标志。若在表中查不到指定的数据，则称查表失败，此时应给出数据不在表中的标志。

1) 直接查表法

直接查表法又称计算查表法，就是按照被查询的数据和它在表格中位置之间存在的规律进行查询。一般通过如下公式进行查找：“关键字”在表中的地址 = 表格首址 + 偏移地址。实际上在前面分支程序设计中用的地址表法、转移表法均属直接查表法，这里不再举例。

2) 顺序查表法

对于无序数据进行检索，通常采用顺序查表的方法。它将关键字与数据项中的有关数据逐个比较，若找到，则检索成功，否则检索失败。

【例 3-57】 设在内存数据区 LINTAB 单元开始存放一数据表，表中为有符号的字数据。表长存放在 COUNT 单元，要查找的关键数据存放在 KEYBUF 单元。编制程序查找 LINTAB 表中是否有 KEYBUF 单元中指定的关键数据，若有则将其在表中的地址存入 ADDR 单元，否则将此单元置全 1 标志。

分析设计：根据题意仍可采用加前缀的检索指令 REPNZ SCASW 来完成，这和前面字符串查询操作中使用的方法一样。

源程序：

```
        DATA     SEGMENT
        LINTAB   DW   35，-56，378，1024，-32767，512，256，-255…
        COUNT    EQU  ($ -LINTAB)/2
        KEYBUF   DW   256                   ；关键字
        ADDR     DW   ?                     ；找到关键字的位置
        DATA     ENDS
        CODE     SEGMENT
        ASSUME   CS：CODE，DS：DATA，ES：DATA
        MAIN     PROC    FAR
START：PUSH     DS
        XOR      AX，AX
        PUSH     AX
        MOV      AX，DATA
        MOV      DS，AX
        MOV      ES，AX
        MOV      DI，OFFSET LINTAB         ；DI←表首址
        MOV      CX，COUNT                 ；CX←表长
        MOV      AX，KEYBUF                ；AX←查询关键字
        CLD                                 ；DF←0 地址增量
        REPNZ    SCASW                      ；重复查表
        JZ       FOUND                      ；找到时转 FOUND
        MOV      DI，01H                   ；找不到时
FOUND： DEC      DI
        DEC      DI                         ；计算关键字在表中的地址
        MOV      ADDR，DI                  ；保存地址
        RET
        MAIN     ENDP
        CODE     ENDS
        END      START
```

3) 对分查找

若表中的内容已排序(设为升序)，则可采用对分查找的方法。这种方法可大大减少查找次数。对分的思想是：先取表中间的值(N/2 处的值)与要查找的值 X 比较，看是否相等，若相等则表示搜索到所要找的数；若不相等则比较两数的大小，若 $X > d_{N/2}$，则下次取 N/2～N 的中间值 $d_{N/4}$ 与 X 比较，若 $X < d_{N/2}$，则下次取 0～N/2 的中间值 $d_{N/4}$ 与 X 比较。这样每查找一次使区间缩小 1/2，如此一直进行下去，直至找到要搜索的字，若搜索的区间变为 0，则表示搜索不到所要找的数。

【例 3-58】 一有序数组 0、11、15、21、34、57、60、78、90、97，共 10 个元素，数的排列序号为 0～9，从中搜索数据 78，找到后记下搜索次数，若未找到，则标记为全 1。

例 3-58 分析设计与源程序

分析设计与源程序详见二维码。

本 章 小 结

汇编语言是“面向机器”的语言，用其编程比使用高级语言困难，汇编语言能直接访问存储器、输入与输出接口及扩展的各种芯片(比如 A/D、D/A 等)，也可直接处理中断，汇编语言能直接管理和控制硬件设备。

本章首先介绍了汇编指令的格式、组成以及操作数的寻址方式。

汇编指令的格式如下：

操作助记符 [目的操作数][，源操作数][；注释]

寻址方式有立即寻址、寄存器寻址、直接寻址、寄存器间接寻址、寄存器相对寻址、基址变址寻址、相对基址变址寻址。

接着以 80X86 为例，介绍其指令系统包括了六大类指令：数据传送指令、算术运算指令、逻辑运算和移位指令、串操作指令、控制转移指令、处理器控制指令。

伪指令的表示形式及其在语句中所处的位置与 CPU 指令相似，但二者有着明显的区别。首先，伪指令不像机器指令那样是在程序运行期间由 CPU 来执行，它是在汇编程序对源程序汇编期间由汇编程序处理的操作；其次，汇编以后，每条 CPU 指令产生一一对应的目标代码，而伪指令则不产生与之相应的目标代码。

在介绍了常用语句、运算符与操作符使用的基础上，最后列举了一些综合的实例编程。

思 考 与 练 习

1. 8086 汇编语言指令的寻址方式有哪几类？用哪一种寻址方式的指令执行速度最快？

2. 在内存寻址方式中，一般只指出操作数的偏移地址，那么，段地址如何确定？如果要用某个段寄存器指出段地址，指令中应如何表示？

3. 在 8086 系统中，设 DS = 1000H，ES = 2000H，SS = 1200H，BX = 0300H，SI = 0200H，BP = 0100H，VAR 的偏移量为 0060H，请指出下列指令的目的操作数的寻址方式，若目的操作数为存储器操作数，计算它们的物理地址。

(1) MOV　BX，12　　(2) MOV　[BX]，12

(3) MOV　ES：[SI]，AX　　(4) MOV　VAR，8

(5) MOV　[BX][SI]，AX　　(6) MOV　6[BP][SI]，AL

(7) MOV　[1000H]，DX　　(8) MOV　6[BX]，CX

(9) MOV　VAR+5，AX

4. 下列指令中哪些是正确的？哪些是错误的？如果是错误的，请说明原因。

(1) XCHG　CS，AX

(2) MOV　[BX]，[1000]

(3) XCHG　BX，IP

(4) PUSH CS

(5) POP　CS

(6) IN　BX，DX

(7) MOV　BYTE[BX]，1000

(8) MOV CS，[1000]

(9) MOV　BX，OFFSET VAR[SI]

(10) MOV AX，[SI][DI]

(11) MOV COUNT[BX][SI]，ES：AX

5. 试述以下指令的区别。

(1) MOV　AX，3000H 与 MOV　AX，[3000H]

(2) MOV　AX，MEM 与 MOV AX，OFFSET MEM

(3) MOV　AX，MEM 与 LEA AX，MEM

(4) JMP　SHORT L1 与 JMP NEAR PTR L1

(5) CMP　DX，CX 与 SUB DX，CX

(6) MOV　[BP][SI]，CL 与 MOV DS：[BP][SI]，CL

6. 设 DS = 2100H，SS = 5200H，BX = 1400H，BP = 6200H，说明下面两条指令所进行的具体操作。

(1) MOV　BYTE PTR[BP]，2000

(2) MOV　WORD PTR[BX]，2000

7. 设当前 SS = 2010H，SP = FE00H，BX = 3457H，计算当前栈顶的地址。当执行 PUSH BX 指令后，栈顶地址和栈顶 2 个字节的内容分别是什么？

8. 设 DX = 78C5H，CL = 5，CF = 1，确定执行下列各条指令后 DX 和 CF 中的值。

(1) SHR　DX，1　　(2) SAR　DX，CL

(3) SHL　DX，CL　　(4) ROR　DX，CL

(5) RCL　DX，CL　　(6) RCR　DH，1

9. 设 AX=0A69H，VALUE 字变量中存放的内容为 1927H，写出执行下列各条指令后 AX 寄存器和 CF、ZF、OF、SF、PF 的值。

(1) XOR　AX，VALUE　　(2) AND　AX，VALUE

(3) SUB　AX，VALUE　　(4) CMP　AX，VALUE

(5) NOT　AX　　(6) TEST AX，VALUE

10. 设 AX 和 BX 中是有符号数，CX 和 DX 中是无符号数，请分别为下列各项确定 CMP 和条件转移指令。

(1) CX 值超过 DX 转移。

(2) AX 值未超过 BX 转移。

(3) DX 为 0 转移。

(4) CX 值小于等于 DX 转移。

11. 阅读分析下列指令序列：

```
ADD   AX，BX
JNO L1
JNC L2
SUB AX，BX
JNC L3
JNO L4
JMP L5
```

若 AX 和 BX 的初值分别为以下 5 种情况，则执行该指令序列后，程序将分别转向何处(L1～L5 中一个)？

(1) AX = 14C6H，BX = 80DCH

(2) AX = 0B568H，BX = 54B7H

(3) AX = 42C8H，BX = 608DH

(4) AX = 0D023H，BX = 9FD0H

(5) AX = 9FD0H，BX = 0D023H

12. 用普通运算指令执行 BCD 码运算时，为什么要进行十进制调整？具体讲，在进行 BCD 码的加、减、乘、除法运算时，程序段的什么位置必须加上十进制调整指令？

13. 在编制乘法程序时，为什么常用移位指令来代替乘除法指令？试编写一个程序段，实现将 BX 中的数乘以 10，结果仍放在 BX 中。

14. 使用串操作指令时与寄存器 SI、DI 及方向标志 DF 密切相关。请具体列表说明指令 MOVSB/MOVSW、CMPSB/CMPSW、SCASB/SCASW、LODSB/LODSW、STOSB/STOSW 和 SI、DI 及 DF 的关系。

15. 用串操作指令设计实现以下功能的程序段：首先将 100H 个数从 2170H 处搬到 1000H 处，然后从中检索等于 AL 中字符的单元，并将此单元值换成空格符。

16. 编写程序，求双字长数 DX：AX 的相反数。

17. 试编写程序，对物理地址为 53481H 单元中的单字节数求补后存入 53482H，最高位不变，低 7 位取反存入 53483H，高 4 位置 1，低 4 位不变，存入 53484H。

18. 自 1000H 单元开始有 1000 个单字节带符号数，找出其中最小值并放在 2000H 单元。试编写程序。

19. 试编写一个程序，比较两个字符串 STRING1 和 STRING2 所含字符是否完全相同，若相同则显示“MATCH”，若不同则显示“NOMATCH”。

20. 用子程序的方法计算 a+10b+100c+20d，其中 a、b、c、d 均为单字节无符号数，存放于数据段 DATA 起的 4 个单元中，结果为 16 位，存入 DATA+4 的两个单元中。

21. 试编写一段程序把 LIST 到 LIST + 100 中的内容传送到 BLK 到 BLK + 100 中。

22. 在自 BUFFER 单元开始有一个数据块，BUFFER 和 BUFFER + 1 单元中放的是数据块长度，自 BUFFER+2 开始存放的是以 ASCII 码表示的十进制数码，把它们转换为 BCD 码，且把两个相邻单元的数码并成一个单元(地址高的放在高 4 位)，存放到自 BUFFER + 2 开始的储存区中。试编写程序。

23. 设 CS：0100H 单元有一条 JMP SHORT LAB 指令，若其中的位移量为

(1) 56H　(2) 80H　(3) 78H　(4) 0E0H

试写出转向目标的物理地址是多少。

24. 试编写程序，不使用除法指令，将堆栈段中 10H、11H 单元中的双字节带符号数除以 8，结果存入 12H、13H 单元(注：多字节数存放格式均为低位在前、高位在后)。

25. 内存 BLOCK 存有 32 个双字节带符号数，试编写程序将其中的正数保持不变，负数求补后放回原处。

26. 数据段中 3030H 起有两个 16 位的带符号数，试编写程序求它们的积，并存入 3034H～3036H 单元中。

27. 什么是标号？它有哪些属性？

28. 什么是变量？它有哪些属性？

29. 什么叫伪指令？什么叫宏指令？伪指令在什么时候被执行？宏指令在程序中如何调用？

30. 汇编语言表达式中有哪些运算符？它们所完成的运算分别是在什么时候进行的？

31. 画出下列语句中的数据在存储器中的存储情况。

```
VARB   DB 34，34H，'GOOD'，2DUP(1，2DUP(0))
VARW DW 5678H，'CD'，$ +2，2DUP(100)
VARC EQU 12
```

32. 按下列要求，写出各数据定义语句。

(1) DB1 为 10H 个重复的字节数据序列：1，2，5 个 3，4。

(2) DB2 为字符串 'STUDENTS'。

(3) DB3 为十六进制数序列：12H，ABCDH。

(4) 用等值语句给符号 COUNT 赋以 DB1 数据区所占字节数，该语句写在最后。

33. 指令“OR AX，1234H OR 0FFH”中的两个 OR 有什么差别？这两个操作分别在什么时候执行？

34. 对于下面的数据定义，单独执行各条 MOV 指令后，有关寄存器的内容是什么？

```
PREP DB?
TABA DW 5DUP(? )
TABB DB 'NEXT'
TABC DD 12345678H
```

(1) MOV AX，TYPE PREP　　(2) MOV AX，TYPE TABA

(3) MOV CX，LENGTH TABA　　(4) MOV DX，SIZE TABA

(5) MOV CX，LENGTH TABB　　(6) MOV DX，SIZE TABC

35. 设数据段 DSEG 中符号及数据定义如下，试画出数据在内存中的存储示意图。

```
DSEG    SEGMENT
DSP = 100
SAM = DSP +20
DAB   DB  '/GOTO/', 0DH, 0AH
DBB   DB 101B, 19, 'a'
.RADIX 16
CCB   DB   10DUP(? )
EVEN
DDW   DW   '12', 100D, 333, SAM
.RADIX 10
EDW   DW 100
LEN   EQU $-DAB
DSEG   ENDS
```

36. 若自 STRING 单元开始存放有一个字符串(以字符“$”结束)：

(1) 编程统计该字符串长度(不包含“$”字符，并假设长度为两字节)。

(2) 把字符串长度放在 STRING 单元，把整个字符串往下移两个储存单元。

37. 试编写程序，将字符串 STRING 中的“&”字符用空格符代替，字符串 STRING 为“Thedatais FEB&03”。

38. 考虑以下调用序列：

(1) MAIN 调用 NEAR 的 SUBA 过程(返回的偏移地址为 150BH)。

(2) SUBA 调用 NEAR 的 SUBB 过程(返回的偏移地址为 1A70H)。

(3) SUBB 调用 FAR 的 SUBC 过程(返回的偏移地址为 1B50H，段地址为 1000H)。

(4) 从 SUBC 返回 SUBB。

(5) 从 SUBB 返回 SUBA。

(6) 从 SUBA 返回 MAIN。

请画出每次调用或返回时，堆栈内容和堆栈指针的变化情况。

39. 设计以下子程序：

(1) 将 AX 中的 4 位 BCD 码转换为二进制码，存放在 AX 中返回。

(2) 将 AX 中无符号二进制数转换为十进制数 ASCII 码字符串，存放在 AX 中返回。

(3) 将 AX 中有符号二进制数转换为十进制数 ASCII 码字符串，DX 和 CX 返回串的偏移地址和长度。

40. 试编写一个汇编语言程序，要求对键盘输入的小写字母用大写字母显示出来。

41. 键盘输入 10 个学生的成绩，试编制一个程序统计 60～69 分，70～79 分，80～89 分，90～99 分及 100 分的人数，分别存放到 S6、S7、S8、S9 及 S10 单元中。

42. 分别实现满足下面要求的宏定义：

(1) 可对任一寄存器实现任意次数的左移操作。

(2) 任意两个字单元中的数据相加并存于第三个单元中。

第 4 章　存储器及其接口

存储器是计算机的基本组成部分，用于存放计算机工作所必需的数据和程序。处理器实际运行时，在大部分总线周期都是对存储器进行读/写访问。所以，存储器系统的性能好坏将在很大程度上影响计算机系统的性能。

计算机的存储器是在不断地扩大容量、加快速度、缩小体积、降低成本的过程中发展的。为了追求存储器的高性能，人们主要从存储单元(芯片、设备)的设计、制造上研究改进，以及从存储器系统的结构上探索优化。本章将在介绍微型计算机中存储器系统的组织结构和存储器芯片的基础上，着重介绍内存储器的构成原理和存储器的扩展方法。

4.1　存储器概述

存储器是用于存储一系列二进制数码的器件，正是因为有了存储器，计算机才有了对信息的记忆功能，从而实现了对程序和数据信息的存储，并使计算机能够自动高速地进行各种运算。存储器系统是微机系统中重要的子系统。

4.1.1　存储器的类型

从不同的角度出发，存储器有不同的分类方式。

1. 按工作时与 CPU 联系密切程度分类

按工作时与 CPU 联系密切程度，存储器可以分为内存和外存两大类，其中内存也称主存，外存也称辅存。内存的存取速度快、容量小，外存的存取速度慢、容量大。内存用于存放 CPU 当前运行所需要的程序和数据，直接和 CPU 交换信息。外存用于存放当前不参加运算的程序和数据。外存和内存成批交换数据。

2. 按存储元件材料分类

按存储元件材料的不同，存储器可分为磁存储器、光存储器和半导体存储器。半导体存储器主要用于主存储器，而磁存储器和光存储器主要用于大容量的辅存，比如光盘、磁带和磁盘。磁盘和磁带是利用磁性介质来记录信息的设备，而光盘是利用激光原理进行存储和读取信息的介质。

3. 按存储器读/写工作方式分类

按存储器读/写工作方式，存储器可以分为随机存取存储器(Random Access Memory，RAM，简称随机存储器)和只读存储器(Read Only Memory，ROM)两种，其中，随机存储器也叫读写存储器(RWM)。随机存储器存储单元的内容可以根据需要进行读出或写入，即存取操作与时间、存储单元的物理位置顺序无关。RAM 主要用来存放各种现场的输入、输出数据和中间计算结果，以及与外部存储器交换信息和作堆栈用。由于 RAM 的内容在断电后会消失，所以 RAM 主要用于存放暂时的数据或中间结果。ROM 的内容只能读出，而不能被操作者修改或删除，故一般用于存放固定的程序，如监控程序、汇编程序以及各种表格等。

4.1.2　存储器的性能指标

衡量半导体存储器性能的主要指标有存储容量、存取时间、存储周期、可靠性和功耗等。

1. 存储容量

存储容量是存储器的一个重要指标。存储容量是指存储器所能存储二进制数码的数量，即所含存储元的总数。存储器芯片的存储容量用“存储单元个数 × 每个存储单元的位数”来表示。例如，SRAM 芯片 6264 的容量为 8 K × 8 bit，即它有 8 K 个存储单元(1 K = 1024)，每个单元存储 8 位(一个字节)二进制数据。DRAM 芯片 NMC41257 的容量为 256 K × 1 bit，即它有 256 K 个存储单元，每个单元存储 1 位二进制数据。各半导体器件生产厂家为用户提供了许多种不同容量的存储器芯片，用户在构成计算机内存系统时，可以根据要求加以选用。当然，当计算机的内存确定后，选用容量大的芯片则可以少用几片，这样不仅使电路连接简单，而且也可以降低功耗。

2. 存取时间

存取时间又称存储器访问时间，即从启动一次存储器操作(读或写)到完成该操作所需要的时间。具体地讲，存取时间也就是从发出一次读操作命令到完成该操作，并将数据读入数据缓冲寄存器为止所经历的时间。CPU 在读/写存储器时，其读/写时间必须大于存储器芯片的额定存取时间。如果不能满足这一点，微机则无法正常工作。存取周期是连续启动两次独立的存储器操作所需间隔的最小时间。通常，存储周期略大于存取时间，其时间单位为纳秒(ns)。通常生产厂家的产品手册上给出的是存取时间的上限值，称为最大存取时间。显然，存取时间和存储周期是反映主存工作速度的重要指标。

3. 可靠性

可靠性是指在一个规定的时间范围之内，存储器芯片能够正确进行读/写操作、不出现读/写错误的概率。可靠性一般与存储器芯片有关。通常，采用存储器芯片的平均无故障工作时间(MTBF)来表示芯片的可靠性。MTBF 表示出现两次故障之间的平均时间间隔。MTBF 越大，表示存储器芯片的可靠性越高。

4. 功耗

功耗是指存储器芯片的耗电大小，也反映了存储器芯片的发热量问题。通常，功耗越小，存储器稳定性越好。

5. 集成度

集成度是指在一块存储器芯片内能集成多少个基本存储电路，每个基本存储电路存放一位二进制信息，所以集成度常用位/片来表示。

6. 性能/价格比

性能/价格比(简称性价比)是衡量存储器经济性能好坏的综合指标，它关系到存储器的实用价值。其中性能包括前述的各项指标，而价格是指存储单元本身和外围电路的总价格。

7. 其他指标

体积小、重量轻、价格便宜、使用灵活是微型计算机的主要特点及优点，所以存储器芯片的体积、功耗、工作温度范围、成本等也成为人们关注的性能指标。

4.1.3　存储器的分级结构

衡量存储器系统有 3 个指标：容量、速度和价格。一般来讲，速度高的存储器，单位容量价格也高，因此容量不能太大。早期计算机主存容量很小(如几千字节)，程序与数据由辅助存储器调入主存是通过程序员自己安排的，程序员必须花费很多精力和时间把大程序预先分成块，不仅要确定好这些程序块在辅助存储器中的位置和装入主存的地址，而且要预先安排好程序运行时，各程序块如何调入/调出以及何时调入/调出。现代计算机主存储器容量已达几十兆字节到几百兆字节，但是程序对存储容量的要求也提高了，因此仍存在存储空间的分配问题。

存储系统的多层次分级结构是指把各种不同存储容量、存取速度和价格的存储器按层次结构组成多层存储器，并通过管理软件和辅助硬件有机组合成统一的整体，使所存放的程序和数据按层次分布在各种存储器中。常用的存储系统主要由高速缓冲存储器 Cache、主存储器和辅助存储器三级存储层次构成，这种多层次分级结构已成为现代计算机的典型存储结构。计算机存储器系统的分级结构如图 4.1 所示。

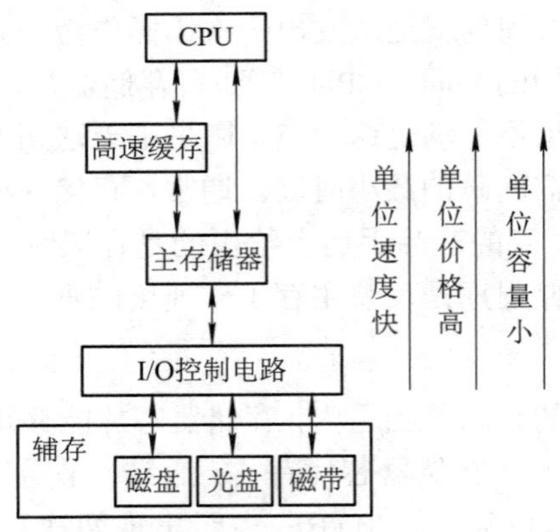

图 4.1　存储系统

主存储器(内存)是计算机系统的一个组成部分，用来存储计算机当前正在使用的数据和程序，一般由一定容量的速度较高的存储器组成，CPU 可以直接用指令对内存进行读/写操作。在计算机中，内部存储器是由半导体存储器芯片组成的，半导体存储器按存取方式不同，分为随机存取存储器(RAM)和只读存储器(ROM)。存储器的设计目标之一是以较小的成本使存储体系与 CPU 的速度匹配，同时还要求存储体系具有尽可能大的容量。因此，速度、容量、价格是存储器设计应考虑的主要因素。提高存储速度的主要措施是在主存储器与 CPU 之间增加一个高速缓冲存储器(Cache)来存储使用频繁的指令和数据，以提高访存操作的平均速度。

外存储器(辅存)也是用来存储各种信息的器件，它用来存储计算机暂不使用的数据和程序。CPU 不能直接用指令对外存储器进行读/写操作，CPU 必须通过 I/O 接口电路才能访问外存储器。如果要执行外存储器中存放的程序，必须先将该程序由外存储器调入内存储器。在微机中常用硬盘、软盘、移动硬盘和磁带作为外存储器，其特点是存储容量大、速度较低。如一张 CD 盘的容量为 650 MB，一张 DVD 光盘的容量为 4.7 GB，硬盘的容量一般为几十 GB 以上。近年来，大容量半导体存储器如 Flash 存储器(闪存)集成度提高，价格迅速下降，用闪存制成的优盘成为了一种很受欢迎的外存储器。

Cache 存储器系统由主存储器和高速缓冲存储器组成。在速度方面，计算机的主存和 CPU 一直保持了大约一个数量级的差距。显然这个差距限制了 CPU 速度的发挥。为了弥补这个差距，必须进一步从计算机系统结构上去研究方案。设置高速缓冲存储器(Cache)是解决存取速度差距的重要方法。在 CPU 和主存中间设置高速缓冲存储器，构成高速缓存(Cache)–主存层次，要求 Cache 在速度上能跟得上 CPU 的要求。Cache–主存间的地址映像和调度吸取了比它较早出现的主存-辅存存储层次的技术，不同的是因其速度要求高，所以不是由软、硬件结合而完全由硬件来实现。

虚拟存储系统由主存储器和磁盘存储器组成。虚拟存储系统希望能得到辅存储器的价格、主存储器的速度。在使用时可以将用户的地址空间设计成比主存实际空间大得多，以致可以存得下整个程序。指令地址码称为虚地址(虚存地址、虚拟地址)或逻辑地址，其对应的存储容量称为虚存容量或虚存空间；实际主存的地址称为物理地址或实(存)地址，其对应的存储容量称为主存容量、实存容量或实(主)存空间。操作系统和硬件结合实现虚拟地址到实际地址的转换，这一过程对于程序员是透明的。这就形成了主存-辅存层次，满足了存储器大容量和低成本的需求。使用磁盘作为辅存储器，不仅价格便宜，可以把存储容量做得很大，而且在断电时它所存放的信息也不会丢失，可以长久保存，同时复制、携带也都很方便。

4.2 常用的存储器芯片

从第三代计算机开始，计算机的内存储器就采用了性能优良的半导体存储器。目前，随着超大规模集成电路技术的发展，半导体存储器技术日新月异，其存储容量不断变大，价格不断降低，存取速度不断加快，功耗也不断降低。所以各种微机系统都无一例外地使用半导体存储器。目前，半导体存储器是微机系统中最主要的存储器。

4.2.1 半导体存储器芯片的结构

半导体存储器芯片通常由存储矩阵、地址译码器、控制逻辑电路和三态数据缓冲寄存器组成，如图 4.2 所示。存储矩阵也称为存储体，它由很多的存储元件构成。每个存储元件由能够存储一位二进制代码的物理电子元器件构成。N 个存储元件可以构成并行的 N 位二进制存储单元，类似于 N 个触发器可以形成一个 N 位数据锁存器或者数据寄存器。将存储体的全部存储单元都赋予特定的单元地址之后，使其内部集成的译码电路能够按地址来选通相应的存储单元。当 CPU 送出的地址在地址总线锁存后，译码电路就自动产生芯片相应

存储单元的片选信号，该片选信号与 CPU 发出的读/写信号相作用，单方向打开三态数据缓冲器，对存储器中的 N 位二进制代码进行相应的读/写操作。在不进行读/写操作时，片选信号无效，控制逻辑电路使芯片的存储单元的缓冲器成高阻状态，存储矩阵与数据总线断开。对于有 2^M 个存储单元且每个单元为 N 个二进制位的存储矩阵来说，对外需要接 M 根地址线、N 根数据线，才能保证对每个存储单元都分别进行地址唯一的选通和读/写操作。

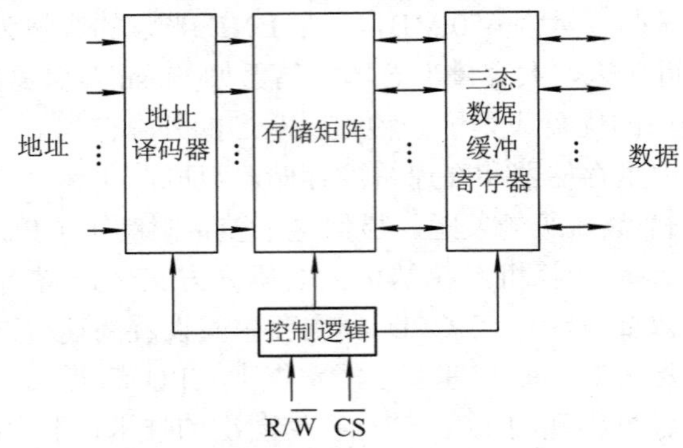

图 4.2　半导体存储器的内部结构框图

4.2.2　半导体存储器的分类

半导体存储器的主要优点是：速度快，存取时间可达到纳秒级；高度集成化，存储单元、译码电路和缓冲寄存器都制作在同一芯片中，体积小；功耗低，一般只需几十毫瓦。因此它被大量应用于微型计算机的内存和高速缓存中。

从器件组成的角度来分类，半导体存储器可分为单极型存储器和双极型存储器两种。双极型存储器是用 TTL 电路制成的存储器，其特点是速度快，但集成度较低，成本较高；单极型存储器是用 MOS 电路制成的存储器，其特点是集成度高、功耗低、价格低，而且随着半导体集成工艺和技术的发展，目前 MOS 存储器的速度已经可以同双极型 TTL 存储器相媲美。

从工作特点、作用和制作工艺的角度看，半导体存储器可以分为图 4.3 所示的几类。

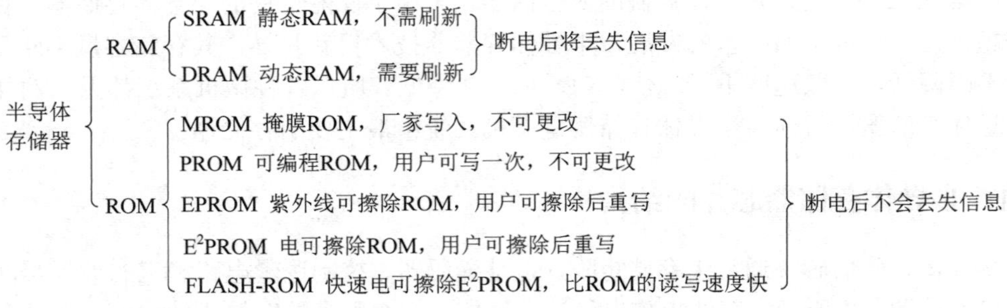

图 4.3　半导体存储器的分类

4.2.3　随机存取存储器(RAM)

随机存取存储器(RAM)存储单元的内容可以根据需要随时进行读出或写入。由于随机存取存储器的内容在断电后会消失，所以随机存取存储器只能用于存放暂时的数据或中间结果。随机存取存储器从制造工艺上分为双极型 RAM 和 MOS 型 RAM。双极型 RAM 存取速度快、集成度低、功耗大、成本高，只用于存取速度较高的微机中。MOS 型 RAM 制造工艺简单、集成度高、功耗低、价格低，在半导体存储器中占有重要地位。按照芯片内部基本存储电路的结构，随机存取存储器又可以分为静态 RAM 和动态 RAM。下面将介绍几种典型的 RAM 存储器芯片。

1. 静态 RAM(SRAM)

静态 RAM 用 SRAM 来表示，采用 6 管 NMOS 型双稳态触发器作为基本存储电路，每个存储单元管子较多，存储容量有限，可用于 Cache。常用的 SRAM 存储器芯片有 2114、6116、6264、62128、62256 等，它们的存储容量分别为 1K × 4bit、2 KB、8 KB、16 KB 和 32 KB。

1) 2114 芯片

Intel 2114 是一种常见的静态存储器芯片。它采用 18 条引脚双列直插式封装，单一+5 V 工作电源，输入/输出电平与 TTL 兼容。2114 芯片的引脚排列如图 4.4 所示。

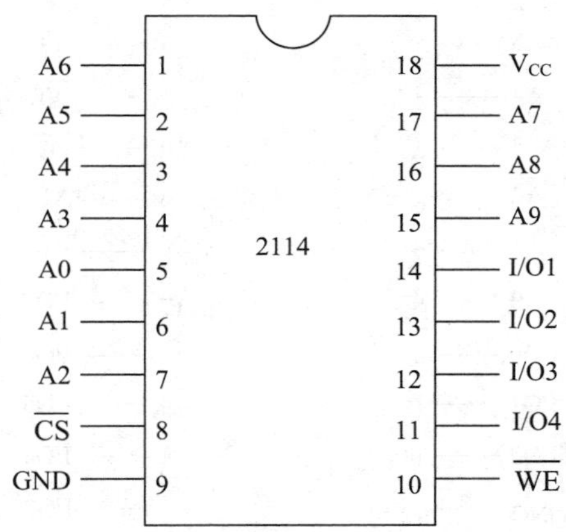

图 4.4　2114 芯片的引脚排列

2114 芯片的容量为 1 K×4 bit。因此需要 10 根地址信号线(2^{10} = 1024)，4 根数据线。4096 个数据位(1024 × 4 位)排成 64 行 × 64 列的矩阵形式。地址线中的 A4～A9 用作行译码，产生 64 个行选择信号。64 列分为 16 组，每组 4 位。地址线中的 A0～A3 用于列译码，产生 16 个列选择信号。每个列选择信号控制一组同时进行读或写操作。在芯片内部有 4 路 I/O 电路及相应的输入/输出三态门电路，并由 4 根双向数据线 I/O1～I/O4 引出片外。

2114 芯片的控制信号有片选信号 $\overline{CS}$ 和写允许信号 $\overline{WE}$ 。它们控制着输入/输出三态门，以决定芯片的读或写操作。当 $\overline{CS}$ 和 $\overline{WE}$ 同时低电平有效时，输入三态门打开，数据总线上的数据读入存储单元中存储。当 $\overline{CS}$ 低电平有效，而 $\overline{WE}$ 为高电平时，输出三态门打开，数据从存储器输出送至外部数据总线。其工作方式见表 4.1。

表 4.1　2114 芯片的工作方式

工作方式	引　脚		
	$\overline{CS}$	$\overline{WE}$	I/O1～I/O4
读	0	1	数据输出
写	0	0	数据输入
未选中	1	×	高阻

2) 6116 芯片

Intel 6116 芯片采用 CMOS 工艺制作，单一+5 V 电源，24 线双列直插式封装。其容量为 2 K × 8 bit，因此，该芯片有 11 根地址线，用于寻址 2 K 个存储单元，8 根数据线用来对存储单元进行读或写操作。和 Intel 2114 相比，6116 系列芯片除存储容量增大 4 倍外，还增加了 1 根控制线输出允许 $\overline{OE}$ (Output Enable)。其芯片引脚图如图 4.5 所示，工作方式见表 4.2。

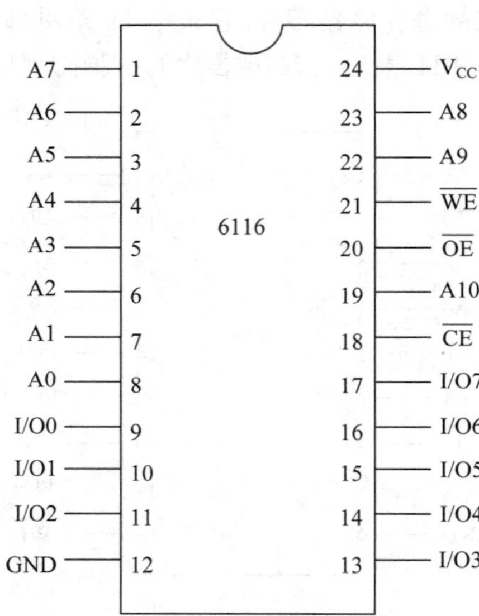

图 4.5　6116 芯片的引脚排列

表 4.2　6116 芯片的工作方式

工作方式	引　脚			
	$\overline{CE}$	$\overline{OE}$	$\overline{WE}$	I/O0~I/O7
读	0	0	1	数据输出
写	0	×	0	数据输入
未选中	1	×	×	高阻

3) 6264 芯片

Intel 6264 芯片的存储容量为 8 KB(8 K×8 bit)。其中 A12～A0 为存储单元的地址线，D7～D0 为对应的 8 位数据线。CE2 和 $\overline{CE1}$ 为片选信号，$\overline{OE}$ 和 $\overline{WE}$ 分别读允许和写允许信

号。当 CE2、$\overline{CE1}$ 和 $\overline{OE}$ 有效时，数据写入选中的存储单元；当 CE2、$\overline{CE1}$ 和 $\overline{WE}$ 有效时，从选中的存储单元读出数据。其芯片引脚图如图 4.6 所示。

引脚名	引脚号	引脚号	引脚名
NC	1	28	V_{CC}
A12	2	27	$\overline{WE}$
A7	3	26	CE2
A6	4	25	A8
A5	5	24	A9
A4	6	23	A11
A3	7	22	$\overline{OE}$
A2	8	21	A10
A1	9	20	$\overline{CE1}$
A0	10	19	D7
D0	11	18	D6
D1	12	17	D5
D2	13	16	D4
GND	14	15	D3

图 4.6　6264 芯片的引脚排列

2. 动态 RAM(DRAM)

动态 RAM 以 MOS 管栅极寄生电荷为存储单元，存储单元管子少，集成度更高，但会出现电荷泄漏问题，所以需要动态刷新电路。动态 RAM 一般用于组成大容量的 RAM 存储器。目前校验和再生(刷新)电路已集成于存储器芯片内部，使用时与 SRAM 相同。

常用的动态 RAM 芯片有 2116(16 K × 1 bit)、2164(64 K × 1 bit)、424256(256 K × 4 bit)。下面以 2164A 芯片为例介绍动态存储器。

图 4.7 所示为动态 RAM 芯片 2164A 的引脚分布图。芯片引脚 A7～A0 为 8 根地址线，$\overline{CAS}$ 为列选通线，$\overline{RAS}$ 为行选通线，$\overline{WE}$ 为写允许信号，D_{IN} 为数据输入端，D_{OUT} 为数据输出端。

引脚名	引脚号	引脚号	引脚名
N/C	1	16	V_{SS}
D_{IN}	2	15	$\overline{CAS}$
$\overline{WE}$	3	14	D_{OUT}
$\overline{RAS}$	4	13	A6
A0	5	12	A3
A2	6	11	A4
A1	7	10	A5
V_{DD}	8	9	A7

图 4.7　2164A 芯片的引脚排列

2164A 的容量为 16 K × 1 bit，每个存储单元存储一位数据。要寻址 64 K(16 K × 8 bit)个存储单元，需要 16 根地址线，而芯片本身只有 A7～A0 共 8 根地址线，为了减少封装引线，该芯片采用行地址线和列地址线分时工作的方式。其工作原理是利用内部地址锁

存器和多路开关，先由行地址选通信号$\overline{RAS}$把 8 位地址信号 A7～A0 送到行地址锁存器锁存，随后出现的列地址选通信号$\overline{CAS}$把后送来的 8 位地址信号 A7～A0 送到列地址锁存器锁存。

2164A 芯片的数据读/写是在$\overline{WE}$控制之下分别进行的。当$\overline{WE}$为高电平时读出数据，选中单元内容由 D_{OUT} 引脚输出；当$\overline{WE}$为低电平时写入数据，数据经过 D_{IN} 引脚写入相应的存储单元。2164A 芯片的刷新由行地址的低 7 位控制，每次同时刷新 4 个矩阵中的 1 行，经过 128 个周期刷新完毕。刷新时$\overline{CAS}$不起作用，$\overline{RAS}$起作用，所以数据不会在 D_{OUT} 引脚输出。

4.2.4　只读存储器(ROM)

只读存储器(ROM)是一种非易失性的半导体存储器件。在一般工作状态下，ROM 内容只能读出，不能写入。ROM 常用于存储数字系统及计算机中不需改写的数据，例如数据转换表及计算机操作系统程序等。ROM 存储的数据不会因断电而消失，即具有非易失性。对于可编程的 ROM 芯片，可用特殊方法将信息写入，该过程被称为“编程”。对于可擦除的 ROM 芯片，可采用特殊方法将原来的信息擦除，以便再次编程。本节从应用的角度出发，以几种常用的典型芯片为例，介绍 ROM 的工作原理、特点、外部特性以及它们的应用。

1. 掩模式只读存储器(MROM)

掩模式只读存储器(MROM)中存储的信息是在芯片制造过程中就固化好了的，用户只能选用而无法修改原存信息，故又称为固定只读存储器。通常，用户可将自己设计好的信息委托生产厂家在生产芯片时进行固化，但要根据用户信息制作专用的掩模模具。MROM 采用二次光刻掩模工艺制成，首先要制作一个掩模板，然后根据用户程序通过掩模板曝光，在硅片上刻出图形。制作掩模板工艺较复杂，生产周期长，因此生产第一片 MROM 的费用很大，而复制同样的 ROM 就很便宜了，所以 MROM 适合于大批量生产，不适用于科学研究。MROM 有双极型、MOS 型等几种电路形式。

2. 可编程只读存储器(PROM)

可编程只读存储器(PROM)出厂时各单元内容全为 0，用户可用专门的 PROM 写入器将信息写入，这种写入是破坏性的，即某个存储位一旦写入 1，就不能再变为 0，因此对这种存储器只能进行一次编程。

3. 可擦除可再编程的只读存储器(EPROM)

PROM 虽然可供用户进行一次编程，但仍有局限性。这种存储器利用编程器写入信息，此后便可作为只读存储器来使用。

目前，根据擦除芯片内已有信息的方法不同，可擦除可再编程 ROM 可分为两种类型：紫外线擦除 PROM(简称 EPROM)和电擦除 PROM(简称 EEPROM 或 E^2PROM)。EPROM 芯片上方有一个石英玻璃窗口，只要将此芯片放入紫外线擦除器中，照射 20 min 左右，EPROM 中的信息就可以被擦除，擦除后存储内容为 OFFH。擦除后的 EPROM 可再写入新的信息。紫外线可擦除 EPROM 在出厂时未经过编程，存储内容为 0FFH。

典型的 EPROM 芯片——27xx 系列芯片常用的有 2716、2732、2764、27128、27256 和 27512 等，它们的存储容量分别为 2 K × 8 bit、4 K × 8 bit、8 K × 8 bit、16 K × 8 bit、32 K × 8 bit 和 64 K × 8 bit。下面将以 27256 为例进行介绍。

图 4.8 所示为 27256 的引脚图。其中 A14～A0 为 15 根地址线，D7～D0 为对应的 8 位数据线，$\overline{CE}$、$\overline{OE}$ 和 $\overline{PGM}$ 分别为片选信号、读允许信号和编程控制线，V_{PP} 为电源线。当 $\overline{CE}$ 和 $\overline{OE}$ 有效时，从 27256 中的存储单元读出信息；当 $\overline{CE}$ 和 $\overline{PGM}$ 有效时，结合 20～25 V 的编程电压 V_{PP}，将信息写入 27256 内部的存储单元。在 CPU 正常工作时，V_{PP} 和 $\overline{PGM}$ 均接正电源 V_{CC}。

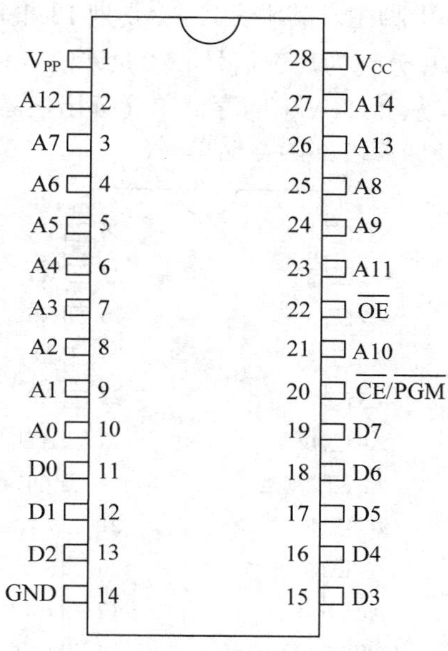

图 4.8　27256 芯片的引脚排列

编程时，需要将 27256 安放在专门的编程器中，具体的方法是：V_{CC} 接 +5 V，V_{PP} 加上芯片要求的高电压；在地址线 A14～A0 上给出要编程存储单元的地址，然后使 $\overline{CE} = 0$，并在数据线上给出要写入的数据。上述信号稳定后，在 $\overline{PGM}$ 端加上(50 ± 5) ms 的负脉冲，就可将一个字节的数据写入相应的地址单元中。

4. 电可擦除可编程的只读存储器(EEPROM，也写成 E^2PROM)

EPROM 的擦除是对整个芯片进行的，不能只擦除某个单元或者某个位，擦除时间较长，并且擦/写均需离线操作，使用起来不方便，因此，能够在线擦/写的 EEPROM 芯片近年来得到广泛应用。

EEPROM 是 20 世纪 80 年代的产品，使用非常简单方便。EEPROM 具有在线编程的独特功能，可擦除和写入次数约为 1 万次，信息保持时间为 10 年。产品内部集成电压提升电路，无论写入或擦除都在 +5 V 下完成。

EEPROM 具有对单个存储单元在线擦除与编程的能力，而且芯片封装简单，对硬件线路没有特殊要求，操作简便，信息存储时间长，因此，EEPROM 给需要经常修改程序和参数的应用领域带来了极大的方便。但与 EPROM 相比，EEPROM 具有集成度低，存

取速度较慢，完成程序在线改写需要较复杂的设备，重复改写的次数有限制(因氧化层被磨损)等缺点。EEPROM 的主要优点是能在应用系统中进行在线读/写，并在断电情况下保存的数据信息不丢失。EEPROM 的另外一个优点是擦除时可以按字节分别进行(不像 EPROM 擦除时要把整个片子的内容通过紫外光照射全变为 1)，也可以全片擦除，EEPROM 的擦除不需紫外光的照射，写入时也不需要专门的编程设备，因而使用上比 EPROM 方便。

典型的 EEPROM 芯片——28xx 系列芯片常用的有 2816、2817 和 2864 等，它们的存储容量分别为 2 K × 8 bit、2 K × 8 bit、8 K × 8 bit。下面以 2864A 为例进行介绍。

图 4.9 所示为 2864A 的引脚图。其中 A12～A0 为 13 根地址线，I/O7～I/O0 为对应的 8 位数据线，$\overline{CE}$、$\overline{OE}$ 和 $\overline{WE}$ 分别为片选信号、读允许信号和写允许信号线。当 $\overline{CE}$ 和 $\overline{OE}$ 为低电平，$\overline{WE}$ 为高电平时，从 2864A 中的存储单元读出信息；当 $\overline{CE}$ 和 $\overline{WE}$ 为低电平，$\overline{OE}$ 为高电平时，将信息写入 2864A 内部的存储单元。

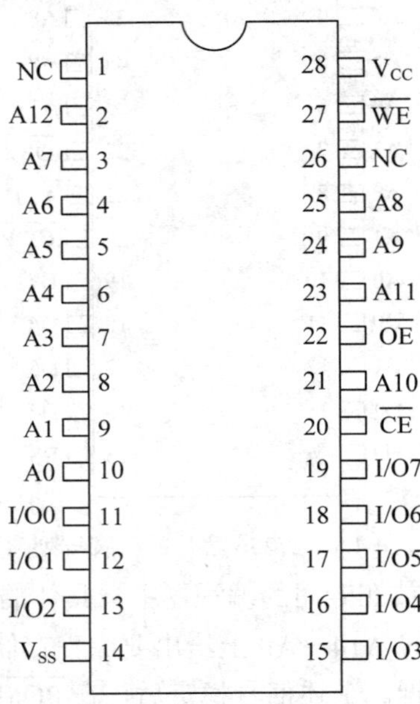

图 4.9　2864A 芯片的引脚排列

4.2.5　闪速存储器

近年来一种被称为闪速存储器(Flash Memory)的新型半导体存储器正受到用户广泛的欢迎，其特点是它既具有 RAM 的易读易写、体积小、集成度高、速度快等优点，又具有 ROM 断电后信息不丢失等优点，是一种很有前途的半导体存储器。之所以称为“闪速”，是因为它能快速地同时擦除所有单元。

闪速存储器是在 EPROM 和 EEPROM 的制造技术基础上发展起来的，并在 EPROM 沟道氧化物处理工艺中，特别实施了电擦除和编程次数能力的设计。因此它既具有 EPROM 价格便宜、集成度高的优点，又具有 EEPROM 的电可擦除性、可重写性，且具有可靠的非易失性，即使在供电电源关闭后仍能保持片内信息。对于需要实施代码或数据更新的嵌入式应用来讲，是一种理想的存储器，在固有性能和成本方面有较明显的优势。与 EPROM 只能通过紫外线照射来擦除的特点不同，闪速存储器可实现大规模电擦除，而且它的擦除、重写速度较快，一块 1MB 的闪速存储器芯片，其擦除和重写一遍的时间小于 5 s，比一般标准的 EEPROM 要快得多。

闪速存储器可重复使用。目前，商品化的闪速存储器已可以做到擦写几十万次以上，读取时间小于 9 ns，这在文件需要经常更新的可重复编程应用中是很重要的。闪速存储器的典型代表芯片是 28F256A (32KB)。

4.3　存储器与 CPU 的接口

在微型计算机中，存储器是由一片或多片存储器芯片组成的，对于不同容量的 RAM 或 ROM 芯片，必须要正确地和 CPU 连接，才能构成一个微机系统，使计算机正常工作。由于 CPU 和存储器之间交换信息的过程是先在地址总线送出地址，接着在控制总线上发出存储器读/写控制信号，然后在数据总线进行信息交换。因此，存储器和 CPU 连接时，数据总线、地址总线和控制总线都要正确地连接。

4.3.1　存储器芯片与地址总线的连接

通常，计算机的存储器由一片或多片存储器芯片组成。单片存储器芯片的容量一般较小，当单片存储器的存储单元容量不够时，需要进行存储单元扩展或字扩展。字扩展一般也要用到多片存储器芯片。

存储器芯片内部有集成地址译码电路。输入任一地址后，芯片内部的译码电路自动对该地址信号进行译码操作，并选中芯片内部相应的存储单元，完成存储单元的选择。

地址线数和存储单元数间的关系是：

$$存储单元 = 2^x \quad (x 为地址线数)$$

考虑到 CPU 的地址线比存储器的地址线数量多，存储单元的选择一般应该从最低位地址线 A0 开始，依次与 CPU 的各地址线对应连接即可。

另外，对于存储器芯片来说，都有一个总的片选信号 $\overline{CE}$ 或 $\overline{CS}$。片选信号等效于所有存储单元的公共开关，通常由剩余的高位地址线来产生。所以，存储器芯片字扩展一般连接相同的芯片地址线，但是连接不同的片选信号。

片选信号的产生方法有三种，即线选法、部分译码法和全译码法。

1. 线选法

线选法就是将剩余的某一根高位地址线直接或者反相后连接一个存储器芯片的片选信号。线选法简单明了，电路结构简单。这种方法分配的存储空间是断续的，不能充分利用有效的地址空间，适用于存储器芯片较少、地址分配空间余度大的场合。

例如 8086 连接 4 片 62128 构成 64 KB 存储器，62128 的地址线 A13～A0 分别连接到地址总线 A13～A0 上，如果将 A17～A14 分别连接 4 片 62128 的片选信号 $\overline{CE}$，则 4 片 62128 的存储空间分配理论上分别如下：

芯片 1：xxxx x000 0000 0000 0000B～xxxx x011 1111 1111 1111B

芯片 2：xxxx 0x00 0000 0000 0000B～xxxx 0x11 1111 1111 1111B

芯片 3：xxx0 xx00 0000 0000 0000B～xxx0 xx11 1111 1111 1111B

芯片 4：xx0x xx00 0000 0000 0000B～xx0x xx11 1111 1111 1111B

显然，线选法存在地址重叠区，为了避免地址重叠，只有选择以下地址范围才能不会发生重叠和冲突问题：

芯片 1：xx11 1000 0000 0000 0000B～xx11 1011 1111 1111 1111B

芯片 2：xx11 0100 0000 0000 0000B～xx11 0111 1111 1111 1111B

芯片 3：xx10 1100 0000 0000 0000B～xx10 1111 1111 1111 1111B

芯片 4：xx01 1100 0000 0000 0000B～xx01 1111 1111 1111 1111B

但是这样做之后，实际使用的存储空间是断续的。

2. 部分译码法

部分译码方法是将剩余的高位地址线中的一部分经过译码电路后，在译码电路的输出端连接存储器芯片的片选信号。译码电路芯片通常是 n 个输入、2^n 选 1 的低电平有效输出，比如 3—8 译码器 74LS138、2—4 译码器 74LS139、4—16 译码器 74LS154。但是这样连接片选信号，如果还有高地址线剩余，仍然存在地址重叠现象。

例如 8086 连接 4 片 62128 构成 64 KB 存储器，62128 的地址线 A13～A0 分别连接到地址总线 A13～A0 上，如果将 A15～A14 经过 2—4 译码器后的 4 个输出分别连接 4 片 62128 的片选信号 $\overline{CE}$，则 4 片 62128 的存储空间分配分别如下：

芯片 1：xxxx 0000 0000 0000 0000B～xxxx 0011 1111 1111 1111B

芯片 2：xxxx 0100 0000 0000 0000B～xxxx 0111 1111 1111 1111B

芯片 3：xxxx 1000 0000 0000 0000B～xxxx 1011 1111 1111 1111B

芯片 4：xxxx 1100 0000 0000 0000B～xxxx 1111 1111 1111 1111B

3. 全译码法

为了避免存储空间重叠分配问题，可将所有剩余的高位地址线都连到译码电路上，译码电路产生的每一个输出都由所有剩余高位地址线唯一决定，不再产生地址重叠问题，存储器地址空间利用率高，存储空间不会出现断续现象。

例如 8086 连接 8 片 628128 构成 1 MB 存储器，628128 的地址线 A16～A0 分别连接到地址总线 A16～A0 上，如果将 A19～A17 经过 3—8 译码器后的 8 个输出分别连接 8 片 628128 的片选信号 $\overline{CE}$，则 8 片 628128 的存储空间分配范围分别如下：

芯片 1：0000 0000 0000 0000 0000B～0001 1111 1111 1111 1111B

芯片 2：0010 0000 0000 0000 0000B～0011 1111 1111 1111 1111B

芯片 3：0100 0000 0000 0000 0000B～0101 1111 1111 1111 1111B

芯片 4：0110 0000 0000 0000 0000B～0111 1111 1111 1111 1111B

芯片 5：1000 0000 0000 0000 0000B～1001 1111 1111 1111 1111B

芯片 6：1010 0000 0000 0000 0000B～1011 1111 1111 1111 1111B

芯片 7：1100 0000 0000 0000 0000B～1101 1111 1111 1111 1111B

芯片 8：1110 0000 0000 0000 0000B～1111 1111 1111 1111 1111B

4.3.2　存储器芯片与数据总线的连接

当 CPU 的数据线和存储器的数据总线数量相同时，所有存储器芯片的数据总线全部一对一地一次连接到 CPU 的数据总线上。如果存储器芯片的数据总线位数少于 CPU 的数据总线位数，则采用几片存储器芯片并联，并联后的数据总线位数应和 CPU 总线位数相等，然后将这一组并联的数据总线和 CPU 的数据总线对应连接即可。几片位数少的存储器芯片并联形成位数多的存储器也称为位扩充。几片并联的存储器芯片只有在位扩充时才连接相同的地址总线和片选信号。

4.3.3　存储器芯片与控制总线的连接

存储器芯片和控制总线的连接相对简单，仅有输出允许线 $\overline{OE}$ 和写允许线 $\overline{WE}$ 的连接。对于 EPROM，则将其控制线 $\overline{OE}$ 与 CPU 的读信号 $\overline{RD}$ 相连即可。

对于 EEPROM，将其控制线 $\overline{OE}$ 连接 CPU 的读信号 $\overline{RD}$，$\overline{WE}$ 连接 CPU 的写信号 $\overline{WR}$；有的 EEPROM 还有 RDY/$\overline{BUSY}$ 信号，该信号接到 CPU 的中断申请输入端 INTR，作为中断申请使用。

对于 SRAM 来说，将其控制线 $\overline{OE}$ 连接 CPU 的读信号 $\overline{RD}$，$\overline{WE}$ 连接 CPU 的写信号 $\overline{WR}$。

4.3.4　连接举例

【例 4-1】 存储器位扩展。

对于 DRAM 芯片 2164A，其存储容量为 64 K × 1 bit，现在需要扩充为 64 K × 8 bit 容量的 DRAM，则采用 8 片 2164A 并联，每片芯片的数据线分别连接到 8 根数据线上。这时只有位扩充，8 片 2164 芯片连接相同的地址总线和片选信号，连接方法如图 4.10 所示。

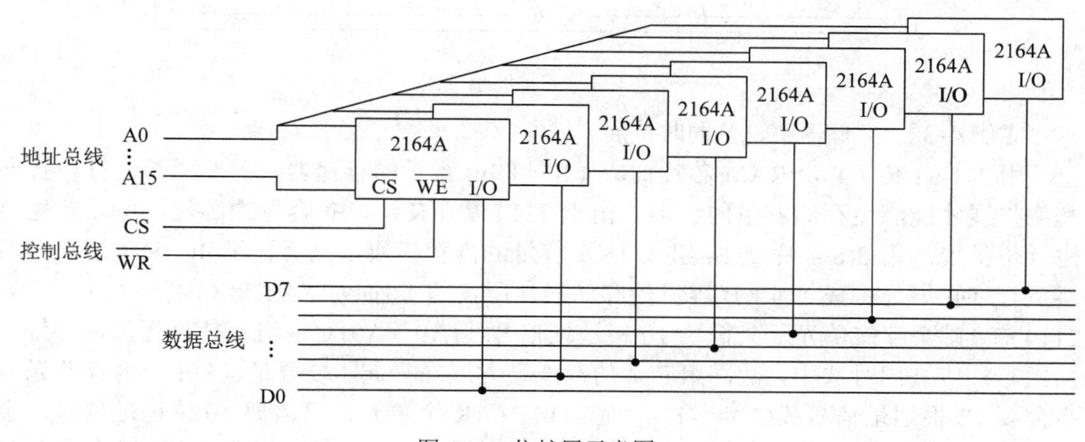

图 4.10　位扩展示意图

【例 4-2】 存储器字扩展。

用容量为 16 K × 8 bit 的存储器芯片组成容量为 64 K × 8 bit 的内存储器。因为字长已满足要求，只是容量不够，所以需要进行的是字扩展。显然，对现有容量为 16 K × 8 bit 的存储器芯片，需要用 4 片芯片来实现容量为 64 K × 8 bit 的内存储器。用容量为 16 K × 8 bit 的存储器芯片组成容量为 64 K × 8 bit 的内存储器的连线图如图 4.11 所示。因为容量为 16 K × 8 bit 的存储器芯片字长已满足要求，所以用 4 片芯片的数据线与数据总线 D7～D0 并连。因为 $16\ K = 2^{14}$，故只需要 14 根地址线(A13～A0)对各芯片内的存储单元寻址，让地址总线低位地址 A13～A0 与 4 片容量为 16 K × 8 bit 的存储器芯片的 14 位地址线并行连接，用于进行片内寻址；对于容量为 64 K × 8 bit 的内存储器，因为 $64\ K = 2^{16}$，故总共需 16 根地址线(A15～A0)对内存储单元寻址。为了区分 4 片容量为 16 K × 8 bit 的存储器芯片的地址范围，还需要两根(16 − 14 = 2)高位地址总线 A15、A14 经过 2—4 译码器输出 4 根片选信号线，分别和 4 片容量为 16 K × 8 bit 的存储器芯片的片选端相连。

可以看出，字扩展的连接方式是将各芯片的地址线、数据线、读/写控制信号线与 CPU 的相应地址总线、数据总线、读/写控制信号线相连，而由片选信号来区分各片地址。也就是将 CPU 低位地址总线与各芯片地址线相连，用以选择片内的某个单元；用高位地址线经译码器产生若干不同片选信号，连接到各芯片的片选端，以确定各芯片在整个存储空间中所属的地址范围。图 4.11 给出了用 4 片容量为 16 K × 8 bit 的芯片经字扩展构成一个容量为 64 K × 8 bit 内存储器的连接方法。

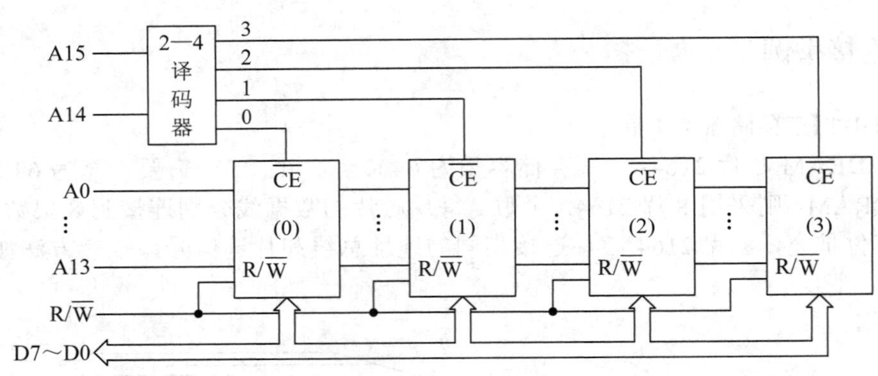

图 4.11　字扩展示意图

【例 4-3】 存储器字、位同时扩展。

用 2114(1 K × 4 bit)RAM 芯片构成 4 K × 8 bit 容量的存储器，需要同时进行位扩展和字扩展才能满足存储容量的需求。由于 2114 是 1 K × 4 bit 容量的芯片，所以首先要进行位扩展。用 2(8/4)片 2114 组成 1KB 容量的内存模块，然后再用 4(4/1)组这样的模块进行字扩展便构成了 4 KB 容量的存储器。所需的芯片数为(4/1) × (8/4) = 8 片。因为 2114 有 1K 个存储单元，只需要 10 根地址信号线(A9～A0)对每组芯片进行片内寻址，同组芯片应被同时选中，故同组芯片的片选端并联在一起。要寻址 4 KB 个内存单元至少需要 12 根地址信号线($2^{12} = 4K$)，而 2114 有 1K 个单元，只需要 10 位地址信号，余下的 2 位地址用 2—4 译码器对两位高位地址(A11～A10)译码，产生 4 个片选信号，分别与各组内的两片 2114 芯片的片选端相连，用于区分 4 个 1 KB 的内存条，线路连接示意图如图 4.12 所示。

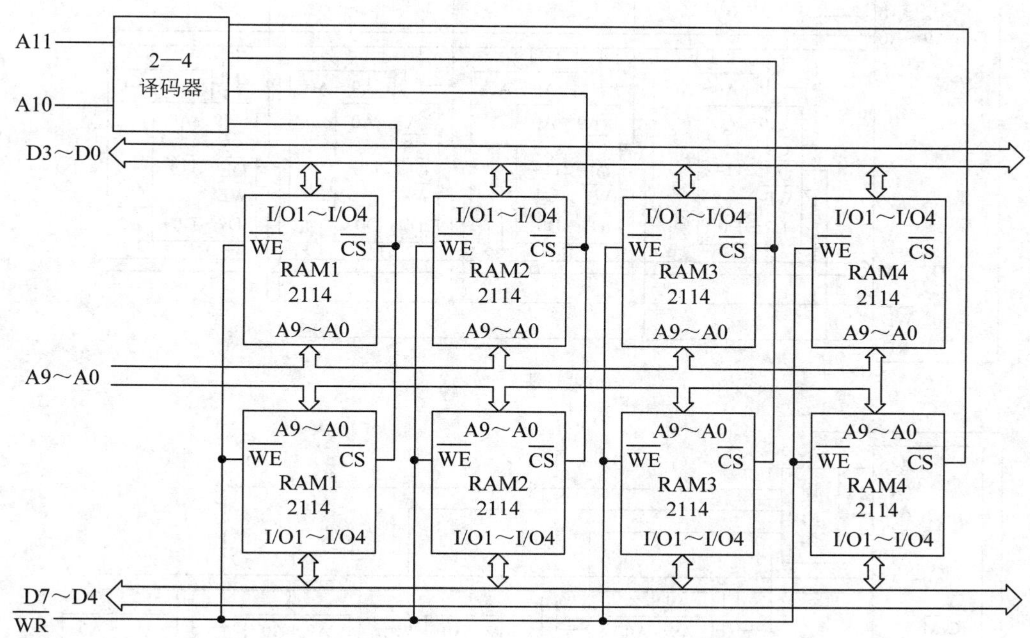

图 4.12　字、位扩展应用举例示意图

综上所述，存储器容量的扩展可以分为以下三步：

(1) 选择合适的芯片，确定所需芯片数。

假设一个存储器容量为 M × N bit，所用的芯片规格是 L × K bit。组成这个存储器模块共需(M × N)/(L × K) = (M/L) × (N/K)片存储芯片。例如用容量为 64 K × 4 bit 的芯片组成容量为 512K × 32bit 的存储器模块，则需要(512K/64K) × (32bit/4bit) = 8 × 8 = 64 片。

(2) 根据要求将 N/K 片芯片多片并联进行位扩展，设计出满足字长要求的存储模块。

(3) 再对存储模块 M/l 组进行字扩展，构成符合要求的存储器。

【例 4-4】 存储器字、位同时扩展。

如果需要采用 DRAM 芯片 2114 来扩充成为 4 K × 8 bit 容量的 DRAM，显然存在两个问题，第一，存储单元不够，即每片 2114 只有 1 K 个存储单元，4 片 2114 才能达到 4 K 个存储单元，所以归结为字扩展问题，需要在地址总线连接上产生不同的片选信号；第二，每片 2114 的存储单元只有 4 位，需要 2 片 2114 并联才能达到 8 位，所以还有位扩展的问题。因此，此时采用 8 片 2114 芯片分成 4 组，每一组由 2 片 2114 并联，即可解决问题。对于地址总线，同一组内地址总线和片选信号一样；每一组的 11 根地址线一样，只有片选信号不一样。对于数据总线，每一组内部的 2 片 2114 的数据线分别连接到 8 位地址线上，连接方法如图 4.13(a)～4.13(c)所示，分别采用了线选法、部分译码法和全译码法。

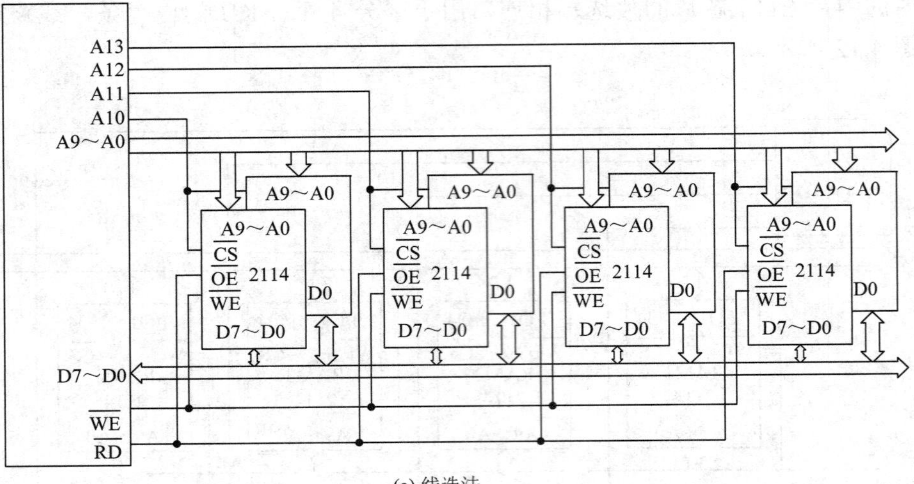

(a) 线选法

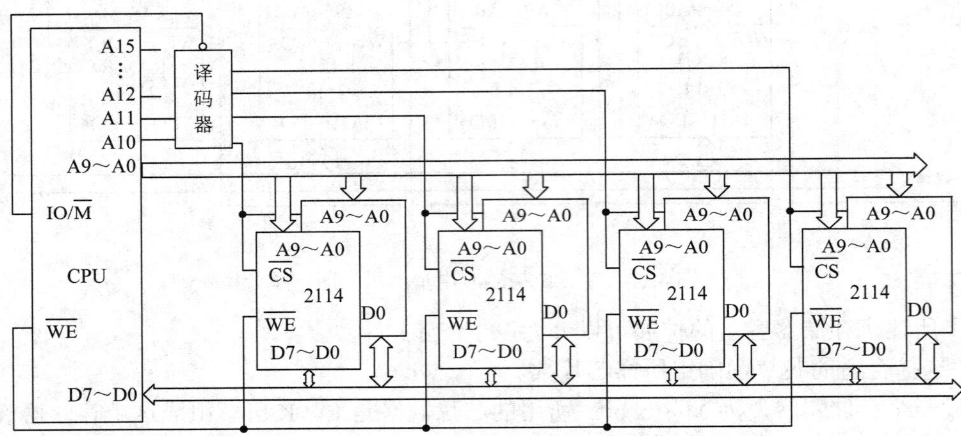

(b) 部分译码法

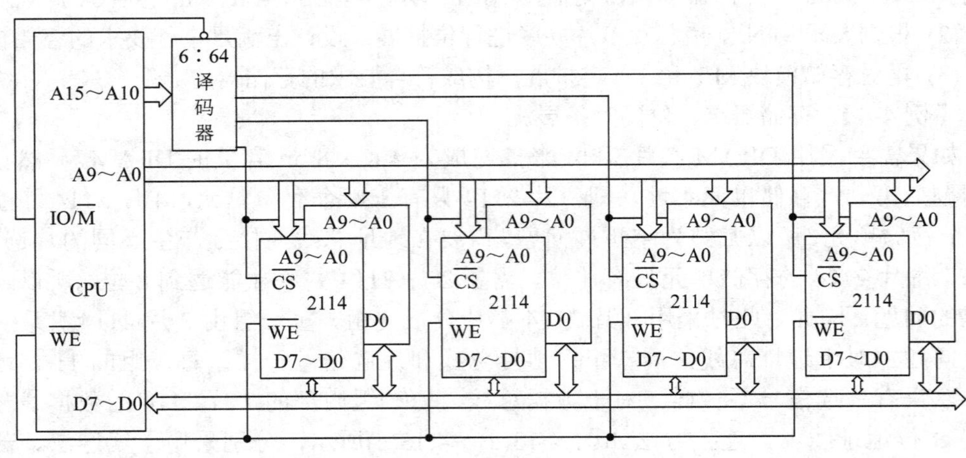

(c) 全译码法

图 4.13　在三种片选信号方式下用 8 片 2114 扩展为 4K 字节存储器

【例 4-5】 存储器系统扩展综合实例。

设有若干片容量为 256 K × 8 bit 的 SRAM 芯片：

(1) 采用位扩展方法构成容量为256 K × 32 bit的存储器需要多少片SRAM芯片？进行片内寻址需要多少根地址线？

(2) 采用字扩展方法构成容量为 2048 K × 32 bit 的存储器需要多少组容量为 256 K × 32 bit 的存储器芯片？需要多少根地址线用于片间寻址？

(3) 画出该容量为 2048 K × 32 bit 的存储器与 CPU 连接的结构图，设 CPU 的接口信号有地址信号、数据信号、控制信号 $\overline{\text{MREQ}}$ 和 R/$\overline{\text{W}}$。

解 (1) 采用位扩展法构成容量为 256 K × 32 bit 的存储器需要 32/8 = 4 片 SRAM 芯片；因为 2^{18} = 256 K，进行片内寻址需要 18 根地址线，用 CPU 的地址总线 A19～A2 进行片内寻址。

(2) 采用字扩展法构成容量为2048 K × 32 bit的存储器需要2048/256 = 8组容量为256 K × 32 bit 的存储器芯片；因为 2^{21} = 2048 K，所以容量为 2048 K × 32 bit 的存储器总共需要 21 根地址线，再减去 18 根片内寻址地址线，即用 3 根 CPU 的地址总线 A22～A20 进行片间寻址。

(3) 用 $\overline{\text{MREQ}}$ 作为译码器芯片的输出允许信号，译码器的输出作为存储器芯片的选择信号，R/$\overline{\text{W}}$ 作为读/写控制信号，CPU 访存的地址为 A22～A2。该容量为 2048 K × 32 bit 的存储器与 CPU 的连接示意图如图 4.14 所示。

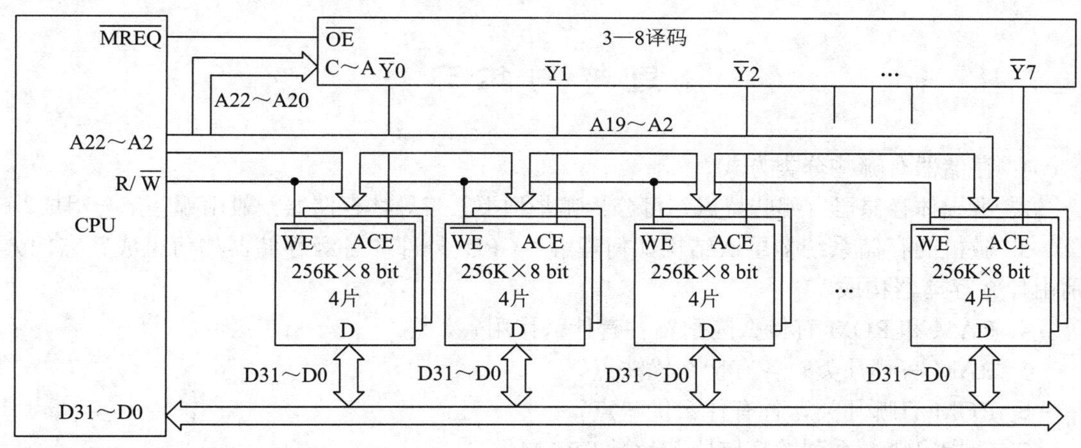

图 4.14 用容量为 256 K × 8 bit 的芯片构成容量为 2048 K × 32 bit 的存储器

本 章 小 结

(1) 微机的存储器系统具有多层次结构，可以分为 4 级：CPU 内部寄存器、高速缓冲存储器、内存和辅存。它们的存储容量递增、存取速度递减、价格也在递减。

(2) Cache 和内存属于半导体存储器，前者多用 SRAM 组成，后者多用 DRAM 组成。

(3) 从不同的角度划分，存储器有不同的分类方法。对于半导体存储器，分为 ROM 和 RAM 两类，其中 ROM 包括掩模 ROM、PROM、EPROM 和 EEPROM 等，RAM 分为 SRAM

和 DRAM。

RAM 的内容可以根据需要进行读出或写入，主要用来存放各种现场的输入/输出数据，中间计算结果，以及与外部存储器交换信息和作堆栈用。SRAM 集成度低，但速度快，用于 Cache；DRAM 恰好相反，常用作内存条。

DRAM 依靠寄生电荷存储信息，需要定时刷新存储单元的内容。

(4) ROM 的内容只能读出，而不能被操作者修改或删除，故一般用于存放固定的程序，如监控程序、汇编程序等，以及存放各种表格。

(5) 存储器芯片和 CPU 的连接可采用数据总线、地址总线和控制总线几种方式，它们都要正确地连接。

(6) 存储器芯片从最低位地址线 A0 开始，依次与 CPU 的各地址线对应连接即可。片选信号的产生方法有三种，即线选法、部分译码法和全译码法。

(7) 当 CPU 的数据线和存储器的数据总线数量相同时，所有存储器芯片的数据总线对应连接到 CPU 的数据总线上。如果存储器芯片的数据总线位数少于 CPU 的数据总线位数，则采用并联方式进行位扩充。几片并联的存储器芯片在位扩充时连接相同的地址总线和片选信号。存储单元不够时，还需要进行字扩充。

(8) 存储器芯片和控制总线的连接相对简单，通常控制线 $\overline{\text{OE}}$ 与 CPU 的读信号 $\overline{\text{RD}}$ 相连，$\overline{\text{WE}}$ 连接 CPU 的写信号 $\overline{\text{WR}}$；部分 EEPROM 的 RDY/$\overline{\text{BUSY}}$ 信号接到 CPU 的中断申请输入端 INTR，作为中断申请使用。

思考与练习

1. 存储器有哪些分类方式？
2. 半导体存储器有哪些特点？可分为哪些种类？半导体存储器一般由哪些部分组成？
3. 微机的存储系统多层次结构如何理解？CPU 外部的各级存储器如何组成？它们分别由什么存储器构成？
4. RAM 和 ROM 有什么区别？各有什么作用？
5. RAM 有哪几类？各有什么优缺点？
6. ROM 有哪几类？各有什么优缺点？
7. 请指出哪一系列的存储器芯片是 SRAM。
8. 请指出哪一系列的存储器芯片是 DRAM。
9. 请指出哪一系列的存储器芯片是 EPROM。
10. 请指出哪一系列的存储器芯片是 EEPROM。
11. 存储器芯片如何与 CPU 连接？
12. 简述内存条的发展及现状。
13. 存储器的片选信号如何连接？有哪几种产生方式？各有什么特点？
14. 什么是存储器的字扩展和位扩展？
15. 用 2164A 如何得到 1 MB 的存储空间？
16. 2164A 为什么需要刷新？如何实现动态刷新？

17. 计算机为什么要采用 Cache？

18. 设有 32 片容量为 256 K × 1 bit 的 SRAM 芯片。

(1) 只采用位扩展方法可构成多大容量的存储器？

(2) 如果采用 32 位的字编址方式，则该存储器需要多少地址线？

19. 设有若干片容量为 4 K × 1 bit 的 SRAM 芯片，设计一个总容量为 64KB 的 16 位存储器：

(1) 需要多少片容量为 4 K × 1 bit 的 SRAM 芯片？

(2) 画出该存储器与 CPU 连接的结构图，设 CPU 的接口信号有地址信号、数据信号、控制信号 $\overline{\text{MREQ}}$、R/$\overline{\text{W}}$ 和片选信号 $\overline{\text{CS}}$。

20. 设有若干片容量为 256KB 的 SRAM 芯片，构成容量为 2048KB 的存储器：

(1) 需要多少片容量为 256KB 的 SRAM 芯片？

(2) 构成容量为 2048KB 的存储器需要多少地址线？

(3) 画出该存储器与 CPU 连接的结构图，设 CPU 的接口信号有地址信号、数据信号、控制信号 $\overline{\text{MREQ}}$、R/$\overline{\text{W}}$ 和片选信号 $\overline{\text{CS}}$。

21. 用容量为 4 M × 8 bit 的存储器芯片构成一个容量为 64 M × 16 bit 的主存储器。

(1) 画出该存储器与 CPU 连接的结构图，设 CPU 的接口信号有地址信号、数据信号、控制信号 $\overline{\text{MREQ}}$、R/$\overline{\text{W}}$ 和片选信号 $\overline{\text{CS}}$。

(2) 计算需要多少片容量为 4 M × 8 bit 的存储器芯片。

(3) 存储器芯片的片内地址长度是多少位？在图中标明主存储器地址线和数据线各需要多少位。

(4) 画出用存储器芯片构成主存储器的完整逻辑示意图。

第 5 章　I/O 接口与中断技术

5.1　I/O 接口的基本概念

5.1.1　I/O 接口的功能

主机与外界交换信息称为输入/输出(I/O)，它是通过 I/O 设备(外设)进行的。一般的 I/O 设备都是机械或机电相结合的产物，比如键盘、显示器、打印机、扫描仪、磁盘机、鼠标器等常规外设，它们相对于高速的微处理器(CPU)来说，速度要慢得多。此外，不同外设的信号形式、数据格式也各不相同。因此，外设不能与 CPU 直接相连，需要通过相应的电路来完成它们之间的速度匹配、信号转换，并实现某些控制功能。通常把介于主机(CPU)和外设之间的一种缓冲电路称为 I/O 接口电路，简称 I/O 接口(Interface)。

I/O 接口电路的作用就是将来自外设的数据信号传送给 CPU，CPU 对数据进行适当加工，再通过 I/O 接口传回外设，如图 5.1 所示。所以，I/O 接口的基本功能就是对数据传送实现控制，具体包括以下五种功能：地址译码、数据缓冲、信息转换、提供命令译码和状态信息以及定时和控制。对于主机，I/O 接口提供了外设的工作状态及数据；对于外设，I/O 接口存储了主机送给外设的一切命令和数据，从而使主机与外设之间协调一致地工作。

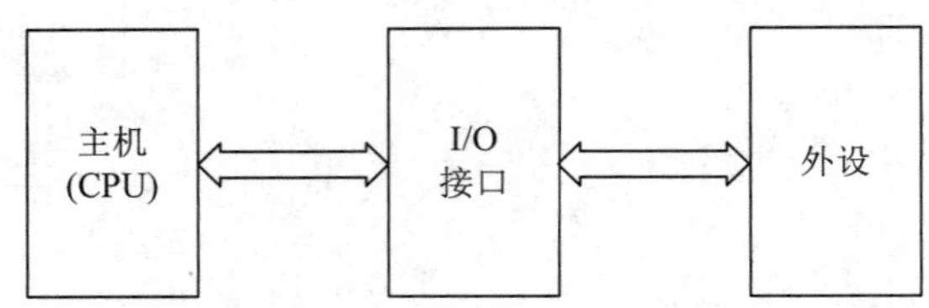

图 5.1　主机与外设的连接

对于微型计算机来说，设计 CPU 时，并不设计它与外设之间的接口部分，而是将 I/O 设备的接口电路设计成相对独立的部件，通过它们将各种类型的外设与 CPU 连接起来，从而构成完整的微型计算机硬件系统。

一台微型计算机的 I/O 系统应该包括 I/O 接口、I/O 设备及相关的控制软件。一个微型计算机系统的综合处理能力，系统的可靠性、兼容性、性价比，甚至在某个场合能否使用都和 I/O 系统有着密切的关系。I/O 系统是微型计算机系统的重要组成部分之一，任何一台高性能的微型计算机，如果没有高质量的 I/O 系统与之配合工作，微型计算机的高性能便无法发挥出来。

5.1.2　CPU 与外设的信息交换类型

CPU 与外设之间交换的信息可分为数据信息、状态信息和控制信息三类。

1. 数据信息

数据信息分为数字量、模拟量和开关量三种形式。

1) 数字量

数字量是计算机可以直接发送、接收和处理的数据。例如，由键盘、显示器、打印机及磁盘等外设与 CPU 交换的信息，它们是以二进制形式表示的数或以 ASCII 码表示的数符。

2) 模拟量

当计算机应用于控制系统中时，输入的信息一般为来自现场连续变化的物理量，如温度、压力、流量、位移、湿度等。这些物理量通过传感器并经放大处理得到模拟电压或电流，这些模拟量必须经过模拟量向数字量的转换(A/D 转换)后才能输入计算机。反过来，计算机输出的控制信号都是数字量，也必须经过数字量向模拟量的转换(D/A 转换)把数字量转换成模拟量才能控制现场。

3) 开关量

开关量可表示两个状态，如开关的断开和闭合、机器的运转与停止、阀门的打开与关闭等。这些开关量通常要经过相应的电平转换才能与计算机连接。开关量只要用一位二进制数即可表示。

2. 状态信息

状态信息作为 CPU 与外设之间交换数据时的联络信息，反映了当前外设所处的工作状态，它由外设通过 I/O 接口送往 CPU。CPU 通过对外设状态信号的读取，可得知输入设备的数据是否准备好，输出设备是否空闲等情况。对于输入设备，一般用准备好(READY)信号的电平高低来表示待输入的数据是否准备就绪；对于输出设备，则用忙(BUSY)信号的电平高低来表示输出设备是否处于空闲状态，如为空闲状态，则可接收 CPU 输出的信息，否则 CPU 要暂停送数。因此，状态信息能够保障 CPU 与外设正确地进行数据交换。

3. 控制信息

控制信息由 CPU 通过 I/O 接口传送给外设。CPU 通过发送控制信息来设置外设(包括 I/O 接口)的工作模式，控制外设的工作。例如，外设的启动信号和停止信号就是常见的控制信息。实际上，控制信息的含义往往随着外设的具体工作原理不同而不同。

虽然数据信息、状态信息和控制信息的含义各不相同，但在微型计算机系统中，CPU 通过 I/O 接口和外设交换信息时，只能用输入指令(IN)和输出指令(OUT)传送数据，所以状态信息、控制信息也是被作为数据信息来传送的，即把状态信息作为一种输入数据，而把控制信息作为一种输出数据，这样，状态信息和控制信息也能通过数据总线来传送。在 I/O 接口中，这三种信息分别存放在不同的寄存器中。

5.1.3　I/O 接口的基本结构

CPU 与 I/O 设备之间主要有数据、状态和控制信息需要相互交换，从应用角度看，I/O

接口内部包含数据寄存器、状态寄存器和控制寄存器。

数据寄存器用于保存 I/O 设备与 CPU 之间传递的数据；状态寄存器用于保存 I/O 设备或接口电路的状态；控制寄存器用于保存 CPU 发给 I/O 设备或接口电路的命令。这三个寄存器组合在一起，可实现一种 I/O 接口工作状态。

如图 5.2 所示，I/O 接口分成两侧信号。面向 CPU 一侧的信号用于与 CPU 连接，主要是数据、地址和控制信号；面向 I/O 设备一侧的信号用于与外设连接，提供的信号种类很多，其功能定义、时序及有效电平等差异较大。

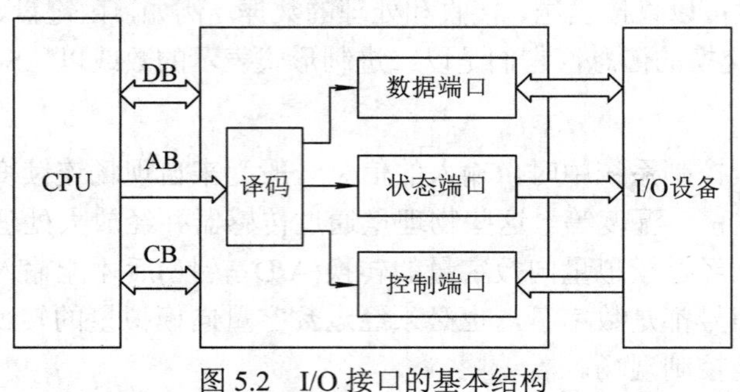

图 5.2　I/O 接口的基本结构

5.2　I/O 地址译码和 I/O 指令

5.2.1　I/O 端口的寻址方式

外设与 CPU 进行的信息交换必须通过访问该外设相对应的端口来实现。寻找这些外设端口的过程叫作寻址。

通常有两种寻址方式：存储器映像 I/O 寻址方式和 I/O 端口独立寻址方式。

1. 存储器映像 I/O 寻址方式

存储器映像 I/O 寻址方式是将 I/O 端口地址与存储器地址统一分配，即把一个外设端口作为存储器的一个单元来对待，占用存储器的一个地址。CPU 没有专门的 I/O 指令，当 CPU 与外设进行一次 I/O 操作时，相当于进行一次存储器的读/写操作。

存储器映像 I/O 寻址方式具有以下优点：

(1) 端口寻址手段丰富，且不需要专门的 I/O 指令。

(2) I/O 寄存器数目(或外设数目)仅受总存储容量的限制。

(3) 读/写控制逻辑比较简单。

存储器映像 I/O 寻址方式具有以下缺点：

(1) I/O 端口要占用存储器的一部分地址空间，从而减少了可用的内存空间。

(2) 用访问内存的指令来访问外设，延长了指令执行的时间。

采用统一编址方式后，CPU 对 I/O 端口的输入/输出操作与对存储单元的读/写操作一样，所有访问内存的指令同样都可用于访问 I/O 端口，因此无需专门的 I/O 指令，从而简化了指令系统的设计；同时，存储器的各种寻址方式也同样适用于对 I/O 端口的访问，给使用者提供了很大的方便。由于 I/O 端口占用了一部分存储器地址空间，因而相对减少了内存的地址可用范围。

2. I/O 端口独立寻址方式

I/O 端口独立寻址方式中建立了两个地址空间，一个为内存地址空间，一个为 I/O 地址空间。内存地址空间和 I/O 地址空间是相对独立的，通过控制总线来确定 CPU 到底要访问内存还是 I/O 端口。为确保控制总线发出正确的信号，除了要有访问内存的指令外，系统还要提供用于 CPU 与 I/O 端口之间进行数据传送的 I/O 指令。

80X86 CPU 组成的微机系统都采用独立编址方式。在 8086/8088 系统中，共有 20 根地址线对内存寻址，内存的地址范围是 00000H～FFFFFH，因用地址总线的低 16 位对 I/O 端口寻址，所以 I/O 端口的地址范围是 0000H～FFFFH，CPU 在访问内存和外设时，使用了不同的控制信号来加以区分。例如，当 8086 CPU 的 M/$\overline{\text{IO}}$ 信号为 1 时，表示地址总线上的地址是一个内存地址；当 M/$\overline{\text{IO}}$ 信号为 0 时，则表示地址总线上的地址是一个端口地址。

采用独立寻址方式后，存储器地址空间不受 I/O 端口地址空间的影响，专用的 I/O 指令与访问存储器指令有明显区别，便于理解和检查。但是，专用的 I/O 指令增加了指令系统的复杂性，且 I/O 指令类型少，程序设计灵活性较差；此外，还要求 CPU 提供专门的控制信号以区分对存储器和 I/O 端口的操作，增加了控制逻辑的复杂性。

5.2.2　I/O 接口的端口地址译码

微机系统常用的 I/O 接口电路一般都被设计成通用的 I/O 接口芯片，一个 I/O 接口芯片内部可以有若干可寻址的端口。因此，所有 I/O 接口芯片都有片选信号线和用于片内端口寻址的地址线。例如，某 I/O 接口芯片内有 4 个端口地址，则该芯片外就会有 2 根地址线。

I/O 接口的端口地址译码方法有多种，一般的原则是把 CPU 用于 I/O 端口寻址的地址线分为高位地址线和低位地址线两部分，将低位地址线直接连到 I/O 接口芯片的相应地址引脚，实现片内寻址，即选中片内的端口；将高位地址线与 CPU 的控制信号组合，经地址译码电路产生 I/O 接口芯片的片选信号。

5.2.3　I/O 指令

1. 输入指令“IN Acc，port”或“IN Acc，DX”

输入指令是把一个字节或一个字由输入端口传送至 AL(8 位 Acc)或 AX(16 位 Acc)。端口地址若由指令中的 port 所规定，则只可寻址 0～255；端口地址若用寄存器 DX 间址，则允许寻址 64K 个输入端口。

2. 输出指令“OUT port，Acc”或“OUT DX，Acc”

输出指令是把在 AL 中的一个字节或在 AX 中的一个字传送至输出端口，其端口寻址方式与输入指令的相同。

I/O 指令传送的是字节还是字，取决于端口的宽度。PC XT 机端口宽度只有 8 位，只能传送字节。

5.3　CPU 与外设进行数据传送的方式

CPU 与外设之间的信息传送实际上是 CPU 与 I/O 接口之间的信息传送。随着计算机技术的飞速发展，计算机系统中 I/O 设备的种类越来越多，速度差异越来越大，对这些设备的控制也变得越来越复杂，在 CPU 与外设进行信息(如数据信息、状态信息和控制信息)传送时，必须采用多种输入/输出控制方式，才能满足各类外设的要求，以保证高效、可靠地传送信息。在现代微型计算机中，采用的传送方式主要有无条件传送方式、查询传送方式、中断传送方式和直接存储器存取(DMA 传送)方式。

5.3.1　无条件传送方式

微机系统中的一些简单外设，如开关、继电器、数码管、发光二极管等，在它们工作时，可以认为输入设备已随时准备好向 CPU 提供数据，而输出设备也随时准备好接收 CPU 送来的数据，这样，在 CPU 需要同外设交换信息时，就能够用 IN 或 OUT 指令直接对这些外设进行输入/输出操作。由于在这种方式下 CPU 对外设进行输入/输出操作时无需考虑外设的状态，故称之为无条件传送方式。

对于简单外设，若采用无条件传送方式，其 I/O 接口电路很简单。

将简单外设作为输入设备时，输入数据的保持时间相对于 CPU 的处理时间要长得多，所以可直接使用三态缓冲器和数据总线相连，如图 5.3(a)所示。当执行输入的指令时，读信号 $\overline{RD}$ 有效，选择信号 $M/\overline{IO}$ 处于低电平，因而三态缓冲器被选通，使其中早已准备好的输入数据送到数据总线上，再到达 CPU。所以要求 CPU 在执行输入指令时，外设的数据是准备好的，即数据已经存入三态缓冲器中。

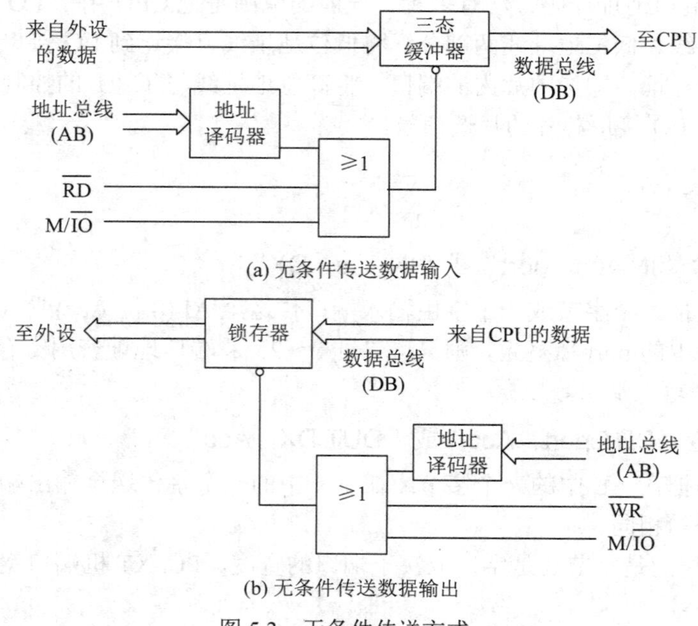

(a) 无条件传送数据输入

(b) 无条件传送数据输出

图 5.3　无条件传送方式

将简单外设作为输出设备时，由于外设取数的速度比较慢，要求 CPU 送出的数据在接口电路的输出端保持一段时间，因而一般都需要锁存器，如图 5.3(b)所示。CPU 执行输出指令时，M/$\overline{\text{IO}}$ 和 $\overline{\text{WR}}$ 信号有效，于是 I/O 接口中的输出锁存器被选中，CPU 输出的信息经过数据总线送入输出锁存器中，输出锁存器保持这个数据，直到被外设取走。

无条件传送方式下，程序设计和 I/O 接口电路都很简单，但是为了保证每一次数据传送时外设都能处于就绪状态，传送不能太频繁。对少量的数据传送来说，无条件传送方式是最经济实用的一种传送方式。

5.3.2　查询传送方式

查询传送也称为条件传送，是指 CPU 在执行输入指令(IN)或输出指令(OUT)前，要先查询相应设备的状态，当输入设备处于准备好状态，输出设备处于空闲状态时，CPU 才执行 I/O 指令与外设交换信息。为此，I/O 接口电路中既要有数据端口，也要有状态端口。

查询传送方式的流程图如图 5.4 所示。从图中可以看出，采用查询方式完成一次数据传送要经历如下过程：

(1) CPU 从 I/O 接口中读取状态字。

(2) CPU 检测相应的状态位是否满足“就绪”条件。

(3) 如果不满足，则重复(1)、(2)步骤；若外设已处于“就绪”状态，则传送数据。

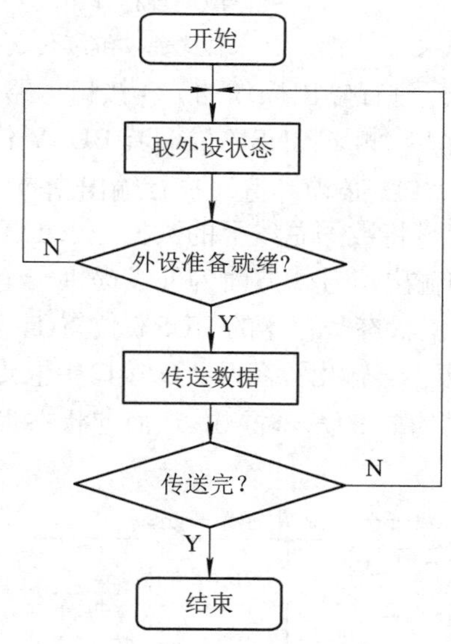

图 5.4　查询传送方式的流程图

图 5.5 是采用查询传送方式进行输入操作的 I/O 接口电路。输入设备在数据准备好之后向 I/O 接口发选通信号，此信号有两个作用：一方面将外设中的数据送到 I/O 接口的锁存器中；另一方面使 I/O 接口中的一个 D 触发器输出 1，从而使三态缓冲器的 READY 位置 1。CPU 输入数据前先用输入指令读取状态字，测试 READY 位，若 READY 位为 1，则说明数据已准备就绪，再执行输入指令读入数据。由于在读入数据时 $\overline{\text{RD}}$ 信号已将状态位 READY 清零，因此可以开始下一个数据输入过程。

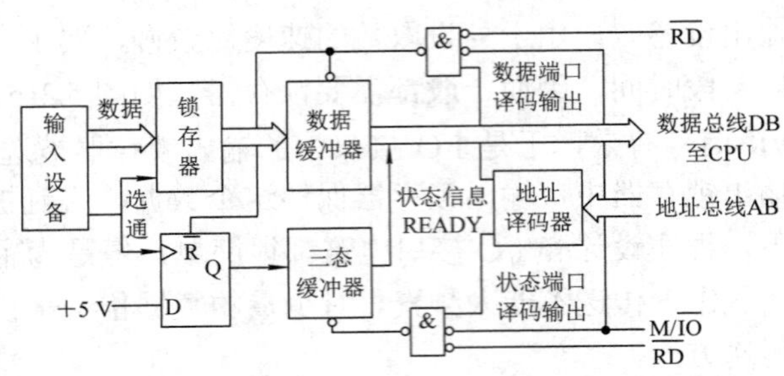

图 5.5　查询传送方式进行输入的 I/O 接口电路

设 I/O 接口电路中数据端口的地址为 DATA，状态端口的地址为 STATUS，传送的数据字节数为 N，则查询数据输入的程序如下：

```
        MOV  SI，0          ；地址指针初始化为 0
        MOV  CX，N          ；传送的字节数送 CX
CHECK:  IN   AL，STATUS     ；读状态端口的信息
        TEST AL，80H        ；设 READY 信息在 D7 位，检查是否准备就绪
        JZ   CHECK          ；数据未准备好，READY = 0，则循环
        IN   AL，DATA       ；数据准备好，则从数据端口读数据
        MOV  [SI]，AL       ；保存数据
        INC  SI             ；修改地址指针
        LOOP CHECK          ；未传送完，继续传送；传送完成，则向下执行
```

图 5.6 是采用查询传送方式进行输出操作的 I/O 接口电路。CPU 输出数据时，先用输入指令读取 I/O 接口中的状态字，测试 BUSY 位，若 BUSY 位为 0，则表明外设空闲，此时 CPU 执行输出指令，否则 CPU 必须等待。执行输出指令时由端口选择信号、M/$\overline{\text{IO}}$ 信号和写信号共同产生的选通信号将数据总线上的数据送入 I/O 接口中的数据锁存器，同时将 D 触发器置 1。D 触发器的输出信号一方面为外设提供一个联络信号，通知外设将锁存器锁存的数据取走；另一方面使状态寄存器的 BUSY 位置 1，告诉 CPU 当前外设处于忙状态，从而阻止 CPU 输出新的数据。输出设备从 I/O 接口中取走数据后，会发送一个回答信号 $\overline{\text{ACK}}$，该信号使 I/O 接口中的 D 触发器置 0，从而使状态寄存器中的 BUSY 位清零，以便开始下一个数据输出过程。

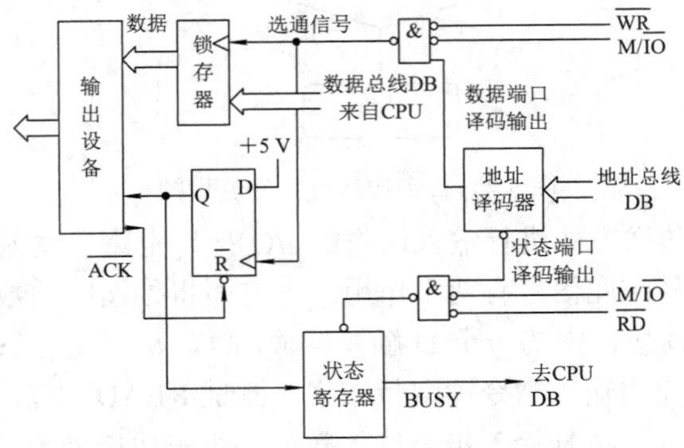

图 5.6　查询传送方式进行输出的 I/O 接口电路

设 I/O 接口电路中状态端口的地址为 STATUS，数据端口的地址为 DATA，则 CPU 将内存 STORE 单元的内容送至输出设备的程序如下：

```
CHECK：IN   AL，STATUS        ；读状态端口的信息
       TEST AL，01H           ；设 BUSY 信息在 D0 位，检查设备是否空闲
       JNZ  CHECK             ；设备忙，BUSY=1，则循环
       MOV  AL，STORE         ；设备空闲，则从内存读数据
       OUT  DATA，AL          ；数据输出到 DATA 端口
```

查询传送方式的主要优点是能保证主机与外设之间协调同步地工作，且硬件线路比较简单，程序也容易实现。但是，在这种方式下，CPU 花费了很多时间查询外设是否准备就绪，在这段时间里 CPU 不能进行其他的操作；此外，在实时控制系统中，若采用查询传送方式，则因一个外设的输入/输出操作未处理完毕就不能处理下一个外设的输入/输出而无法达到实时处理的要求。因此，查询传送方式有两个突出的缺点：浪费 CPU 时间，实时性差。综上可知，查询传送方式适用于数据输入/输出不太频繁且外设较少、对实时性要求不高的场合。

不论是无条件传送方式还是查询传送方式，都不能发现和处理预先无法估计的错误和异常情况。为了提高 CPU 的效率，增强系统的实时性，并且能对随机出现的各种异常情况作出及时反应，通常采用中断传送方式。

5.3.3　中断传送方式

中断传送方式是指当外设需要与 CPU 进行信息交换时，由外设向 CPU 发出请求信号，使 CPU 暂停正在执行的程序，转去执行数据的输入/输出操作，数据传送结束后，CPU 再继续执行被暂停的程序。

查询传送方式是由 CPU 来查询外设的状态，CPU 处于主动地位，而外设处于被动地位。中断传送方式则是由外设主动向 CPU 发出请求，等候 CPU 处理，在没有发出请求时，CPU 和外设都可以独立进行各自的工作。目前的 CPU 都具有中断功能，而且已经不仅仅局限于数据的输入/输出，而是在更多的方面有重要的应用，例如实时控制、故障处理以及 BIOS 和 DOS 功能调用等。

中断传送方式的优点是：CPU 不必查询等待，工作效率高，CPU 与外设可以并行工作；由于外设具有申请中断的主动权，故系统的实时性比查询传送方式要好得多。但采用中断传送方式的 I/O 接口电路相对复杂，而且每进行一次数据传送就要中断一次 CPU，CPU 每次响应中断后，都要转去执行中断处理程序，且都要进行断点和现场的保护和恢复，浪费了很多 CPU 的时间，故这种传送方式一般适合于少量的数据传送。对于大批量数据的输入/输出，可采用高速的直接存储器存取方式，即 DMA 传送方式。

5.3.4　直接存储器存取(DMA 传送)方式

DMA 传送方式是指在存储器和外设之间、存储器和存储器之间直接进行数据传送(如磁盘与内存间的数据交换、高速数据采集、内存和内存间的高速数据块传送等)。由于传送过程中无需 CPU 介入，因此传送时不必进行保护现场等一系列额外操作，传送速度基本

取决于存储器和外设的速度。采用 DMA 传送方式时，需要一个专用接口芯片 DMA 控制器(DMAC)对传送过程加以控制和管理。在进行 DMA 传送期间，CPU 放弃总线控制权，将系统总线交由 DMAC 控制，由 DMAC 发出地址及读/写信号来实现高速数据传送。传送结束后 DMAC 再将总线控制权交还给 CPU。一般 CPU 都设有用于 DMA 传送的联络线。DMA 系统的结构框图如图 5.7 所示。

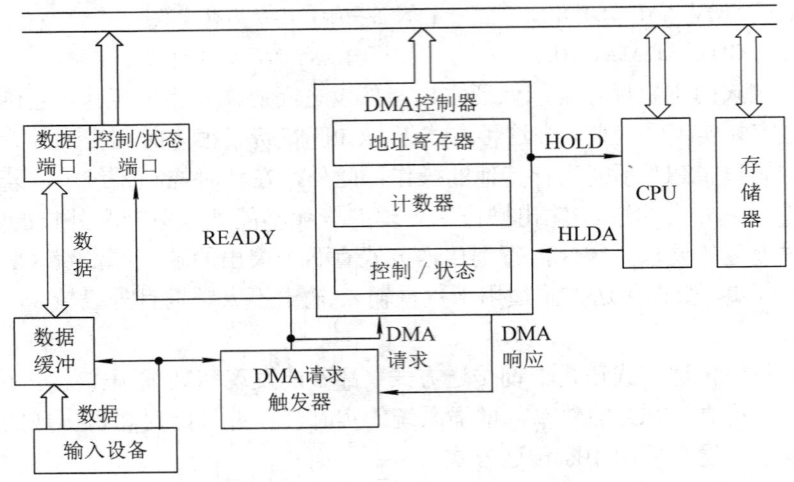

图 5.7　DMA 系统的结构框图

1. DMA 的工作方式

1) 单字节传送方式

在单字节传送方式下，DMAC 每次控制总线后只传送一个字节，传送完毕即释放总线控制权。这样，CPU 至少可以得到一个总线周期，并进行有关操作。

2) 成组传送方式(块传送方式)

在成组传送方式下，DMAC 每次控制总线后都连续传送一组数据，待所有数据全部传送完毕再释放总线控制权。显然，成组传送方式的数据传送率要比单字节传送方式的高。但是，成组传送期间 CPU 无法进行任何需要使用系统总线的操作。

3) 请求传送方式

在请求传送方式下，每传送完一个字节，DMAC 都要检测 I/O 接口发来的 DMA 请求信号是否有效，若有效，则继续进行 DMA 传送；否则就暂停传送，将总线控制权交还给 CPU，直至 DMA 请求信号再次变为有效，再从刚才暂停的那一处继续传送。

2. DMA 操作的基本过程

1) DMAC 的初始化

DMAC 的初始化主要完成以下几方面工作：

(1) 指定数据的传送方向，即指定外设对存储器是进行读操作还是写操作，这就要对控制/状态寄存器中的相应控制位置数。

(2) 指定地址寄存器的初值，即给出存储器中用于 DMA 传送的数据区的首地址。

(3) 指定计数器的初值，即明确有多少数据需要传送。

2) DMA 数据传送

DMA 数据传送(以数据输入为例)按以下步骤进行：

(1) 外设发出选通脉冲，把输入数据送入缓冲寄存器，并使 DMA 请求触发器置 1。

(2) DMA 请求触发器向控制/状态端口发出准备就绪信号，同时向 DMA 控制器发出 DMA 请求信号。

(3) DMA 控制器向 CPU 发出总线请求信号(HOLD)。

(4) CPU 在完成了现行机器周期后，即响应 DMA 请求，发出总线允许信号(HLDA)，并由 DMA 控制器发出 DMA 响应信号，使 DMA 请求触发器复位。此时，由 DMA 控制器接管系统总线。

(5) DMA 控制器发出存储器地址，并在数据总线上给出数据，随后在读/写控制信号线上发出写的命令。

(6) 来自外设的数据被写入相应存储单元。

(7) 每传送一个字节，DMA 控制器的地址寄存器加 1，从而得到下一个地址，字节计数器减 1。返回(5)，传送下一个数据。

如此循环，直到计数器的值为 0，数据传送完毕。

3) DMA 结束

DMA 传送完毕，由 DMAC 撤销总线请求信号，从而结束 DMA 操作。CPU 撤销总线允许信号，恢复对总线的控制。

前面介绍的传送方式各有利弊，在实际使用时，要根据具体情况选择既能满足要求，又尽可能简单的方式。

5.4　8086/8088 CPU 中断系统

使用计算机的过程中经常会遇到这样的状况：工程师在使用微型计算机设计电路的同时打开浏览器进行信息检索。此时 CPU 在维持软件正常工作的同时又能响应键盘的命令并且连接外网进行信息检索，这依赖于 CPU 中断技术。本节将系统介绍 8086/8088 CPU 的中断控制功能。

5.4.1　中断概述

CPU 执行程序时，由于发生了某种随机的事件(外部或内部)，引起 CPU 暂时中断正在运行的程序，转去执行一段特殊的服务程序(称为中断服务程序或中断处理程序)，以处理该事件，处理完该事件后又返回被中断的程序继续执行，这一过程称为中断。

早期的 CPU 处理外设的事件(比如接收键盘输入)，往往采用“轮询”的方式，即 CPU 对外设顺序访问，比如它先查看键盘是否被按下，若被按下，则加以处理，否则将继续查看鼠标有没有移动，接下来查看打印机，等等。这种方式使 CPU 的执行效率很低，且 CPU 与外设不能同时工作。

在中断模式下，CPU 不主动访问这些设备，仅处理自己的任务。如果有设备要与 CPU

联系，或需要 CPU 处理一些事件，则系统会给 CPU 发送一个中断请求信号。这时 CPU 就会中断正在进行的工作而去处理该外设的请求。处理完中断事件后，CPU 返回被中断的程序并继续执行。

中断模式可以使 CPU 和外设同时工作，从而使系统可以及时响应外部事件，也可以使多个外设同时工作，这样既大大提高了 CPU 的利用率，又提高了数据的输入/输出速度。

5.4.2　中断源

8086 CPU 的外部中断源即引起 CPU 中断的原因或发出中断请求的来源。

1. 外部硬件中断

外部硬件中断是指中断源是外部硬电路，通过 CPU 的 NMI 引脚或 INTR 引脚向 CPU 提出中断请求。

- INTR：可屏蔽中断，受 CPU 内标志寄存器中 IF 位的屏蔽。
- NMI：非屏蔽中断，不受 IF 位的屏蔽，CPU 必须响应。

通过下面两组事件来说明可屏蔽中断和不可屏蔽中断。

以打印机为例，打印机中断为可屏蔽中断，CPU 对打印机中断请求的处理可以快也可以慢，因为打印机稍有延迟是可以接受的。

再以电源断电为例，电源断电为不可屏蔽中断，一旦出现此类中断，CPU 必须无条件立即执行，否则其他中断的执行是毫无意义的。

CPU 每执行完一条指令，就会检测 NMI 和 INTR 引脚上有无中断请求。

2. 内部异常中断

内部异常中断是指 CPU 内部正在执行的过程发生异常情况，如除法操作时结果太大(分母太小)。

3. 中断优先顺序

CPU 的中断优先顺序从高到低排列如下：

(1) 除法出错中断，溢出中断，INT n 等；

(2) NMI(非屏蔽中断)；

(3) INTR(可屏蔽中断)；

(4) 单步中断。

在微机系统中，外设的中断请求通过中断控制器 8259A 连接到 CPU 的 INTR 引脚，外设中断源的优先级别由 8259A 进行控制。

4. 中断类型码

中断类型码为 8 位二进制数，它是连接中断源和中断处理程序的唯一桥梁。80X86 可处理 256 级中断，中断类型码为 0～255，一部分由系统占用，一部分由用户支配。比如：除法错误(n = 0)、调试异常(n = 1)、NMI 中断(n = 2)、断点中断(n = 3)、溢出中断(n = 4)等。

5.4.3　中断向量

中断向量表：设置在系统 RAM 的最低端 00000H～003FFH 的 1 KB 内，表中共有 256

个中断类型码对应的向量值(256 × 4 = 1 K)。中断向量表(如表 5.1 所示)中各向量等长，且处理程序入口地址在向量表中按中断源的类型码排序。

表 5.1　中断向量表

字节	字节数	地址
低字节	1	IP
高字节	1	
低字节	1	CS
高字节	1	

中断向量：每个向量占用 4 个字节，前 2 个字节为中断服务程序入口地址的偏移地址 IP，后 2 个字节为服务程序的段基址 CS。

向量地址：中断向量 4 个单元的地址中的最小地址。

向量地址 = 向量表的首地址 + 中断类型码 × 4

下面讨论已知中断类型码 n 的情况下如何得到中断服务程序入口地址。

对于 8086 CPU，中断类型号有 256 个，中断向量表占用 256 × 4 = 1 KB，即存储区域为 00000H～003FFH。

注意：

(1) 向量表所在的段地址的首地址是 00000H。

(2) 存放子程序入口的单元的偏移地址是 n × 4。

在计算机启动时中断初始化程序，将用户自定义的中断服务程序入口地址放入向量表中。

【例 5-1】 某中断的中断类型号为 4，中断服务程序的入口地址为 3000H：2000H，则中断向量表如下：

00010H	00
00011H	20
00012H	00
00013H	30

因为中断类型号为 4，所以根据向量地址 = 向量表的首地址 + 中断类型码 × 4，可得

向量地址 = 00000H + 00004H × 4 = 00010H(存放 IP 2000H 的低 8 位 00H)

同理，00011H 存放 IP 2000H 的高 8 位 20H，00012H 存放 CS 3000H 的低 8 位 00H，00013H 存放 CS 3000H 的高 8 位 30H。

5.4.4　中断过程

一个微机系统的中断过程大致分为中断请求、中断响应和中断处理过程，如图 5.8 所示。这些步骤有的是通过硬件电路完成的，有的是通过程序员编写的程序来实现的。

1. 中断请求

要实现中断，要求中断源应能发出中断请求信号。由于中断请求是随机的，而大多数 CPU 都是在现行指令周期结束时才检测有无中断请求信号，因此系统中必须设置一个中断

请求触发器。当有中断请求时，该触发器相应位置 1，把中断请求信号锁存起来；当 CPU 响应这个中断请求后，该触发器相应位清零，为该设备下一次中断请求做好准备。

在实际系统中，为了对中断源的中断请求进行控制，可设一个中断屏蔽触发器，只有当该触发器相应位为 0 时，外设的中断请求才可能到达 CPU。

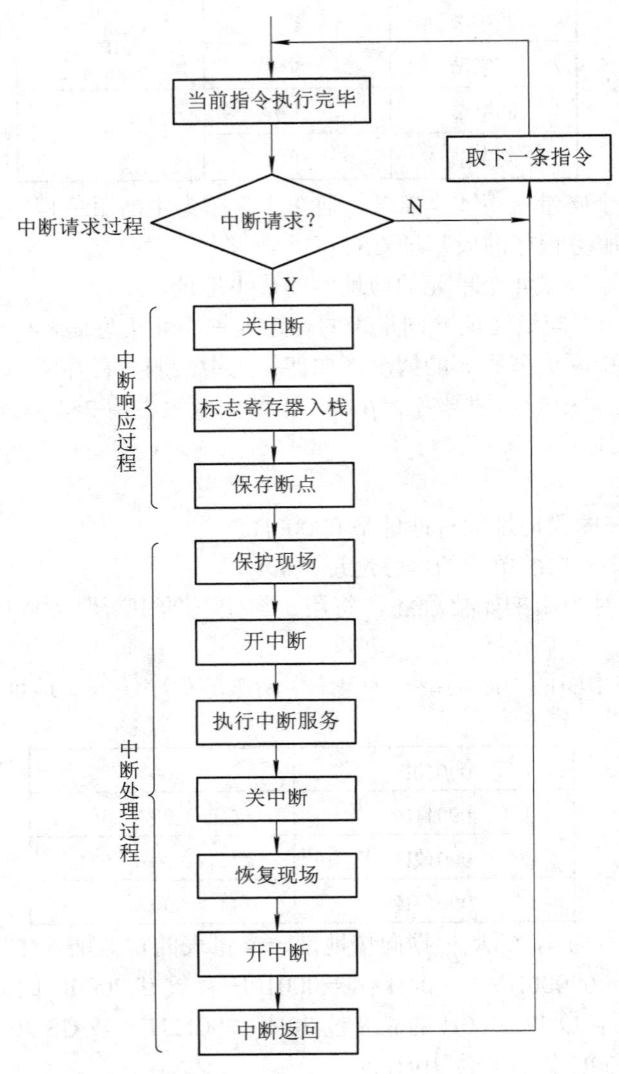

图 5.8　微机系统的中断过程

2. 中断响应

CPU 没有接到中断请求信号时一直执行原来的主程序。若为不可屏蔽中断请求，则 CPU 执行现行指令后，就立即响应中断。若为可屏蔽中断请求，则能否响应中断，尚需根据下列条件来判断：

(1) CPU 必须执行完一条指令；

(2) CPU 内部中断允许标志位 IF=1。

当上述条件同时满足时，CPU 响应中断，进入中断响应周期。它主要完成以下工作：

(1) 关中断。当 CPU 响应中断时，对外发出中断响应信号 INTA 的同时，内部自动由硬件实现关中断，以禁止接收其他的可屏蔽中断请求。

(2) 保护标志寄存器。由硬件自动将标志寄存器的内容压入堆栈，其余寄存器的保护由中断服务程序来实现。

(3) 保存断点。所谓断点，是指 CPU 响应中断，主程序停止执行时，下一条指令所在的地址。CPU 响应中断后，应将此地址存入堆栈中，以备处理完毕中断后能返回主程序继续执行，此过程是由内部自动实现的。

(4) 将中断服务程序入口地址送入 CS：IP，转入执行相应的中断处理程序。不同类型的 CPU 形成的中断服务程序的入口地址方式不同。小系统中的中断源较少，可采用固定入口地址的方法；当中断源较多时，通常采用向量表的方法，8086 微处理器即采用此方法。

3. 中断处理

中断处理过程一般包括以下几个操作：

(1) 保护现场。CPU 响应中断时自动完成标志寄存器、CS 和 IP 寄存器内容的保护，但主程序中使用的其他寄存器的内容是否需要保护由用户根据情况而定，可以用入栈指令 PUSH 将有关寄存器的内容送入堆栈保护。

(2) 开中断。CPU 接收并响应一个中断请求后自动关闭中断，其好处是不允许其他可屏蔽中断来打扰。但在某些情况下为了能实现中断嵌套，必须在中断服务程序中开中断。

当 CPU 响应某一中断请求并为其服务时，若有优先级更高的中断源发出中断请求，则要求 CPU 能打断正在执行的中断服务程序，响应更高级别的中断请求；在处理完高级别中断请求后，再返回被打断的中断服务程序继续执行，即实现中断嵌套，如图 5.9 所示。

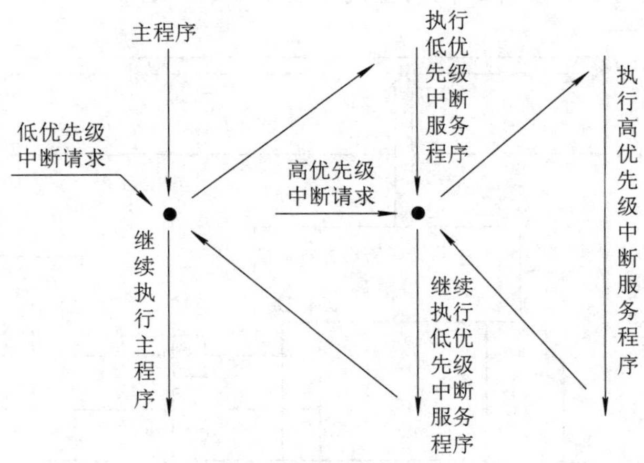

图 5.9　二级中断嵌套示意图

(3) 执行中断服务。CPU 通过执行中断服务程序，完成对中断情况的处理，如传送数据、处理掉电故障、处理各种错误等，这是中断服务程序的核心。

(4) 关中断，恢复现场。CPU 为外设服务完毕后，返回主程序前必须恢复现场，即把保存在堆栈中各寄存器的内容从堆栈中弹出，送回 CPU 中原有位置。恢复现场应在关中断前提下进行，因此，如果在保护现场后已进行开中断，则在恢复现场前应关中断。

(5) 开中断。在中断服务程序结束前要开中断，以便 CPU 一返回主程序就能立即响应新的中断请求。

(6) 中断返回。中断返回是由执行中断返回指令来完成的。通常情况下，中断服务程序的最后一条指令是 IRET。当 CPU 执行该指令时，自动将断点地址从堆栈中弹入 CS 和 IP 中，并把原来的标志寄存器内容弹回，这样就可以从断点处继续执行被中断的程序。

5.4.5 中断判优

当系统具有多个中断源时，由于中断产生的随机性，可能在某一时刻有两个以上中断源同时提出中断请求，而 CPU 往往只有一条中断请求线，并且任一时刻只能响应并处理一个中断，这就要求系统能识别出是哪些中断源发出了中断请求，并找出优先级最高的中断源给予响应，在处理完该优先级中断源的中断请求后，再响应级别较低的中断源的中断请求。中断判优就是要解决中断优先级排队问题。中断判优的方法分为软件判优和硬件判优两种。

1. 软件判优

软件判优是指由软件来安排各中断源的优先级别。软件判优需要相应硬件电路的支持，如图 5.10 所示。电路中，外设的中断请求号 IRQn 被锁存在中断请求寄存器中，并通过或非门后，送到 CPU 的 INTR 端。CPU 响应中断后进入中断处理程序，用软件读取中断请求寄存器的内容，逐位查询寄存器各位的状态，查到哪个中断源有请求就转到哪个中断源的中断服务程序。这里查询的次序就反映了各中断源优先级别的高低，先被查询的中断源优先级最高，后被查询的中断源优先级依次降低。软件判优流程图如图 5.11 所示。软件判优方法的硬件电路简单，优先级安排灵活，但判优用时较长，对于中断源较多的情况会影响中断响应的实时性。硬件判优则能较好地克服这一缺点。

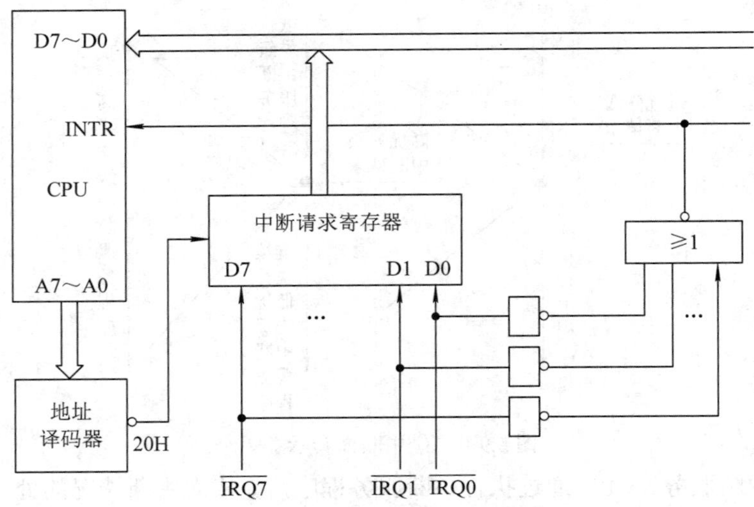

图 5.10　软件判优电路原理图

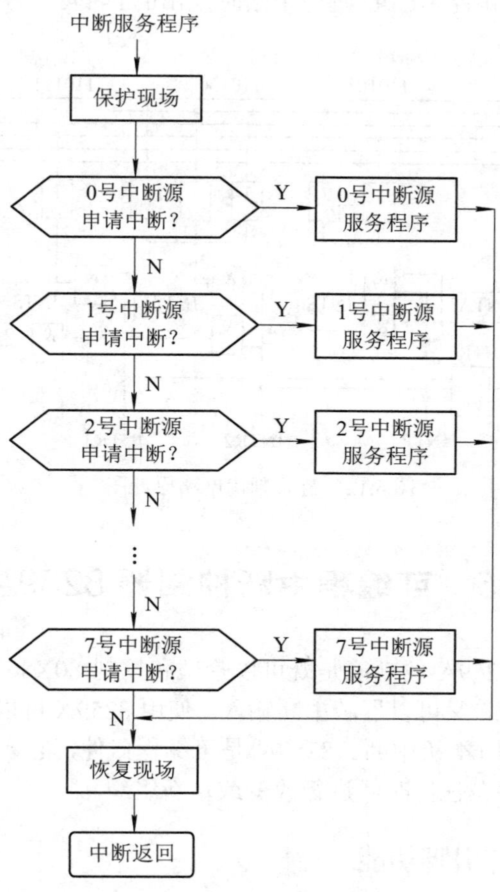

图 5.11 软件判优流程图

2. 硬件判优

硬件判优是指利用专用的硬件电路或中断控制器来安排各中断源的优先级别。硬件判优电路形式很多。下面介绍两种常用的硬件判优方法。

1) 中断向量法

中断向量法的核心思想是由不同的中断源提供不同的中断类型码来确定中断源。硬件电路中用一个优先级判别器来判断哪个中断请求的优先级最高，然后在 CPU 响应中断时把此中断源对应的中断类型码送给 CPU，CPU 即可根据中断类型码找到相应的中断服务程序入口，对此中断进行处理。与 8086/8088 CPU 配套的 8259A 芯片就是利用中断向量法来管理中断源的，它可对多达 64 级的中断进行优先级管理，本章 5.5 节将详细介绍该芯片。

2) 链式判优法

链式判优法的基本思想是将所有的中断源构成一个链(称为菊花链)，各中断源在链中的前后顺序是根据中断源的优先级别的高低来排列的，排在链前面的高优先级别的中断会自动封锁低优先级别的中断。链式判优电路原理图如图 5.12 所示。电路中，每个外设对应

的接口都有一个中断逻辑电路，CPU 响应中断时发出的 $\overline{\text{INTA}}$ 信号沿着这些逻辑电路从前向后传递。

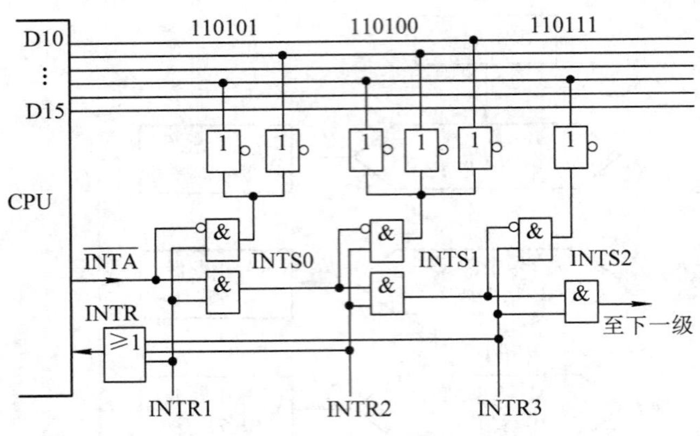

图 5.12　链式判优电路原理图

5.5　可编程中断控制器 8259A

可编程中断控制器 8259A 的功能是既可以管理和控制 80X86 的外部中断请求，实现中断判优和提供中断向量，又可以屏蔽中断输入。使用 8259A 可以管理 8 级中断，若采用级联方式，则最多可管理 64 级中断。8259A 是可编程器件，它所具有的多种中断优先级管理方式可以通过主程序在任何时候进行改变或重新组织。

5.5.1　8259A 的结构与引脚功能

1. 8259A 的内部结构

图 5.13 所示为 8259A 的内部结构，下面对各个功能部件分别进行介绍。

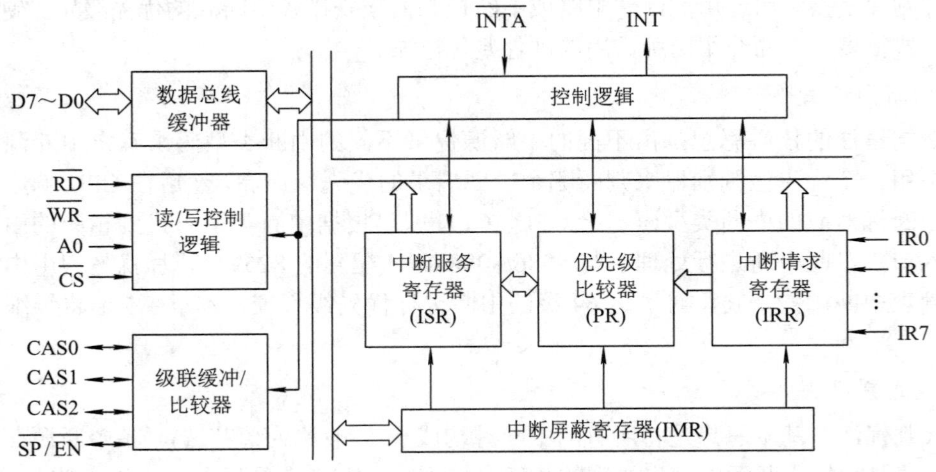

图 5.13　8259A 的内部结构

1) 中断请求寄存器(IRR)

IRR 用于存放从外设来的中断请求信号 IR7～IR0，是一个具有锁存功能的 8 位寄存器。IRR 具有上升沿触发和高电平触发两种触发方式，但无论采用哪种触发方式，中断请求信号(IR7～IR0)都必须保持到第一个中断响应周期的 INTA 信号有效，否则会丢失。

2) 中断服务寄存器(ISR)

ISR 用于寄存所有正在被服务的中断源，它是一个 8 位寄存器，对应位为 1 时表示对应的中断源正在被处理。ISR 中的各位是在 8259A 接到第一个中断响应周期的信号后自动置位的，与此同时，相应的 IRR 位复位。ISR 位的复位，在 AEOI 方式下是自动实现的(在第二个中断响应周期的信号到来后)，在其他工作方式下则是通过中断结束命令 EOI 实现的。一般情况下，ISR 只有 1 位为 1，只有在中断嵌套时才会有多个 ISR 位为 1，其中优先级最高的位是正在服务的中断源的对应位。

3) 中断屏蔽寄存器(IMR)

IMR 用于存放对应中断请求信号的屏蔽状态，它是一个 8 位寄存器，对应位为 1 时表示屏蔽该中断请求，对应位为 0 时表示开放该中断请求。IMR 可通过屏蔽命令，由编程来设置。

4) 优先级比较器(PR)

PR 用于管理、识别各中断源的优先级别。各中断源的优先级别通过由编程确定优先级的方式来定义和修改，并可在中断过程中自动变化。当有多个中断请求同时出现时，选出其中最高中断级的中断请求。当出现中断嵌套时，将新的中断请求与 ISR 中正在服务的中断源的优先级进行比较，若高于 ISR 中的中断优先级，则发出 INT，中止当前的中断处理程序，转而处理新的中断，并在中断响应时，把 ISR 中相应位置位；反之，不发出 INT 信号。

5) 读/写控制逻辑

读/写控制逻辑用于接收 CPU 的读/写命令，并把 CPU 写入的内容存入 8259A 内部与读/写逻辑相应的端口寄存器中，或把端口寄存器(如状态寄存器)的内容送数据总线。

6) 数据总线缓冲器

数据总线缓冲器用于 8259A 内部总线和 CPU 数据总线之间的连接，是一个三态 8 位双向缓冲器。8259A 可通过此数据总线缓冲器直接与数据总线相连(如单片 8259A 采用非缓冲工作方式时)，也可通过外接数据总线缓冲器与数据总线相连(如采用缓冲工作方式时)。

7) 控制逻辑

(1) 控制逻辑根据 IRR 和 PR 的情况，向 8259A 其他部件发出控制信息。

(2) 8259A 通过控制逻辑向 CPU 发出中断请求信号 INT，接收 CPU 的中断响应信号 $\overline{\text{INTA}}$。

8) 级联缓冲/比较器

级联缓冲/比较器用于实现多片 8259A 之间的主从式级联，使得系统中的 8 级中断源最多可扩展为 64 级中断源。主从系统中只有 1 片主片，最多 8 片从片，从片的 INT 输出

接主片的 IRi(中断引脚号)输入，通过主片向 CPU 申请中断。

2. 8259A 的外部引脚

8259A 共有 28 条引脚，采用双列直插式封装，其引脚排列如图 5.14 所示，28 条引脚按功能可分为 4 组。

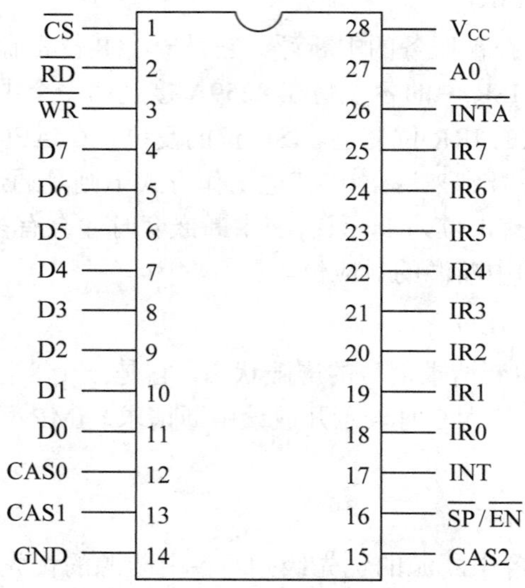

图 5.14　8259A 的引脚图

1) 电源引脚(2 条)

VCC：+5 V 电源输入端。

GND：接地引脚。

2) 与外设相连的引脚(8 条)

IR7～IR0：来自不同外设的 8 个中断请求信号。

3) 与 CPU 总线相连的引脚(14 条)

D7～D0：双向、三态信号，可直接也可通过驱动器与数据总线 DB7～DB0 相连。

$\overline{RD}$：读选通信号。$\overline{RD}$ 为 0 表示允许读取 8259A 的状态信息。

$\overline{WR}$：写选通信号。$\overline{WR}$ 为 0 表示允许 CPU 写入控制字。

$\overline{CS}$：片选信号。

INT：中断请求信号，用于向 CPU 申请中断。

$\overline{INTA}$：中断响应信号，用于接收 CPU 给出的中断响应信号。

A0：地址线，用于选择 8259A 内部寄存器中的两个不同的端口地址，分别称为偶地址(A0 = 0)和奇地址(A0 = 1)。一般情况下(如 8085、8088 等 CPU 系统中)，可直接接地址总线 AB0。在 8086 系统中，因为要用 AB0 来选择偶地址端口与 DB7～DB0 交换数据，所以 8259A 的 A0 常与 AB1 相连。

4) 级联引脚(4 条)

CAS2～CAS0：级联信号。在 8259A 级联系统中，所有 8259A 的 CAS2～CAS0 均应

连在一起，其中，主片的 CAS2～CAS0 用作输出，从片的 CAS2～CAS0 用作输入，在 CPU 中断响应周期内接收来自主片的从片编码。

$\overline{SP}/\overline{EN}$：主从定义/缓冲器允许信号。$\overline{SP}/\overline{EN}$ 在缓冲工作方式中用作输出信号，以控制总线缓冲器的接收和发送(EN)；在非缓冲工作方式中用作输入信号，表示该 8259A 是主片(SP = 1)或从片(SP = 0)。

5.5.2 8259A 处理中断的过程

8259A 处理中断的过程如下：

(1) 在中断请求输入端 IR7～IR0 上接收中断请求。

(2) 将中断请求锁存在 IRR 中，并与 IMR 相“与”，将未屏蔽的中断送给优先级判定电路。

(3) 优先级判定电路检出优先级最高的中断请求位，并置位该位的 ISR。

(4) 控制逻辑接收中断请求，输出 INT 信号。

(5) CPU 接收 INT 信号，进入连续两个中断响应周期。单片使用的或是由 CAS2～CAS0 选择的从片 8259A，在第二个中断响应周期，将中断类型向量从 D7～D0 线输出；如果是作主片使用的 8259A，则在第一个中断响应周期，把级联地址从 CAS2～CAS0 送出。

(6) CPU 读取中断向量，转移到相应的中断处理程序。

(7) 中断结束。中断的结束是通过向 8259A 送一条 EOI(中断结束)命令，使 ISR 复位来实现的。在中断服务过程中，在 EOI 命令使 ISR 复位之前，不再接收由 ISR 置位的中断请求。

5.5.3 8259A 的工作方式

从对 8259A 进行编程的角度来看，8259A 共有 7 个可编程寄存器，即 ICW1～ICW4 和 OCW1～OCW3。CPU 通过对这 7 个寄存器的编程，即写入不同的控制字来实现 8259A 的不同方式工作。

1. 优先级设置方式

1) 全嵌套方式

全嵌套方式是 8259A 最常用的方式。中断优先级按 IR0，IR1，…，IR7 的顺序进行排队，只允许中断级别高的中断源去中断级别低的中断服务程序。在该方式下，一定要预置 AEOI=0，使中断结束处于正常方式，否则，低级的中断源可能打断高级的中断服务程序，使中断优先级顺序发生错乱，不能实现全嵌套。

2) 特殊全嵌套方式

特殊全嵌套方式和全嵌套方式基本相同，所不同的是在特殊全嵌套方式下，当执行某一级中断服务程序时，可响应同级的中断请求，从而实现对同级中断请求的特殊嵌套(8259A 级联使用时，从片的 8 个中断源对主片来说，可以认为是同级的)。特殊全嵌套方式一般用于多片级联。

3) 优先级自动循环方式

在优先级自动循环方式下，优先级顺序不是固定不变的，一个设备得到中断服务后，其优先级自动降为最低；其初始的优先级顺序规定为 IR0，IR1，…，IR7。该方式用于系统中多个中断源优先级相等的场合。使用优先级自动循环方式时，每个中断源有同等的机会得到 CPU 的服务。通过把操作命令字 OCW2 的 D7 和 D6 位置为 10(即 D7 = 1，D6 = 0)，便可进入该工作模式。

4) 优先级特殊循环方式

优先级特殊循环方式与优先级自动循环方式唯一的区别是：其初始的优先级顺序不是固定 IR0 为最高，然后开始循环，而是由程序指定 IR7～IR0 中任意一个为最高优先级，然后按顺序自动循环，决定优先级。通过把操作命令字 OCW2 的 D7 和 D6 位置为 11(即 D7 = 1，D6 = 1)，便可进入该工作模式。

2. 中断源屏蔽方式

1) 普通屏蔽方式

8259A 的每个中断请求(IR7～IR0)都可以通过对相应的屏蔽位(IMR7～IMR0)置 1 来屏蔽掉，即对 IMRi 写入 1，则屏蔽 IRi 的请求，反之，对 IMRi 写入 0，则允许 IRi 的请求。

2) 特殊屏蔽方式

当 CPU 正在为某级中断服务时，要求仅对本级中断进行屏蔽，而允许其他的中断源(特别是较低级的)发出中断请求，从而进入中断嵌套，这便是特殊屏蔽方式。

3. 中断触发方式

1) 边沿触发方式

在边沿触发方式下以上升沿向 8259A 请求中断，上升沿后可一直维持高电平，不会再产生中断。

2) 电平触发方式

在电平触发方式下，以高电平申请中断，但在响应中断后必须及时清除高电平，以免引起第二次误中断。

4. 中断查询方式

中断查询方式是一种将中断与查询相结合的新型中断传送方式，一般用于多于 64 级中断源的场合。外设通过 8259A 申请中断，但 8259A 却不使用 INT 信号向 CPU 申请中断，CPU 用软件查询来了解外设的中断请求，并根据 8259A 提供的优先级顺序依次为外设服务。

5. 中断结束处理方式

当中断服务结束时，必须对 8259A 的 ISR 相应位清零(表示该中断源的中断服务已结束)，对 ISR 相应位清零的操作称为中断结束处理。中断结束处理包括以下三种方式。

1) 一般中断结束方式

在一般中断结束方式中，任何一级中断服务程序结束时，必须给 8259A 写入一条中断结束命令(EOI)；8259A 收到 EOI 后，便将 ISR 中优先级最高的且已被置 1 的那一位清零。这种结束方式较简单，但只适用于全嵌套工作方式。

2) 自动中断结束方式(AEOI)

自动中断结束方式(AEOI)是指当某级中断 IRi 被 CPU 响应后，8259A 在 CPU 的第二个中断响应周期的信号结束时，自动将 ISRi 清零，完成中断结束动作。该方式通过初始化命令字 ICW4 的 D1 位来设置。

3) 特殊中断结束方式

特殊中断结束方式是指当中断服务程序结束后，CPU 在给 8259A 发出 EOI 命令的同时，也将当前结束的中断源的级别传送给 8259A，8259A 根据此级别，可顺利地将 ISR 中所对应的位清零。这种方式可在任何优先级设置方式下使用，它既允许在中断服务程序中修改中断优先级级别，也不用担心在中断结束时，ISR 无法确定当前正在处理的是哪一级中断的情况出现。该方式通过将初始化命令字 ICW4 的 D1 位清零，同时将 OCW2 的 D7、D6、D5 位设置为 011 或 111 来实现，D2、D1、D0 位给出结束中断处理的中断源号。

6. 系统总线连接方式

1) 缓冲方式

在缓冲方式下，每片 8259A 的 D7～D0 均通过总线驱动器与系统数据总线相连，适用于多片 8259A 级联的大系统。该方式通过将初始化命令字 ICW4 的 D3 位置 1 来设置。8259A 主片的 $\overline{SP}/\overline{EN}$ 端输出低电平信号，作为总线驱动器的启动信号，接总线驱动器的 OE 端。从片的 $\overline{SP}/\overline{EN}$ 端接地。

2) 非缓冲方式

在单片或少数几片 8259A 的系统中，8259A 的 D7～D0 与数据总线直接连接的方式称为非缓冲方式。非缓冲方式下，单片 8259A 的 $\overline{SP}/\overline{EN}$ 端接高电平，级联 8259A 的主片的 $\overline{SP}/\overline{EN}$ 端接高电平，从片的 $\overline{SP}/\overline{EN}$ 端接低电平。

5.5.4 8259A 的级联

通过 8259A 的级联，可以使系统中的中断源由 8 个扩展到 64 个。级联时有且只能有 1 片 8259A 为主片，其余的均为从片，从片最多只能有 8 片。

在主从式级联系统中，当从片中任一输入端有中断请求时，经优先级电路比较后，产生 INT 信号送主片的 IR 输入端；经主片优先级电路比较后，如允许中断，则主片发出 INT 信号给 CPU 的 INTR 引脚；如果 CPU 响应此中断请求，则发出 INTA 信号；主片接收后，通过 CAS2～CAS0 输出识别码，从片则在第二个中断响应周期把中断类型号送至数据总线。如果是主片的其他输入端发出中断请求信号并得到 CPU 响应，则主片不发出 CAS2～CAS0 信号，主片在第二个中断响应周期把中断类型号送至数据总线。

图 5.15 是一个由 3 片 8259A 构成的级联系统。

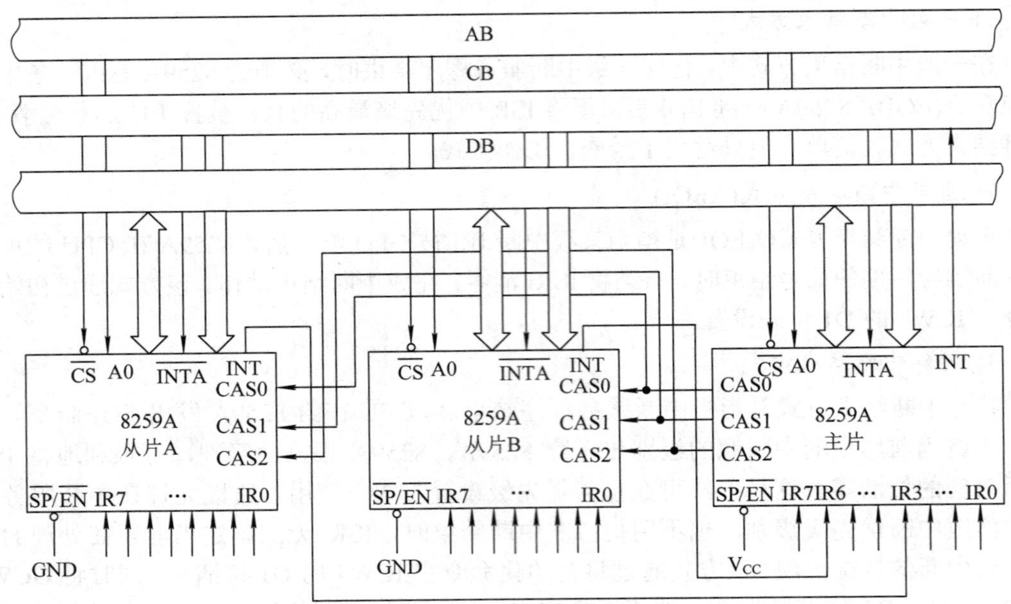

图 5.15　由 3 片 8259A 构成的级联系统

从片 A 的标志码为 011，从片 B 的标志码为 110。由图 5.15 可知，主片与从片的连线有以下两个不同之处：

(1) 从片输出的中断请求信号 INT 是作为主片的中断请求输入，接到主片的 IR7～IR0 中任一引脚；而主片的输出 INT 则是作为外部系统统一的中断请求信号连接到 CPU 的 INTR 引脚。

(2) 从片的 $\overline{SP}/\overline{EN}$ 接地(GND)，主片的 $\overline{SP}/\overline{EN}$ 接 V_{CC}。

在图 5.15 所示的电路中，最多可外接 22 个中断源的中断请求信号。设 8259A 采用的是一种最常用的中断全嵌套方式，即同一片的 8 个中断源中，优先级固定为 IR0 最高，逐级递减，IR7 最低，则图 5.15 所示的系统中各中断源的优先级排列如下：

主片：IR0(最高优先级)、IR1、IR2。

从片 A：IR0、IR1、IR2、IR3、IR4、IR5、IR6、IR7(全部由主片的 IR3 引入，对主片而言属于同一个优先级)。

主片：IR4、IR5。

从片 B：IR0、IR1、IR2、IR3、IR4、IR5、IR6、IR7(全部由主片的 IR6 引入，对主片而言属于同一个优先级)。

主片：IR7(最低优先级)。

5.5.5　8259A 的编程

对 8259A 的编程包括初始化编程和工作方式编程两部分。初始化编程是对 ICW1～ICW4 写入初始化命令字。它必须在 8259A 开始工作之前写入，且在整个工作中一般不再改变；工作方式编程则是对 OCW1～OCW3 写入操作命令字，可以在 8259A 初始化以后的任何时间写入，也可以随时进行修改。

8259A 的初始化流程图如图 5.16 所示。

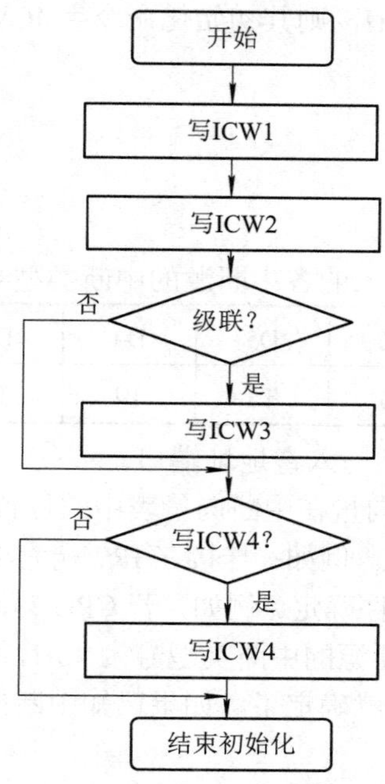

图 5.16　8259A 的初始化流程图

1. 初始化编程与初始化命令字(ICW)

1) ICW1 控制字格式

ICW1 是 8259A 的控制初始化命令字，写入它便启动了 8259A 内部的一系列初始化过程。其格式如下：

A0		D7	D6	D5	D4	D3	D2	D1	D0
0					1	LTIM	ADI	SNGL	ICW4

A0：A0 = 0 表示 ICW1 必须写入偶地址端口。

D0：用于控制是否在初始化流程中写入 ICW4。D0 = 1 表示写入 ICW4；D0 = 0 表示不写入 ICW4。在 8086/8088 系统中，D0 必须置 1。

D1：用于控制是否在初始化流程中写入 ICW3。D1 = 1 时不写入 ICW3，表示本系统中仅使用了一片 8259A；D0 = 0 时写入 ICW3，表示本系统中使用了多片 8259A 级联。

D2：对 8086/8088 系统不起作用；对 8098 系统，用于控制每两个相邻中断处理程序入口地址之间的距离间隔值。

D3：用于控制中断触发方式。D3 = 0 表示选择上升沿触发方式；D3 = 1 表示选择电平触发方式。

D4：特征位。D4 必须置 1。

D7～D5：对 8086/8088 系统不起作用，一般设定为 0。

实现写入 ICW1 的条件如下：

(1) 寻址 8259A 的端口地址为偶地址(A0 = 0)。

(2) 写入的控制字中 D4 必须置 1。

【例 5-2】 某 8088 系统中，使用单片 8259A，中断请求信号为上升沿触发，需要设置 ICW4，端口地址为 20H、21H，则其初始化命令字 ICW1 应为 00010011 = 13H，设置 ICW1 的指令为

```
MOV AL，13H
OUT 20H，AL
```

2) ICW2 控制字格式

ICW2 是用于设置 8259A 接入的各中断源的中断类型号的初始化命令字。其格式如下：

A0		D7	D6	D5	D4	D3	D2	D1	D0
1		T7	T6	T5	T4	T3			

A0：A0 = 1 表示 ICW2 必须写入奇地址端口。

D7～D3：由用户根据中断向量在中断向量表中的位置决定。

D2～D0：中断源的 IR 端号。例如：挂接在 IR7 端为 111，挂接在 IR6 端为 110，其余类推。D2～D0 三个编码不由软件确定。例如，若 CPU 写入某 8259A 的 ICW2 为 40H，则连接到该 8259A 的 IR5 端的中断源的中断类型号为 45H，中断类型号确定后，中断源挂接的 IR 端号以及 D7～D3 的值也就确定了。如果已知中断向量地址，将其除以 4 就可得到中断向量号。

3) ICW3 控制字格式

在级联系统中，主片和从片都必须设置 ICW3，但两者的格式和含义有区别。

主片 ICW3 的格式如下：

A0		D7	D6	D5	D4	D3	D2	D1	D0
1									

A0：A0 = 1 表示 ICW3 必须写入奇地址端口。

D7～D0：用于说明对应的 IR 端上有从片(对应位为 1)或无从片(对应位为 0)。例如，当 IR3 上挂接有从片时，D3 = 1。

从片 ICW3 的格式如下：

A0		D7	D6	D5	D4	D3	D2	D1	D0
1							ID2	ID1	ID0

A0：A0 = 1 表示 ICW3 被写入奇地址端口。

D7～D3：不使用时默认为 0。

D2～D0：从片的识别码，编码规则同 ICW2。例如，若某从片的 INT 输出接到主片的 IR5 端，则该从片的 ICW3 = 05H。

【例 5-3】 某 8088 微机系统中，主片 8259A 的 IR2、IR6 引脚上分别接有从片 8259A，则主、从片的 ICW3 初始化命令字设置如下：

主片初始化命令字(端口地址设为 20H、21H)：

```
MOV   AL，44H          ；44H 表示其 IR6、IR2 上接有从片
OUT   21H，AL          ；将 ICW3 写入奇地址端口
```

从片 1 的初始化命令字(端口地址设为 30H、31H)：

```
MOV   AL，02H                    ；表示本从片接到主片的 IR2 上
OUT   31H，AL
```

从片 2 的初始化命令字(端口地址设为 40H、41H)：

```
MOV   AL，06H                    ；表示本从片接到主片的 IR6 上
OUT   41H，AL
```

4) ICW4 控制字格式

ICW4 是方式控制的初始化命令字，用于 8259A 的特殊全嵌套方式、缓冲方式以及中断结束方式的设置。其格式如下：

A0		D7	D6	D5	D4	D3	D2	D1	D0
1		0	0	0	SFNM	BUF	M/S	AEOI	PM

A0：A0 = 1 表示 ICW4 必须写入奇地址端口。

D0：系统选择位。D0 = 1 表示选择 8086/8088 系统；D0 = 0 表示选择 8080/8085 系统。

D1：结束方式选择。D1 = 1 表示自动结束(AEOI)；D1 = 0 表示正常结束(EOI)。

D2：与 D3 配合使用，表示缓冲方式下的是主片还是从片。D2 = 1 表示主片；D2 = 0 表示从片。

D3：缓冲方式选择。D3 = 1 表示选择缓冲方式；D3 = 0 表示选择非缓冲方式(此时 D2 无意义)。

D4：嵌套方式。D4 = 1 表示全嵌套方式；D4 = 0 表示普通嵌套方式。

D7～D5：特征位，这三位必须为 000。

2. 工作方式编程与操作命令字(OCW)

工作方式控制字由 CPU 向 8259A 写入 OCW1～OCW3 来实现。写入 OCW1～OCW3 可在初始化编程以后的任何时候进行，写入时没有严格的顺序要求。对 3 个 OCW 的写入，除了采用奇偶地址区分外，还采用了命令字本身的 D4D3 位作为特征位来区分。

1) OCW1 控制字格式

OCW1 为中断屏蔽控制字，用于禁止某些接入 8259A 的中断源向 CPU 申请中断(这种屏蔽一般是临时性的)。其格式如下：

A0		D7	D6	D5	D4	D3	D2	D1	D0
1		1	0	0	0	0	0	0	0

A0：A0 = 1 表示 OCW1 必须写入奇地址端口。

D7～D0：对应位为 1 表示屏蔽该中断；对应位为 0 表示打开该中断。

【例 5-4】 若 OCW1 = 06H，则表示 IR1、IR2 两个引脚上的中断申请被屏蔽，其他的中断申请(IR0，IR3～IR7)得到允许。相应的 8259A 编程指令如下：

```
MOV   AL，00000110B        ；OCW1 屏蔽字
OUT   21H，AL              ；屏蔽字写入奇地址端口的 OCW 寄存器
```

2) OCW2 控制字格式

OCW2 是用来设置优先级循环方式和非自动中断结束方式的控制字。其格式如下：

A0		D7	D6	D5	D4	D3	D2	D1	D0
0		R	SL	EOT	0	0	L2	L1	L0

A0：A0 = 0 表示 OCW2 必须写入偶地址端口。

D2～D0：中断源编码，在特殊 EOI 命令中用于指明清零的 ISR 位，在优先级特殊循环方式中用于指明最低优先级 IR 端号。

D4、D3：特征位，这两位必须为 00。

D7～D5：配合使用，用于说明优先级循环方式和非自动中断结束方式。其中：D7(R)是中断优先级循环的控制位，D7 = 1 表示循环，D7 = 0 表示固定；D6(SL)是 L2、L1、L0 的有效控制位，D6 = 1 表示有效，D6=0 表示无效；D5 是非自动中断结束方式控制位，D5 = 1 表示一般中断结束方式，D5=0 表示特殊中断结束方式。

8259A 工作于非自动中断结束方式时，可采用以下两种方法来复位 ISR 中的对应位。

(1) 一般方法：令 SL = 0，EOI = 1，则 OCW2 写入 8259A 后，便可将 ISR 中被置为 1 且优先级最高的那一位(刚刚被服务完的 IRi 对应位)复位。

(2) 特殊方法：令 SL = 1，EOI = 1，则写入 OCW2 后，使 L2～L0 指定的位复位。

L2	L1	L0	ISR 中的 Di	对应的 IRi
0	0	0	D0	IR0
0	0	1	D1	IR1
⋮	⋮		⋮	⋮
1	1	1	D7	IR7

通过设置 OCW2 定义 8259A 的优先级工作方式，如表 5.2 所示。

- R = 0：固定优先级方式(非循环方式)，IR0 → IR1 → … → IR7，即 IR0 为最高优先级，IR7 为最低优先级。
- R = 1，SL = 0：优先级自动循环方式。
- R = 1，SL = 1：优先级特殊循环方式。

表 5.2　OCW2 实现的功能

R	SL	EOI	功　能
0	0	0	取消优先级自动循环方式
0	0	1	一般中断结束命令
0	1	0	OCW2 无操作意义
0	1	1	特殊中断结束命令，L2～L0 指出了 ISR 中应清零的位
1	0	0	优先级自动循环
1	0	1	一般中断结束命令，优先级自动循环
1	1	0	优先级特殊循环，由 L2～L0 指定
1	1	1	一般中断结束命令，优先级特殊循环，最低优先级由 L2～L0 指定

【例 5-5】 试编写一段程序，结束中断并清除 8259A 的 ISR 第 6 位(ISR6)，8259A 的偶地址为 20H。

解 为实现题意要求，应先确定 OCW2 中的内容，然后将 OCW2 写入 8259A 的偶地址端口，程序如下：

```
MOV    AL ，66H          ；OCW2 命令字
OUT    20H ，AL          ；把 OCW2 写入 8259A 的偶地址端口
```

3) OCW3 控制字格式

OCW3 是用于设置特殊屏蔽模式、中断查询方式及读命令操作的控制字。其格式如下：

A0		D7	D6	D5	D4	D3	D2	D1	D0
0		0	ESNM	SMM	0	1	P	RR	RIS

A0：A0 = 0 表示 OCW3 必须写入偶地址端口。

D0：读 ISR、IRR 选择位。D0 = 1 表示选择 ISR；D0 = 0 表示选择 IRR。读命令中没有选择 IMR 的控制位，但这并不意味着 CPU 不能读出 IMR 中的内容，而是可以直接使用输入指令读出 IMR 中的内容，因为 ISR、IRR、查询字都是偶地址，只有 IMR 是奇地址，因此读取 ISR、IRR 之前一般要发出读命令，而读 IMR 之前不用发出读命令。在读取偶地址之前，不发出读命令也是可以的，但读出的内容一定是 IRR。

D1：读命令控制位。D1 = 1 表示读命令；D1 = 0 表示不是读命令。

D2：中断查询方式控制位。D2 = 1 表示进入中断查询方式；D2 = 0 表示进入向量中断方式。

D4、D3：特征位，这两位必须为 01。

D6、D5：特殊屏蔽方式控制位。D6D5 = 11 表示允许特殊屏蔽控制；D6D5 = 10 表示复位特殊屏蔽方式。

D7：为 0。

OCW3 有以下三个作用：

(1) 设置和撤销特殊屏蔽工作方式。

① 普通屏蔽方式：由 OCW1 设置 IMR 实现。

② 特殊屏蔽工作方式：通过设置或撤销特殊屏蔽工作方式，动态改变优先级的结构。

(2) 为 CPU 读取 8259A 内部寄存器提供选择。

① IRR、ISR 的读取方法：8259A 中的 IRR、ISR 都为偶地址端口，此时，可先写入 OCW3。OCW3 中的 RR、RIS 规定从偶地址端口读出的是 IRR 或 ISR 的值。

② IMR 的读取方法：8259A 中的 IMR 由 OCW1 设置，为奇地址端口，可以写入，也可以直接读出，即

```
IN   AL， INTA1          ；IMR → AL，INTA1 为奇地址端口
```

(3) 使 8259A 和 CPU 的联络方式由中断方式转换为查询方式。

令 OCW3 中的 P = 1，写入 OCW3 后，若之前 IRi 已有效，则 8259A 把 CPU 的下一个读信号 $\overline{\text{INTA}}$ 看作响应信号，使 ISR 中相应的最高优先级的某一位置位，同时送相关数据至 DB 总线，即

```
MOV    AL，OCW3          ；其中 P=1，D4D3=01
```

解 程序如下：

```
OUT    INTA0，AL         ；写入 OCW3 控制字
```

```
IN    AL，INTA0          ；读中断查询字 AL
```

此时，从 8259A 读入 AL 中的数据为查询字的内容。

3. 8259A 编程举例

【例 5-6】 设某单片 8259A 应用于 8088 CPU 系统中，要求 8259A 按如下方式工作：中断采用边沿触发方式、非自动中断结束方式、普通全嵌套方式、非缓冲方式；中断类型号为 18H～1FH。试编写程序。

解　假设 8259A 的端口地址为 30H、31H，则程序如下：

```
MOV   AL，13H          ；ICW1=00010011B，边沿触发，单片使用，要写 ICW4
OUT   30H，AL          ；写入偶地址端口
MOV   AL，18H          ；ICW2 的中断类型号为 18H～1FH
OUT   31H，AL          ；写入奇地址端口
MOV   AL，01H          ；ICW4=00000001B，采用正常的全嵌套方式、非
                       ；自动中断结束方式、8086 系统
OUT   31H，AL
```

【例 5-7】 某 8086 系统中，采用 2 片 8259A 构成级联系统，与其端口地址有关的电路如图 5.17 所示，其中主片的端口地址为 20H、22H，从片的端口地址为 30H、32H。对 8259A 的初始化要求为主片的中断类型号为 40H～47H，从片的中断类型号为 10H～17H，主片采用特殊全嵌套方式，其余的要求与例 5-6 相同，试编写其初始化程序。

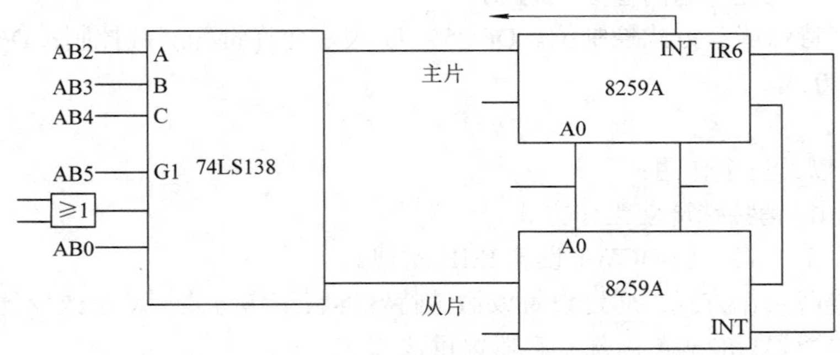

图 5.17　主从片 8259A 端口地址的产生电路

解　主片和从片的初始化程序如下：

主片的初始化程序

```
MOV   AL，11H          ；ICW1=00010001B，边沿触发、多片系统，要写 ICW4
OUT   20H，AL          ；写入主片的偶地址 20H
MOV   AL，40H          ；ICW2 的中断类型号为 40H～47H
OUT   22H，AL          ；写入主片的奇地址 22H
MOV   AL，40H          ；ICW3 的 D6=1，表示 IR6 引脚接有从片的 INT
OUT   22H，AL
MOV   AL，11H          ；ICW4=00010001B，采用特殊全嵌套方式、非缓冲方式、
                       ；非自动中断结束方式、8086 系统
OUT   22H，AL
```

从片的初始化程序

```
MOV   AL，11H       ；ICW1 控制字与主片的相同
OUT   30H，AL       ；写入从片的偶地址 30H
MOV   AL，10H       ；ICW2 的从片的中断类型号为 10H～17H
OUT   32H，AL       ；写入从片的奇地址 32H
MOV   AL，06H       ；ICW3 的标识码为 06H，表示本从片的 INT 连到主片的 IR6
OUT   32H，AL
MOV   AL，01H       ；ICW4=00000001B，采用普通全嵌套方式、非缓冲方式、非自动中断
                    ；结束方式、8086 系统
OUT   32H，AL
```

【例 5-8】 设 8259A 应用于 8088 系统，中断类型号为 08H～0FH，它的偶地址为 20H，奇地址为 21H，设置单片 8259A 按如下方式工作：电平触发、普通全嵌套、普通 EOI、非缓冲工作方式。试编写其初始化程序。

解　根据 8259A 应用于 8088 系统单片工作，电平触发，可得 ICW1 = 00011011B；中断号为 08H～0FH，ICW2 = 00001000B；根据普通全嵌套、普通 EOI 和非缓冲工作方式可知 ICW4 = 00000001B，将上述控制字内容写入 ICW 中便可完成初始化工作，程序如下：

```
MOV   AL，1BH       ；将 00011011B 写入 ICW 1
OUT   20H，AL
MOV   AL，08H       ；将 00001000B 写入 ICW 2
OUT   21H，AL
MOV   AL，01H       ；将 00000001B 写入 ICW 4
OUT   21H，AL
```

【例 5-9】 设 8259A 应用于 8086 系统，采用主从两片级联工作方式。主片偶地址为 20H，奇地址为 22H(这里的偶地址和奇地址是相对于 8259A 的片内地址而言的)，中断类型号为 08H～0FH；从片偶地址为 0A0H，奇地址为 0A2H，中断类型号为 70H～77H。主片 IR3 和从片级联，要实现从片级全嵌套工作，试编写其初始化程序。

解　由于 8259A 应用于 8086 系统，采用主从两片级联工作方式，因此主片和从片都要进行初始化，而且从片必须使用全嵌套工作方式，主片必须采用特殊嵌套工作方式。主片和从片的初始化程序如下：

主片初始化程序：

```
MOV   AL，19H       ；将 00011001B 写入 ICW1
OUT   20H，AL
MOV   AL，08H       ；将 00001000B 写入 ICW2
OUT   22H，AL
MOV   AL，08H       ；将 00001000B 写入 ICW3，IR3 接有从片，识别码为 03H
OUT   22H，AL
MOV   AL，11H       ；将 00010001B 写入 ICW4
OUT   22H，AL
```

从片初始化程序：

```
MOV   AL，19H      ；将 00011001B 写入 ICW1
OUT   0A0H，AL
MOV   AL，70H      ；将 01110000B 写入 ICW2
OUT   0A2H，AL
MOV   AL，03H      ；将 00000011B 写入 ICW3，本从片的识别码为 03H
OUT   0A2H，AL
MOV   AL，01H      ；将 00000001B 写入 ICW4
OUT   0A2H，AL
```

本章小结

本章主要讲解了微型计算机系统与 I/O 接口进行信息传送的基本知识，I/O 接口的基本概念和 CPU 与外设之间进行数据传送的基本方法；介绍了 I/O 端口的寻址方式和 I/O 指令；重点讲解了 8086 CPU 中断系统，中断概念、中断源、中断向量及中断处理过程，以及可编程中断控制器 8259A 的结构、引脚功能和编程方法。

思考与练习

1. 简述 I/O 接口的组成及作用。
2. 基本的 I/O 传送方式有哪几种？各有何特点？
3. CPU 与外设进行数据传送有哪几种方式？各有什么特点？
4. 什么是中断？微型计算机中为什么要采用中断技术？
5. 中断系统要解决哪些问题？
6. 简述 IBM-PC 中断系统的组成及功能。
7. 什么是中断向量和中断向量表？
8. CPU 响应可屏蔽中断的条件是什么？
9. 简述中断的处理过程。
10. 简述 8259A 的主要功能及 IRR、IMR、ISR 寄存器的作用。
11. 如果 8086 CPU 获取的中断类型号为 60H，中断向量为 2100H：0100H，则中断向量在中断向量表中的地址是多少？中断向量如何存放？

下篇　单片机原理

第 6 章　STM32

6.1　STM32 概 述

6.1.1　RISC 精简指令集计算机

在计算机指令系统的优化发展过程中，出现过两个截然不同的优化方向：CISC 技术和 RISC 技术。CISC 是指复杂指令系统计算机(Complex Instruction Set Computer)；RISC 是指精简指令系统计算机(Reduced Instruction Set Computer)。这里的计算机指令系统指的是计算机的最底层的机器指令，也就是 CPU 能够直接识别的指令。随着计算机系统越来越复杂，要求计算机指令系统的功能与结构能使计算机的整体性能更快更稳定。最初，人们采用的优化方法是通过设置一些功能复杂的指令，把一些原来由软件实现的、常用的功能改用硬件的指令系统来实现，以此来提高计算机的执行速度，这种计算机系统被称为复杂指令系统计算机，即 Complex Instruction Set Computer，简称 CISC。另一种优化方法是在 20 世纪 80 年代才发展起来的，其基本思想是尽量简化计算机指令功能，只保留那些功能简单、能在一个节拍内执行完成的指令，而把较复杂的功能用一段子程序来实现，这种计算机系统就被称为精简指令系统计算机，即 Reduced Instruction Set Computer，简称 RISC。RISC 技术的精华就是通过简化计算机指令功能，使指令的平均执行周期减少，从而提高计算机的工作主频，同时大量使用通用寄存器来提高子程序执行的速度

RISC 和 CISC 技术是设计制造微处理器的两种典型技术，虽然它们都是试图在体系结构、操作运行、软件硬件、编译时间和运行时间等诸多因素中作出某种平衡，以求达到高效的目的，但采用的方法不同，因此，在很多方面差异很大，主要表现在以下几个方面：

(1) 指令系统。RISC 设计者把主要精力放在那些经常使用的指令上，尽量使它们简单高效。对不常用的功能，常通过组合指令来实现。因此，在 RISC 上实现特殊功能时，效率可能较低。但可以利用流水技术和超标量技术加以改进和弥补。而 CISC 的指令系统比较丰富，有专用指令来实现特定的功能。因此，CISC 处理特殊任务效率较高。

(2) 存储器操作。RISC 对存储器操作有限制，使控制简单化；而 CISC 的存储器操作指令多，操作直接。

(3) 程序。CISC 汇编语言程序的编程相对简单，科学计算及复杂操作的程序设计相对容易，效率较高；而 RISC 汇编语言程序一般需要较大的内存空间，实现特殊功能时程序复杂，不易设计。

(4) 中断。RISC 在执行一条指令到适当地方可以响应中断，但是相比 CISC 指令，RISC 指令执行的时间短，所以中断响应及时；而 CISC 是在一条指令执行结束后响应中断。

(5) CPU。RISC CPU 包含较少的单元电路，因而面积小、功耗低；而 CISC CPU 包含丰富的电路单元，因而功能强、面积大、功耗大。

(6) 设计周期。RISC 微处理器结构简单，布局紧凑，设计周期短，且易于采用最新技术；CISC 微处理器结构复杂，设计周期长。

(7) 用户使用。RISC 微处理器结构简单，指令规整，性能容易把握，易学易用；CISC 微处理器结构复杂，功能强大，实现特殊功能容易。

(8) 应用范围。由于 RISC 指令系统的确定与特定的应用领域有关，故 RISC 更适合于专用机；而 CISC 则更适合于通用机。

6.1.2　ARM 与 Cortex-M

ARM(Advanced RISC Machines Ltd.)是全球著名的专门从事基于 RISC 技术设计开发芯片的公司，和我们通常了解的半导体公司(如 Intel、Atmel、STC 等)不同，它作为知识产权供应商，本身不直接从事芯片生产，而是转让设计许可，最终由半导体公司将这些设计方案生产为各具特色的芯片。

ARM 这个缩写包含几个意思：一是指 ARM 公司；二是指 ARM 公司设计的低功耗 CPU 架构；还可以认为是对一类微处理器的通称。

Cortex 是 ARM 公司的全新一代处理器内核，其推出的目的旨在为当前对技术要求日渐广泛的市场提供一个标准的处理器架构。在 Cortex 之前，ARM 内核都是以 ARM 为前缀命名的，从 ARM1 一直到 ARM11，之后就是 Cortex 系列了。Cortex 一词在英语中有大脑皮层的意思，而大脑皮层正是人脑最核心的部分。表 6.1 所示为 ARM 微处理器内核及其体系结构的发展历史。

表 6.1　ARM 微处理器内核及其体系结构的发展历史

ARM 内核	体系结构
ARM1	V1
ARM2	V2
ARM2As，ARM3	V2a
ARM6，ARM600，ARM610，ARM7，ARM700，ARM710	V3
StrongARM，ARM8，ARM810	V4
ARM7TDMI，ARM710T，ARM720T，ARM740T，ARM9TDMI ARM920T，ARM940T	V5T
ARM9E-S，ARM10TDMI，ARM1020E	V5TE
ARM1136J(F)-S，ARM1176JZ(F)-S，ARM11，MPCore	V6
ARM1156T2(F)-S	V6T2
ARM Cortex-M，ARM Cortex-R，ARM Cortex-A	V7

Cortex 系列属于 ARM V7 架构，该架构对于早期的 ARM 处理器软件也提供很好的兼容性。和其他 ARM 处理器内核不一样的是，Cortex 系列处理器内核作为一个完整的处理

器核心，除了向用户提供标准 CPU 处理器内核之外，还提供了标准的硬件系统架构。Cortex 系列分工明确，分三大系列：“A”(Application)系列面向尖端的基于虚拟内存的操作系统和用户应用；“R”(Real-time)系列针对实时系统；“M”(Microcontroller)系列对微控制器和低成本应用提供优化。表 6.2 总结了 Cortex 三个系列的主要特征。

表 6.2　Cortex 的不同系列的特性

	Application processors	Real-time processors	Microcontroller processors
设计特点	高时钟频率，长流水线，高性能，对媒体处理支持(NEON 指令集扩展)	高时钟频率，较长的流水线，高确定性(低中断延迟)	通常较短的流水线，超低功耗
系统特性	内存管理单元(MMU)，Cache Memory，ARM TrustZone 安全扩展	内存保护单元(MPU)，Cache Memory，紧耦合内存(TCM)	内存保护单元(MPU)，嵌套向量中断控制器(NVIC)，唤醒中断控制器(WIC)，最新 ARM TrustZone 安全扩展
目标市场	移动计算，智能手机，高能效服务器，高端微处理器	工业微控制器，汽车电子，硬盘控制器，基带	微控制器，深度嵌入系统(例如：传感器、MEMS、混合信号 IC，IoT)

ARM Cortex-M 系列是为那些对开发费用非常敏感同时对性能要求不断增加的嵌入式应用(如微控制器、汽车车身控制系统和各种大型家电)所设计的，主要面向单片机领域，可以说是 51 单片机的完美替代品。Cortex-M 处理器家族包含各种产品，能满足不同的需求。表 6.3 给出了 Cortex-M 处理器家族的简单描述。

表 6.3　Cortex-M 处理器家族

处理器	描　述
Cortex-M0	面向低成本、超低功耗的微控制器和深度嵌入应用的非常小的处理器(最小 12K 门电路)
Cortex-M0+	针对小型嵌入式系统的最高能效的处理器，其尺寸大小和编程模式与 Cortex-M0 处理器接近，但是具有扩展功能，如单周期 I/O 接口和向量表重定位功能
Cortex-M1	针对 FPGA 设计优化的小处理器，利用 FPGA 上的存储器块实现了紧耦合内存(TCM)。和 Cortex-M0 有相同的指令集
Cortex-M3	针对低功耗微控制器设计的处理器，面积小但是性能强劲，支持处理器快速处理复杂任务的丰富指令集。具有硬件除法器和乘加指令(MAC)，并且 M3 支持全面的调试和跟踪功能，使软件开发者可以快速地开发他们的应用
Cortex-M4	不但具备 Cortex-M3 的所有功能，并且扩展了面向数字信号处理(DSP) 的指令集，比如单指令多数据指令(SMID) 和更快的单周期 MAC 操作。此外，它还有一个可选的支持 IEEE754 浮点标准的单精度浮点运算单元
Cortex-M7	针对高端微控制器和数据处理密集的应用开发的高性能处理器。具备 Cortex-M4 支持的所有指令功能，扩展支持双精度浮点运算，并且具备扩展的存储器功能，例如 Cache 和紧耦合存储器(TCM)
Cortex-M23	面向超低功耗、低成本应用设计的小尺寸处理器，和 Cortex-M0 相似，但是支持各种增强的指令集和系统层面的功能特性。M23 还支持 TrustZone 安全扩展
Cortex-M33	主流的处理器设计，与之前的 Cortex-M3 和 Cortex-M4 处理器类似，但系统设计更灵活，能耗比更高效，性能更高。M33 还支持 TrustZone 安全扩展

6.1.3　STM32 单片机

STM32 是意法半导体较早推向市场的基于 Cortex-M 内核的微处理器系列产品，该系列产品具有成本低、功耗低、性能高、功能多等优势，并且以系列化的形式推出，方便用户选型，在市场上获得了广泛好评。STM32 的字面含义如下：

ST：意法半导体。

M：Microelectronics 的缩写，表示微控制器。

32：32bit 的意思，表示这是一个 32 bit 的微控制器。

STM32 目前提供 16 大产品线(F0，G0，F1，F2，F3，G4，F4，F7，H7，MP1，L0，L1，L4，L4+，L5，WB，WL)，超过 1000 个型号。表 6.4 以典型型号 STM32F103ZET6 为例说明 STM32 系列产品命名规则。

表 6.4　STM32 系列产品命名规则举例

序号	示例	含义	解　释
1	STM32	产品系列	STM32 代表以 ARM Cortex-M 为内核的 32 位微控制器
2	F	产品类型	F 代表基础型(A 代表汽车级，L 代表超低功耗，S 代表标准型，W 代表无线产品)
3	103	特定功能	103 代表 STM32 基础型(051 代表入门级；303 代表 103 升级版，带 DSP 和模拟外设；407 代表高性能，带 DSP 和 FPU；152 代表超低功耗)
4	Z	引脚数	Z 代表 144 脚(T 代表 36 脚，C 代表 48 脚，R 代表 64 脚，V 代表 100 脚，I 代表 176 脚)
5	E	内嵌 Flash 容量	E 代表 512 K 字节 Flash(6 代表 32K 字节，8 代表 64 K 字节，B 代表 128 K 字节，C 代表 256 K 字节，D 代表 384 K 字节，G 代表 1 M 字节)
6	T	封装	T 代表 LQFP 封装(H 代表 BGA 封装，U 代表 VFQFPN 封装，P 代表 TSSOP 封装)
7	6	工作温度范围	6 代表−40℃～85℃(7 代表−40℃～105℃，3 代表−40℃～125℃)

STM32F103ZET6 作为 STM32 系列中的典型型号，其内部资源如下：

(1) 基于 ARM Cortex-M3 内核的 32 位微控制器，LQFP-144 封装。

(2) 512KB 片内 Flash (相当于硬盘，程序存储器)，64 KB 片内 RAM(相当于内存，数据存储器)，片内 Flash 支持在线编程(IAP)。

(3) 高达 72 MHz 的系统频率，数据、指令分别走不同的流水线，以确保 CPU 运行速度达到最大化。

(4) 通过片内 BOOT 区，可实现串口的在线程序烧写(ISP)。

(5) 片内双 RC 晶振，提供 8 MHz 和 40 kHz 的频率。

(6) 支持片外高速晶振(8 MHz)和片外低速晶振(32.768 kHz)。其中片外低速晶振可用于 CPU 的实时时钟，带后备电源引脚，用于掉电后的时钟运行。

(7) 42 个 16 位的后备寄存器(可以理解为电池保存的 RAM)，利用外置的纽扣电池，

实现掉电数据保存功能。

(8) 支持 JTAG、SWD 调试。可在廉价的 J-LINK 的配合下，实现高速、低成本的开发调试方案。

(9) 多达 80 个 GPIO (大部分兼容 5V 逻辑)；4 个通用定时器，2 个高级定时器，2 个基本定时器；3 路 SPI 接口；2 路 I^2C 接口；5 路 USART；1 个 USB 从设备接口；1 个 CAN 接口；1 个 SDIO 接口；可兼容 SRAM、NOR 和 NAND Flash 接口的 16 位总线的可变静态存储控制器(FSMC)。

(10) 3 个共 16 通道的 12 位 ADC，2 个共 2 通道的 12 位 DAC，支持片外独立电压基准，ADC 转换速率最高可达 1 μs。

(11) CPU 的工作电压范围为 2.0 V~3.6 V。

6.2 STM32 的基本架构

STM32 跟其他单片机一样，是一个单片计算机或单片微控制器，所谓单片，就是在一个芯片上集成了计算机或微控制器该有的基本功能部件。这些功能部件通过总线连接在一起。就 STM32 而言，这些功能部件主要包括：Cortex-M 内核、总线、系统时钟发生器、复位电路、程序存储器、数据存储器、中断控制、调试接口以及各种功能部件(外设)。不同的芯片系列和型号，外设的数量和种类也不一样，常有的基本功能部件(外设)是：输入/输出接口 GPIO、定时/计数器 TIME/COUNTER、串行通信接口 USART、串行总线 I^2C 和 SPI、SD 卡接口 SDIO、USB 接口等。根据 ST 官方手册，STM32F10x 的系统结构如图 6.1 所示。

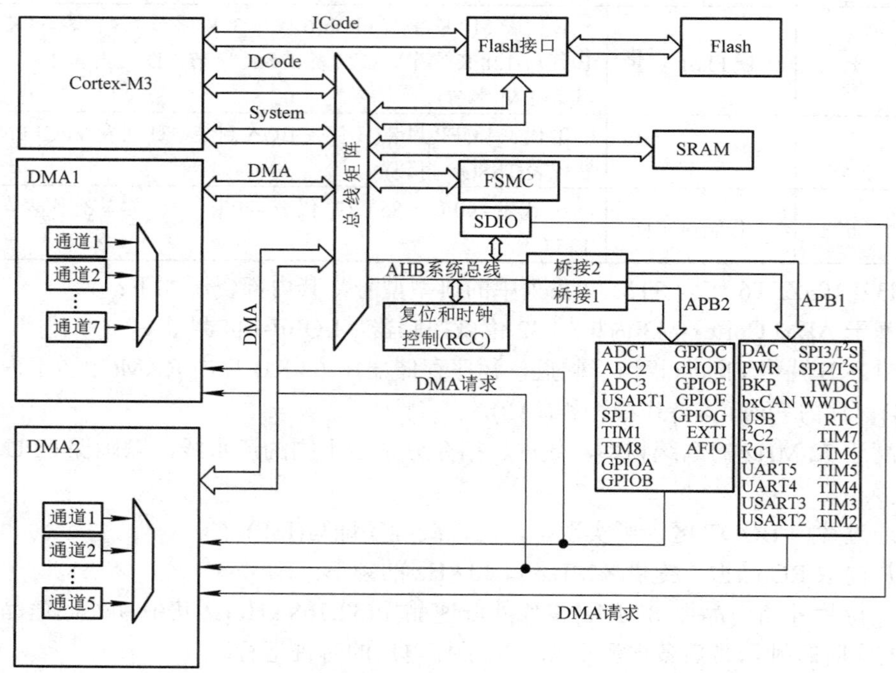

图 6.1　STM32F10x 系统结构图

1. STM32F10x 的系统结构

从图 6.1 可以看出，STM32F10x 系统由以下部分构成：

(1) 四个驱动单元：Cortex-M3 内核 DCode 总线(D-bus)、系统总线(S-bus)、通用 DMA1、通用 DMA2。

(2) 四个被动单元：内部 SRAM、内部闪存存储器、FSMC、AHB 到 APB 的桥(AHB2 APBx)。AHB 连接所有的 APB 设备。

上述单元都是通过一个多级的 AHB 总线架构相互连接的。AHB 总线规范是 AMBA 总线规范的一部分，AMBA 总线规范是 ARM 公司提出的总线规范，被大多数 SoC (System-on-a-Chip，片上系统)设计采用，它规定了 AHB(Advanced High-performance Bus)、ASB(Advanced System Bus)、APB(Advanced Peripheral Bus)等总线规范。AHB 总线的强大之处在于它可以将微控制器(CPU)、高带宽的片上 RAM、高带宽的外部存储器接口、DMA 总线 Master、各种拥有 AHB 接口的控制器等连接起来构成一个独立的完整的 SoC 系统，不仅如此，它还可以通过 AHB-APB 桥来连接 APB 总线系统。AHB 可以成为一个完整独立的 SoC 芯片的骨架。

2. STM32 的基本原理

现结合图 6.1 简单分析 STM32 的基本原理，主要包括以下内容：

(1) 程序存储器、静态数据存储器、所有的外设都统一编址，地址空间为 4 GB。但它们各自都有固定的存储空间区域，使用不同的总线进行访问。这点同 51 单片机完全不一样。具体的地址空间请参阅 ST 官方手册，如果采用固件库开发程序，则可以不必关注具体的地址问题。

(2) 可将 Cortex-M3 内核视为 STM32 的“CPU”，程序存储器、静态数据存储器、所有的外设均通过相应的总线再经总线矩阵与之相接。Cortex-M3 内核控制程序存储器、静态数据存储器、所有外设的读/写访问。

(3) STM32 的功能外设较多，分为高速外设，低速外设两类，各自通过桥接再通过 AHB 系统总线连接至总线矩阵，从而实现与 Cortex-M3 内核的接口。两类外设的时钟可各自配置，速度不一样。具体某个外设属于高速还是低速，已经被 ST 明确规定。所有外设均有两种访问操作方式：一是传统的方式，通过相应总线由 CPU 发出读/写指令进行访问，这种方式适用于读/写数据较少、速度相对较低的场合；二是 DMA 方式，即直接存储器存取，在这种方式下，外设可发出 DMA 请求，不再通过 CPU 而直接与指定的存储区发生数据交换，因此可大大提高数据访问操作的速度。

(4) STM32 的系统时钟均由复位与时钟控制器 RCC 产生，它有一整套的时钟管理设备，由它为系统和各种外设提供所需的时钟以确定各自的工作速度。

6.3 STM32 的“时钟树”

时钟对于单片机来说是非常重要的，它为单片机提供一个稳定的机器周期从而使系统能够正常运行。时钟系统犹如人的心脏，一旦它发生问题，整个系统就会崩溃。STM32 属于高级单片机，其内部有很多的外设，但不是所有外设都使用同一时钟频率工作，那么这些时钟如何设置，以及如何划分给不同外设，这些问题都可以通过一张“时钟树”图找

到答案，只要理解好“时钟树”，STM32 一切时钟的来龙去脉就非常清楚了。

众所周知，微控制器(处理器)的运行必须依赖周期性的时钟脉冲，它通常以一个外部晶体振荡器提供的时钟输入为始，最终转换为多个外部设备的周期性运行为末，这种时钟“能量”扩散流动的路径，犹如大树的养分通过主干流向各个分支，因此常称之为“时钟树”。一些传统的低端 8 位单片机，诸如 51、AVR 等单片机，它们也具备自身的一个“时钟树”系统，但它们中的绝大部分是不受用户控制的，亦即在单片机上电后，“时钟树”就固定在某种不可更改的状态。例如，51 单片机使用典型的 12 MHz 晶振作为时钟源，则其诸如 I/O 接口、定时器、串口等外设的驱动时钟速率便被系统固定，用户将无法更改此时钟的频率，除非更换晶振。而 STM32 微控制器的“时钟树”则是可配置的，其时钟输入源与最终到达外设处的时钟频率不再有固定的关系。STM32 微控制器的“时钟树”如图 6.2 所示。

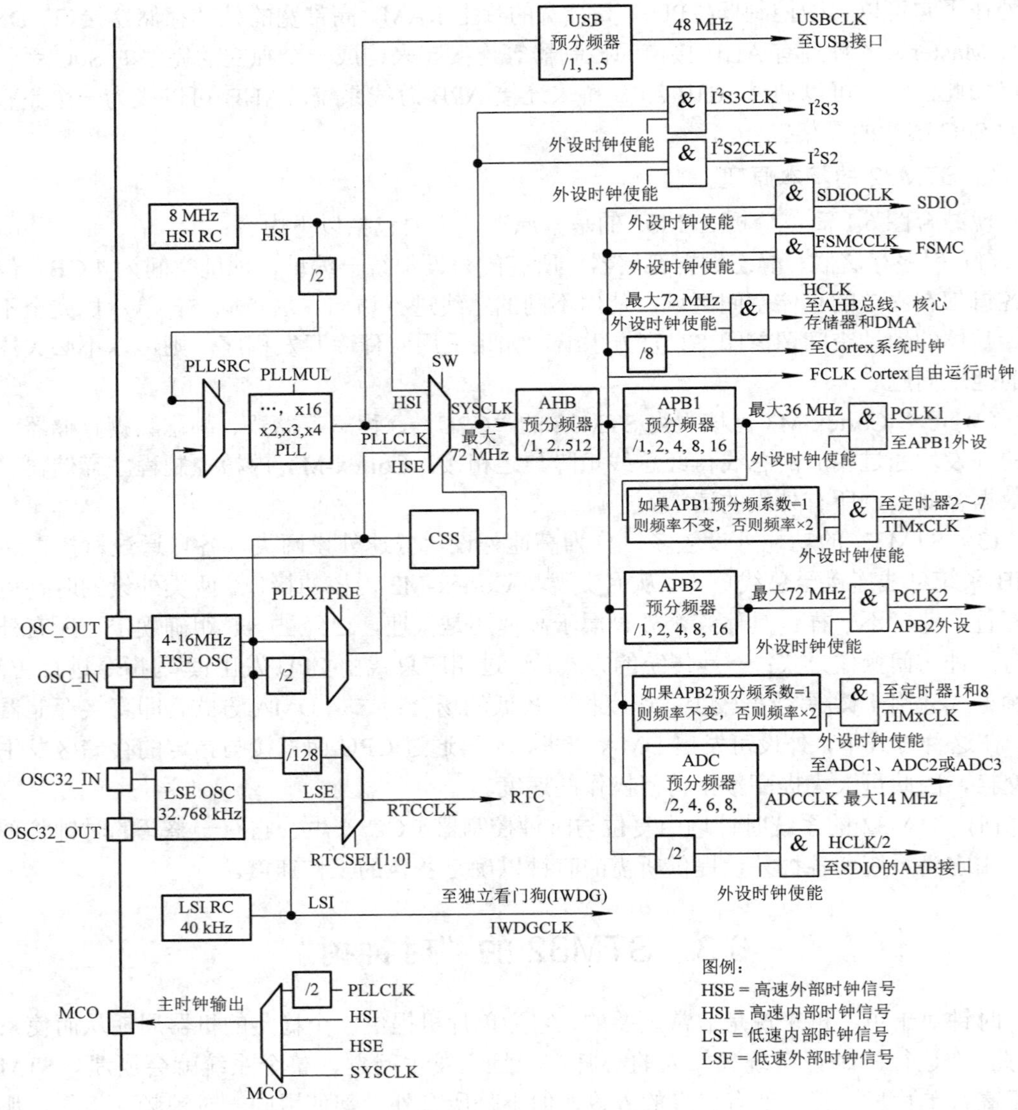

图 6.2　STM32 微控制器的“时钟树”

6.3.1　STM32 时钟源

在 STM32 中，有 5 个时钟源，分别为 HSI、HSE、LSI、LSE、PLL。

(1) HSI 是高速内部时钟，RC 振荡器，频率为 8 MHz。它可作为系统时钟或 PLL 锁相环的输入。

(2) HSE 是高速外部时钟，可接石英谐振器、陶瓷谐振器，或者接外部时钟源，它的频率范围为 4 MHz～16 MHz。HSE 可以作为系统时钟和 PLL 锁相环的输入，还可以经过 128 分频后输入给 RTC。

(3) LSI 是低速内部时钟，RC 振荡器，频率为 40 kHz。它可供独立看门狗和 RTC 使用，并且独立看门狗只能使用 LSI 时钟。

(4) LSE 是低速外部时钟，通常外接一个 32.768 kHz 的晶振，供 RTC 使用。

(5) PLL 是锁相环，用于倍频输出，其时钟输入源可选择 HSI/2、HSE 或者 HSE/2，经过 2～16 倍频后输入给 PLLCLK，如果系统时钟选择由 PLLCLK 提供，则 PLLCLK 的最大值不要超过 72 MHz。

6.3.2　内部 RC 振荡器与外部晶振的选择

STM32 可以选择内部时钟(内部 RC 振荡器)，也可以选择外部时钟(外部晶振)。但如果使用内部 RC 振荡器而不使用外部晶振，必须注意以下几点：

(1) 对于 100 引脚或 144 引脚的产品，OSC_IN 应接地，OSC_OUT 应悬空。

(2) 对于少于 100 引脚的产品，有两种接法：

方法 1：OSC_IN 和 OSC_OUT 分别通过 10 kΩ 电阻接地。此方法可提高 EMC 的性能。

方法 2：分别重映射 OSC_IN 和 OSC_OUT 至 PD0 和 PD1，再配置 PD0 和 PD1 为推挽输出并输出 0。此方法相对于方法 1，可以减小功耗并节省两个外部电阻。

(3) 内部 8 MHz 的 RC 振荡器的误差在 1%左右，内部 RC 振荡器的精度通常比 HSE(外部晶振)要低很多。STM32 的 ISP 就使用了 HSI(内部 RC 振荡器)。

6.3.3　STM32 常用的时钟

(1) SYSCLK 系统时钟。它是 STM32 中绝大部分部件工作的时钟源。它的时钟来源可以由 HSI、HSE、PLLCLK 提供，一般程序中采用 PLL 倍频到 72 MHz。

(2) MCO 是 STM32 的一个时钟输出 I/O(PA8)，它选择一个时钟信号输出，可以选择 PLL 输出的 2 分频、HSI、HSE 或者系统时钟。这个时钟可以用来给外部其他系统提供时钟源。

(3) RTC 时钟。从“时钟树”图中线的流向可知，RTC 时钟来源可以是低速内部时钟 LSI，低速外部时钟 LSE (32.768 kHz)，还可以通过 HSE 128 分频后得到。

(4) USB 时钟。STM32 中有一个全速功能的 USB 模块，其串行接口引擎需要一个频率为 48 MHz 的时钟源，该时钟源只能从 PLL 输出端获取，可以选择 1.5 分频或者 1 分频，

也就是当需要使用 USB 模块时，PLL 必须使能，并且 PLLCLK 时钟频率配置为 48 MHz 或 72 MHz。

(5) 其他所有外设。从时钟图上可以看出，其他所有外设的时钟最终来源都是 SYSCLK。SYSCLK 通过 AHB 分频器分频后送给各模块使用。这些模块包括：

① AHB 总线、内核、内存和 DMA 使用的 HCLK 时钟。

② 通过 8 分频后送给 Cortex 系统定时器时钟，即 SYSTICK。

③ 直接送给 Cortex 的空闲运行时钟 FCLK。

④ 送给 APB1 分频器。APB1 分频器输出一路供 APB1 外设使用(PCLK1，最大频率为 36 MHz)，另一路送给定时器(Timer)1 或 2 倍频使用。

⑤ 送给 APB2 分频器。APB2 分频器分频输出一路供 APB2 外设使用(PCLK2，最大频率为 72 MHz)，另一路送给定时器(Timer)1 或 2 倍频使用。

⑥ 送给 ADC 分频器。ADC 分频器经过 2、4、6、8 分频后送给 ADC1、ADC2、ADC3 使用，ADC 最大频率为 14 MHz。

⑦ 二分频后送给 SDIO 使用。

6.3.4 时钟输出的使能

上一小节所介绍的时钟输出中有很多是带使能控制的，如 AHB 总线时钟、内核时钟、各种 APB1 外设时钟、APB2 外设时钟等。

当需要使用某模块时，必须先使能对应的时钟。需要注意的是定时器的倍频器，当 APB 的分频为 1 时，它的倍频值为 1，否则它的倍频值就为 2。

连接在 APB1 上的设备(低速外设)有：电源接口、备份接口、CAN、USB、I^2C1、I^2C2、UART2、UART3、SPI2、窗口看门狗、Timer2、Timer3、Timer4 等。

注意：USB 模块虽然需要一个单独的 48 MHz 时钟信号，但它不是供 USB 模块工作的时钟，只是提供给串行接口引擎(SIE)使用的时钟，USB 模块工作的时钟应该由 APB1 提供。

连接在 APB2 上的设备(高速外设)有 GPIO_ A-E、USARTI、ADC1、ADC2、ADC3、TIM1、TIM8、SPI1、AFIO 等。

6.3.5 时钟设置的基本流程

一般情况下单片机的时钟配置是单片机程序中的第一步，也是很重要的一步。这时候我们需要考虑以下几个问题。

(1) 系统时钟的时钟源用哪个？

(2) 系统时钟频率要多少？

(3) 每个模块的时钟频率要多少？

(4) 如果外部时钟出了问题，这个时候时钟是怎么运行的？

假设使用 HSE 时钟，并且使用 ST 的固件库函数，那么在程序中设置时钟参数的步骤如表 6.5 所示。

表 6.5　时钟参数设置步骤

步骤	内　容	调　用
第 1 步	将 RCC 寄存器重新设置为默认值	RCC_DeInit
第 2 步	打开高速外部时钟晶振 HSE	RCC_HSEConfig(RCC_HSE_ON);
第 3 步	等待高速外部时钟晶振工作	HSEStartUpStatus = RCC_WaitForHSEStartUp()
第 4 步	设置 AHB 时钟	RCC_HCLKConfig
第 5 步	设置高速 AHB 时钟	RCC_PCLK2Config
第 6 步	设置低速 AHB 时钟	RCC_PCLK1Config
第 7 步	设置 PLL	RCC_PLLConfig
第 8 步	打开 PLL	RCC_PLLCmd(ENABLE)
第 9 步	等待 PLL 工作	while(RCC_GetFlagStatus(RCC_FLAG_PLLRDY)== RESET)
第 10 步	设置系统时钟	RCC_SYSCLKConfig
第 11 步	判断 PLL 是否是系统时钟	while(RCC_GetSYSCLKSource() != 0x08)
第 12 步	打开要使用的外设时钟	RCC_APB2PeriphClockCmd() RCC_APB1PeriphClockCmd()

程序实例：

```
/*******************************************************************************
* Function Name  : RCC_Configuration
* Description    : RCC 配置(使用外部 8 MHz 晶振)
* Input          : 无
* Output         : 无
* Return         : 无
*******************************************************************************/
void RCC_Configuration(void)
{
   /*将外设 RCC 寄存器重设为缺省值*/
   RCC_DeInit();
   /*设置高速外部晶振(HSE)*/
   RCC_HSEConfig(RCC_HSE_ON);          //RCC_HSE_ON——HSE 晶振打开(ON)
   /*等待 HSE 起振*/
   HSEStartUpStatus = RCC_WaitForHSEStartUp();
   if(HSEStartUpStatus == SUCCESS)      //SUCCESS：HSE 晶振稳定且就绪
   {
      /*设置 AHB 时钟(HCLK)*/
      RCC_HCLKConfig(RCC_SYSCLK_Div1); //RCC_SYSCLK_Div1——AHB 时钟=系统时钟
      /*设置高速 AHB 时钟(PCLK2)*/
```

```
        RCC_PCLK2Config(RCC_HCLK_Div1);      //RCC_HCLK_Div1—— APB2 时钟= HCLK
        /*设置低速 AHB 时钟(PCLK1)*/
        RCC_PCLK1Config(RCC_HCLK_Div2);      //RCC_HCLK_Div2—— APB1 时钟= HCLK / 2
        /*设置 Flash 存储器延时时钟周期数*/
        Flash_SetLatency(Flash_Latency_2);          //2 延时周期
        /*选择 Flash 预取指缓存的模式*/
        Flash_PrefetchBufferCmd(Flash_PrefetchBuffer_Enable);      //预取指缓存使能
        /*设置 PLL 时钟源及倍频系数*/
        RCC_PLLConfig(RCC_PLLSource_HSE_Div1, RCC_PLLMul_9);
        // PLL 的输入时钟= HSE 时钟频率; RCC_PLLMul_9—— PLL 输入时钟 x 9
        /*使能 PLL */
        RCC_PLLCmd(ENABLE);
        /*检查指定的 RCC 标志位(PLL 准备好标志)设置与否*/
        while(RCC_GetFlagStatus(RCC_FLAG_PLLRDY) == RESET)
        {
        }
        /*设置系统时钟(SYSCLK)*/
        //RCC_SYSCLKSource_PLLCLK—— 选择 PLL 作为系统时钟
        RCC_SYSCLKConfig(RCC_SYSCLKSource_PLLCLK);
        /* PLL 返回用作系统时钟的时钟源*/
        while(RCC_GetSYSCLKSource() != 0x08)          //0x08: PLL 作为系统时钟
        {
        }
    }
    /*使能或者失能 APB2 外设时钟*/
    RCC_APB2PeriphClockCmd(RCC_APB2Periph_GPIOA | RCC_APB2Periph_GPIOB |
    RCC_APB2Periph_GPIOC , ENABLE);
    //RCC_APB2Periph_GPIOA       GPIOA 时钟
    //RCC_APB2Periph_GPIOB       GPIOB 时钟
    //RCC_APB2Periph_GPIOC       GPIOC 时钟
    //RCC_APB2Periph_GPIOD       GPIOD 时钟
}
```

6.4　STM32 单片机最小系统

一个 STM32 最小系统，通常包含以下功能部件：STM32 芯片、电源、复位系统、时钟系统、调试接口、程序下载接口等。

6.4.1 电源电路

STM32 使用单电源供电，其电压范围必须为 2.0 V～3.6 V，同时通过它内部的一个电压调整器，可以给 Cortex-M3 内核提供 1.8 V 的工作电压。STM32 还有两个可选电源的模块：

(1) 实时时钟和一小部分备份寄存器，它们可以在 STM32 进入深度节电模式后，在备份电池的支持下保持数据不丢失。但如果 STM32 最小系统没有使用备用电池，则 V_{BAT} 引脚必须和 V_{DD} 引脚相连接。

(2) ADC 模块。如果要启用 ADC 功能，则主电源 V_{DD} 必须限制在 2.4 V～3.6 V。在引脚数大于 100 的 STM32 版本里，ADC 模块有额外的参考电压引脚 V_{REF+} 和 V_{REF-}，V_{REF-} 引脚必须与 V_{DDA} 相连，而 V_{REF+} 可以接入 2.4 V～V_{DD}。在其他版本型号的 STM32 中，没有 V_{REF+} 和 V_{REF-} 引脚，它们在芯片内部与 ADC 的电源(V_{DDA})和地(V_{SSA})相连。每个电压供应引脚都需要一个去耦电容。STM32 整体电源框图如图 6.3 所示。

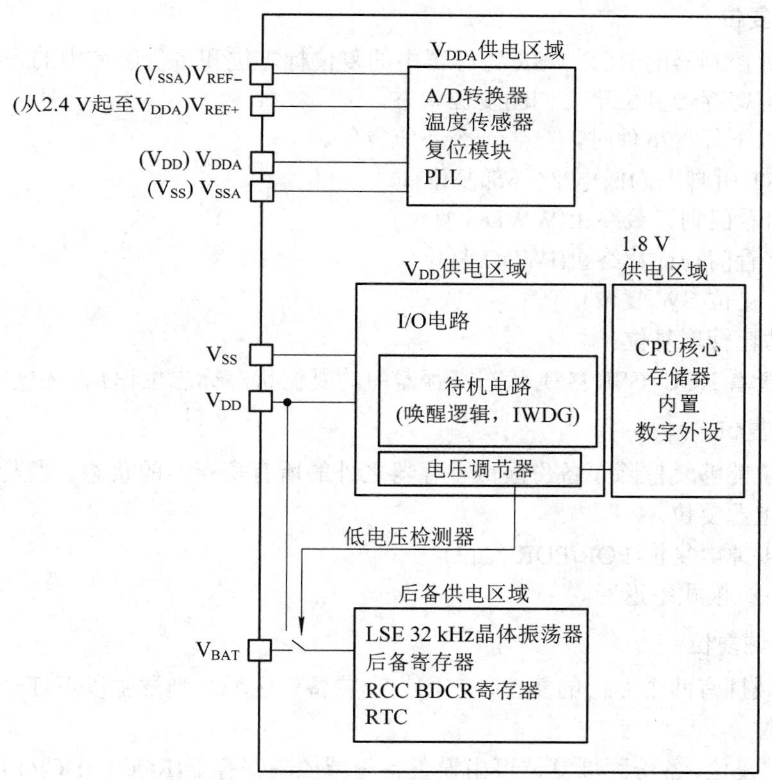

图 6.3 STM32 整体电源框图

6.4.2 复位电路

接触过 51 单片机的读者都知道，复位电路对于单片机来说是必不可少的一部分。复位就是把单片机当前的运行状态恢复到起始状态的操作。STM32F1 系列单片机支持三种

复位形式，分别为系统复位、电源复位和备份区域复位。其芯片内部的复位电路结构如图 6.4 所示。

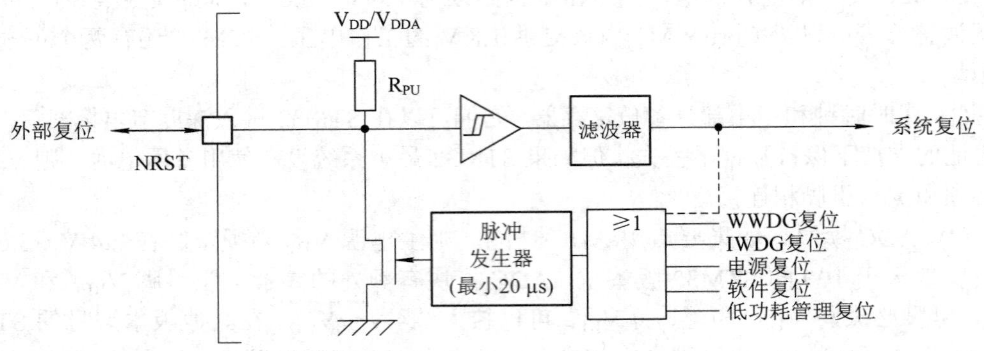

图 6.4　STM32 内部复位电路结构

1. 系统复位

除了时钟控制器的 RCC_CSR 寄存器中的复位标志位和备份区域中的寄存器以外，系统复位将所有寄存器复位至它们的复位状态。

当发生以下任一事件时，产生一个系统复位。

(1) NRST 引脚上为低电平(外部复位)。

(2) 窗口看门狗计数终止(WWDG 复位)。

(3) 独立看门狗计数终止(IWDG 复位)。

(4) 软件复位(SW 复位)。

(5) 低功耗管理复位。

可通过查看 RCC_CSR 控制状态寄存器中的复位状态标志位识别复位事件来源。

2. 电源复位

电源复位能够复位除了备份区域寄存器之外的所有寄存器的状态。当发生以下任一事件时，产生电源复位。

(1) 上电/掉电复位(POR/PDR 复位)。

(2) 从待机模式中返回。

3. 备份域复位

备份区域拥有两个专门的复位，它们只影响备份区域。当发生以下任一事件时，产生备份区域复位。

(1) 软件复位，备份区域复位可由设置备份域控制寄存器(RCC_BDCR)中的 BDRST 位产生。

(2) 在 V_{DD} 和 V_{BAT} 两者掉电的前提下，V_{DD} 或 V_{BAT} 上电将引发备份区域复位。

对于我们常用的复位电路，在这里其实对应的是系统复位中的第一个条件，即令 NRST 引脚上来一个低电平信号(外部复位)引发的系统复位，其常用的复位电路图如图 6.5 所示。

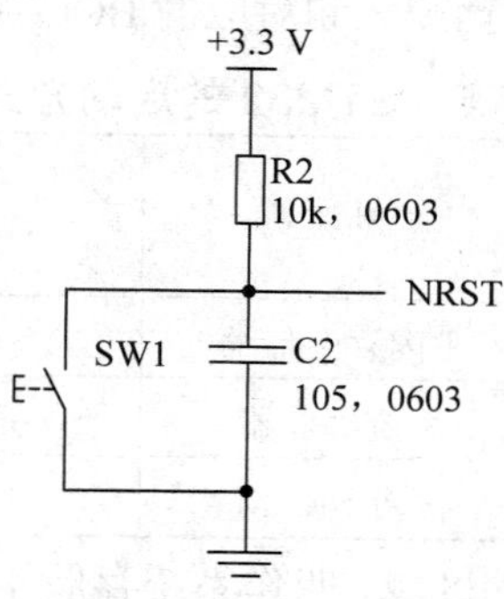

图 6.5　STM32 常用复位电路

由图 6.5 可以看出，当按下按键时，NRST 引脚和地相接，从而产生一个低电平信号，实现复位。当系统上电瞬间，电容充电导致 NRST 被拉为低电平信号并保持一定的时间，实现上电复位。

6.4.3　外部时钟电路

STM32 带有内部 RC 振荡器，可以为内部 PLL(锁相环)提供时钟，这样 STM32 依靠内部振荡器就可以在 72 MHz 的满速状态运行。但是内部 RC 振荡器相比外部晶振来说不够准确，同时也不够稳定，所以在条件允许的情况下，建议尽量使用外部时钟源。典型的外部晶振电路如图 6.6 所示。

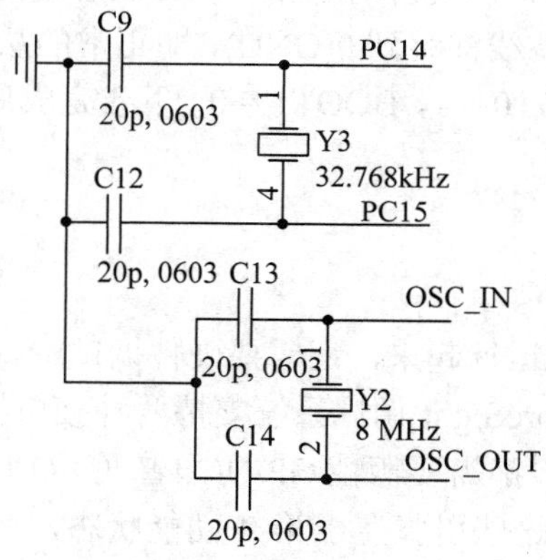

图 6.6　晶振电路

图 6.6 所示 HSE(高速外部时钟)和 LSE(低速外部时钟)都是采用无源晶振的形式，HSE 通过 OSC_IN 和 OSC_OUT 引脚外接一个 8 MHz 的晶振。LSE 通过 PC14 和 PC15 引脚外接一个 32.768 kHz 的晶振。在晶振的两侧有两个电容，称为负载电容，也叫起振电容，它有两个作用：一是使晶振两端的等效电容等于或接近于负载电容；二是起滤波的作用，滤除晶振波形中的高频杂波。

6.4.4　启动引脚和 ISP 编程

STM32 有 3 种启动模式。用户可以通过 STM32 的两个外部引脚 BOOT0 和 BOOT1

来选择这 3 种启动方式。具体的启动模式和对应的 BOOT0 和 BOOT1 的值见表 6.6。

表 6.6 STM32 的启动方式

模式选择引脚		启动模式	说 明
BOOT1	BOOT0		
X	0	主闪存存储器	主闪存存储器被选为启动区域
0	1	系统存储器	系统存储器被选为启动区域
1	1	内置 SRAM	内置 SRAM 被选为启动区域

STM32 芯片内部有一块特定的区域，叫作系统存储器。芯片出厂时在这个区域预置了一段启动引导程序(Bootloader)，就是通常说的 ISP 程序，其作用就是通过串口将程序下载到 Flash 中，为之后的软件更新提供便利，用户不需要利用仿真口下载程序，从而极大地提高了工作效率。STM32 复位之后，如果检测到 BOOT1 引脚为低电平，BOOT0 引脚为高电平，那么芯片就执行内部固化的 ISP 引导程序，接收来自上位机的命令和数据。此后可进行 ISP 编程，而 USART1 是 ISP 编程默认使用的通信接口，可用来从 PC 端下载和烧写代码，因此用户还需要为此相应地添加一个 RS232 驱动器件。

需要注意的是：一般不使用内置 SRAM 启动(BOOT1 = 1，BOOT0 = 1)，因为 SRAM 掉电后数据就丢失。多数情况下 SRAM 只是在调试时使用，也可以用于其他一些用途。如做故障的局部诊断，写一段小程序加载到 SRAM 中诊断板上的其他电路，或用此方法读/写板上的 Flash 或 EEPROM 等。还可以通过这种方法解除内部 Flash 的读/写保护，当然解除读/写保护的同时 Flash 的内容也被自动清除，以防止恶意的软件拷贝。

一般 BOOT0 和 BOOT1 跳线都跳到 0(GND)，即正常的从片内 Flash 运行，只是在 ISP 下载的情况下，需要设置 BOOT0 = 1，BOOT1 = 0，下载完成后，把 BOOT0 的跳线接回 0，这样系统可以正常运行了。

6.4.5 调试端口

为了让 STM32 最小系统运行起来，还需要硬件调试端口，这样才可以使用调试仿真器连接 STM32。STM32 的 CoreSight 调试系统支持两种接口标准：5 针 JTAG 端口和 2 针的 SWD 串行接口。这两种接口都需要牺牲 GPIO(即普通 I/O 口)来供给调试器仿真器使用。STM32 复位之后，CPU 会将这些引脚置于第 2 功能状态，所以此时调试端口就已经可以使用了。如果用户希望使用这些引脚作 GPIO，则必须在应用程序中将它们切换回普通 I/O 状态。STM32 上的 5 针接口一般以 20 针的 JTAG 标准调试端口引出；而 2 针串行接口使用 GPIOA.14 作为串行时钟线。

6.5 STM32 程序开发模式

6.5.1 基于寄存器的开发模式

基于寄存器的开发模式有以下几个特点：

(1) 与硬件关系密切。编写程序时需直接面对底层的部件、寄存器和引脚。

(2) 要求编程者比较熟练地掌握 STM32 单片机的体系架构、工作原理，尤其是对寄存器及其功能要很熟悉。

(3) 程序代码比较紧凑、短小，代码冗余相对较少，因此源程序生成的机器码比较短小。

(4) 开发难度较大、开发周期较长，后期维护、调试比较烦琐。在编程过程中，必须十分熟悉所涉及的寄存器及其工作流程，必须按照要求完成相关设置，初始化工作，开发难度相对较大。如果要扩充硬件、增加功能，这些后期的维护升级，相较于基于固件库的开发模式，要困难很多。

6.5.2　基于 ST 固件库的开发模式

基于 ST 固件库的开发模式有以下几个特点：

(1) 与硬件关系比较疏远。由于函数的封装，使得与底层硬件接口的部分被封装，编程时不需要太关注硬件。

(2) 对掌握 STM32 的架构与原理的要求相对较低。编程者只要对硬件原理有一定的理解，能按照库函数的要求给定函数参数和利用返回值，即可调用相关函数，实现对某个部件、寄存器的操作。

(3) 程序代码比较烦琐、偏多。由于考虑到函数的稳健性、扩充性等因素，使得程序的冗余部分会较大。

(4) 开发难度较小、开发周期较短，后期维护、调试比较容易。外围设备的参考函数比较容易获取，也比较容易修改。

6.5.3　基于操作系统的开发模式

从理论上讲，基于操作系统的开发模式，具有快捷、高效的特点，开发的软件移植性、后期维护性、程序稳健性等都比较好。但是，不是所有系统都要基于操作系统，因为这种模式要求开发者对操作系统的原理有比较透彻的了解，所以一般功能比较简单的系统，不建议使用操作系统。毕竟操作系统要占用系统资源，并且不是所有系统都能使用操作系统，因为操作系统对系统的硬件有一定的要求，因此，在通常情况下，虽然 STM32 单片机是 32 位系统，但不主张嵌入操作系统。

6.5.4　三种开发模式的选用建议

基于操作系统的开发模式，对于初学者不是很合适，因为它对掌握操作系统、多任务等理论的要求较高，建议学习者在对嵌入式系统的开发达到一定的阶段后，再开始尝试这种开发模式。

从学习的角度出发，可以从基于寄存器的开发模式入手，这样可以更加清晰地了解和掌握 STM32 的架构、原理。

从高效开发的角度和学习容易上手的角度来说，建议使用基于固件库函数的开发模

式，毕竟这种模式把底层比较复杂的一些原理和概念封装起来，使人更容易理解。这种模式开发的程序更容易维护、移植，开发周期更短，程序出错的概率更小。

当然，也可以采用基于寄存器和基于固件库混合的方式。

本章小结

本章作为STM32单片机的概述，从STM32单片机与ARM及Cortex的关系开始，介绍了STM32单片机及其产品命名规则，对STM32的基本架构进行了简单阐述，重点讲述了STM32的“时钟树”和最小系统的设计，并对STM32程序开发模式进行了讲解。读者通过本章的学习可以对STM32有一个整体的认识，在后续章节的学习中，通过结合具体的实例将对STM32单片机有更深入的理解。

思考与练习

1. 请举例说明，在你身边有哪些是单片机应用系统。
2. STM32单片机有哪些系列？各自有什么特点？
3. STM32内部集成的外设模块通常有哪些？
4. 低速外部时钟一般接多少赫兹的石英晶振？
5. 简述STM32常用的时钟信号有哪些。
6. 简述STM32的时钟设置的基本流程。
7. 什么是STM32最小系统？请设计一个STM32最小系统。
8. STM32的启动模式有几种？BOOT引脚有几个？分别如何设置？
9. STM32的调试接口一般有几种？各有什么特点？
10. STM32的开发模式有哪几种？

第 7 章　Keil MDK 使用入门

7.1　MDK-ARM 简介

MDK-ARM 的全称是 Microcontroller Development Kit for ARM，MDK-ARM 是比较官方的名字，其实在生活中有很多工程师习惯称其为 Keil MDK、RVMDK、ARM MDK 等。为何 MDK-ARM 会有这么多的名字呢？那就要了解一下它的前世今生：2005 年 10 月，ARM 公司收购了 Keil 公司，说到 Keil 公司，从 51 单片机入门的读者应该很熟悉了，Keil C51 是大多数 51 单片机入门者的首选；2006 年 1 月，ARM 推出集成 Keil μVision3 的 Real View MDK 开发环境，当时称为 DK-ARM(大家更喜欢称它为 Keil for ARM)，后来经过版本的演变，ARM 公司最后将其命名为 MDK-ARM。

MDK-ARM 的集成开发环境是 Keil μVision IDE，和 Keil C51 是同一个集成开发环境，因而深得从 51 单片机向 STM32 转型的工程师的喜爱；而且其集成了 ARM 公司的开发工具集 RealView (包括 RVD、RVI、RVT、RVDS 等)，ARM 和 STM32 的关系在此不多做介绍了，其正宗品牌效应，也是很多人选择 MDK-ARM 的又一个原因。目前，Keil 最新版为 Version 5.33，有关更多 MDK-ARM 的信息，可以登录 Keil 公司的主页 www.keil.com 了解。

7.2　Keil5 的安装

要在计算机上成功安装 Keil5，首先必须有安装包，我们可以在 Keil 的官网上下载：https://www.keil.com/download/product/。其打开界面如图 7.1 所示，点击 MDK-Arm 即可下载。

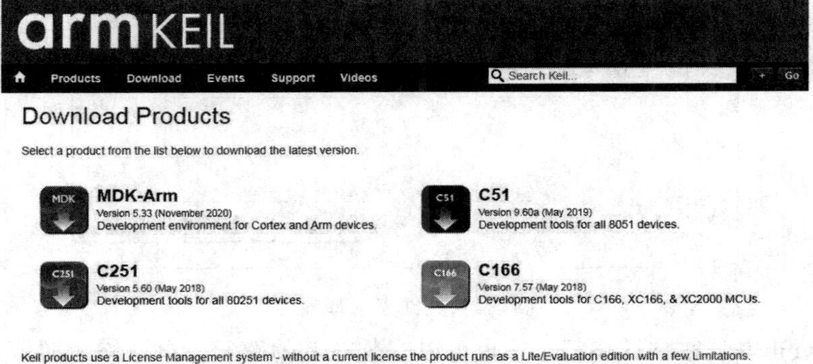

图 7.1　MDK-ARM 下载界面

软件包下载完成之后，双击安装包程序，进入安装程序欢迎界面，如图 7.2 所示。

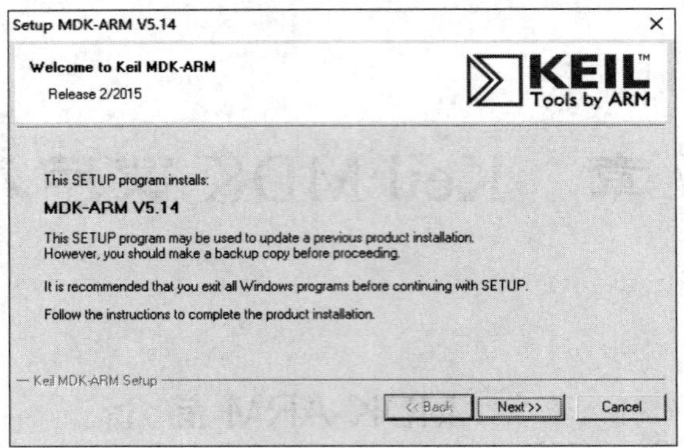

图 7.2　Keil5 安装程序欢迎界面

点击“Next”按钮，进入安装协议界面，如图 7.3 所示。勾选“I agree to all the terms of the preceding License Agreement”，点击“Next”按钮，进入文件夹选择界面，如图 7.4 所示。

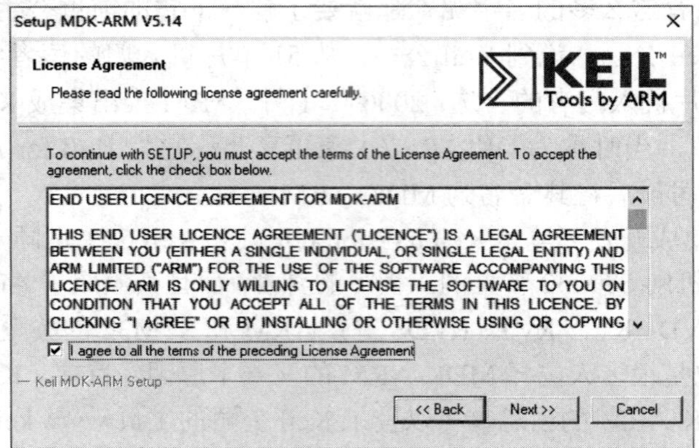

图 7.3　安装协议界面

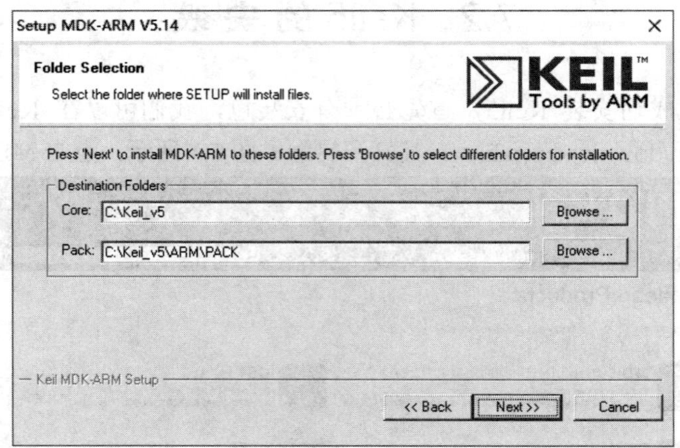

图 7.4　文件夹选择界面

可以将 Keil 安装在默认路径下，也可以安装在其他路径，自行修改即可，一般选择好 Code 路径，Pack 路径就会自动出现。注意软件安装路径不能出现中文。点击“Next”按钮，进入用户信息界面，填写用户信息后，点击“Next”按钮就开始执行安装命令了，安装过程状态如图 7.5 所示。

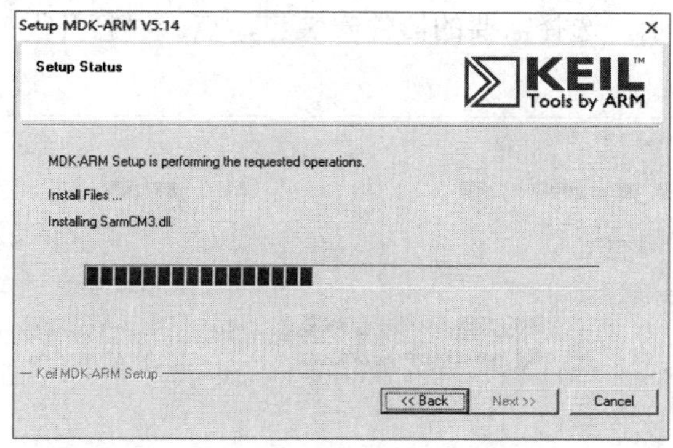

图 7.5　安装过程状态指示界面

安装过程完成后，会显示如图 7.6 所示界面。

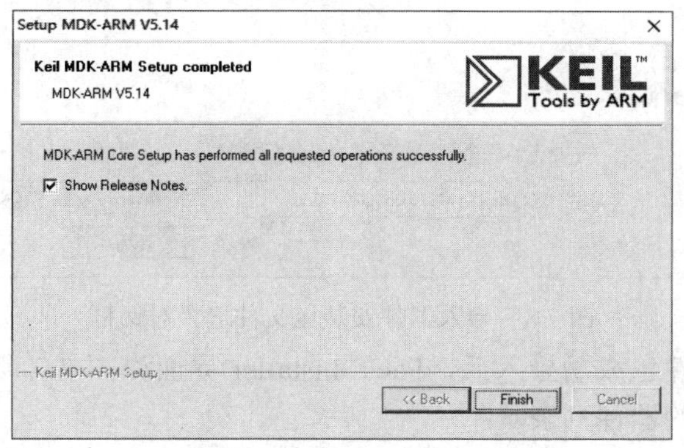

图 7.6　Keil5 安装完成界面

最后点击“Finish”按钮即可完成安装，随后，MDK 会自动弹出 Pack Installer 界面，如图 7.7 所示。程序会自动去 Keil 的官网下载各种支持包，用户也可以根据需要自行去官网下载，下载地址为 http://www.keil.com/dd2/pack。以 STM32F103ZET6 为例，我们需要安装 STM32F103ZET6 的器件安装包下载地址为 Keil.STM32F1xx_DFP.1.0.5.pack。

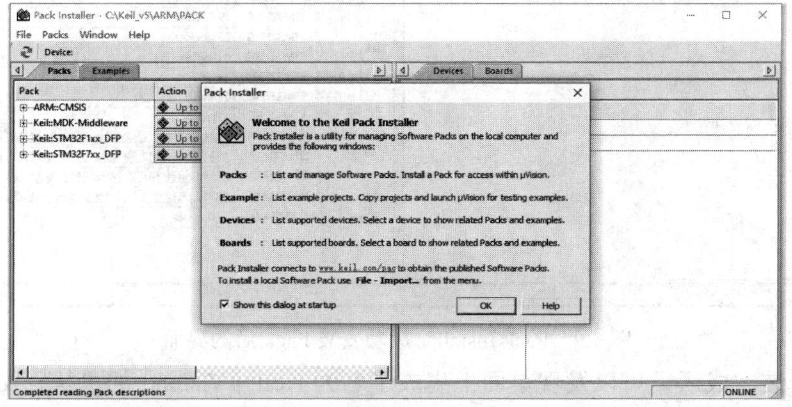

图 7.7　Pack Installer 界面

器件安装包下载完成后，可以直接双击安装包程序，开始安装，也可以通过 Pack Installer 界面安装。在 Pack Installer 程序下选择菜单“File”→“Import...”，弹出文件选择对话框，如图 7.8 所示，选择需要的器件安装包，点击“打开”按钮，即可开始安装该器件包。

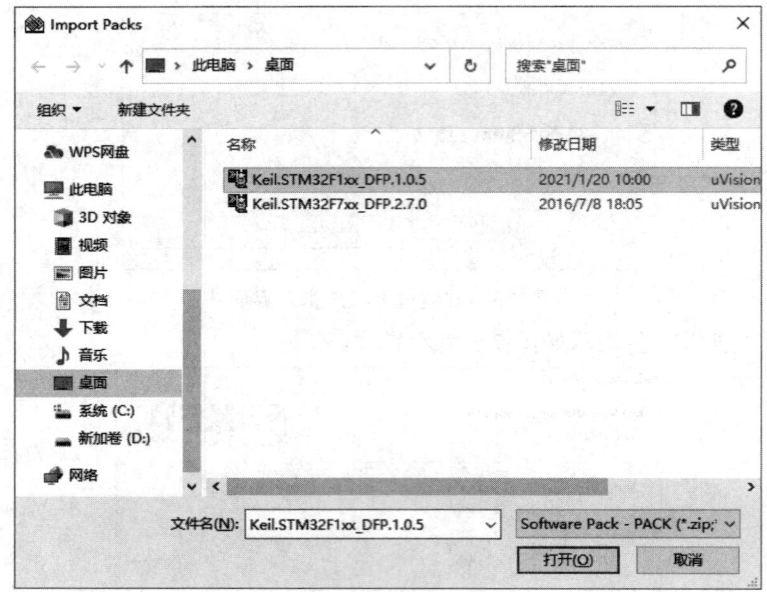

图 7.8　导入器件安装包文件选择对话框

当需要安装的器件包成功导入后，Pack Installer 界面如图 7.9 所示，可以看到已导入的安装包以及所支持的器件列表。

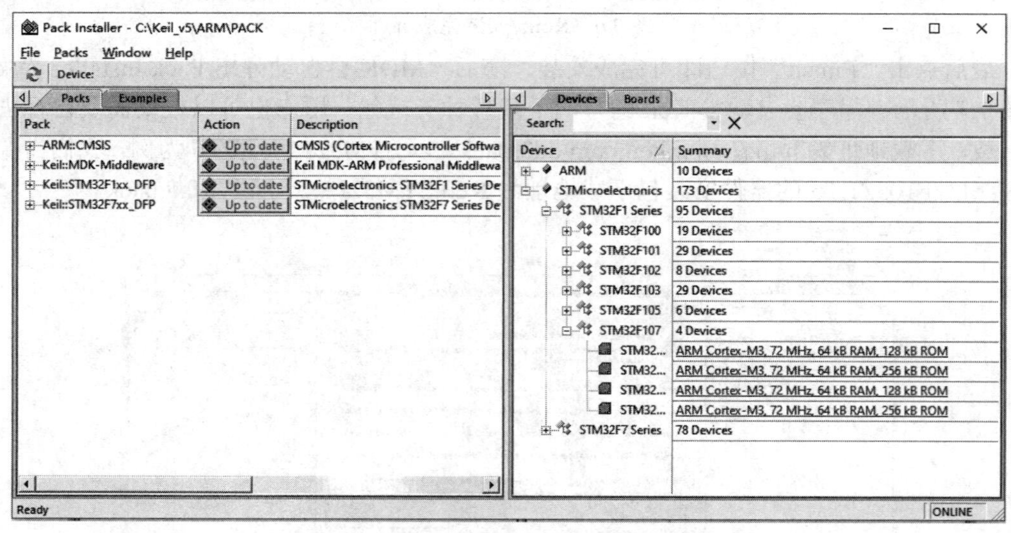

图 7.9　Pack Installer 成功安装 Pack 后的界面

Keil5 安装完成后，可以发现桌面上生成了名为 Keil μVision5 的可执行文件快捷方式图标。双击该图标打开 Keil5 的开发环境，如图 7.10 所示。

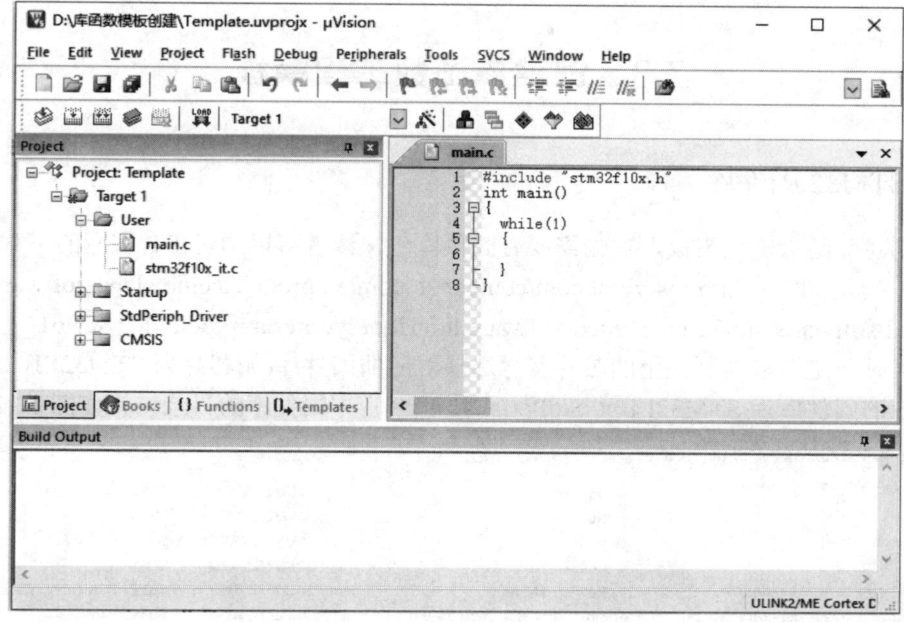

图 7.10　Keil5 主界面

接下来通过菜单“File”→“License Management...”打开“License Management”对话框，如图 7.11 所示。

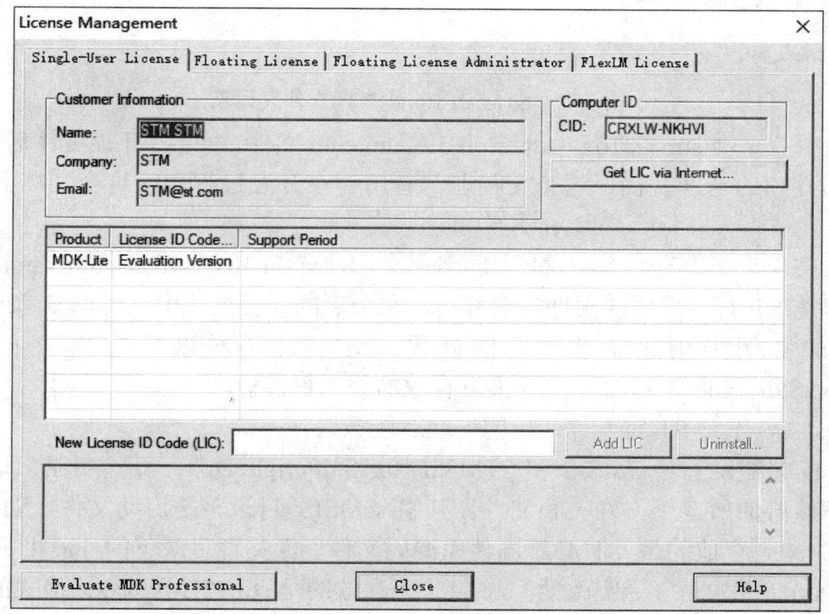

图 7.11　“License Management”对话框

填写“New License ID Code”后，点击“Add LIC”按钮，完成注册。注册成功时会在“License Management”对话框中显示使用期限和“***LIC Added Successfully***”提示信息。最后点击“Close”按钮，关闭“License Management”对话框，完成注册。

7.3　创建库函数工程模板

7.3.1　STM32 固件库

要创建库函数工程模板，首先需要有固件库包，读者可以通过 ST 官网的下载链接进行下载，地址如下：http://www.st.com/content/st_com/en/products/embedded-software/mcus-embedded-software/ stm32-embedded-software.html?querycriteria=productId=SC961。

下载时一定要根据所使用的芯片型号选择对应的固件库(如芯片为 STM32F103ZE，则下载对应的固件库为 STM32F10x_StdPeriph_Lib)。官方固件库的目录结构如图 7.12 所示。

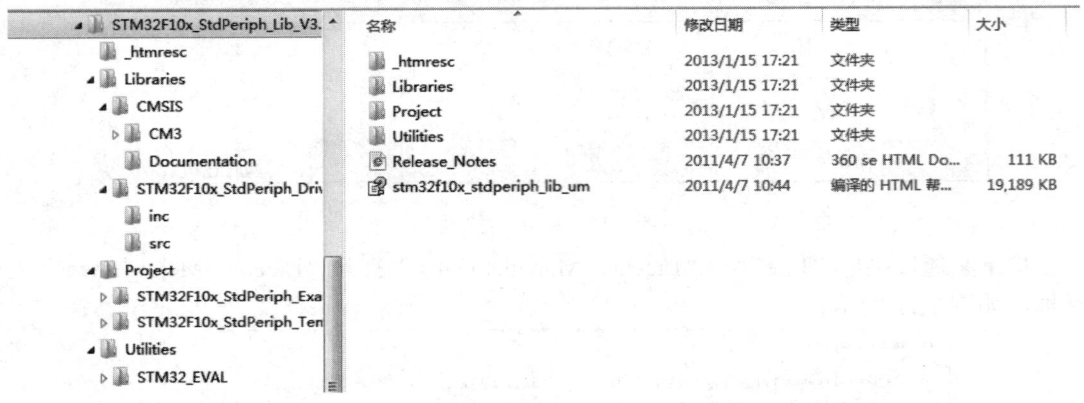

图 7.12　STM32F10x 固件库文件夹列表

根目录中有一个 stm32f10x_stdperiph_lib_um.chm 文件，直接打开该文件后可以知道，这是一个固件库的帮助文档，这个文档非常有用，在开发过程中，这个文档会经常被使用到。

Project 文件夹下面有两个文件夹。顾名思义，STM32F10x_StdPeriph_Examples 文件夹下面存放的是 ST 官方提供的固件实例源码，在今后的开发过程中，可以参考或修改这个官方提供的实例来快速驱动自己的外设，这些源码对以后的学习非常重要。STM32F10x_StdPeriph_Template 文件夹下存放的是工程模板。

Utilities 文件下是 ST 官方评估板的一些对应源码。

Libraries 文件夹下有 CMSIS 和 STM32F10x_StdPeriph_Driver 两个目录，这两个目录包含固件库核心的所有子文件夹和文件。其中 CMSIS 目录下是启动文件，STM32F10x_StdPeriph_Driver 存放的是 STM32 固件库源码文件。源文件目录下的 inc 目录存放的是 stm32f10x_xxx.h 头文件，无需改动。src 目录下存放的是 stm32f10x_xxx.c 格式的固件库源码文件。每一个 .c 文件和一个相应的.h 文件对应。这里的文件也是固件库的核心文件，每个外设对应一组文件。

Libraries 文件夹下的文件在我们建立工程的时候都会使用到。core_cm3.c 和 core_cm3.h 文件提供了进入 Cortex-M3 内核的接口，这是 ARM 公司提供的，我们永远都不需要修改这两个文件，它们位于\Libraries\CMSIS\CM3\CoreSupport 目录下。

和 CoreSupport 同一级还有一个 DeviceSupport 文件夹。DeviceSupport\ST\STM32F10xt 文件夹下主要存放一些启动文件和比较基础的寄存器定义以及中断向量定义的文件。这个目录下有三个文件：system_stm32f10x.c、system_stm32f10x.h 和 stm32f10x.h 文件。其中 system_stm32f10x.c 和对应的头文件 system_stm32f10x.h 的功能是设置系统以及总线时钟，这里有一个非常重要的 SystemInit()函数，这个函数在系统启动的时候都会被调用，用来设置系统的整个时钟系统。

stm32f10x.h 文件相当重要，只要是做 STM32 开发，就几乎时刻都要查看这个文件相关的定义。打开这个文件可以看到，里面有非常多的结构体以及宏定义。该文件里主要是系统寄存器定义申明以及包装内存操作。

与 DeviceSupport\ST\STM32F10x 同一级还有一个 startup 文件夹，这个文件夹下放的文件是启动文件。在\startup\arm 目录下，我们可以看到 8 个 startup 开头的.s 文件，分别为对应于不同容量的芯片启动文件。对于 F103 系列，主要用其中 3 个启动文件：

startup_stm32f10x_ld.s：适用于小容量产品，Flash≤32KB；

startup_stm32f10x_md.s：适用于中等容量产品，64 KB≤Flash≤128 KB；

startup_stm32f10x_hd.s：适用于大容量产品，256 KB≤Flash。

以 STM32F103ZET6 为例，该芯片属于大容量产品，其启动文件选择 startup_stm32f10x_hd.s。

启动文件是用汇编语言编写的，系统上电后将首先执行启动文件。启动文件主要执行以下工作：

(1) 初始化堆栈。

(2) 定义中断向量表以及中断函数。

(3) 初始化 PC 指针，令其为 Reset_Handler。

(4) 进入 Reset_Handler 后，先调用 SystemInit 系统初始化函数。

(5) 最终调用 main 函数进入 C 的世界。

7.3.2　创建库函数工程

1. 整理工程文件夹

我们在计算机的任意位置创建一个文件夹，命名为“库函数模板创建”，然后在其下新建 3 个文件夹(文件夹命名可任意，这里根据文件类型命名)如下：

(1) Obj 文件夹：用于存放编译产生的 c/汇编/链接的列表清单、调试信息、HEX 文件、预览信息、封装库等文件。

(2) User 文件夹：用于存放用户编写的 main.c、stm32f10x.h 头文件、stm32f10x_conf.h 配置文件、stm32f10x_it.c 和 stm32f10x_it.h 中断函数文件。这些文件都可以从固件库中复制得到。

(3) Libraries 文件夹：用于存放 CMSIS 标准(Cortex Microcontroller Software Interface Standard)和 STM32 外设驱动文件。在此文件夹下新建 2 个文件夹，分别命名为 CMSIS 和 STM32F10x_StdPeriph_Driver，这些文件夹命名都是直接复制固件库相应的文件夹名。

CMSIS 文件夹用于存放一些 CMSIS 标准文件和启动文件，从固件库中复制相应的文

件放入我们自建的 CMSIS 文件夹下，所包含的文件如图 7.13 所示。

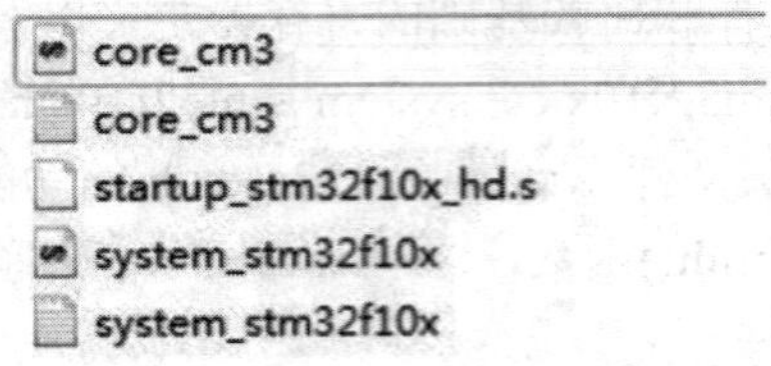

图 7.13　自建 CMSIS 文件夹内容

STM32F10x_StdPeriph_Driver 可直接将固件库中相应目录下的内容复制过来，无需修改。它里面存放的就是 STM32 标准外设驱动文件，src 目录下存放的是外设驱动的源文件，inc 目录下存放的是对应的头文件。

至此，就已经将创建库函数模板所需的固件库文件复制过来了，接下来就可以建立新工程了。

2. 建立工程

打开 Keil5 软件，新建一个工程，填写工程名称。这里要注意的是需使用英文来命名，这里我们命名为 Template，直接保存在最开始创建的“库函数模板创建”文件夹下。具体步骤如图 7.14 和图 7.15 所示。

图 7.14　在 Keil5 下新建工程

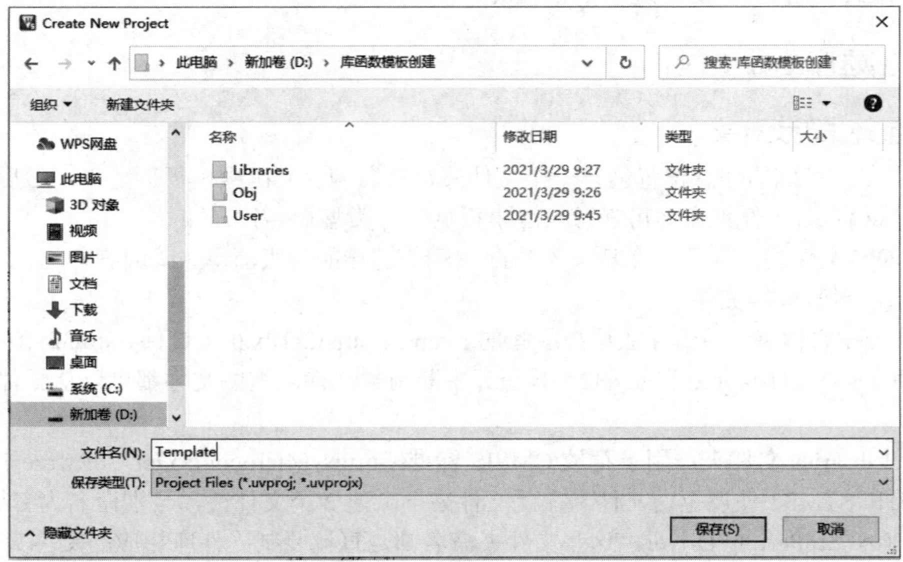

图 7.15　为新工程命名并保存

3. 选择 CPU 型号

根据所使用的 CPU 的具体型号来选择，这里仍以 STM32F103ZET6 芯片为例，选择芯片的过程如图 7.16 所示。

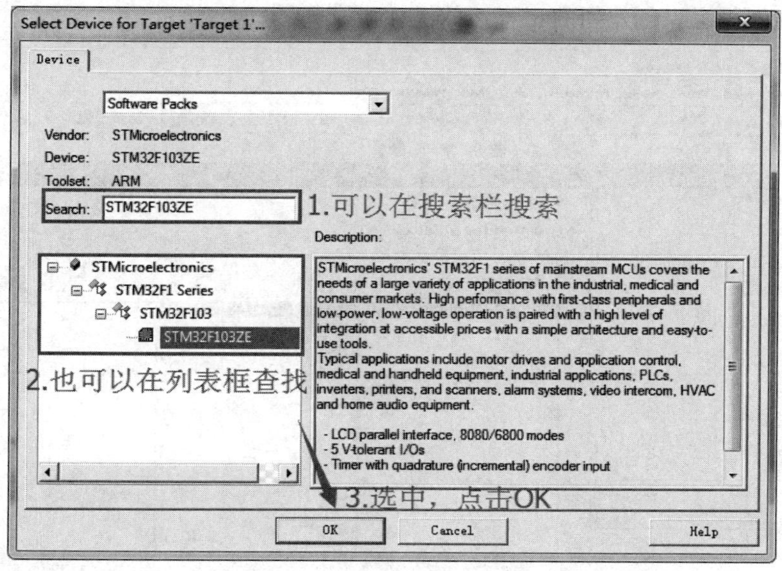

图 7.16　选择 CPU 型号

选择 CPU 后点击“OK”按钮，会弹出在线添加固件库文件的界面，如图 7.17 所示。这里我们手动添加，不需要此步骤，所以直接关闭此窗口即可。

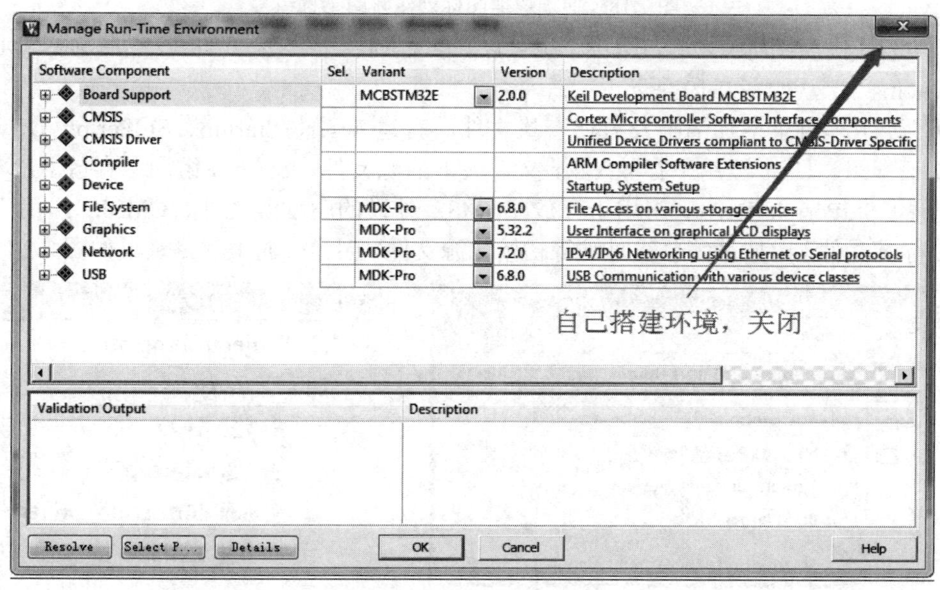

图 7.17　在线添加固件库文件的界面

4. 给工程添加文件

给工程添加文件就是将前面创建的“库函数模板创建”文件夹下的文件和自己编写的

源代码添加到工程中。双击 Group 文件夹就会出现添加文件的路径，然后选择文件即可。如果我们将“库函数模板创建”文件夹下的文件都添加到 Group 这个默认组中，显然是非常混乱的，对于我们查找工程文件和工程维护极其不方便，因此这里我们需要根据文件类型来创建新的工程组。创建新的工程组的操作步骤如图 7.18 所示。

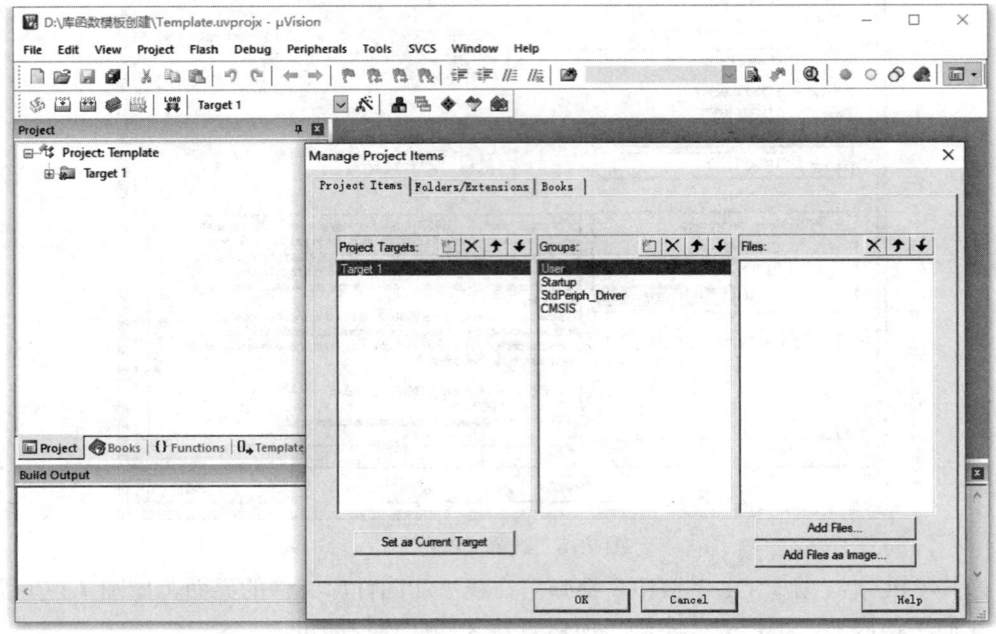

图 7.18　通过快捷图标创建新的工程组

可以选择快捷图标来创建工程组，也可以在工程列表下右击 Target1，然后选择“Manage Project Items...”，如图 7.19 所示。

为了使工程目录更加清晰及方便查找文件，新建 User、Startup、StdPeriph_Driver 和 CMSIS 工程组。User 组用于存放 User 文件夹下的源文件，Startup 组用于存放 STM32 的启动文件，StdPeriph_Driver 组用于存放 STM32 外设的驱动源文件、CMSIS 组用于存放 CMSIS 标准文件，比如系统总线时钟等初始化源文件。创建好的工程目录组如图 7.20 所示。

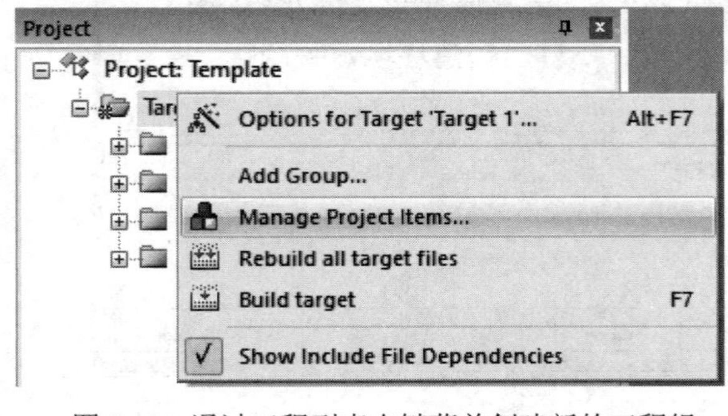

图 7.19　通过工程列表右键菜单创建新的工程组

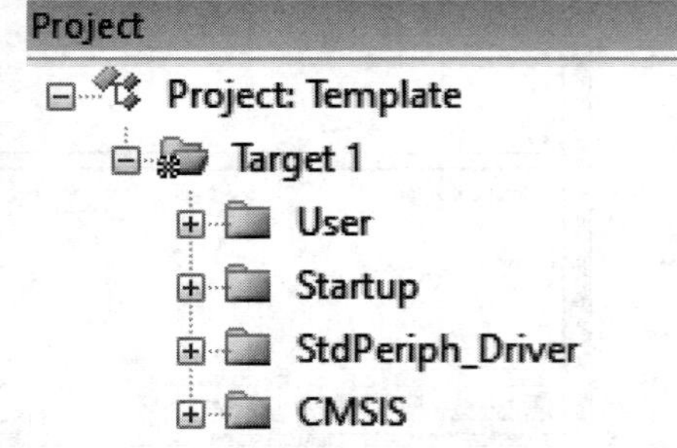

图 7.20　创建好的工程目录组

接下来就需要将对应的一些文件添加到工程目录组中，这样才能进行程序的开发。添加工程文件的步骤如图 7.21 所示。

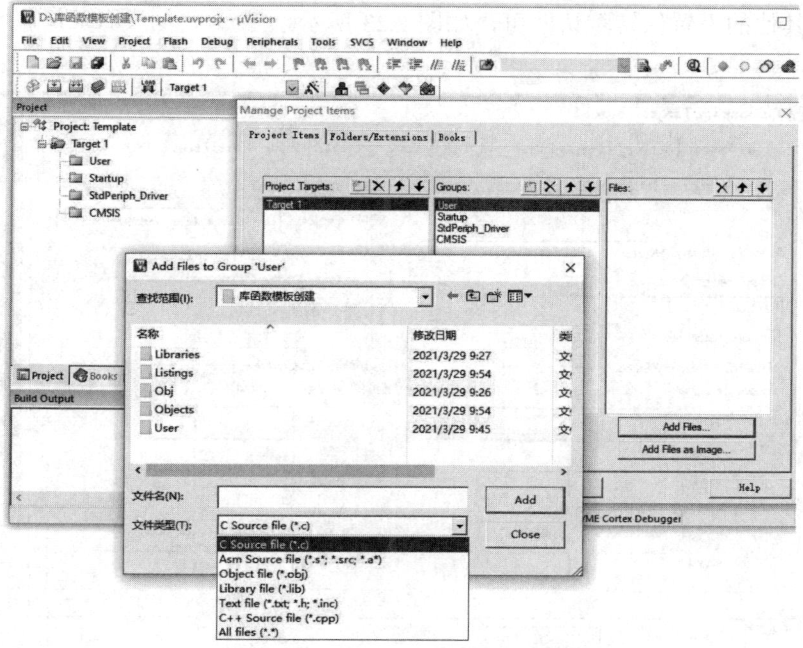

图 7.21　向工程目录组中添加文件

第 1 步，点击图标，弹出界面。

第 2 步，选择要添加的工程组。

第 3 步，点击“Add Files…”按钮，添加文件，这时会弹出添加文件对话框。

第 4 步，选择对应文件夹下的文件。文件类型默认 .c 文件，如果需要添加其他类型的文件(如启动文件的类型是.s)，则需要进行第 5 步。

第 5 步，选择文件类型。

第 6 步，点击“Add”按钮完成文件添加。

将所有文件添加至对应工程组后，工程目录如图 7.22 所示。

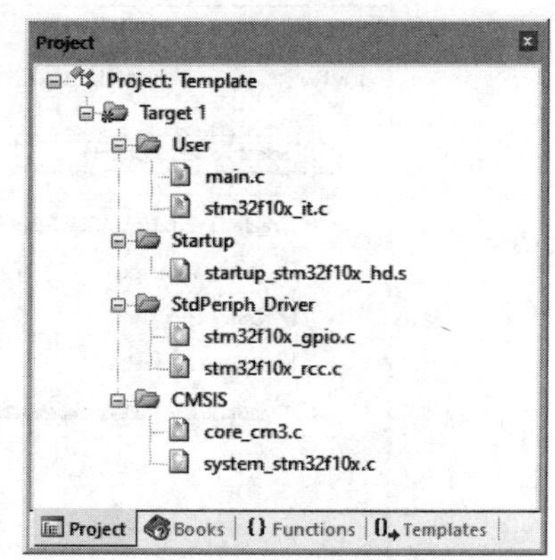

图 7.22　添加文件后的工程目录

在 StdPeriph_Driver 工程组中我们只添加了 2 个源文件，对于 STM32 程序开发，通常这 2 个文件都是需要的，其他的外设源文件根据是否使用外设而添加，如果把所有的源文件都加进来也是没有问题的，不过工程在编译的时候会比较慢，所以通常的原则是使用哪个外设就添加哪个外设的源文件。

5. 配置工程

这一步的配置工作非常重要，很多人编写程序编译后发现找不到 HEX 文件，还有的人后面做 Printf 实验时打印不出信息，这些问题都是因为在这一步骤没有配置好导致的。

(1) 第 1 步，点击“工程目标选项”进入配置(或 Project→Options for Target)；第 2 步，选中 Target 选项卡；第 3 步，勾选“Use MicroLiB”选项，主要是为了后面 Printf 重定向

输出使用；其他的设置保持默认即可，如图 7.23 所示。

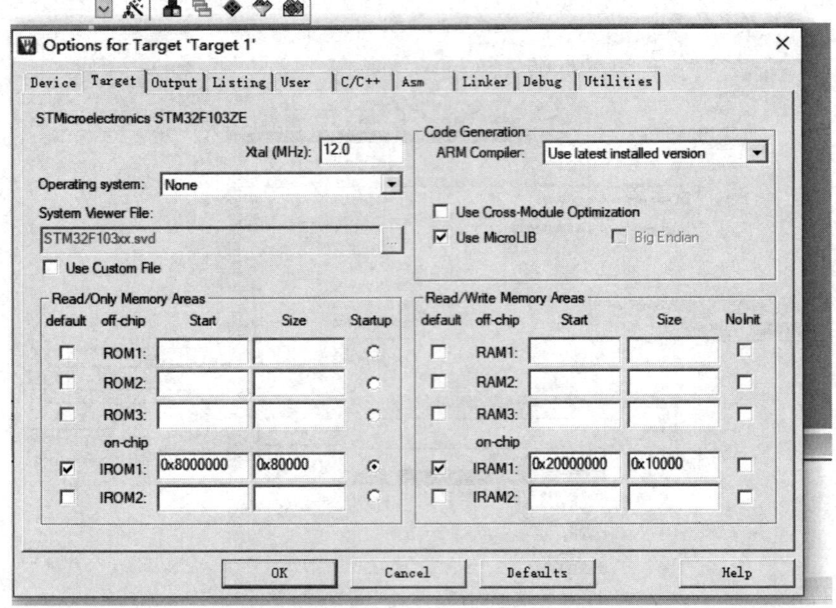

图 7.23　Target 选项卡配置

(2) Output 选项卡中把输出文件夹定位到工程目录下的 Obj 文件夹下，如果想在编译的过程中生成 HEX 文件，则需要勾选“Create HEX File”选项，如图 7.24 所示。

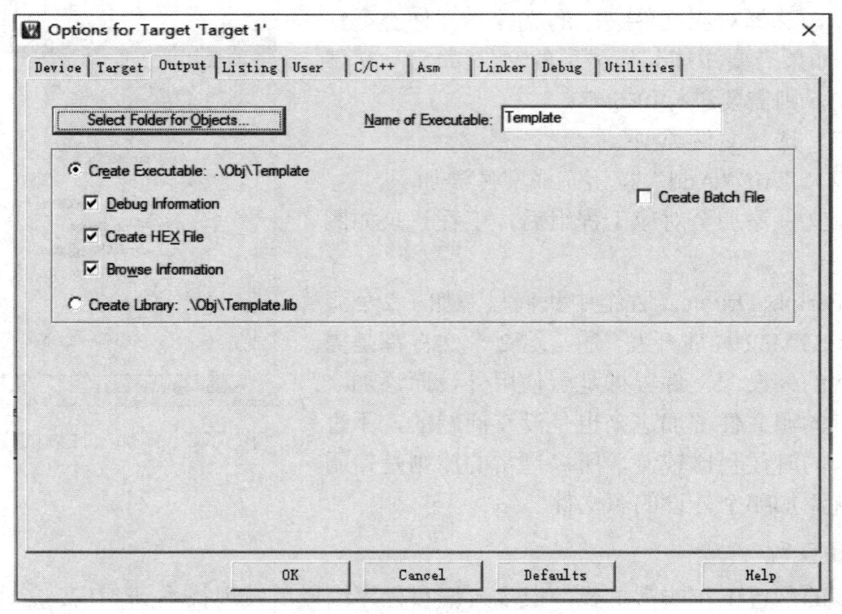

图 7.24　Output 选项卡配置

(3) Listing 选项卡中把输出文件夹也定位到工程目录下的 Obj 文件夹下。其他设置为默认设置，如图 7.25 所示。

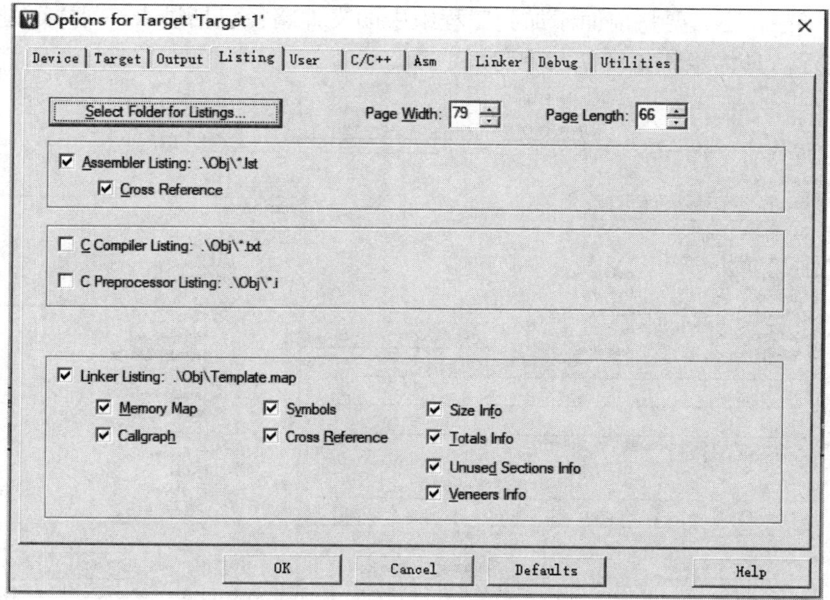

图 7.25　Listing 选项卡配置

(4) C/C++选项卡配置。

因为创建的是库函数工程模板，所以需要对处理器类型和库进行宏定义，在 Define 栏中填写两个宏：USE_STDPERIPH_DRIVER,STM32F10X_HD。注意它们之间有一个英文状态的逗号，如图 7.26 所示。通过这两个宏就可以对 STM32F10x 系列芯片进行库开发。因为在库源码内支持很多 F1 系列芯片，通过这个宏就可以选择用哪种芯片的库驱动。同理，USE_STDPERIPH_DRIVER 宏设置也是类似的原理。

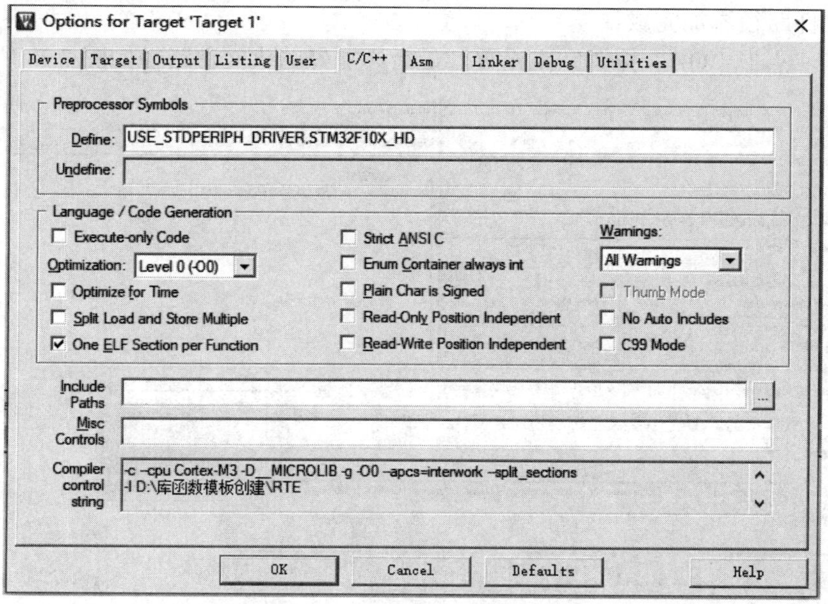

图 7.26　C/C++选项卡宏设置

设置好了宏，还需要将前面添加到工程组中的文件路径包括进来，同样还是在 C/C++ 选项卡中进行，具体步骤如图 7.27 所示。

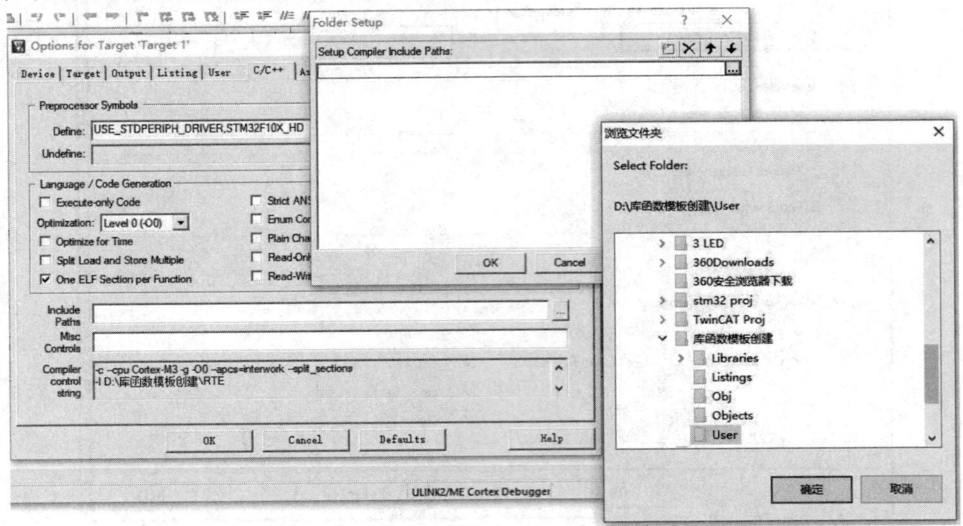

图 7.27　添加工程组文件路径

第 1 步，点击“...”按钮，弹出一个添加头文件路径的对话框。

第 2 步，点击添加路径按钮，新建一个空路径列表。

第 3 步，点击“...”按钮，弹出“浏览文件夹”对话框。

第 4 步，选择对应的头文件路径，这个头文件路径就是工程组中那些文件的头文件路径。

第 5 步，点击“确定”按钮，回到添加头文件路径的对话框。重复 2、3、4、5 步直到所有头文件路径添加完成。

第 6 步，点击“OK”按钮完成设置。最后添加好的头文件路径如图 7.28 所示。

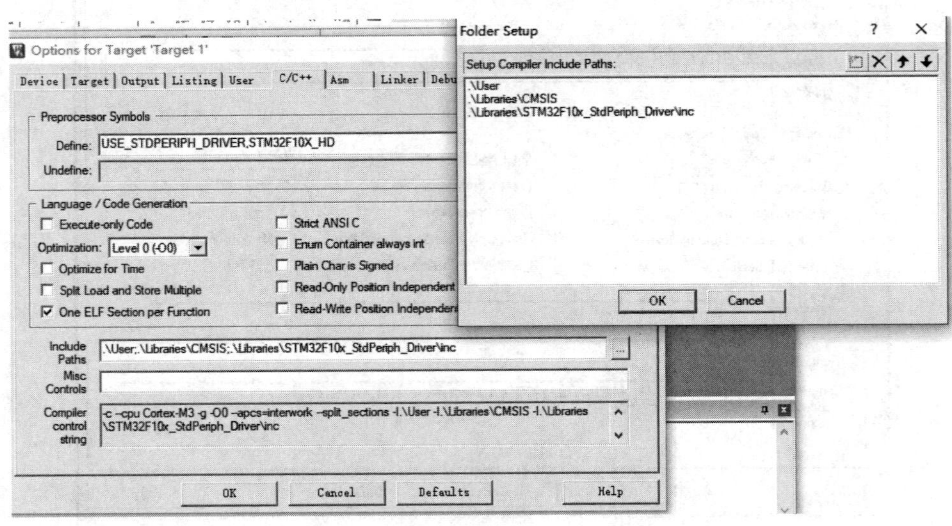

图 7.28　添加好的头文件路径

(5) 选择下载调试工具。

Debug 选项卡根据所使用的下载调试器来选择，比如 ST-Link，如图 7.29 所示。

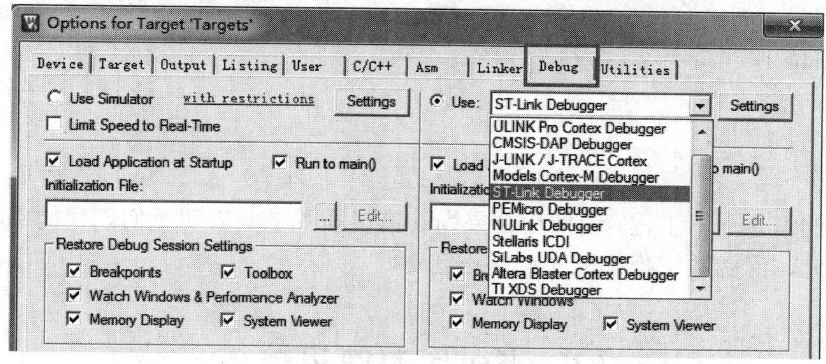

图 7.29　下载调试工具配置

(6) 下载复位并运行设置。

如图 7.30 所示，在 Utilities 选项卡下点击“Settings”按钮，弹出如图 7.31 所示对话框，选择“Flash Download”选项卡，勾选“Reset and Run”选项，当程序下载后 CPU 自动复位运行，如果不勾选该项，程序下载后需按下复位键才能运行。

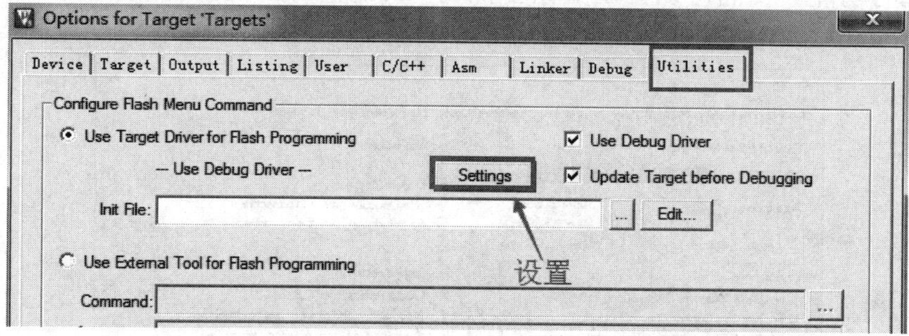

图 7.30　Utilities 选项卡设置

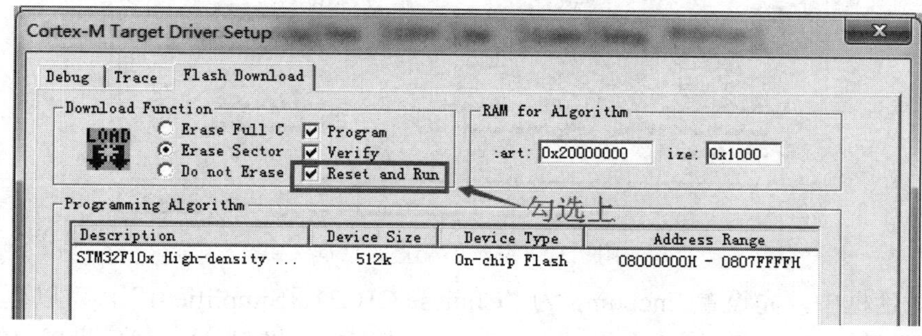

图 7.31　勾选“Reset and Run”选项

6. 编写一个简单的 main.c

完成工程配置后，双击工程组中的 main.c 文件会发现里面有很多代码，这是因为我们是直接从 ST 公司提供的模板上复制过来的，所以把 main.c 文件内的所有内容删除，写一个如下所示的简单的 main 程序。

```
#include "stm32f10x.h"
int main()
{
    while(1)
    {
    }
}
```

最后我们编译一下工程，编译后结果为 0 错误 0 警告，表明我们创建的库函数模板完全正确。至此，库函数工程模板才算真正创建好。

7.4　Keil5 的使用技巧

7.4.1　文本美化

文本美化，主要是设置一些关键字、注释、数字等的颜色和字体。Keil5 提供了自定义字体颜色的功能。我们可以在工具条上点击🔧(配置对话框)，即可弹出如图 7.32 所示对话框。

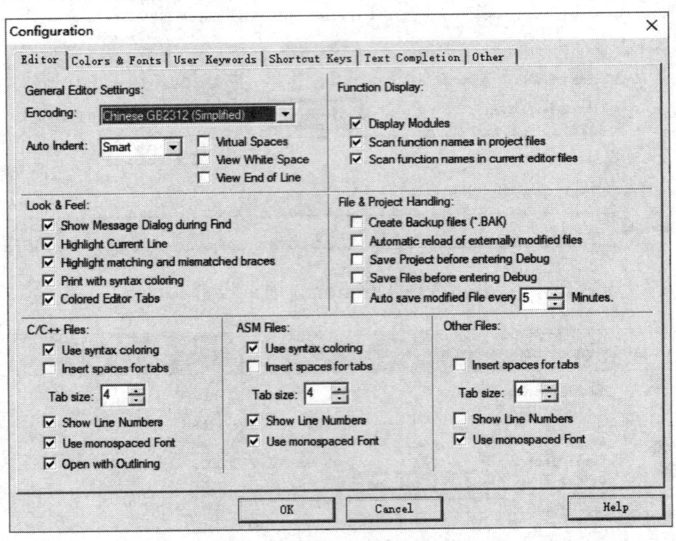

图 7.32　编辑器配置对话框

在该对话框中，先设置 Encoding 为“Chinese GB2312(Simplified)”，可以更好地支持简体中文(否则，拷贝到其他地方的时候，中文可能变成一堆问号)。然后设置“Tab size”为 4，即 TAB 间隔为 4 个单位。

接下来选择 Colors&Fonts 选项卡，在该选项卡下，我们可以设置代码的字体和颜色。由于我们使用的是 C 语言，故在 Window 下面选择 C/C++ Editor Files，在右边就可以看到相应的元素了，如图 7.33 所示。最后点击各个元素并修改为自己喜欢的颜色，当然也可以在 Font 栏设置字体的类型以及字体的大小等。

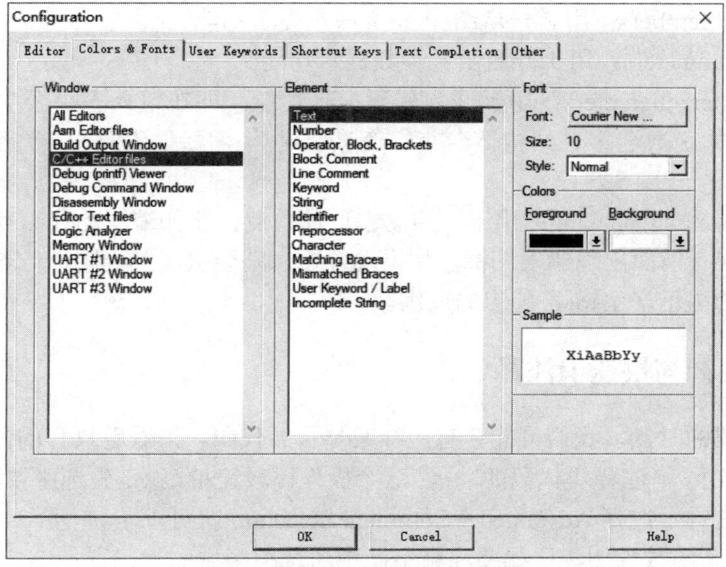

图 7.33　字体和颜色配置对话框

7.4.2　语法检测和代码提示

Keil4.70 以上的版本，新增了代码提示与动态语法检测功能，使得 Keil 的编辑器越来越好用，这里简单介绍如何设置。打开配置对话框，选择“Text Completion”选项卡，如图 7.34 所示。

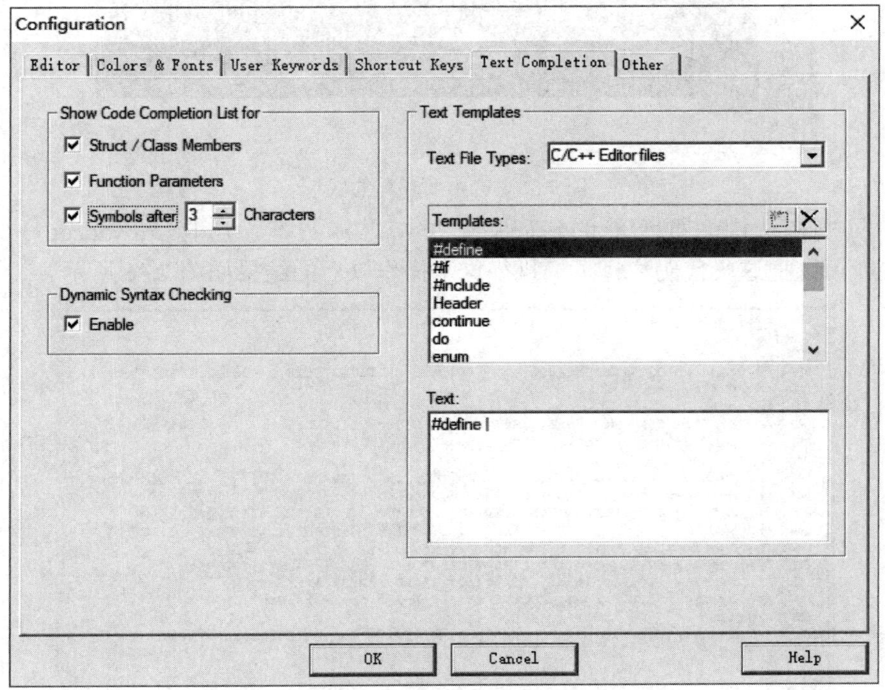

图 7.34　Text Completion 配置对话框

Strut/Class Members：用于开启结构体/类成员提示功能。

Function Parameters：用于开启函数参数提示功能。

Symbols after characters：用于开启代码提示功能，即在输入多少个字符以后，提示匹配的内容(比如函数名字、结构体名字、变量名字等)，默认设置 3 个字符以后，就开始提示。

Dynamic Syntax Checking：用于开启动态语法检测，比如编写的代码存在语法错误的时候，会在对应行前面出现错误图标，如出现警告，则会出现警告图标，若将鼠标光标放在图标上，则会提示产生错误/警告的原因。

7.4.3　快速注释与快速消注释

在调试代码的时候，我们可能会想注释某一片的代码，来看看执行的情况，Keil 提供了这样的快速注释/消注释块代码的功能。这个操作比较简单，就是先选中要注释的代码区，然后单击鼠标右键，选择 Advanced→Comment Selection 就可以了。

以 delay_init 函数为例，比如要注释下图中所选中区域的代码，如图 7.35 所示。

```
void delay_init()
{

#ifdef OS_CRITICAL_METHOD    //如果OS_CRITICAL_METHOD定义了,说明使用ucosII了.
    u32 reload;
#endif
    SysTick_CLKSourceConfig(SysTick_CLKSource_HCLK_Div8);    //选择外部时钟  H
    fac_us=SystemCoreClock/8000000; //为系统时钟的1/8

#ifdef OS_CRITICAL_METHOD    //如果OS_CRITICAL_METHOD定义了,说明使用ucosII了.
    reload=SystemCoreClock/8000000;       //每秒钟的计数次数 单位为K
    reload*=1000000/OS_TICKS_PER_SEC;//根据OS_TICKS_PER_SEC设定溢出时间
                            //reload为24位寄存器,最大值:16777216,在72M下,约合
    fac_ms=1000/OS_TICKS_PER_SEC;//代表ucos可以延时的最少单位
    SysTick->CTRL|=SysTick_CTRL_TICKINT_Msk;     //开启SYSTICK中断
    SysTick->LOAD=reload;    //每1/OS_TICKS_PER_SEC秒中断一次
    SysTick->CTRL|=SysTick_CTRL_ENABLE_Msk;      //开启SYSTICK
#else
    fac_ms=(u16)fac_us*1000;//非ucos下,代表每个ms需要的systick时钟数
#endif
}
```

图 7.35　选中要注释的区域

我们只要在选中了要注释的代码后，单击鼠标右键，选择 Advanced→Comment Selection 就可以把这段代码注释了。执行这个操作以后的结果如图 7.36 所示。

```
void delay_init()
{
//
//#ifdef OS_CRITICAL_METHOD     //如果OS_CRITICAL_METHOD定义了,说明使用ucosII
//  u32 reload;
//#endif
//  SysTick_CLKSourceConfig(SysTick_CLKSource_HCLK_Div8);   //选择外部时钟  H
//  fac_us=SystemCoreClock/8000000; //为系统时钟的1/8
//
//#ifdef OS_CRITICAL_METHOD     //如果OS_CRITICAL_METHOD定义了,说明使用ucosII
//  reload=SystemCoreClock/8000000;      //每秒钟的计数次数 单位为K
//  reload*=1000000/OS_TICKS_PER_SEC;//根据OS_TICKS_PER_SEC设定溢出时间
//                          //reload为24位寄存器,最大值:16777216,在72M下,约合
//  fac_ms=1000/OS_TICKS_PER_SEC;//代表ucos可以延时的最少单位
//  SysTick->CTRL|=SysTick_CTRL_TICKINT_Msk;    //开启SYSTICK中断
//  SysTick->LOAD=reload;    //每1/OS_TICKS_PER_SEC秒中断一次
//  SysTick->CTRL|=SysTick_CTRL_ENABLE_Msk;     //开启SYSTICK
//#else
//  fac_ms=(u16)fac_us*1000;//非ucos下,代表每个ms需要的systick时钟数
//#endif
}
```

图 7.36　注释完毕

在某些时候，我们又希望将这段被注释的代码快速地取消注释，Keil 也提供了这个功能。与注释类似，先选中被注释的地方，然后通过单击鼠标右键选择 Advanced，然后选择 Uncomment Selection 即可。

本 章 小 结

本章介绍了 STM32 的软件开发工具 Keil MDK，讲解了 Keil5 软件的安装步骤及注意事项，重点讲解了如何创建一个库函数工程模板，并介绍了 Keil5 的使用技巧。初学者可以按照本章的内容按部就班地安装 Keil MDK 软件，并建立自己的库函数工程模板，从而为今后基于库函数进行 STM32 项目开发打下良好的基础。

思 考 与 练 习

1. 下载并安装 Keil5，了解其使用方法。
2. 下载 STM32F10x.StdPeriph.Lib 并解压，看看里面有哪些内容。
3. 在 Keil 开发环境下，设置自己喜欢的编译环境。
4. 创建一个自己的库函数模板，并正确配置工程。
5. 除了 Keil 以外，自行了解一下 STM32 的软件开发环境还有哪些？各自有哪些特点？

第 8 章　GPIO

8.1　STM32 GPIO 概述

8.1.1　GPIO 的概念

GPIO(General Purpose Intput Output)是通用输入/输出端口的简称，可以通过软件来控制其输入和输出。STM32 芯片的 GPIO 引脚与外设连接起来，可实现与外部通信、控制以及数据采集等功能。GPIO 最简单的应用是点亮 LED，只需通过软件控制 GPIO 输出高低电平即可实现。GPIO 还可以作为输入控制，比如在引脚上接入一个按键，通过电平的高低判断按键是否按下。

开发板上使用的 STM32 芯片是 STM32F103ZET6，此芯片共有 144 条引脚，其引脚图如图 8.1 所示。

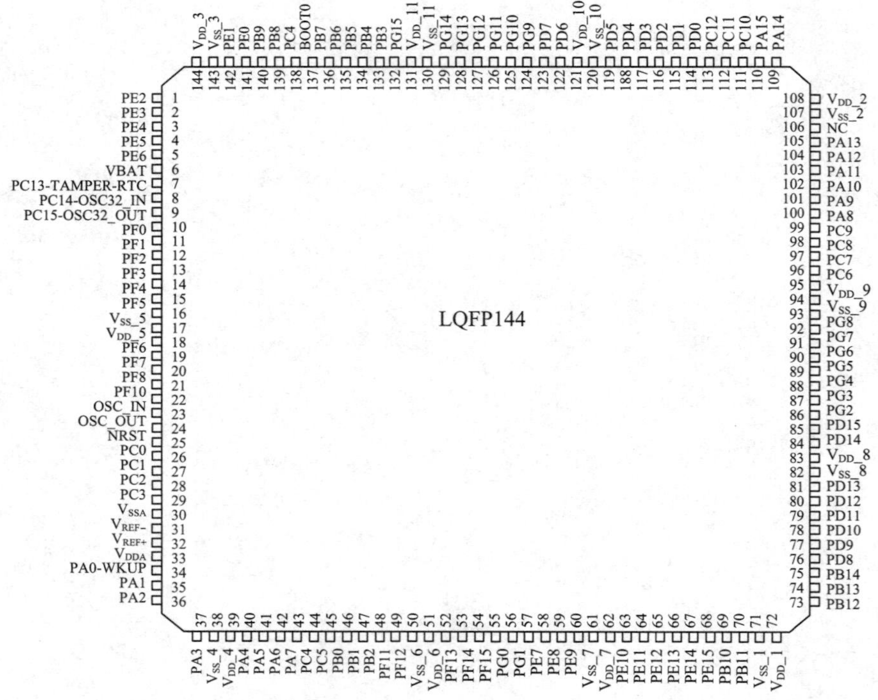

图 8.1　STM32F103ZET6 引脚图

那么是不是所有引脚都是 GPIO 呢？当然不是，STM32 引脚可以分为以下几大类：

(1) 电源引脚。如图 8.1 中的 V_{DD}、V_{SS}、V_{REF+}、V_{REF-}、V_{SSA}、V_{DDA} 等都属于电源引脚。

(2) 晶振引脚。如图 8.1 中的 PC14、PC15、OSC_IN 和 OSC_OUT 等都属于晶振引脚，它们还可以作为普通引脚使用。

(3) 复位引脚。如图 8.1 中的 NRST 属于复位引脚，不作其他功能使用。

(4) 下载引脚。如图 8.1 中的 PA13、PA14、PA15、PB3 和 PB4 等属于 JTAG 或 SW 下载引脚，它们还可以作为普通引脚或者特殊功能使用，具体的功能可以查看芯片数据手册，里面都会有附加功能说明。当然，STM32 的串口功能引脚也可以作为下载引脚使用。

(5) BOOT 引脚。如图 8.1 中的 BOOT0 和 PB2(BOOT1)属于 BOOT 引脚，PB2 还可以作为普通引脚使用。在 STM32 启动中会有模式选择，它是根据 BOOT0 和 BOOT1 的电平来决定的。

(6) GPIO 引脚。如图 8.1 中的 PA、PB、PC、PD 等均属于 GPIO 引脚。从引脚图可以看出，GPIO 占用了 STM32 芯片大部分的引脚。并且每一个端口都有 16 条引脚，比如 PA 端口有 PA0～PA15。其他的 PB、PC 等端口是一样的。表 8.1 所示是部分 GPIO 引脚内容。

表 8.1　部分 GPIO 引脚

引　脚				引脚名称	类型	主功能	复用功能
BGA144	BGA100	LQFP100	LQFP144				
A3	A3	1	1	PE2	I/O	PE2	TRACECK/FSMC_A23
A2	B3	2	2	PE3	I/O	PE3	TRACED0/FSMC_A19
B2	C3	3	3	PE4	I/O	PE4	TRACED1/FSMC_A20
B3	D3	4	4	PE5	I/O	PE5	TRACED2/FSMC_A21
B4	E3	5	5	PE6	I/O	PE6	TRACED3/FSMC_A22
C2	B2	6	6	V_{BAT}	S	V_{BAT}	—
A1	A2	8	8	PC13/TAMPER-RTC	I/O	PC13	TAMPER-RTC
B1	A1	8	8	PC14/OSC32_IN	I/O	PC14	OSC32_IN
C1	B1	9	9	PC15/OSC32_OUT	I/O	PC15	OSC32_OUT

从表 8.1 中我们可以获取引脚的名称、引脚类型和引脚复用功能等信息。这些我们在开发板芯片原理图中已经将引脚所有功能都标注了，所以后面无需查找具体引脚的功能，直接看原理图即可。

8.1.2　GPIO 的结构框图

GPIO 内部结构框图如图 8.2 所示。

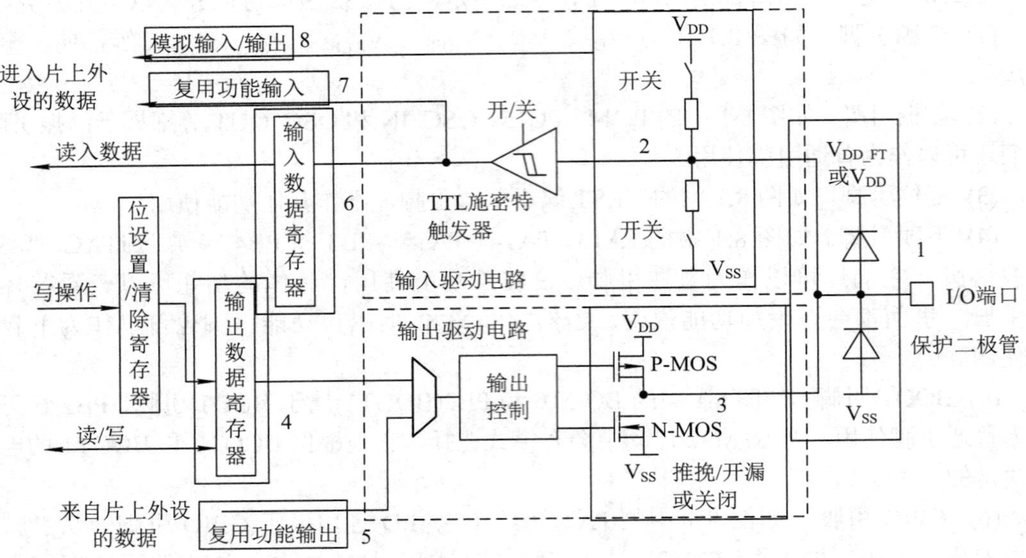

图 8.2　GPIO 内部结构框图

从图 8.2 所示可以看出 GPIO 的内部结构是比较复杂的，但我们只要将这张 GPIO 结构图理解到位，就能掌握关于 GPIO 的各种应用模式。图 8.2 所示最右端的 I/O 端口就是 STM32 芯片的引脚，其他部分都在 STM32 芯片内部。我们将图 8.2 所示各部分分别用方框圈起来并标注了数字，接下来按照数字顺序逐一讲解。

1. 保护二极管

如图 8.2 所示，芯片引脚内部加上两个保护二极管可以防止引脚外部过高或过低的电压输入。当引脚电压高于 V_{DD_FT} 或 V_{DD} 时，上方的二极管导通并吸收这个高电压；当引脚电压低于 V_{SS} 时，下方的二极管导通，防止不正常电压引入芯片导致芯片被烧毁。尽管 STM32 芯片内部有这样的保护，但并不意味着 STM32 的引脚就无所不能，如果直接将引脚连接大功率器件，比如电机，则会导致电机不转或芯片被烧坏。如果要驱动一些大功率器件，则要加大功率及隔离电路驱动。也可以说，STM32 引脚是用于控制而不是驱动的。

2. 上、下拉电阻

从图 8.2 中可以看到，上拉和下拉电阻上都有一个开关，通过配置上、下拉电阻开关，可以控制引脚的默认状态电平。当开启上拉(图中上方)开关时，默认引脚电压为高电平，当开启下拉(图中下方)开关时，默认引脚电压为低电平，这样就可以消除引脚不定状态的影响。当然，也可以将上拉开关和下拉开关都关断，这种状态称为浮空模式。配置成浮空模式后，引脚的电压是不确定的，如果用万用表测量此模式下引脚的电压，则会发现只有 1 伏左右，而且还不时改变。所以，一般情况下，将引脚设置成上拉或者下拉模式，使它有一个默认状态。STM32 上、下拉及浮空模式的配置是通过 GPIOx_CRL 和 GPIOx_CRH 寄存器控制的，相关内容可查阅《STM32F1xx 中文参考手册》。STM32 内部的上拉其实是一个弱上拉，也就是说，通过此上拉电阻输出的电流很小，如果想要输出一个大电流，就需要外接上拉电阻。

3. P-MOS 和 N-MOS 管

GPIO 引脚经过两个保护二极管后分成两路，上面一路是输入模式，下面一路是输出模式。这里主要介绍输出模式。线路经过一个由 P-MOS 和 N-MOS 管组成的单元电路，使 GPIO 引脚具有了推挽和开漏两种输出模式。

所谓推挽输出模式，是根据 P-MOS 和 N-MOS 管的工作方式命名的。在该结构单元输入一个高电平时，P-MOS 管导通，N-MOS 管截止，对外输出高电平(3.3 V)。在该单元输入一个低电平时，P-MOS 管截止，N-MOS 管导通，对外输出低电平(0 V)。如果当切换输入高低电平时，两个 MOS 管将轮流导通，一个负责灌电流(电流输出到负载)，另一个负责拉电流(负载电流流向芯片)，使其负载能力和开关速度都比普通的方式有很大的提高。推挽输出模式的等效电路如图 8.3 所示。

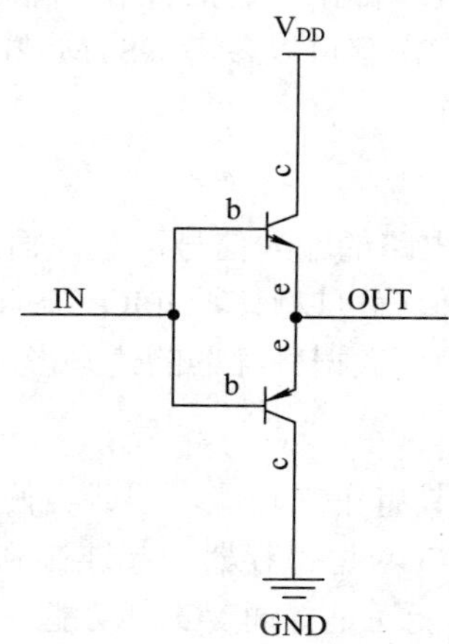

图 8.3　推挽输出模式的等效电路

在开漏输出模式时，不论输入是高电平还是低电平，P-MOS 管总是处于关闭状态。当给这个单元电路输入低电平时，N-MOS 管导通，输出即为低电平；当输入高电平时，N-MOS 管截止，此时引脚状态既不是高电平，又不是低电平，我们称之为高阻态。如果想让引脚输出高电平，那么引脚必须外接一个上拉电阻，由上拉电阻提供高电平。开漏输出模式的等效电路如图 8.4 所示。

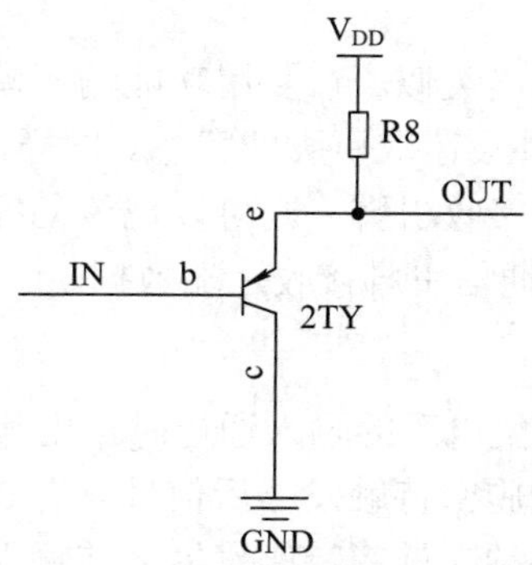

图 8.4　开漏输出模式的等效电路

在开漏输出模式中，引脚具有“线与”关系。也就是说，当有很多个开漏输出模式的引脚连接在一起时，只要有一个引脚为低电平，其他所有引脚就都为低电平，即把所有引脚连接在一起的这条总线拉低了电平。只有当所有引脚输出高阻态时，这条总线的电平才由上拉电阻的 V_{DD} 决定。如果 V_{DD} 连接的是 3.3 V，那么引脚的输出电平就是 3.3 V；如果 V_{DD} 连接的是 5 V，那么引脚的输出就是 5 V。因此，如果要让 STM32 引脚输出电平为 5 V，可以选择开漏输出模式，然后将外接上拉电阻的电源 V_{DD} 选择 5V 即可(前提是这个 STM32 引脚是兼容 5 V 电平的)。

开漏输出模式一般应用在 I^2C、SMBUS 通信等需要“线与”功能的总线电路中，还可用在电平不匹配的场合，如前面说的输出 5 V。推挽输出模式一般应用在输出电平为 0～3.3 V 而且需要高速切换开关状态的场合。除了必须要用开漏输出模式的场合，一般选择推挽输出模式。配置引脚是开漏输出还是推挽输出模式时可以使用 GPIOx_CRL 和 GPIOx_CRH 寄存器，寄存器详细内容可以参考《STM32F1xx 中文参考手册》中的“通用和复用 I/O(GPIO 和 AFIO)”章节。

4. 输出数据寄存器

前面提到的双 MOS 管结构电路的输入信号，是由输出数据寄存器 GPIOx_ODR 提供的，通过修改输出数据寄存器的值就可以修改 GPIO 引脚的输出电平。而位设置/清除寄存器 GPIOx_BSRR 可以通过修改输出数据寄存器的值来影响电路的输出。

5. 复用功能输出

由于 STM32 的 GPIO 引脚具有第二功能，因此当使用复用功能的时候，也就是将其他外设复用功能输出信号与 GPIO 数据寄存器一起连接到双 MOS 管电路的输入端，其中梯形结构用来选择是使用复用功能还是普通 I/O 口功能。例如，使用 USART 串口通信时，若需要将某个 GPIO 引脚作为通信发送引脚，则可以把该 GPIO 引脚配置成 USART 串口复用功能，由串口外设控制该引脚发送数据。

6. 输入数据寄存器

输入数据寄存器是由 I/O 口经过上、下拉电阻及施密特触发器引入的。当信号经过触发器时，模拟信号将变为数字信号 0 或 1，然后存储在输入数据寄存器中，通过读取输入数据寄存器 GPIOx_IDR 就可以知道 I/O 口的电平状态。

7. 复用功能输入

复用功能输入与复用功能输出类似。在复用功能输入模式时，GPIO 引脚的信号传输到 STM32 其他片上外设，由该外设读取引脚的状态。同样，使用 USART 串口通信时，若需要将某个 GPIO 引脚作为通信接收引脚，则可以把该 GPIO 引脚配置成 USART 串口复用功能，使 USART 可以通过该通信引脚接收远端数据。

8. 模拟输入/输出

当 GPIO 引脚作为 ADC 采集电压的输入通道时，用其“模拟输入”功能，此时信号不经过施密特触发器，因为经过施密特触发器后信号只有 0、1 两种状态，ADC 外设要采集到原始的模拟信号，信号源必须在施密特触发器之前输入。类似地，当 GPIO 引脚作为 DAC 模拟电压的输出通道时，用其“模拟输出”功能，此时 DAC 的模拟信号不经过双

MOS 管结构，而是直接通过引脚输出。

8.1.3　GPIO 的工作模式

GPIO 内部的结构关系决定了 GPIO 可以配置成以下几种模式。

1. 输入模式(模拟、上拉、下拉、浮空)

在输入模式中，施密特触发器打开，输出被禁止。可通过输入数据寄存器 GPIOx_IDR 读取 I/O 状态。输入模式可以配置为模拟、上拉、下拉、浮空模式。上拉和下拉输入默认的电平由上拉或者下拉电阻决定。浮空输入的电平是不确定的，完全由外部的输入决定，一般接按键的时候可以使用这个模式。模拟输入则用于 ADC 采集。

2. 输出模式(推挽/开漏)

在输出模式中，推挽模式下双 MOS 管以推挽方式工作，输出数据寄存器 GPIOx_ODR 可控制 I/O 输出高、低电平；开漏模式下，只有 N-MOS 管工作，输出数据寄存器可控制 I/O 输出高阻态或低电平。输出速度可配置，有 2 MHz\25 MHz\50 MHz 的选项。此处的输出速度即 I/O 支持的高、低电平状态最高切换频率，支持的频率越高，功耗越大。如果功耗要求不严格，可把速度设置成最大。在输出模式中，施密特触发器是打开的，即输入可用，通过输入数据寄存器 GPIOx_IDR 可读取 I/O 的实际状态。

3. 复用功能模式(推挽/开漏)

在复用功能模式中，输出使能，输出速度可配置，可工作在开漏及推挽模式，但是输出信号源于其他外设，输出数据寄存器 GPIOx_ODR 无效；输入可用，通过输入数据寄存器可获取 I/O 的实际状态，但一般直接用外设的寄存器来获取该数据信号。

4. 模拟输入/输出模式(上、下拉无影响)

在模拟输入/输出模式中，双 MOS 管结构被关闭，施密特触发器停用，上、下拉也被禁止，其他外设通过模拟通道进行输入/输出。

对 GPIO 寄存器写入不同的参数，即可改变 GPIO 的应用模式。在 GPIO 外设中，通过设置端口配置寄存器 GPIOx_CRL 和 GPIOx_CRH 可配置 GPIO 的工作模式和输出速度。CRH 控制端口的高 8 位，CRL 控制端口的低 8 位。

8.2　利用寄存器直接控制 GPIO 的应用实例

本节以用 GPIO 点亮一个发光二极管为例，介绍利用寄存器直接控制 GPIO 的方法。该实例的内容分为硬件电路设计及软件设计两部分。

8.2.1　硬件电路设计

为了直观演示的需要，硬件电路设计了 8 个发光二极管，分别由 PC 端口的 8 条引脚来驱动，如图 8.5 所示。

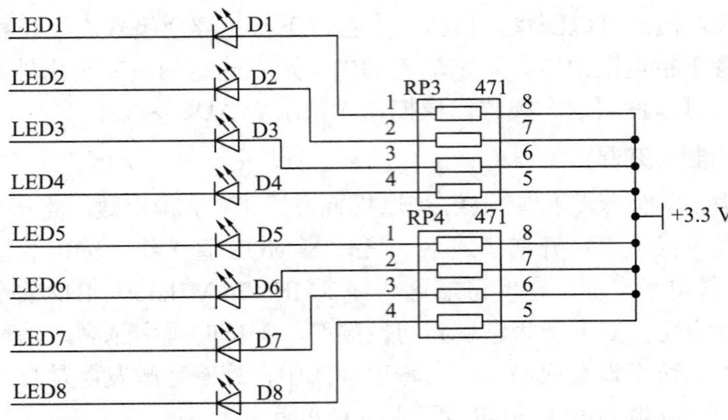

图 8.5　硬件电路图

相同网络标号表示它们是连接在一起的，例如图 8.5 中标示为 LED1 的两根线是连接在一起的，因此 D1～D8 发光二极管的阴极分别连接在 STM32 的 PC0～PC7 引脚上。如果要使 D1 指示灯亮，只需要控制 PC0 引脚输出低电平；反之，要使 D1 指示灯灭，只需控制 PC0 引脚输出高电平。本例所要实现的功能是点亮 D1 发光二极管，即让 STM32 的 PC0 引脚输出一个低电平。

8.2.2　软件设计

STM32 单片机编程需要在 Keil 软件环境下进行，Keil 软件是比较常见的一款集成开发环境(IDE)软件，目前常用的版本是 Keil5。Keil5 的安装及使用方法前面章节已有介绍，这里直接创建一个工程，需要用到 3 个文件：startup_stm32f10x_hd.s(启动文件)、main.c(主程序文件)和 stm32f10x.h(头文件)。main.c 和 stm32f10x.h 文件没有内容，只有 startup_stm32f10x_hd.s 文件有，接下来介绍这个启动文件内部的部分重要内容。

启动文件里存放的是使用汇编语言编写的基本程序，当 STM32 芯片上电启动的时候，首先会执行这里的汇编程序，从而建立起 C 语言的运行环境，所以这个文件称为启动文件。该文件使用的汇编指令是 Cortex-M3 内核支持的指令。startup_stm32f10x_hd.s 文件是由 ST 官方提供的，用户可根据需要在官方提供的这个文件的基础上修改，不用自己完全重写。该文件可以从 Keil5 安装目录中找到，也可以从 ST 库里找到。找到该文件后，把启动文件添加到工程中即可。不同型号的芯片以及不同编译环境下使用的汇编文件是不一样的，但功能相同。启动文件的功能如下：

(1) 初始化堆栈指针 SP。

(2) 初始化程序计数器指针 PC。

(3) 设置堆栈的大小。

(4) 设置中断向量表的入口地址。

(5) 配置外部 SRAM 作为数据存储器(这个由用户配置，一般的开发板没有外部 SRAM)。

(6) 调用 SystemInit()函数，配置 STM32 的系统时钟。

(7) 设置 C 库的分支入口“_ _main”(最终用来调用 main 函数)。

在启动文件中有一段复位后立即执行的程序，代码如图 8.6 所示。在实际工程中阅读时，可使用编辑器的搜索(Ctrl+F)功能查找这段代码在文件中的位置。

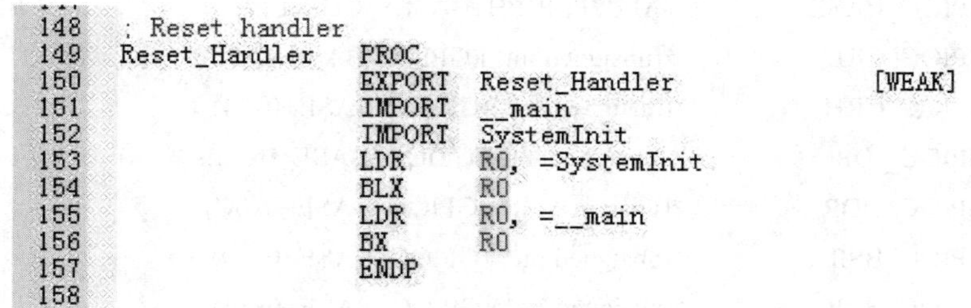

```
148  ; Reset handler
149  Reset_Handler    PROC
150                   EXPORT  Reset_Handler             [WEAK]
151                   IMPORT  __main
152                   IMPORT  SystemInit
153                   LDR     R0, =SystemInit
154                   BLX     R0
155                   LDR     R0, =__main
156                   BX      R0
157                   ENDP
158
```

图 8.6　启动文件程序图

图 8.6 中各行程序说明如下：

第 148 行：程序注释。汇编程序中，注释符用“；”表示，相当于 C 语言中的“//”注释符。

第 149 行：定义了一个子程序 Reset_Handler。PROC 是子程序定义伪指令。这里相当于 C 语言中定义了一个函数，函数名为 Reset_Handler。

第 150 行：EXPORT 表示 Reset_Handler 这个子程序可供其他模块调用，相当于 C 语言中的函数声明；关键字[WEAK]表示弱定义，如果编译器发现在其他地方定义了同名的函数，则在链接时用其他地方的地址进行链接，如果其他地方没有定义，编译器也不报错，以此处地址进行链接。

第 151 行和第 152 行：IMPORT 说明_ _main 和 SystemInit 这两个标号在其他文件中，在链接的时候需要到其他文件去寻找，相当于 C 语言中的从其他文件引入函数声明，以便下面对外部函数进行调用。

SystemInit 由用户自定义，即用户编写一个具有该名称的函数，用来初始化 STM32 芯片的时钟，一般包括初始化 AHB、APB 等各总线的时钟。经过一系列的配置，STM32 才能达到稳定运行的状态。_ _main 不是由用户定义的(不要与 C 语言中的 main 函数混淆)，当编译器编译时，只要遇到这个标号就会定义这个函数，该函数的主要功能是初始化栈堆，配置系统环境，准备好 C 语言并在最后跳转到用户自定义的 main 函数，从此来到 C 语言的世界。

第 153 行：把 SystemInit 的地址加载到寄存器 R0 中。

第 154 行：程序跳转到 R0 中的地址执行程序，即执行 SystemInit 函数的内容。

第 155 行：把_ _main 的地址加载到寄存器 R0 中。

第 156 行：程序跳转到 R0 中的地址执行程序，即执行_ _main 函数，执行完毕即可进入 main 函数。

第 157 行：表示子程序结束。

综上可知：我们需要在外部定义一个 SystemInit 函数，用于设置 STM32 的时钟；STM32 上电后，会执行 SystemInit 函数，最后执行 C 语言中的 main 函数。

下面使用寄存器来操作 STM32，使 PC0 引脚输出一个低电平。要操作 STM32 寄存器，需要使用 C 语言对其封装，这部分程序放在 stm32f10x.h 中。具体代码如下：

```
#define PERIPH_BASE          ((unsigned int)0x40000000)
#define APB2PERIPH_BASE      (PERIPH_BASE + 0x00010000)
#define GPIOC_BASE           (APB2PERIPH_BASE + 0x1000)
#define GPIOC_CRL            *(unsigned int*)(GPIOC_BASE+0x00)
#define GPIOC_CRH            *(unsigned int*)(GPIOC_BASE+0x04)
#define GPIOC_IDR            *(unsigned int*)(GPIOC_BASE+0x08)
#define GPIOC_ODR            *(unsigned int*)(GPIOC_BASE+0x0C)
#define GPIOC_BSRR           *(unsigned int*)(GPIOC_BASE+0x10)
#define GPIOC_BRR            *(unsigned int*)(GPIOC_BASE+0x14)
#define GPIOC_LCKR           *(unsigned int*)(GPIOC_BASE+0x18)
#define AHBPERIPH_BASE       (PERIPH_BASE + 0x20000)
#define RCC_BASE             (AHBPERIPH_BASE + 0x1000)
#define RCC_APB2ENR          *(unsigned int*)(RCC_BASE+0x18)
```

要控制 PC0 引脚输出低电平，就需要知道 GPIO 这个外设是挂接在哪个总线上的。通过 Block2 外设基地址及 APB2 总线的偏移地址即可得到 APB2 外设的基地址，GPIO 就是挂接在 APB2 总线上的。根据 GPIOC 的偏移地址即可得到 GPIOC 外设的基地址。GPIOC 外设内部含有多个寄存器，比如 GPIOC_CRL、GPIOC_CRH 端口配置寄存器，GPIOC_BSRR 置位/复位寄存器等，通过它们各自的偏移地址可以获取对应的寄存器地址。要操作地址里面的内容就需要使用指针，将其强制转换为 unsigned int*指针类型，即通过一个*指针来操作该地址里面的内容。在 STM32 中，凡用到外设功能，都要使能对应的外设时钟，否则即使配置好端口初始化，系统也无法正常使用。因此，还需要知道时钟 RCC 外设的基地址。通过《STM32F103ZET6 数据手册》中的“存储器映射”章节可以知道 RCC 的时钟外设是挂接在 AHB 总线上的，根据其偏移值即可得到 RCC 时钟外设的基地址。然后通过《STM32F1xx 中文参考手册》中的“6.3.7 APB2 外设时钟使能寄存器(RCC_APB2ENR)”章节找到对应的端口 RCC 使能寄存器，将 GPIOC 端口时钟使能。

使用 C 语言封装好寄存器后，就可以编写 main.c 主程序文件了。打开 main.c 主程序文件，具体代码如下：

```
#include "stm32f10x.h"                 (1)
void SystemInit()                      (2)
{
}
int main()
```

```
{
    RCC_APB2ENR |= 1<<4;                    (3)
    GPIOC_CRL &= ~( 0x0F<< (4*0));
    GPIOC_CRL |= (3<<4*0);                  (4)
    GPIOC_BSRR=(1<<(16+0));                 (5)
    while(1)
    { }
}
```

下面按照代码后面的序号顺序介绍相应的功能：

(1) 包含 stm32f10x.h 头文件。在这个头文件中定义的都是寄存器，如果要在其他文件中使用这些寄存器，就需要把这个头文件包含进来，否则编译器会报错。

(2) SystemInit()函数。程序运行的时候先进入这个函数进行 STM32 的初始化，如果不写这个函数，编译器就会报错。这里编写这个函数，但并不对其操作。

(3) 开启 GPIOC 时钟。要使 PC0 正常工作并输出一个低电平，必须打开它的时钟。RCC_APB2ENR 寄存器是在 stm32f10x.h 头文件中定义好的，只要查询《STM32F1xx 中文参考手册》中 RCC 时钟使能寄存器的内容就可以知道，此寄存器的第 4 位是控制 GPIOC 外设的时钟使能位，只有该位为 1 时才使能，如果为 0，则关闭 GPIOC 时钟。所以，要让 1 左移 4 位后，与这个寄存器取“或”操作，将该位置 1，同时不影响寄存器中的其他位。

(4) 配置 GPIOC 为通用推挽输出模式。STM32 的 GPIO 模式有很多，可通过设置 CRx 寄存器来确定使用哪种工作模式。CRL 对应 GPIO 的低 8 位，CRH 对应 GPIO 的高 8 位。如果不是特殊需求，一般输出采用推挽输出模式。本实例要让 PC0 引脚输出一个低电平，故使用推挽输出模式。只要查询《STM32F1xx 中文参考手册》中 GPIO 配置寄存器的内容就可以知道，此寄存器内每 4 位控制一个引脚。

(5) 使 PC0 输出低电平。GPIOC_BSRR 为置位/复位寄存器，只要查询《STM32F1xx 中文参考手册》中 GPIO 置位/复位寄存器的内容就可以知道，其高 16 位用于复位，当高 16 位的某位为 1 时，表示那一位引脚输出低电平，为 0 时不影响其输出电平，当低 16 位的某位为 1 时，表示那一位引脚输出高电平，为 0 时不影响其输出电平。所以，要让 1 左移 16+0 位，直接赋值给该寄存器，实现 PC0 引脚输出低电平，同时又不影响其他引脚的输出电平。

至此，程序完成。如果要让发光二极管闪烁，则只需要让 PC0 引脚循环输出一个高低电平。为了能使我们肉眼看得清楚，在输出高或低电平后让它延时一会，因此需要编写一个延时函数。这里简单编写一个延时函数，就是所谓的软件延时。main.c 文件代码如下：

```
#include "stm32f10x.h"
typedef unsigned int u32;
void SystemInit()
{
}
void delay(u32 i)
```

```
{
    while(i--) ;
}
int main()
{
    RCC_APB2ENR |= 1<<4;
    GPIOC_CRL &= ~( 0x0F<< (4*0));
    GPIOC_CRL |= (3<<4*0);
    GPIOC_BSRR=(1<<(16+0));
    while(1)
    {
        GPIOC_BSRR=(1<<(16+0));
        delay(0xFFFFF);
        GPIOC_BSRR=(1<<(0));
        delay(0xFFFFF);
    }
}
```

这个程序比前面点亮发光二极管的程序稍复杂一些，增加了一个延时函数和输出高电平部分，但原理是一样的。GPIOC_BSRR 寄存器的低 16 位用于控制输出高电平。延时函数 delay 内部通过一个 while 循环占用 CPU 起到了延时功能，但这个延时并不准确(精确延时将在后面章节中详细介绍)。这里先不管到底延时多长，只要能够看到发光二极管的闪烁效果即可。在 delay 函数中有一个形参 i，其类型是 u32，该类型需要通过 typedef 进行类型声明定义，将 unsigned int 定义为 u32 类型，其中 32 表示是 4 字节。所以形参 i 值最大是 0XFFFFFFFF。如果我们觉得发光二极管闪烁快了或者慢了，可以通过修改这个形参值来调节时间。到这里，整个程序就编写完成了，编译结果如图 8.7 所示。

```
Build Output
compiling main.c...
assembling startup_stm32f10x_hd.s...
linking...
Program Size: Code=220 RO-data=320 RW-data=0 ZI-data=1024
FromELF: creating hex file...
".\Obj\Template.axf" - 0 Error(s), 0 Warning(s).
Build Time Elapsed:  00:00:01
```

图 8.7　程序编译结果

从图 8.7 中可以看到没有错误，没有警告。从编译信息可以看出，这段程序代码占用 Flash 大小为 540 字节(220 + 320)，所用的 SRAM 大小为 1024 字节(1024 + 0)。

编译结果里面的几个数据的意义如下：

Code：表示程序所占用 Flash 的大小。

RO-data：即 Read Only-data，表示程序定义的常量，存储在 Flash 内。

RW-data：即 Read Write-data，表示已被初始化的变量，存储在 SRAM 内。

ZI-data：即 Zero Init-data，表示未被初始化的变量，存储在 SRAM 内。

由图 8.7 可知当前使用的 Flash 和 SRAM 大小。需要注意的是，程序的大小不是*.hex 文件的大小，而是编译后的 Code 和 RO-data 之和。

最后利用程序烧写软件将编译产生的*.hex 文件烧入芯片内。也可以使用 ARM 仿真器下载*.hex 文件，下载成功后可以看到开发板上 LED 模块的 D1 指示灯闪烁。

8.3 利用库函数控制 GPIO 的应用实例

本节介绍如何使用库函数点亮一个发光二极管。学习本节内容时，读者可参考“STM32 固件库使用手册(中文翻译版)”。

8.3.1 库函数简介

8.2 节简单介绍了如何使用寄存器点亮一个发光二极管，这种开发方式显然不适合大众。对于 STM32 这样功能繁多的芯片，内部寄存器非常多，如果操作的外设也比较多，就需要花很多时间查询底层寄存器内容，而且即使写好程序，要换其他端口或者外设，修改起来非常麻烦，且容易出错，移植性也差。基于这些原因，ST 公司推出了一套固件库，其内部已经将 STM32 的全部外设寄存器的控制封装好，为用户提供了一些 API 函数，用户只需要学习如何使用这些 API 函数即可。

这里不得不提 CMSIS。CMSIS 的英文全称是 Cortex Microcontroller Software Interface Standard，中文意思是 ARM Cortex 微控制器软件接口标准。基于 Cortex 内核的芯片生产厂商很多，不只是 ST 公司，为了解决不同厂商的 Cortex 内核芯片软件兼容的问题，ARM 和这些厂商建立了 CMSIS。基于 CMSIS 的应用程序框图如图 8.8 所示。

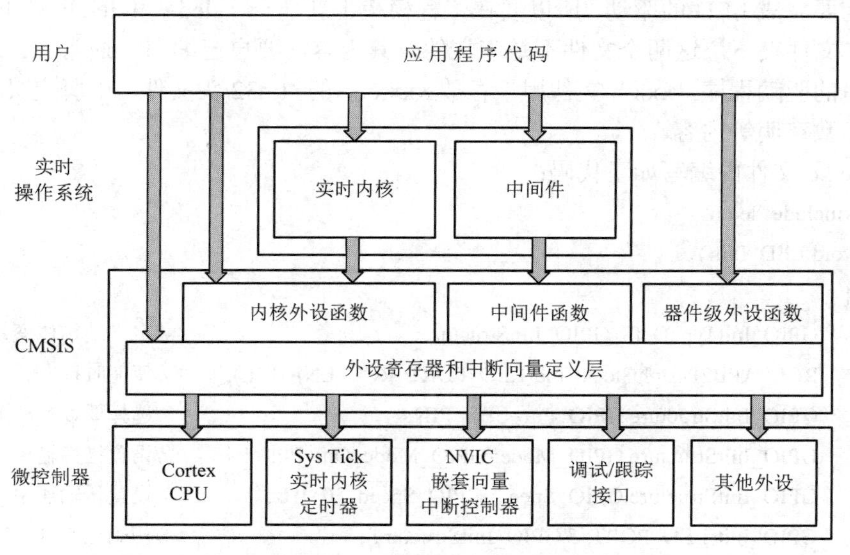

图 8.8 基于 CMSIS 的应用程序框图

从图 8.8 中可以看出，CMSIS 处于中间层，向上提供给用户和实时操作系统所需的函数接口，向下负责与内核和其他外设通信。CMSIS 框架又分为 3 个基本功能层：

(1) 内核外设访问层：ARM 公司提供的访问，定义处理器内部寄存器地址以及功能函数。

(2) 中间件访问层：定义访问中间件的通用 API，由 ARM 提供，芯片厂商根据需要更新。

(3) 器件级外设访问层：定义硬件寄存器的地址以及外设的访问函数，比如 ST 公司提供的固件库外设驱动文件(stm32f10x_gpio.c 等文件)就在这个访问层。

总的来说，CMSIS 就是统一各芯片厂商固件库内函数的名称。比如，CMSIS 强制所有使用 Cortex 内核设计芯片的厂商在系统初始化的时候必须使用 SystemInit 这个函数名，不能修改。又如，对 GPIO 口输出操作的函数为 GPIO_SetBits，此函数名也是不能随便定义的。ST 公司按照这个标准设计了一套基于 STM32F10x 的固件库，读者可以从 ST 公司的官网下载。

8.3.2　硬件电路设计及软件设计

1. 硬件电路设计

由于本节介绍的实例内容依然是通过 GPIO 引脚点亮一个发光二极管，其实现的功能与 8.2.1 节所述的相同，因此硬件电路图沿用图 8.5，这里不再重述。

2. 软件设计

这里需要预先搭建软件环境，就是在 Keil 软件中创建一个项目，加入相关的库文件并设置必要的头文件路径，读者可参考关于 Keil 软件的安装及环境设置章节的内容。

本节中对 STM32 的 GPIO 外设操作，需在创建的工程中添加 stm32f10x_gpio.c 和 stm32f10x_rcc.c 文件，对 GPIO 操作的函数都在文件 stm32f10x_gpio.c 中，stm32f10x_gpio.h 是函数的声明及一些选项配置的宏定义。

因为要完成 LED 的驱动，所以要在工程模板上新建一个 led.c 和 led.h 文件，并将其存放在 led 文件夹下。这两个文件不是库文件，其内容需要自己编写。通常 xxx.c 文件用于存放编写的驱动程序，xxx.h 文件用于存放 xxx.c 内的 stm32 头文件、引脚定义、全局变量声明、函数声明等内容。

在 led.c 文件内编写如下代码：

```
#include "led.h"
void LED_Init()
{
    GPIO_InitTypeDef   GPIO_InitStructure;                          //定义结构体变量
    RCC_APB2PeriphClockCmd(LED_PORT_RCC, ENABLE);                   //使能时钟
    GPIO_InitStructure.GPIO_Pin=LED_PIN;                            //选择要设置的I/O口
    GPIO_InitStructure.GPIO_Mode=GPIO_Mode_Out_PP;                  //设置推挽输出模式
    GPIO_InitStructure.GPIO_Speed=GPIO_Speed_50MHz;                 //设置传输速率
    GPIO_Init(LED_PORT, &GPIO_InitStructure);                       //初始化GPIO
    GPIO_SetBits(LED_PORT,LED_PIN);        //将LED端口拉高，熄灭所有LED
}
```

其中，LED_PORT_RCC、LED_PIN 和 LED_PORT 是我们定义的宏，其存放在 led.h 文件

内。LED_PORT_RCC 定义的是 LED 时钟端口(如 RCC_APB2Periph_GPIOC)，LED_PIN 定义的是 LED 的引脚(如 GPIO_Pin_0)，LED_PORT 定义的是 LED 的端口(如 GPIOC)。这样定义宏的好处是有效提高了程序的移植性，即使后续需要换其他端口，只需简单修改这几个宏就可以完成对 LED 的控制。

在 led.h 文件内编写如下代码：

```
#ifndef _led_H
#define _led_H
#include "stm32f10x.h"
/* LED 时钟端口、 引脚定义 */
#define LED_PORT GPIOC
#define LED_PIN (GPIO_Pin_0|GPIO_Pin_1|GPIO_Pin_2|GPIO_Pin_3
                |GPIO_Pin_4|GPIO_Pin_5|GPIO_Pin_6|GPIO_Pin_7)
#define LED_PORT_RCC RCC_APB2Periph_GPIOC
void LED_Init(void);
#endif
```

其中，LED_Init()函数就是对 LED 所接端口的初始化，按照 GPIO 初始化步骤完成。

下面主要介绍库函数是如何实现 GPIO 初始化的。在库函数中实现 GPIO 的初始化函数是：

```
Void GPIO_Init(GPIO_TypeDef *GPIOx, GPIO_InitTypeDef *GPIO_InitStruct);
```

这个函数具体有什么功能以及函数形参的意义，可以通过库函数帮助文档来查阅。GPIO_Init 函数内有两个形参。第一个形参是 GPIO_TypeDef 类型的指针变量，这个参数也是一个结构体类型，里面封装了 GPIO 外设的所有寄存器，所以给它传送 GPIO 外设基地址即可通过指针操作寄存器内容。第一个参数值可以为 GPIOA、GPIOB、…、GPIOG 等，其实这些就是封装好的 GPIO 外设基地址，在 stm32f10x.h 头文件中可以找到。第二个形参是 GPIO_InitTypeDef 类型的指针变量，这个参数也是一个结构体类型，里面封装了 GPIO 外设的寄存器配置成员。我们初始化 GPIO，其实就是对这个结构体进行配置。

如果想快速查看代码或参数，可以用鼠标点击要查找的函数或者参数，然后单击鼠标右键，在弹出的菜单中选择“Go To Definition Of ...”，即可进入所要查找的函数或参数。例如，我们要查找 led.c 文件中的 GPIO_Init()函数，具体操作步骤如图 8.9 所示。

查找函数内的变量类型也是同样的方法，但是如果发现此方法找不到有关内容，则可能是该内容被 Keil5 软件认为是不正确的。

LED 初始化函数中最开始调用的一个函数是：

```
RCC_APB2PeriphClockCmd(LED_PORT_RCC,ENABLE);
```

此函数的功能是使能 GPIOC 外设时钟。在 STM32 中要操作外设必须将其外设时钟使能，否则即使其他的内容都配置好，也不能工作。因为 GPIO 外设是挂接在 APB2 总线上的，所以是对 APB2 总线时钟进行使能。此函数内有两个参数，一个用来选择外设时钟，一个用来选择使能还是禁用，ENABLE 为使能，DSIABLE 为禁用。

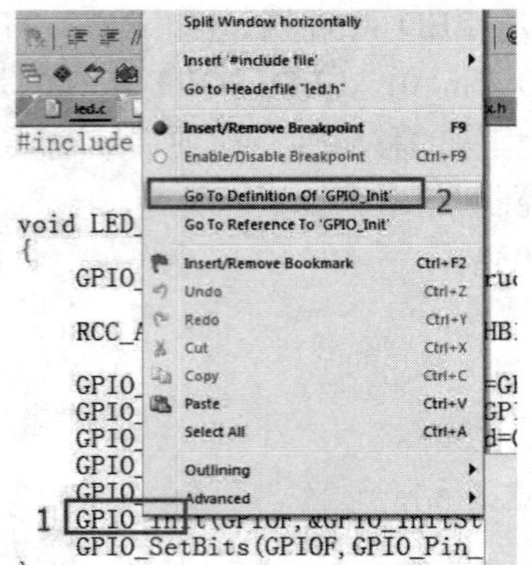


```
void GPIO_Init(GPIO_TypeDef* GPIOx, GPIO_InitTypeDef* GPIO_InitStruct)
{
3 uint32_t pinpos = 0x00, pos = 0x00 , currentpin = 0x00;

  /* Check the parameters */
  assert_param(IS_GPIO_ALL_PERIPH(GPIOx));
  assert_param(IS_GPIO_PIN(GPIO_InitStruct->GPIO_Pin));
  assert_param(IS_GPIO_MODE(GPIO_InitStruct->GPIO_Mode));
  assert_param(IS_GPIO_PUPD(GPIO_InitStruct->GPIO_PuPd));

  /* ------------------------- Configure the port pins ---------------
  /*-- GPIO Mode Configuration --*/
```

图 8.9　Keil 软件中函数的查找方法

LED 初始化函数中最后还调用了 GPIO_SetBits(LED_PORT，LED_PIN)函数，此函数的功能是让 GPIOC 端口的第 0～7 条引脚输出高电平，让 LED 处于熄灭状态。如果要使同一端口的多条引脚输出高电平，可以使用“|”运算符。相应地，在对结构体初始化配置时，引脚设置中也要使用“|”将引脚添加进去，即在 led.h 文件内定义 LED 引脚(前提条件是：要操作的多条引脚必须配置同一种工作模式)。例如：

```
GPIO_InitStructure.GPIO_Pin=GPIO_Pin_0|GPIO_Pin_1;    //引脚设置
GPIO_SetBits(GPIOC,GPIO_Pin_0|GPIO_Pin_1);
```

其实从函数名我们大致就可以知道函数的功能。函数内有两个参数，一个是端口的选择，一个是引脚的选择。如果要输出低电平，那么可以使用库函数 GPIO_ResetBits (GPIOC,GPIO_Pin_0)，这个函数的功能和 GPIO_SetBits 是相反的，一个输出低电平，另一个输出高电平，函数里面的参数功能是一样的。GPIO 输出函数还有好几个，例如设置端口引脚输出电平函数有如下两个：

```
void GPIO_WriteBit(GPIO_TypeDef* GPIOx, uint16_t GPIO_Pin, BitAction BitVal);
void GPIO_Write(GPIO_TypeDef* GPIOx, uint16_t PortVal);
```

从 GPIO 内部结构可知，STM32 的 GPIO 还可以读取引脚的输入或输出电平状态。例如：

```
uint8_t GPIO_ReadInputDataBit(GPIO_TypeDef* GPIOx, uint16_t GPIO_Pin);
```

其功能是读取端口中某条引脚的输入电平。底层通过读取 IDR 寄存器实现。

```
uint16_t GPIO_ReadInputData(GPIO_TypeDef* GPIOx);
```

其功能是读取某组端口的输入电平。底层通过读取 IDR 寄存器实现。

```
uint8_t GPIO_ReadOutputDataBit(GPIO_TypeDef* GPIOx, uint16_t GPIO_Pin);
```

其功能是读取端口中某条引脚的输出电平。底层通过读取 ODR 寄存器实现。

```
uint16_t GPIO_ReadOutputData(GPIO_TypeDef* GPIOx);
```

其功能是读取某组端口的输出电平。底层通过读取 ODR 寄存器实现。

在 led.h 文件中可以看到使用了一个定义头文件的常用结构，代码如下：

```
#ifndef _led_H
#define _led_H
//此处省略头文件定义的内容
#endif
```

这段代码的功能是防止头文件被重复包含，避免引起编译错误。在头文件的开始处，使用“#ifndef”关键字，判断标号“_led_H”是否被定义，若没有被定义，则从“#ifndef”至“#endif”关键字之间的内容都有效，也就是说，这个头文件若被其他文件“#include”包含，它就会被包含到该文件中，且头文件中紧接着使用“#define”关键字定义上面判断的标号“_led_H”。当这个头文件被同一个文件第二次“#include”包含时，由于有了第一次包含中的“#define _led_H”定义，这时再判断“#ifndef _led_H”，判断的结果就为假了，从“#ifndef”至“#endif”之间的内容都无效，从而防止了同一个头文件被包含多次，编译时就不会出现“redefine”(重复定义)的错误了。

一般来说，我们不会直接在 C 的源文件中写两个“#include”来包含同一个头文件，但可能因为头文件内部的包含导致重复，上述代码主要是避免这样的问题。如“led.h”文件中调用了#include“stm32f10x.h”头文件，可能我们写主程序的时候会在 main 文件开始处调用#include“stm32f10x.h”和“led.h”，这个时候“stm32f10x.h”文件就被包含了两次，如果在头文件中没有这种机制，编译器就会报错。

最后在 main.c 文件内输入如下代码：

```
#include "stm32f10x.h"
#include "led.h"
int main()
{
    LED_Init();
    while(1)
    {
        GPIO_ResetBits(LED_PORT,GPIO_Pin_0); //点亮 D1
    }
}
```

这个主函数非常简单，即首先调用 LED 初始化函数，将 PC0～PC7 引脚配置为通用推挽输出模式，引脚速度为 50 MHz，然后进入 while 循环，内调用库函数 GPIO_ResetBits 使 PC0 引脚输出低电平，从而点亮 D1 发光二极管。

如果想要实现 LED 闪烁，只需在 PC0 引脚输出高低电平之间调用一个延时函数。

最后编译程序，如果没有报错，则将程序下载到开发板内运行，运行结果是 LED 模块上的 D1 指示灯点亮。

本 章 小 结

本章介绍了 STM32 单片机的 GPIO 概念以及 GPIO 的配置步骤，并采用实例演示的方式，讲解了用寄存器直接控制 GPIO 的方法(这个实例是为了让读者了解 GPIO 的基本工作原理)以及用库函数控制 GPIO 的方法。采用库函数的方式进行单片机程序开发是单片机开发者通常采用的方法，也是本章学习的重点。初学者开始学习这种库函数开发方法可能有些不习惯，可以照猫画虎地把功能实现了，再逐步加深理解。等掌握了这种开发框架后，就会发现采用库函数的方式进行单片机程序开发，是一种非常高效快捷的方法。

思 考 与 练 习

1. STM32 单片机的 GPIO 有哪些端口？分别有多少条引脚？
2. STM32 单片机的 GPIO 挂接在哪条总线上？其常用频率是多少？
3. STM32 单片机的 GPIO 端口有多少种工作模式？
4. 试说明 GPIO 的配置步骤。
5. 在采用库函数开发时，经常会对某些功能进行封装，这时会用到 xxx.c 及 xxx.h 两个文件，试说明这两个文件的功能及区别。
6. 在采用库函数控制 GPIO 时，需要在 Keil 项目中包含哪些文件？
7. 试采用寄存器控制 GPIO 方式编写程序，点亮 D1 和 D2 指示灯。
8. 试采用库函数控制 GPIO 方式编写程序，控制 D1～D8 指示灯交替亮灭，类似流水灯效果。

第 9 章　中　　断

9.1　中断系统概述

9.1.1　中断的概念

中断就是当 CPU 执行程序时，由于发生了某种随机的事件(外部或内部)，引起 CPU 暂时中断正在运行的程序，转去执行一段特殊的服务程序(中断服务子程序或中断处理程序)，以处理该事件，处理完该事件后又返回被中断的程序继续执行，这一过程就称为中断，引发中断的事件称为中断源。比如：看电视时突然门铃响，那么门铃响就相当于中断源。有些中断还能够被其他高优先级的中断所中断，这种情况叫作中断的嵌套。中断示意图如图 9.1 所示。

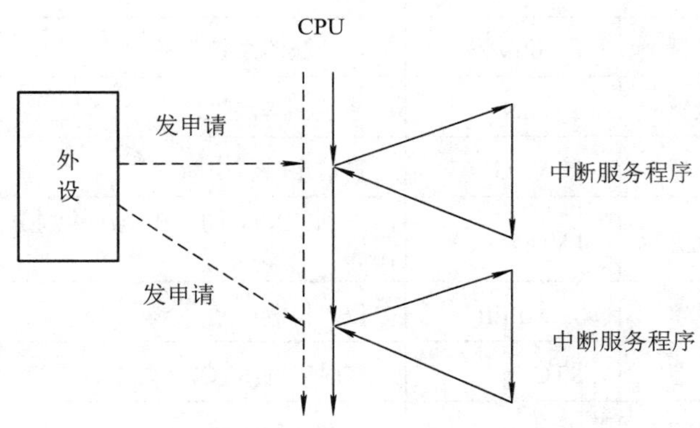

图 9.1　中断示意图

Cortex-M3 内核支持 256 个中断，其中包含了 16 个内核中断和 240 个外部中断。但 STM32 并没有使用 Cortex-M3 内核的全部东西，只是用了它的一部分。STM32F10x 芯片有 84 个中断通道，包括 16 个内核中断和 68 个可屏蔽中断，STM32F103 系列芯片有 60 个可屏蔽中断，STM32F107 系列有 68 个可屏蔽中断。除了个别异常的优先级被固定外，其他异常的优先级都是可编程的。这些中断通道已按照不同优先级顺序固定分配给相应的外部设备。从《STM32F10x 中文参考手册》的中断向量表可以知道具体分配到哪些外设，这里只截取了一部分，如需了解得更详细可参考《STM32F10x 中文参考手册》里的中断和事件章节内容。中断向量表如表 9.1 所示。

表 9.1　中断向量表

位置	优先级	优先级类型	名　称	说　明	地　址
—	—	—		保留	0x0000_0000
	–3	固定	Reset	复位	0x0000_0004
	–2	固定	NMI	不可屏蔽中断，RCC 时钟安全系统(CSS)连接到 NMI 向量	0x0000_0008
	–1	固定	硬件失效(HardFault)	所有类型的失效	0x0000_000C
	0	可设置	存储管理(MemManage)	存储器管理	0x0000_0010
	1	可设置	总线错误(BusFault)	预取指令失败，存储器访问失败	0x0000_0014
	2	可设置	错误应用(UsageFault)	未定义的指令或非法状态	0x0000_0018
	—	—	—	保留	0x0000_001C~0x0000_002B
	3	可设置	SVCall	通过 SWI 指令的系统服务调用	0x0000_002C
	4	可设置	调试监控(DebugMonitor)	调试监控器	0x0000_0030
	—	—	—	保留	0x0000_0034
	5	可设置	PendSV	可挂起的系统服务	0x0000_0038
	6	可设置	SysTick	系统嘀嗒定时器	0x0000_003C
0	7	可设置	WWDG	窗口定时器中断	0x0000_0040
1	8	可设置	PVD	连到 EXTI 的电源电压检测(PVD)中断	0x0000_0044
2	9	可设置	TAMPER	侵入检测中断	0x0000_0048
3	10	可设置	RTC	实时时钟(RTC)全局中断	0x0000_004C
4	11	可设置	FLASH	闪存全局中断	0x0000_0050
5	12	可设置	RCC	复位和时钟控制(RCC)中断	0x0000_0054
6	13	可设置	EXTI0	EXTI 线 0 中断	0x0000_0058
7	14	可设置	EXTI1	EXTI 线 1 中断	0x0000_005C
8	15	可设置	EXTI2	EXTI 线 2 中断	0x0000_0060
9	16	可设置	EXTI3	EXTI 线 3 中断	0x0000_0064
10	17	可设置	EXTI4	EXTI 线 4 中断	0x0000_0068

续表一

位置	优先级	优先级类型	名　称	说　明	地　址
11	18	可设置	DMA1 通道 1	DMA1 通道 1 全局中断	0x0000_006C
12	19	可设置	DMA1 通道 2	DMA1 通道 2 全局中断	0x0000_0070
13	20	可设置	DMA1 通道 3	DMA1 通道 3 全局中断	0x0000_0074
14	21	可设置	DMA1 通道 4	DMA1 通道 4 全局中断	0x0000_0078
15	22	可设置	DMA1 通道 5	DMA1 通道 5 全局中断	0x0000_007C
16	23	可设置	DMA1 通道 6	DMA1 通道 6 全局中断	0x0000_0080
17	24	可设置	DMA1 通道 7	DMA1 通道 7 全局中断	0x0000_0084
18	25	可设置	ADC1_2	ADC1 和 ADC2 的全局中断	0x0000_0088
19	26	可设置	USB_HP_CAN_TX	USB 高优先级或 CAN 发送中断	0x0000_008C
20	27	可设置	USB_LP_CAN_RX0	USB 低优先级或 CAN 接收 0 中断	0x0000_0090
21	28	可设置	CAN_RX1	CAN 接收 1 中断	0x0000_0094
22	29	可设置	CAN_SCE	CAN SCE 中断	0x0000_0098
23	30	可设置	EXTI9_5	EXTI 线[9:5]中断	0x0000_009C
24	31	可设置	TIM1_BRK	TIM1 刹车中断	0x0000_00A0
25	32	可设置	TIM1_UP	TIM1 更新中断	0x0000_00A4
26	33	可设置	TIM1_TRG_COM	TIM1 触发和通信中断	0x0000_00A8
27	34	可设置	TIM1_CC	TIM1 捕获比较中断	0x0000_00AC
28	35	可设置	TIM2	TIM2 全局中断	0x0000_00B0
29	36	可设置	TIM3	TIM3 全局中断	0x0000_00B4
30	37	可设置	TIM4	TIM4 全局中断	0x0000_00B8
31	38	可设置	I2C1_EV	I^2C1 事件中断	0x0000_00BC
32	39	可设置	I2C1_ER	I^2C1 错误中断	0x0000_00C0
33	40	可设置	I2C2_EV	I^2C2 事件中断	0x0000_00C4
34	41	可设置	I2C2_ER	I^2C2 错误中断	0x0000_00C8
35	42	可设置	SPI1	SPI1 全局中断	0x0000_00CC
36	43	可设置	SPI2	SPI2 全局中断	0x0000_00D0
37	44	可设置	USART1	USART1 全局中断	0x0000_00D4

续表二

位置	优先级	优先级类型	名　称	说　明	地　址
38	45	可设置	USART2	USART2 全局中断	0x0000_00D8
39	46	可设置	USART3	USART3 全局中断	0x0000_00DC
40	47	可设置	EXTI15_10	EXTI 线[15:10]中断	0x0000_00E0
41	48	可设置	RTCAlarm	连到 EXTI 的 RTC 闹钟中断	0x0000_00E4
42	49	可设置	USB 唤醒	连到 EXTI 的从 USB 待机唤醒中断	0x0000_00E8
43	50	可设置	TIM8_BRK	TIM8 刹车中断	0x0000_00EC
44	51	可设置	TIM8_UP	TIM8 更新中断	0x0000_00F0
45	52	可设置	TIM8_TRG_COM	TIM8 触发和通信中断	0x0000_00F4
46	53	可设置	TIM8_CC	TIM8 捕获比较中断	0x0000_00F8
47	54	可设置	ADC3	ADC3 全局中断	0x0000_00FC
48	55	可设置	FSMC	FSMC 全局中断	0x0000_0100
49	56	可设置	SDIO	SDIO 全局中断	0x0000_0104
50	57	可设置	TIM5	TIM5 全局中断	0x0000_0108
51	58	可设置	SPI3	SPI3 全局中断	0x0000_010C
52	59	可设置	UART4	UART4 全局中断	0x0000_0110
53	60	可设置	UART5	UART5 全局中断	0x0000_0114
54	61	可设置	TIM6	TIM6 全局中断	0x0000_0118
55	62	可设置	TIM7	TIM7 全局中断	0x0000_011C
56	63	可设置	DMA2 通道 1	DMA2 通道 1 全局中断	0x0000_0120
57	64	可设置	DMA2 通道 2	DMA2 通道 2 全局中断	0x0000_0124
58	65	可设置	DMA2 通道 3	DMA2 通道 3 全局中断	0x0000_0128
59	66	可设置	DMA2 通道 4_5	DMA2 通道 4 和 DMA2 通道 5 全局中断	0x0000_012C

在 STM32 单片机中，中断控制器称作 NVIC。NVIC 的英文全称是 Nested Vectored Interrupt Controller，中文意思就是嵌套向量中断控制器，它属于 Cortex-M3 内核的一个外设，控制着芯片的中断相关功能。

NVIC 中有一系列的寄存器，配置这些寄存器即可管理中断，在配置中断时，我们通常使用的只有 ISER、ICER 和 IP 这三个寄存器，ISER 是中断使能寄存器，ICER 是中断清除寄存器，IP 是中断优先级寄存器。

9.1.2　中断源及优先级

STM32F103 芯片支持 60 个可屏蔽中断通道，每个中断通道都具有自己的中断优先级控制字节(8 位，理论上每个外部中断优先级可以设置为 0～255，数值越小，优先级越高，但是 STM32F103 中只使用 4 位，高 4 位有效)，用于表达优先级的高 4 位又被分组成抢占优先级和响应优先级，通常也把响应优先级称为“亚优先级”或“副优先级”，每个中断源都需要指定这两种优先级。

高抢占优先级的中断事件会打断当前的主程序或者中断程序运行，俗称中断嵌套。在抢占优先级相同的情况下，高响应优先级的中断优先被响应。

当两个中断源的抢占优先级相同时，这两个中断将没有嵌套关系，当一个中断到来后，如果程序正在处理另一个中断，这个后到来的中断就要等到处理完前一个中断之后才能被处理。如果这两个中断同时到达，则中断控制器根据中断的响应优先级高低来决定先处理哪一个；如果它们的抢占优先级和响应优先级都相等，则根据它们在中断表中的排位顺序决定先处理哪一个，先执行排位靠前的。

STM32F103 中指定中断优先级的寄存器位有 4 位，这 4 位的分组方式，抢占优先级与副优先级的分配，4 个描述优先级位的 5 种组合使用方式，如图 9.2 所示。“优先级组别”决定如何解释这 4 位寄存器。

4个优先级描述位可以有5种组合方式

优先级组别	抢占优先级	副优先级
4	4位/16级	0位/0级
3	3位/8级	1位/2级
2	2位/4级	2位/4级
1	1位/2级	3位/8级
0	0位/0级	4位/16级

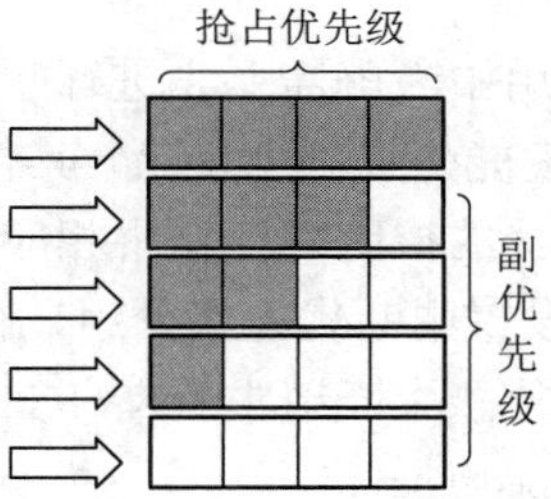

抢占优先级

副优先级

图 9.2　中断优先级分组

第 0 组：所有 4 位用于指定响应优先级。

第 1 组：最高 1 位用于指定抢占优先级，最低 3 位用于指定响应优先级。

第 2 组：最高 2 位用于指定抢占优先级，最低 2 位用于指定响应优先级。

第 3 组：最高 3 位用于指定抢占优先级，最低 1 位用于指定响应优先级。

第 4 组：所有 4 位用于指定抢占优先级。

设置优先级分组可调用库函数 NVIC_PriorityGroupConfig()实现，与 NVIC 中断相关的库函数都在库文件 misc.c 和 misc.h 中，所以当使用到中断时，一定要记得把 misc.c 和 misc.h 添加到工程组中。NVIC_PriorityGroupConfig()函数代码如下：

```
void NVIC_PriorityGroupConfig(uint32_t NVIC_PriorityGroup)
{
    /* Check the parameters */
    assert_param(IS_NVIC_PRIORITY_GROUP(NVIC_PriorityGroup));
    SCB->AIRCR = AIRCR_VECTKEY_MASK | NVIC_PriorityGroup;
```

```
}
```

NVIC_PriorityGroupConfig 函数带一个形参用于中断优先级分组，该值范围可以是 NVIC_PriorityGroup_0-NVIC_PriorityGroup_4，对应优先级与占用的位数信息如表 9.2 所示。

表 9.2　参数说明表

NVIC_PriorityGroup	描　述
NVIC_PriorityGroup_0	抢占优先级 0 位，副优先级 4 位
NVIC_PriorityGroup_1	抢占优先级 1 位，副优先级 3 位
NVIC_PriorityGroup_2	抢占优先级 2 位，副优先级 2 位
NVIC_PriorityGroup_3	抢占优先级 3 位，副优先级 1 位
NVIC_PriorityGroup_4	抢占优先级 4 位，副优先级 0 位

函数内最终将分组值给了 SCB→AIRCR，说明控制中断优先级寄存器是内核外设 SCB 的 AIRCR 寄存器的 PRIGROUP[10:8]位。

9.2　中断配置步骤

要使用中断就需要先进行配置，配置中断通常需经过以下步骤：

(1) 使能外设某个中断，具体由外设相关中断使能位来控制，比如定时器有溢出中断，可由定时器的控制寄存器中相应中断使能位来控制。

(2) 设置中断优先级分组，初始化 NVIC_InitTypeDef 结构体，设置抢占优先级和响应优先级，使能中断请求。NVIC_InitTypeDef 结构体如下：

```
typedef struct
{
    uint8_t NVIC_IRQChannel; //中断源
    uint8_t NVIC_IRQChannelPreemptionPriority;    //抢占优先级
    uint8_t NVIC_IRQChannelSubPriority;            //响应优先级
    FunctionalState NVIC_IRQChannelCmd;            //中断使能或禁用
} NVIC_InitTypeDef;
```

下面对 NVIC_InitTypeDef 结构体成员作简单介绍。

① NVIC_IRQChannel：中断源的设置。不同的外设中断，中断源不一样，自然名称也不一样，所以名称不能写错，否则不会进入中断。中断源放在 stm32f10x.h 文件的 IRQn_Type 结构体内。由于内容太多，这里就不复制所有中断源，只截取一部分如下：

```
typedef enum IRQn
{
    //Cortex-M3 处理器异常编号
    NonMaskableInt_IRQn = -14,
```

```
    MemoryManagement_IRQn = -12,
    BusFault_IRQn = -11,
    UsageFault_IRQn = -10,
    SVCall_IRQn = -5,
    DebugMonitor_IRQn = -4,
    PendSV_IRQn = -2,
    SysTick_IRQn = -1,
    //STM32 外部中断编号
    WWDG_IRQn = 0,
    PVD_IRQn = 1,
    TAMP_STAMP_IRQn = 2,
    //限于篇幅，中间部分代码省略，具体的可查看库文件 stm32f10x.h
    DMA2_Channel2_IRQn = 57,
    DMA2_Channel3_IRQn = 58,
    DMA2_Channel4_5_IRQn = 59
} IRQn_Type;
```

② NVIC_IRQChannelPreemptionPriority：抢占优先级，具体的值要根据优先级分组来确定，可以参考前面中断优先级分组的内容。

③ NVIC_IRQChannelSubPriority：响应优先级，具体的值要根据优先级分组来确定，可以参考前面中断优先级分组的内容。

④ NVIC_IRQChannelCmd：中断使能/禁用设置，使能配置为ENABLE，禁用配置为DISABLE。

(3) 编写中断服务函数。

配置好中断后如果有触发，即会进入中断服务函数。在STM32单片机中，中断服务函数有固定的函数名，可以在startup_stm32f10x_hd.s启动文件中查看，启动文件提供的只是一个中断服务函数名，具体实现什么功能还需要用户自己编写，可以将中断服务函数放在stm32f10x_it.c文件中，也可以放在自己的应用程序中。通常把中断函数放在应用程序中。

9.3　外部中断EXTI

9.3.1　外部中断

STM32F10x 外部中断/事件控制器(EXTI)包含多达 20 个用于产生事件/中断请求的边沿检测器。EXTI的每根输入线都可单独进行配置，以选择类型(中断或事件)和相应的触发事件(上升沿触发、下降沿触发或边沿触发)，还可独立地被屏蔽。

EXTI框图包含了EXTI最核心的内容，掌握了此框图，对EXTI就有一个全局的把握，在编程的时候思路就非常清晰。EXTI内部结构框图如图9.3所示。

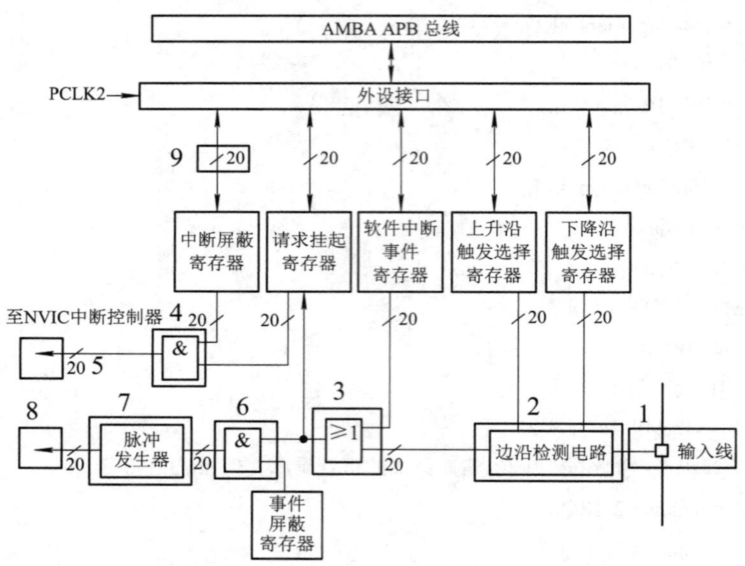

图 9.3　EXTI 内部结构框图

从图 9.3 中可以看到，有很多信号线上都有与标号 9 一样的“20”字样，这表示在控制器内部类似的信号线路有 20 个，这与 STM32F10x 的 EXTI 总共有 20 个中断/事件线是吻合的。因此我们只需要理解其中一个的原理，其他的 19 个线路原理也就明白了。EXTI 分为两大部分功能，一个产生中断，另一个产生事件，这两个功能从硬件上就有差别，这在框图中也有体现。从图中标号 3 的位置处就分出了两条线路，一条是 3—4—5，用于产生中断，另一条是 3—6—7—8，用于产生事件。

从图 9.3 中可以看出，中断线路最终会输入 NVIC 控制器中，从而会运行中断服务函数，实现中断内功能，这是软件级的。而事件线路最后产生的脉冲信号会流向其他的外设电路，这是硬件级的。在 EXTI 框图最顶端可以看到，其外设接口时钟由 PCLK2，即 APB2 提供，所以在后面使能 EXTI 时钟的时候一定要注意这点。

9.3.2　外部中断/事件线映射

STM32F10x 的 EXTI 具有 20 个中断/事件线，对应连接的外设说明如表 9.3 所示。

表 9.3　EXTI 中断线

EXTI 线路	说　明
EXTI 线 0~15	对应外部 I/O 口的输入中断
EXTI 线 16	连接到 PVD 输出
EXTI 线 17	连接到 RTC 闹钟事件
EXTI 线 18	连接到 USB OTG FS 唤醒事件
EXTI 线 19	连接到以太网唤醒事件

从表 9.3 可知，STM32F10x 的 EXTI 供外部 I/O 口使用的中断线有 16 根，但是我们使用的 STM32F103 芯片却远远不止 16 个 I/O 口，那么 STM32F103 芯片是怎么解决这个问

题的呢？因为 STM32F103 芯片每个 GPIO 端口均有 16 条引脚，因此把每个端口的 16 个 I/O 对应那 16 根中断线 EXTI0～EXTI15。比如 GPIOx.0-GPIOx.15(x = A, B, C, D, E, F, G) 分别对应中断线 EXTI0～EXTI15，这样一来每根中断线就对应了最多 7 个 I/O 口，比如：GPIOA.0、GPIOB.0、GPIOC.0、GPIOD.0、GPIOE.0、GPIOF.0、GPIOG.0，这 7 个引脚都对应到了中断线 EXTI0。但是中断线每次只能连接一个在 I/O 口，这样就需要通过 AFIO 的外部中断配置寄存器 1 的 EXTIx[3:0]位来决定对应的中断线映射到哪个 GPIO 端口，对于中断线映射到 GPIO 端口的配置函数在 stm32f10x_gpio.c 和 stm32f10x_gpio.h 中，所以使用外部中断时，要把这个文件加入工程中，在创建库函数模板的时候默认该文件已经添加。EXTI 的 GPIO 映射图如图 9.4 所示。

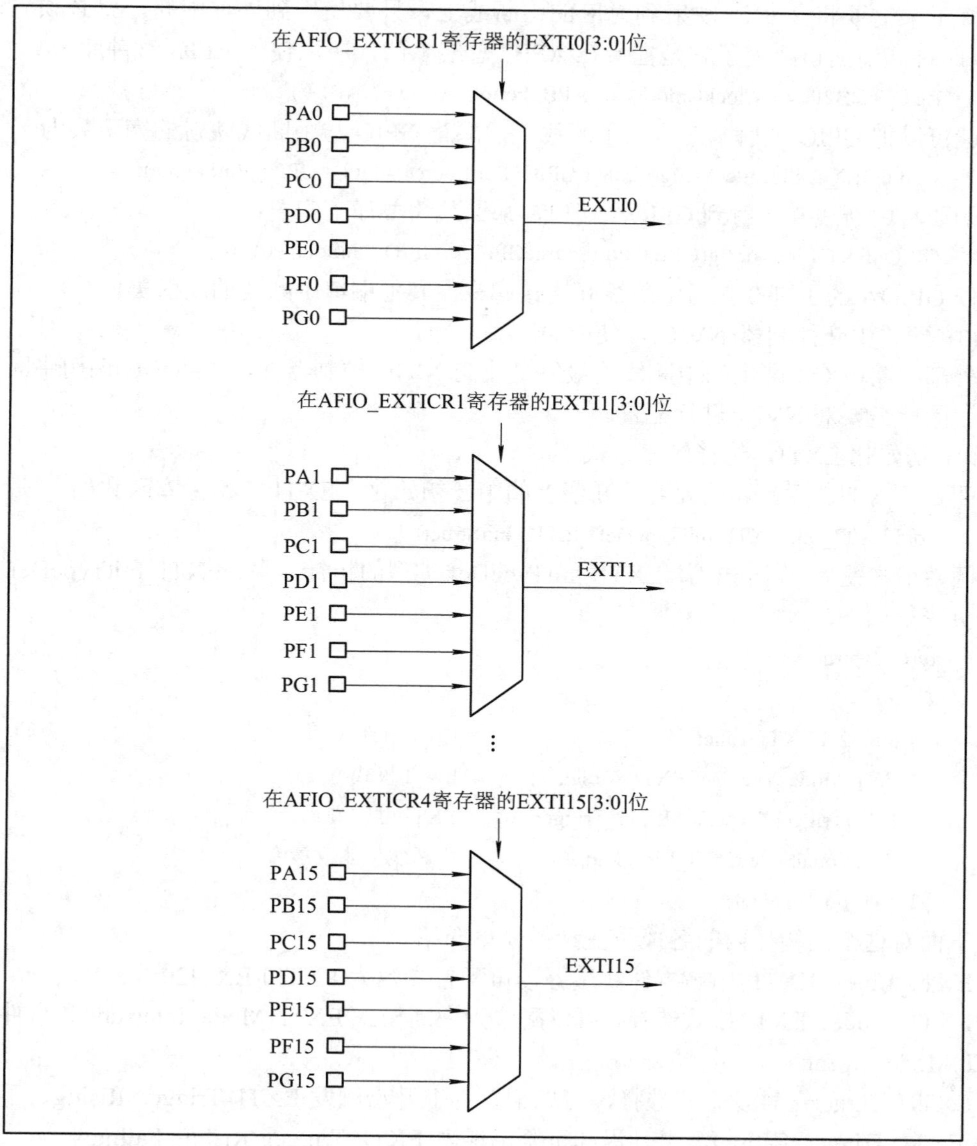

在AFIO_EXTICR1寄存器的EXTI0[3:0]位
PA0
PB0
PC0
PD0
PE0
PF0
PG0
EXTI0

在AFIO_EXTICR1寄存器的EXTI1[3:0]位
PA1
PB1
PC1
PD1
PE1
PF1
PG1
EXTI1

⋮

在AFIO_EXTICR4寄存器的EXTI15[3:0]位
PA15
PB15
PC15
PD15
PE15
PF15
PG15
EXTI15

图 9.4　外部中断通用 I/O 映像

9.3.3　EXTI 的配置步骤

下面介绍如何使用库函数对外部中断进行配置，这也是在编写程序中必须了解的。这里以下节将要介绍的 4 个外部按键为例进行说明，EXTI 相关库函数在 stm32f10x_exti.c 和 stm32f10x_exti.h 文件中，具体步骤如下：

(1) 使能 I/O 口时钟，配置 I/O 口模式。

由于本章使用开发板上 4 个按键 I/O 口作为外部中断输入线，因此需要使能对应的 I/O 口时钟及配置 I/O 口模式，例如把 4 个按键对应的 I/O 口设置为输入模式。

(2) 开启 AFIO 时钟，设置 I/O 口与中断线的映射关系。

接下来需要将 GPIO 映射到对应的中断线上，只要使用到外部中断，就必须先使能 AFIO 时钟。前面已经说了它是挂接在 APB2 总线上的，所以使能 AFIO 时钟库函数为

```
RCC_APB2PeriphClockCmd(RCC_APB2Periph_AFIO,ENABLE);
```

然后就可以把 GPIO 映射到对应的中断线上，配置 GPIO 与中断线映射的库函数为

```
void GPIO_EXTILineConfig(uint8_t GPIO_PortSource, uint8_t GPIO_PinSource);
```

例如将中断线 0 映射到 GPIOA 端口，那么就需要如下配置：

```
GPIO_EXTILineConfig(GPIO_PortSourceGPIOA, GPIO_PinSource0);
```

这时候 GPIOA 的引脚 0 就与中断线 0 连接起来，其他端口中断线的映射类似。

(3) 配置中断控制器(NVIC)，使能中断。

外部中断 EXTI 产生的中断线路最终是流向 NVIC 控制器的，由 NVIC 调用中断服务函数，因此需要对 NVIC 进行配置。

(4) 初始化 EXTI，选择触发方式。

配置好 NVIC 后，还需要对中断线上的中断初始化，EXTI 初始化库函数如下：

```
void EXTI_Init(EXTI_InitTypeDef* EXTI_InitStruct);
```

函数形参是有一个结构体 EXTI_InitTypeDef 类型的指针变量，EXTI_InitTypeDef 结构体成员变量如下：

```
typedef struct
{
    uint32_t EXTI_Line;                      //中断/事件线
    EXTIMode_TypeDef EXTI_Mode;              //EXTI 模式
    EXTITrigger_TypeDef EXTI_Trigger;        //EXTI 触发方式
    FunctionalState EXTI_LineCmd;            //中断线使能或禁用
} EXTI_InitTypeDef;
```

下面对这个结构体内的各成员变量做简单介绍。

EXTI_Line：EXTI 中断/事件线选择，可配置参数为 EXTI0-EXTI20。

EXTI_Mode：EXTI 模式选择，可以配置为中断模式 EXTI_Mode_Interrupt 和事件模式 EXTI_Mode_Event。

EXTI_Trigger：触发方式选择，可以配置为上升沿触发 EXTI_Trigger_Rising、下降沿触发 EXTI_Trigger_Falling、上升沿和下降沿触发 EXTI_Trigger_Rising_Falling。

EXTI_LineCmd：中断线使能或者禁用，配置 ENABLE 为使能，DISABLE 为禁用，

这里要使用外部中断，所以需使能。

(5) 编写 EXTI 中断服务函数。

所有中断函数都在 STM32F1 启动文件中，不知道中断函数名时可以打开启动文件查找。这里使用的是外部中断，其函数名如下：

```
EXTI0_IRQHandler
EXTI1_IRQHandler
EXTI2_IRQHandler
EXTI3_IRQHandler
EXTI4_IRQHandler
EXTI9_5_IRQHandler
EXTI15_10_IRQHandler
```

从函数名可以看出，前面 0～4 个中断线都是独立的函数，中断线 5～9 共用一个函数 EXTI9_5_IRQHandler，中断线 10～15 也共用一个函数 EXTI15_10_IRQHandler，所以要注意中断与中断服务函数的对应关系。

9.4　STM32 外部中断的应用实例

9.4.1　硬件设计

硬件电路使用开发板上的 4 个按键，其电路如图 9.5 所示。

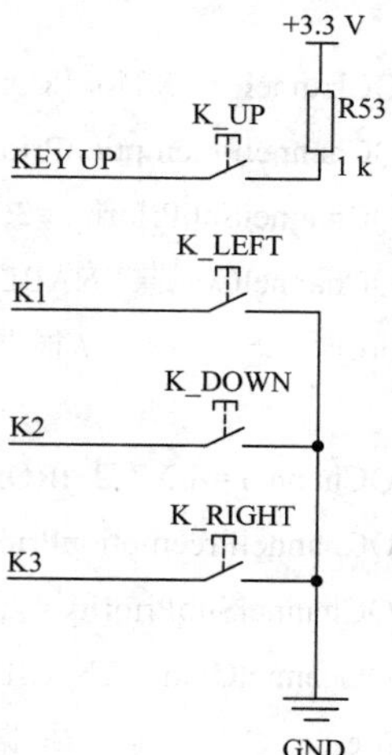

图 9.5　硬件原理图

当按下按键时，对应的 I/O 口电平会发生变化，这时只要配置好对应端口的外部中断触发方式就可以触发中断。

9.4.2 软件设计

要实现以外部中断方式控制 LED，程序框架如下：

1. 初始化对应端口的 EXTI

要使用外部中断，必须先对 EXTI 初始化函数进行配置。EXTI 初始化代码如下：

```
void My_EXTI_Init(void)
{
    NVIC_InitTypeDef   NVIC_InitStructure;
    EXTI_InitTypeDef   EXTI_InitStructure;
    RCC_APB2PeriphClockCmd(RCC_APB2Periph_AFIO,ENABLE);         //使能时钟
    GPIO_EXTILineConfig(GPIO_PortSourceGPIOE, GPIO_PinSource2);  //选择 GPIO E2 引脚用
                                                                 //作外部中断线路
    GPIO_EXTILineConfig(GPIO_PortSourceGPIOE, GPIO_PinSource3);  //选择 GPIO E3 引脚用
                                                                 //作外部中断线路
    GPIO_EXTILineConfig(GPIO_PortSourceGPIOE, GPIO_PinSource4);  //选择 GPIO E4 引脚用
                                                                 //作外部中断线路
    GPIO_EXTILineConfig(GPIO_PortSourceGPIOA, GPIO_PinSource0);  //选择 GPIO A0 引脚用
                                                                 //作外部中断线路
    //EXTI0 NVIC  配置
    NVIC_InitStructure.NVIC_IRQChannel = EXTI0_IRQn;             //EXTI0 中断通道
    NVIC_InitStructure.NVIC_IRQChannelPreemptionPriority=2;      //抢占优先级
    NVIC_InitStructure.NVIC_IRQChannelSubPriority =3;            //副优先级
    NVIC_InitStructure.NVIC_IRQChannelCmd = ENABLE;              //IRQ 通道使能
    NVIC_Init(&NVIC_InitStructure);                  //根据指定的参数初始化 VIC 寄存器
    //EXTI2 NVIC  配置
    NVIC_InitStructure.NVIC_IRQChannel = EXTI2_IRQn;             //EXTI2 中断通道
    NVIC_InitStructure.NVIC_IRQChannelPreemptionPriority=2;      //抢占优先级
    NVIC_InitStructure.NVIC_IRQChannelSubPriority =2;            //副优先级
    NVIC_InitStructure.NVIC_IRQChannelCmd = ENABLE;              //IRQ 通道使能
    NVIC_Init(&NVIC_InitStructure);                  //根据指定的参数初始化 VIC 寄存器
    //EXTI3 NVIC  配置
    NVIC_InitStructure.NVIC_IRQChannel = EXTI3_IRQn;             //EXTI3  中断通道
    NVIC_InitStructure.NVIC_IRQChannelPreemptionPriority=2;      //抢占优先级
    NVIC_InitStructure.NVIC_IRQChannelSubPriority =1;            //副优先级
    NVIC_InitStructure.NVIC_IRQChannelCmd = ENABLE;              //IRQ 通道使能
    NVIC_Init(&NVIC_InitStructure);                  //根据指定的参数初始化 VIC 寄存器
```

```
    //EXTI4 NVIC 配置
    NVIC_InitStructure.NVIC_IRQChannel = EXTI4_IRQn;                //EXTI4 中断通道
    NVIC_InitStructure.NVIC_IRQChannelPreemptionPriority=2;         //抢占优先级
    NVIC_InitStructure.NVIC_IRQChannelSubPriority =0;               //副优先级
    NVIC_InitStructure.NVIC_IRQChannelCmd = ENABLE;                 //IRQ 通道使能

    NVIC_Init(&NVIC_InitStructure);              //根据指定的参数初始化 NVIC 寄存器

    EXTI_InitStructure.EXTI_Line=EXTI_Line0;
    EXTI_InitStructure.EXTI_Mode=EXTI_Mode_Interrupt;
    EXTI_InitStructure.EXTI_Trigger=EXTI_Trigger_Rising;
    EXTI_InitStructure.EXTI_LineCmd=ENABLE;
    EXTI_Init(&EXTI_InitStructure);
    EXTI_InitStructure.EXTI_Line=EXTI_Line2|EXTI_Line3|EXTI_Line4;
    EXTI_InitStructure.EXTI_Mode=EXTI_Mode_Interrupt;
    EXTI_InitStructure.EXTI_Trigger=EXTI_Trigger_Falling;
    EXTI_InitStructure.EXTI_LineCmd=ENABLE;
    EXTI_Init(&EXTI_InitStructure);
}
```

在 My_EXTI_Init()函数中，首先使能 AFIO 时钟，并将 4 个按键端口映射到对应中断线上，4 个按键连接的端口是 PA0、PE2、PE3、PE4。然后配置相应的 NVIC 并使能对应中断通道，由于 4 个按键的 I/O 口占用了 4 个中断线，属于不同的中断通道，需要分别对其配置。从 NVIC 配置代码中可以看到 4 个中断通道的响应优先级为 0～3，所以 NVIC 被分成两组，分组代码放在主函数中，只有一条语句：

```
NVIC_PriorityGroupConfig(NVIC_PriorityGroup_2);     //中断优先级分 2 组。
```

最后就是对 EXTI 初始化，通过配置 EXTI_InitStructure 结构体成员值实现 EXTI 的配置。从代码中可以看到，中断线 0(EXTI_Line0)被配置为上升沿触发，中断线 2～4 被配置为下降沿触发，这是因为按键 K_UP 是高电平有效，而其他 3 个按键是低电平有效，这由硬件配置决定。

2. 编写 EXTI 中断服务函数

初始化 EXTI 后，中断就已经开启了，当按下任意按键后会触发一次中断，这时程序就会进入中断服务函数执行，所以需要编写对应的 EXTI 中断函数。这里以 PA0 引脚的 K_UP 按键进行讲解，其他按键的中断函数类似，具体代码如下：

```
void EXTI0_IRQHandler(void)
{
    if(EXTI_GetITStatus(EXTI_Line0)==1)
    {
        delay_ms(10);
        if(K_UP==1)
```

```
        {
            led2=0;
        }
    }
    EXTI_ClearITPendingBit(EXTI_Line0);
}
```

因为 PA0 引脚对应的中断线是 EXTI 0，所以其中断服务函数为 EXTI0_IRQHandler。进入中断函数后，为了确定中断是否真的发生，首先对其中断标志位状态进行判断，获取 EXTI 中断标志位状态函数如下：

```
EXTI_GetITStatus(EXTI_Line0);
```

函数参数 EXTI_Line0 是所要判断的中断线，可以是 EXTI_Line0-EXTI_Line20。如果 EXTI 中断线有中断发生，函数返回 SET，否则返回 RESET。SET 也可以用 1 表示，RESET 可以用 0 表示。在中断服务函数退出前，需要清除中断标志位，函数如下：

```
EXTI_ClearITPendingBit(EXTI_Line0);
```

在库函数内，还提供了两个函数用来判断外部中断状态以及清除外部状态标志位的函数 EXTI_GetFlagStatus 和 EXTI_ClearFlag。它们的作用和前面两个函数的作用类似，只是在 EXTI_GetITStatus 函数中会先判断这种中断是否使能，若使能才去判断中断标志位，而 EXTI_GetFlagStatus 直接用来判断状态标志。在中断函数内，还调用了 delay_ms 函数，用于软件消抖，如果按下 K_UP 键，就点亮 D2 指示灯。

3. 编写主函数

编写好 EXTI 初始化和中断服务函数后，接下来就可以编写主函数了，代码如下：

```
int main()
{
    SysTick_Init(72);
    NVIC_PriorityGroupConfig(NVIC_PriorityGroup_2); //中断优先级分组 分组 2
    LED_Init();
    KEY_Init();
    My_EXTI_Init();    //外部中断初始化
    while(1)
    {
        led1=!led1;
        delay_ms(200);
    }
}
```

实验现象：将工程程序编译后下载到开发板内，可以看到 D1 指示灯不断闪烁，表示程序正常运行。当按下 K_UP 键时，D2 指示灯点亮；当按下 K_DOWN 键时，D2 指示灯熄灭；当按下 K_LEFT 键时，D3 指示灯熄灭，当按下 K_RIGHT 键时，D3 指示灯点亮。

本章小结

中断方式使单片机具有了多任务处理能力，也大大加强了任务处理的实时性。本章介绍了 STM32 单片机的中断控制器以及中断的配置步骤；采用实例演示的方式讲解了外部中断 EXTI 的使用方法。通过本章的学习，可使读者理解中断处理的原理，以及外部中断的编程方法，为学习后续章节的单片机内各种外设中断处理编程打下坚实的基础。

思考与练习

1. 请简述单片机中断工作的原理。
2. STM32F10x 单片机有几类优先级？它们的作用有何不同？
3. STM32F103 芯片的中断优先级是如何分组的？
4. 试说明中断的配置步骤。
5. STM32F103 芯片中有哪些外部中断？
6. 试说明外部中断 EXTI 的配置步骤。
7. 请写出开放 PB0 端口引脚外部中断的步骤。
8. 试编程实现使用外部中断方式来调节蜂鸣器的音调和声音。

第 10 章　定时器原理及应用

10.1　定 时 器 概 述

本章讲述微控制器的另一个基本的片上外设——定时器。定时器是微控制器必备的片上外设。微控制器中的定时器实际上是一个计数器，可以对内部脉冲/外部输入进行计数，它不仅具有基本的计数/延时功能，还具有输入捕获、输出比较和 PWM 输出等高级功能。定时器的资源十分丰富，包括基本定时器、通用定时器和高级定时器，其中，高级定时器的功能最为强大，可以实现其他定时器的所有功能。关于这些定时器的介绍，在官方的芯片参考手册中占据了约 1/5 的篇幅。另外，在固件库的例程中，也用了 20 个例程来讲解如何应用定时器。由此可见，定时器在 STM32 中的重要作用。

在低容量和中容量的 STM32F103xx 系列产品以及互连型 STM32F105xx 和 STM32F107xx 系列产品中，只有一个高级定时器 TIM1。而在高容量和超大容量的 STM32F103xx 系列产品中，有两个高级定时器 TIM1 和 TIM8。

在所有的 STM32F10xxx 系列产品中，都有通用定时器 TIM2～TIM5(除非另有说明)，除此之外，在超大容量产品中，还有通用定时器 TIM9～TIM14。

在高容量和超大容量的 STM32F101xx 和 STM32F103xx 系列产品以及互连型 STM32F105xx 和 STM32F107xx 系列产品中，有两个基本定时器 TIM6 和 TIM7。

本章以 STM32F103 系列为例，介绍定时器的原理及应用。该系列产品中最多有 11 个定时器，其中 2 个高级定时器，4 个通用定时器，2 个基本定时器，2 个看门狗定时器，以及 1 个系统嘀嗒定时器。本章主要讨论 TIM1～TIM8 定时器。这 8 个定时器的功能项比较如表 10.1 所示。

表 10.1　定时器的功能项比较

功能项		基本定时器	通用定时器	高级控制定时器
		TIM6、TIM7	TIM2、TIM3 TIM4、TIM5	TIM1、TIM8
16 位向上、向下、向上/向下自动装载计数器		☆	★	★
16 位可编程预分频器		★	★	★
4 个独立通道	输入捕获 输出比较 PWM 生成 单脉冲模式输出		★	★
使用外部信号控制定时器和定时器互连的同步电路		☆	★	★

续表

<table>
<tr><td colspan="2" rowspan="3">功 能 项</td><td colspan="3">定 时 类 型</td></tr>
<tr><td>基本定时器</td><td>通用定时器</td><td>高级定时器</td></tr>
<tr><td>TIM6、TIM7</td><td>TIM2、TIM3
TIM4、TIM5</td><td>TIM1、TIM8</td></tr>
<tr><td rowspan="3">如下事件发生时产生中断/DMA 请求</td><td>更新事件：计数器向上溢出/向下溢出，计数器初始化</td><td>☆</td><td>★</td><td>★</td></tr>
<tr><td>触发事件
输入捕获事件
输出比较事件</td><td></td><td>★</td><td>★</td></tr>
<tr><td>刹车信号输入事件</td><td></td><td></td><td>★</td></tr>
<tr><td colspan="2">支持针对定位的增量(正交)编码器和霍尔传感器电路</td><td></td><td>★</td><td>★</td></tr>
<tr><td colspan="2">触发输入作为外部时钟或者按周期的电流管理</td><td></td><td>★</td><td>★</td></tr>
<tr><td colspan="2">死区时间可编程的互补输出</td><td></td><td></td><td>★</td></tr>
<tr><td colspan="2">允许在指定数目的计数器周期之后更新定时器寄存器的重复计数器</td><td></td><td></td><td>★</td></tr>
<tr><td colspan="2">刹车输入信号可以将定时器输出信号置于复位状态或者一个已知状态</td><td></td><td></td><td>★</td></tr>
</table>

注：★表示具备该功能项；☆表示具备该功能项的部分功能。

比较表 10.1 中 3 种定时器的功能项，我们可以发现，通用定时器和高级定时器的功能项是很接近的，只是高级定时器针对电机控制增加了一些功能(刹车信号输入、死区时间可编程的互补输出等)；基本定时器是 3 种定时器中实现功能最简单的定时器，且其具备 3 种定时器的基本工作原理。因此，学习 STM32 定时器时，应从最简单的基本定时器着手去理解其工作原理，只要掌握一个定时器的使用方法，其他定时器就可以类推了。

如果时钟源来自内部系统时钟，那么可编程定时/计数器可以实现精确的定时。此时的定时器工作于普通模式、输出比较模式或 PWM 输出模式，通常用于延时、输出指定波形、驱动电机等应用中。

如果时钟源来自外部输入信号，那么可编程定时/计数器可以完成对外部信号的计数。此时的定时器工作于输入捕获模式，通常用于测量输入信号的频率和占空比、测量外部事件的发生次数和时间间隔等应用中。

在嵌入式系统中，使用定时器可以完成以下功能：

(1) 在多任务的分时系统中用作中断来实现任务的切换；

(2) 周期性执行某个任务，如每隔固定时间完成一次 A/D 采集；

(3) 延时一定时间执行某个任务，如交通灯信号变化；

(4) 显示实时时间，如万年历；

(5) 产生不同频率的波形，如 MP3 播放器；

(6) 产生不同脉宽的波形，如驱动伺服电机；

(7) 测量脉冲的个数，如测量转速；

(8) 测量脉冲的宽度，如测量频率。

10.2　基本定时器

基本定时器 TIM6 和 TIM7 只具备最基本的定时功能，即当累加的时钟冲脉数超过预定值时，TIM6 和 TIM7 能触发中断或触发 DMA 请求。由于其在芯片内部与 DAC 外设相连，可通过触发输出驱动 DAC，因此也可以作为其他通用定时器的时钟基准。基本定时器框图见图 10.1。

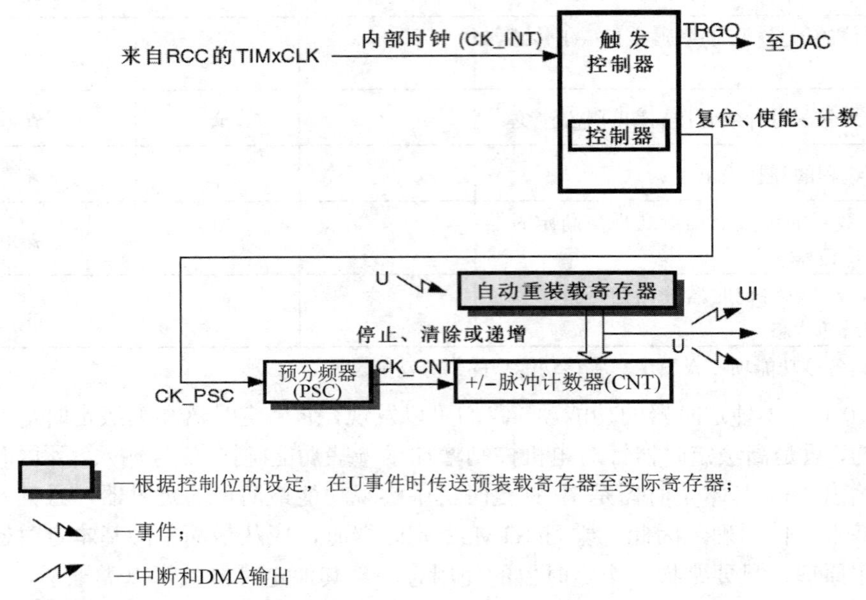

图 10.1　基本定时器框图

TIM6 和 TIM7 两个基本定时器使用的时钟源都是 TIMxCLK，时钟源经过预分频器输入脉冲计数器 TIMx_CNT，基本定时器只能工作在向上计数模式，在自动重装载寄存器 TIMx_ARR 中保存的是定时器的溢出值。

工作时，脉冲计数器 TIMx_CNT 由时钟触发进行计数，当 TIMx_CNT 的计数值 X 等于自动重装载寄存器 TIMx_ARR 中保存的数值 N 时，产生溢出事件，可触发中断或 DMA 请求；然后 TIMx_CNT 的值被清零，重新向上计数。

10.3　通用定时器

通用定时器 TIM2～TIM5 比基本定时器复杂得多，除了具有基本的定时功能外，它主要被用在测量输入脉冲的频率、脉宽与输出 PWM 脉冲等场合，它还具有编码器接口。

STM32F103 系列通用定时器的主要特点如下：

(1) 具有 16 位向上、向下、向上/向下自动装载计数器，其内部时钟 CK_INT 的来源 TIMxCLK 来自 APB1 预分频器的输出。

(2) 具有 4 个独立的通道，每个通道都可以用于输入捕获、输出比较、PWM 生成以及单脉冲模式输出等。

(3) 发生更新、触发、输入捕获以及输出比较事件时，可产生中断/DMA 请求。

(4) 支持针对定位的增量编码器和霍尔传感器电路。

(5) 使用外部信号控制定时器和定时器互连的同步电路。

(6) 触发输入作为外部时钟或者按周期的电流管理。

通用定时器内部结构框图见图 10.2，图中部分图示含义如表 10.2 所示。其硬件结构可分为 3 个部分：时钟源、时钟单元、捕获/比较通道。

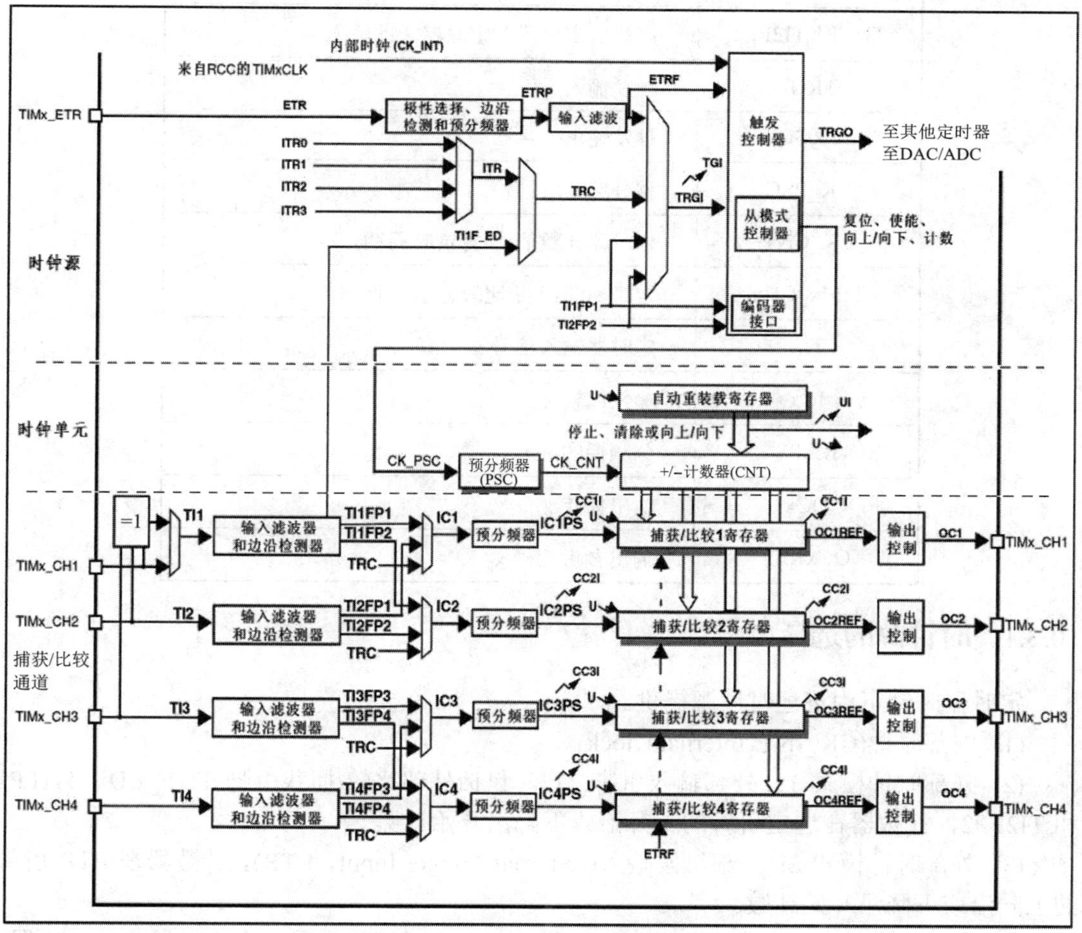

图 10.2　通用定时器内部结构图

表 10.2　图 10.2 中部分图示含义

图　示	含　义
	事件
	中断或 DMA 输出
TIMx_ETR	定时器的外部触发引脚
ETR	外部触发输入
ETRP	分频后的外部触发输入
ETRF	滤波后的外部触发输入
ITRx	内部触发输入 x(由其他定时器触发)
TI1F_ED	TI1 的边沿检测器
TI1FP1/TI2FP2	滤波后定时器 1/定时器 2 的输入
TRGI	触发输入
TRGO	触发输出
CK_PSC	预分频器时钟输入
CK_CNT	定时器计数值(计算定时周期)
TIMx_CHx	定时器的捕获/比较通道引脚
TIx	定时器输入信号 x
ICx	输入比较 x
ICxPS	分频后的 ICx
OCx	输出捕获 x
OCxREF	输出参考信号 x

10.3.1　时钟源的选择

定时器时钟可由下述时钟源提供。

(1) 内部时钟(CK_INT, Internal Clock)。

(2) 外部时钟模式 1：外部输入引脚 TIx，包括外部比较/捕获引脚 TI1F_ED、TI1FP1 和 TI2FP2，计数器在选定引脚的上升沿或下降沿开始计数。

(3) 外部时钟模式 2：外部触发输入(External Trigger Input，ETR)，计数器在 ETR 引脚的上升沿或下降沿开始计数。

(4) 内部触发输入(ITRx，x = 0，1，2，3)：一个定时器作为另一个定时器的预分频器，如可以配置一个定时器 TIM1 作为另一个定时器 TIM2 的预分频器。

除内部时钟外，其他 3 种时钟源都通过 TRGI(触发输入)，如图 10.3 所示。

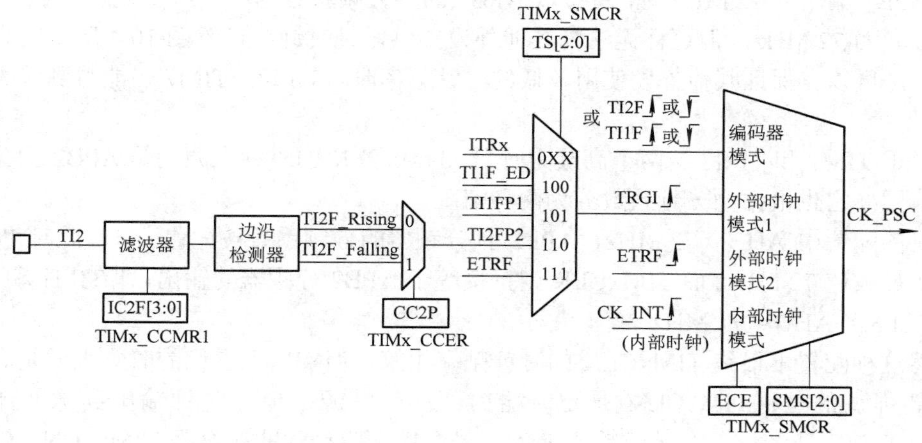

图 10.3　定时器时钟源

1. 内部时钟(CK_INT)

若选择内部时钟，则与基本定时器一样，也为 TIMxCLK。要注意的是，所有定时器(包括基本、通用和高级定时器)使用内部时钟时，定时器的时钟源都被称为 TIMxCLK，但 TIMxCLK 的时钟来源并不是完全一样的。如图 10.4 所示，定时器的 TIMxCLK 的时钟来源不是直接来自 APB1 或 APB2，而是来自输入为 APB1 或 APB2 的一个倍频器。

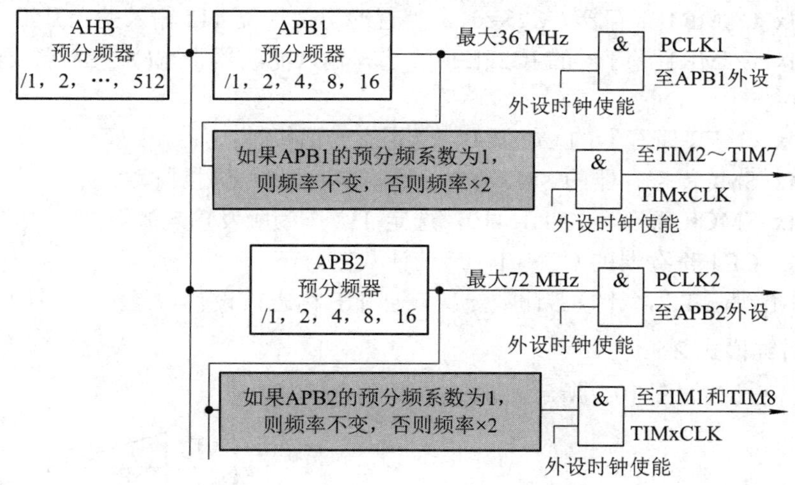

图 10.4　部分时钟系统

TIM2～TIM7(也就是基本定时器和通用定时器)中，TIMxCLK 的时钟来源是 APB1 预分频器的输出。若 APB1 的预分频系数为 1，则 TIM2～TIM7 的 TIMxCLK 直接等于该 APB1 预分频器的输出；若 APB1 的预分频系数为其他数值(即预分频系数为 2、4、8 或 16)，则倍频器起作用，TIM2～TIM7 的 TIMxCLK 为 APB1 预分频器输出的 2 倍。

例如，当 AHB 为 72 MHz 时，APB1 的预分频系数必须大于 2，因为 APB1 的最大输出频率只能为 36 MHz。如果 APB1 的预分频系数为 2，则因为倍频器使得 TIM2～TIM7 的 TIMxCLK 仍为 72 MHz。

在 APB1 输出为 72 MHz 时，直接取 APB1 的预分频系数为 1，可以保证 TIM2～TIM7 的时钟频率为 72 MHz，但这样无法为其他外设提供低频时钟；设置图 10.4 所示阴影部分的倍频器，可以在保证其他外设使用较低的时钟频率时，TIM2～TIM7 仍能得到较高的时钟频率。

而对于 TIM1 和 TIM8 这两个高级定时器，TIMxCLK 的时钟来源则是 APB2 预分频器的输出，同样它也根据预分频系数分为两种情况。

常见的配置中 AHB = 72 MHz，APB2 预分频器的分频系数被配置为 1，此时 PCLK2 刚好达到最大值 72 MHz，而 TIMxCLK 则直接等于 APB2 分频器的输出，即 TIM1 和 TIM8 的 TIMxCLK = AHB = 72 MHz。

虽然这种配置下最终 TIMxCLK 的时钟频率相等，但实质上它们的时钟来源是有区别的。还要强调的是：TIMxCLK 是定时器内部的时钟源，但在时钟输出到脉冲计数器 TIMx_CNT 前，还经过一个预分频器 PSC，最终用于驱动脉冲计数器 TIMx_CNT 的时钟频率根据预分频器 PSC 的配置而定。

2. 外部时钟模式 1(TIx)

外部输入引脚包括外部比较/捕获引脚 TI1F_ED、TI1FP1 和 TI2FP2 等，当 TIMx_SMCR 寄存器的 SMS=111 时，此模式被选中，计数器在选定引脚的上升沿或下降沿开始计数。如图 10.3 所示为 TI2 外部时钟连接示例。要配置向上计数在 TI2 输入端的上升沿计数，使用如下的步骤：

配置 TIMx_CCMR1 寄存器 CC2S=01，配置通道 2 检测 TI2 输入的上升沿；

配置 TIMx_CCMR1 寄存器的 IC2F[3:0]，选择输入滤波器带宽(如果不需要滤波器，保持 IC2F=0000)；

配置 TIMx_CCER 寄存器的 CC2P=0，选定上升沿极性；

配置 TIMx_SMCR 寄存器的 SMS=111，选择定时器外部时钟模式 1；

配置 TIMx_SMCR 寄存器的 TS=110，选定 TI2 作为触发输入源；

设置 TIMx_CR1 寄存器的 CEN=1，启动计数器。

当上升沿出现在 TI2，计数器计数一次，且 TIF 标志被设置。

3. 外部时钟模式 2

外部时钟模式 2 如图 10.5 所示。

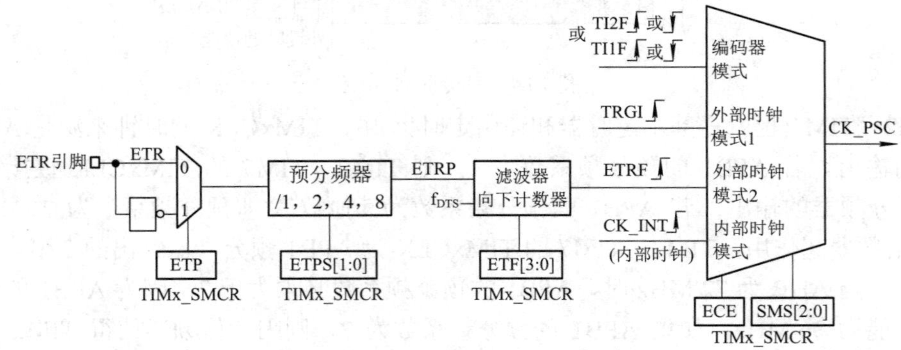

图 10.5　外部时钟模式 2

在外部时钟模式 2 中，ETR 可以直接作为时钟输入，也可以通过触发输入(TRGI)来作为时钟输入，即在外部时钟模式 2 中将触发源选择为 ETR，二者效果是一样的。在外部时钟模式 2 中，ETRF 可以与一些从模式(复位、触发、门控)进行组合。

4. 内部触发输入(ITRx)

ITRx 引脚可通过主(Master)模式和从(Slave)模式使定时器同步。如图 10.6 所示，TIM2 需设置成 TIM1 的从模式，TIM1 作为 TIM2 的预分频器。

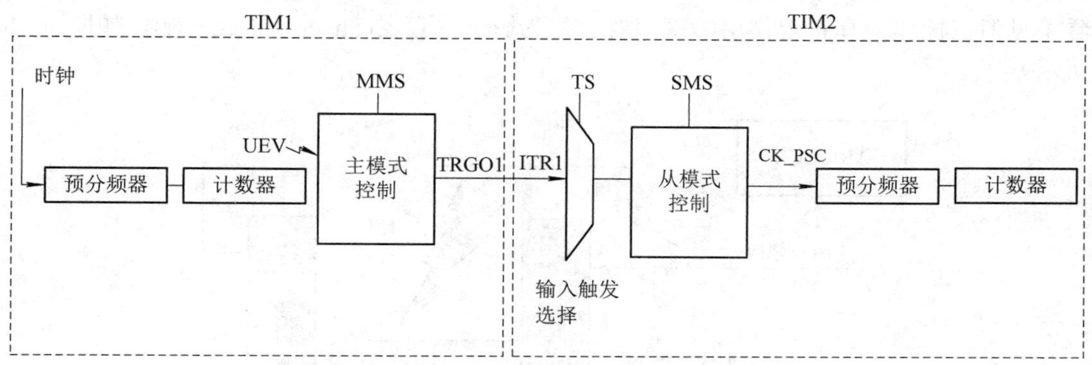

图 10.6　定时器的级联

10.3.2　时基单元

STM32 的通用定时器的时基单元包含计数器(TIMx_CNT)、预分频器(TIMx_PSC)和自动重装载寄存器(TIMx_ARR)等，如图 10.7 所示。计数器、自动重装载寄存器和预分频器可以由软件进行读/写操作，在计数器运行时仍可读/写。

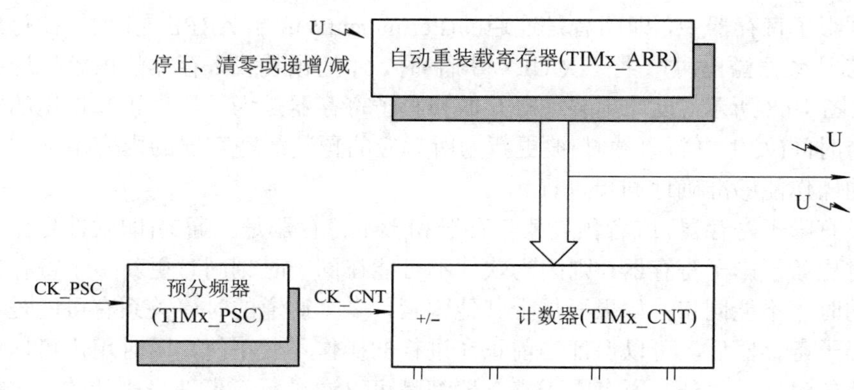

图 10.7　定时器时基单元

从时钟源送来的时钟信号，首先经过预分频器的分频，频率降低后输出信号 CK_CNT，送入计数器进行计数，预分频器的分频取值范围可以是 1～65 536 之间的任意数值。一个 72 MHz 的输入信号经过分频后，可以产生最小接近 1100 Hz 的信号。

计数器具有 16 位计数功能，它可以在时钟控制单元的控制下，进行递增计数、递减计数或中央对齐计数(即先递增计数，达到自动重装载寄存器的数值后再递减计数)。计数

器可以通过时钟控制单元的控制直接清零，或者在计数值达到自动重装载寄存器的数值后清零；计数器也可以直接停止，或者在计数值达到自动重装载寄存器的数值后停止；计数器还可以暂停一段时间计数，然后在控制单元的控制下恢复计数。

自动重装载寄存器类似 51 单片机定时器/计数器工作于方式 2 时保存初值的 THx(x=0,1)，当 CNT 计满溢出后，自动重装载寄存器保存的初值赋给 CNT，继续计数。

图 10.7 中部分寄存器框图有阴影，表示该寄存器在物理上对应两个寄存器，一个是程序员可以写入或读出的寄存器，称为预装载寄存器(Preload Register)，另一个是程序员看不见但在操作中真正起作用的寄存器，称为影子寄存器(Shadow Register)，如图 10.8 所示。

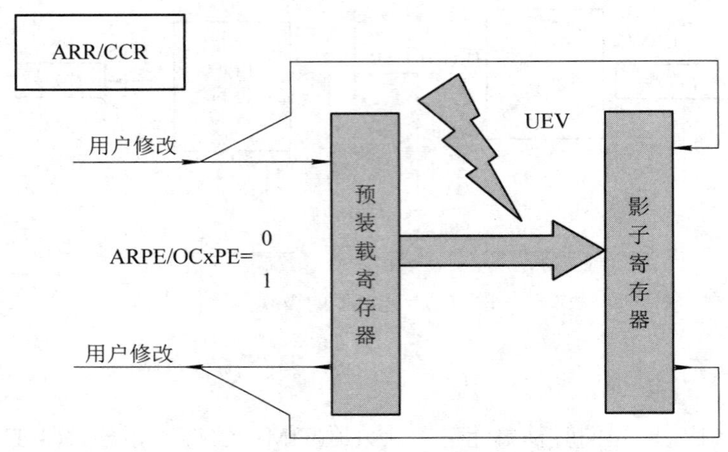

图 10.8　预装载寄存器和影子寄存器

根据 TIMx_CR1 寄存器中 ARPE 位的设置，当 ARPE=0 时，预装载寄存器的内容可以随时传送到影子寄存器中，即两者是连通的(Permanently)；当 ARPE = 1 时，在每次更新事件(UEV，当计数器溢出时产生一次 UEV 事件)时，才把预装载寄存器的内容传送到影子寄存器中，如图 10.8 所示。设计预装载寄存器和影子寄存器是为了让真正起作用的影子寄存器在同一个时间(发生更新事件时)被更新为所对应的预装载寄存器的内容，这样可以保证多个通道的操作能够准确地同步进行。

如果没有影子寄存器，或者预装载寄存器和影子寄存器是直通的(即软件更新预装载寄存器的同时更新了影子寄存器)，则因为软件不可能在同一时刻同时更新多个寄存器而造成多个通道的时序不能同步；如果再加上其他因素，多个通道的时序关系有可能是不可预知的。设置影子寄存器后，可以保证当前正在进行的操作不受干扰，同时用户可以十分精确地控制电路的时序；另外，所有影子寄存器都是可以通过更新事件来刷新的，这样可以保证定时器的各个部分能够在同一时刻改变配置，从而实现所有 I/O 通道的同步。STM32 的高级定时器就是利用这个特性实现 3 路互补 PWM 信号的同步输出，从而完成三相变频电动机的精确控制的。

图 10.7 中在自动重装载寄存器的左侧有一个大写的 U 和一个向下的箭头标志，表示对应寄存器的影子寄存器可以在发生更新事件时，被更新为它的预装载寄存器的内

容；而在自动重装载寄存器的右侧的箭头标志，表示自动重装载的动作可以产生一个更新事件(U)或更新事件中断(UI)。

10.3.3 捕获/比较通道

通用定时器的基本计时功能与基本定时器的一样，即时钟源经过预分频器输出到脉冲计数器 TIMx_CNT 累加，溢出时产生中断或 DMA 请求。

通用定时器比基本定时器多了一种寄存器—— 捕获/比较寄存器 TIMx_CCR(Capture/Compare Register)。它包括捕获输入部分(数字滤波、多路复用和预分频器)和比较输出部分(比较器和输出控制)。当一个通道工作于捕获模式时，该通道的输出部分自动停止工作；当一个通道工作于比较模式时，该通道的输入部分自动停止工作。

1. 捕获通道

当一个通道工作于捕获模式时，输入信号从引脚经输入滤波、边沿检测和预分频电路后，控制捕获寄存器的操作。当指定的输入边沿到来时，定时器将该时刻计数器的当前数值复制到捕获寄存器，并在中断使能时产生中断。读出捕获寄存器的内容，就可以知道信号发生变化的准确时间。

2. 比较通道

当一个通道工作于比较模式时，用户程序将比较数值写入比较寄存器，定时器会不停地将该寄存器的内容与计数器的内容进行比较，一旦比较条件成立，就产生相应的输出。如果使能了中断，则产生中断；如果使能了引脚输出，则按照控制电路的设置产生输出波形。这个通道最重要的应用就是输出 PWM(Pulse Width Modulation)波形。PWM 控制技术即脉冲宽度调制技术，通过对一系列脉冲的宽度进行调制，来等效地获得所需要的波形(含形状和幅值)。PWM 控制技术在逆变电路中应用最广，应用的逆变电路绝大部分是 PWM 型。PWM 控制技术正是由于在逆变电路中的应用，才确定了它在电力电子技术中的重要地位。

10.3.4 计数器模式

时序图是描述电路信号变化规律的图示。时序图中，从左到右，高电平在上，低电平在下，高阻态在中间；双线表示可能高也可能低，视数据而定；交叉线表示状态的高低变化，可以是由高变低，也可以是由低变高，还可以不变；竖线是生命线，代表时序图的对象在一段时期内的存在，时序图中的每个对象和底部中心都有一条垂直的虚线，这就是对象的生命线，对象的消息存在于两条生命线之间。时序要满足建立时间和保持时间的约束，才能保证锁存到正确的地址。数据或地址线的时序图有 0 和 1 两条线，表示一个固定的电平，可能是 0，也可能是 1，视具体的地址或数据而定；交叉线表示电平的变化，状态不确定，数值无意义。

下面用时序图来描述计数器模式。

1. 向上计数模式

在向上计数模式中，计数器从 0 开始计数到自动装入的值(TIMx_ARR 计数器的值)，

然后重新从 0 开始计数，并且产生一个计数器溢出事件。当 TIMx_ARR = 0x36 时，计数器向上计数模式如图 10.9 所示。

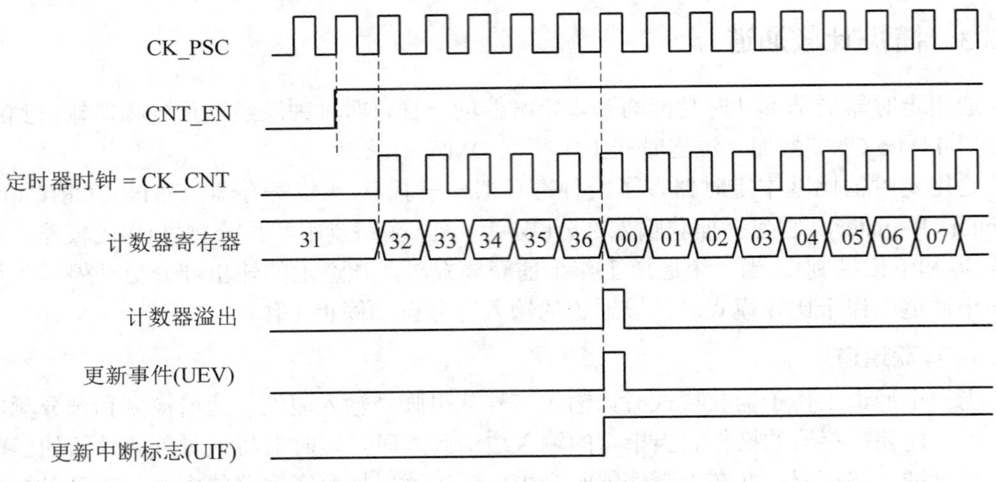

图 10.9　向上计数模式实例(TIMx_ARR = 0x36)

2. 向下计数模式

在向下计数模式中，计数器从自动装入的值(TIMx_ARR 计数器的值)开始向下计数到 0，然后从自动装入的值开始重新计数，并且产生一个计数器向下溢出事件。当 TIMx_ARR = 0x36 时，计数器向下计数模式如图 10.10 所示。

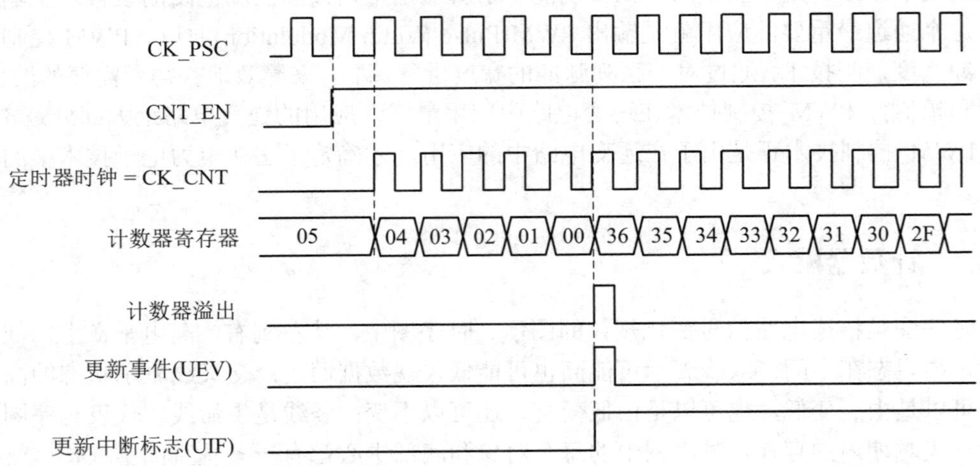

图 10.10　向下计数模式实例(TIMx_ARR = 0x36)

3. 中央对齐模式(向上/向下计数)

在中央对齐模式中，计数器先从 0 开始计数到自动装入的值(TIMx_ARR 计数器的值)，并产生一个计数器溢出事件；然后向下计数到 0，并产生一个计数器向下溢出事件；最后从 0 开始重新计数。当 TIMx_ARR = 0x06 时，计数器中央对齐模式如图 10.11 所示。

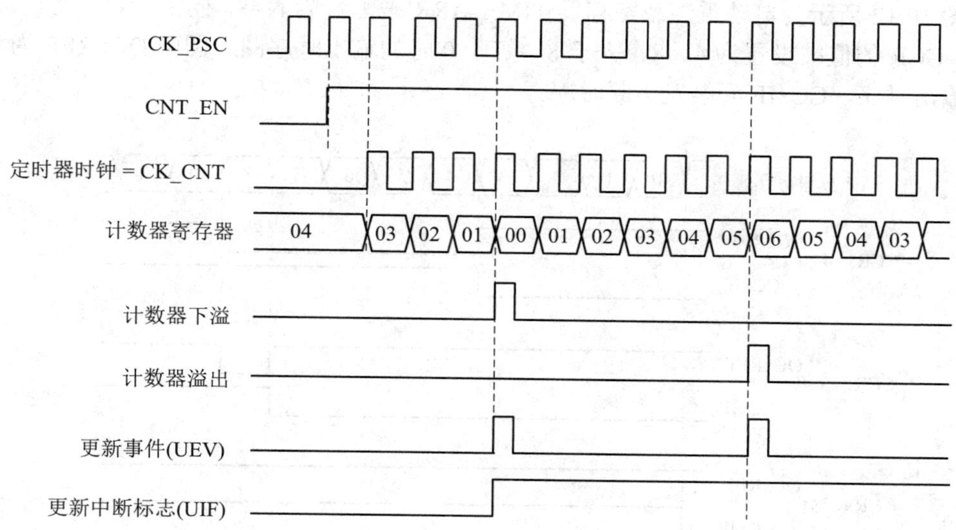

图 10.11　中央对齐模式实例(TIMx_ARR=0x06)

计数器模式由 TIM_TimeBaseInitTypeDef 中的 TIM_CounterMode 设定。模式的定义在 stm32f10x_tim.h 文件中：

```
#define  TIM_CounterMode_Up              ((uint16_t)0x0000)   //向上计数模式
#define  TIM_CounterMode_Down            ((uint16_t)0x0010)   //向下计数模式
#define  TIM_CounterMode_CenterAligned1  ((uint16_t)0x0020)   //中央对齐模式
#define  TIM_CounterMode_CenterAligned2  ((uint16_t)0x0040)   //中央对齐模式
#define  TIM_CounterMode_CenterAligned3  ((uint16_t)0x0060)   //中央对齐模式
```

10.3.5　PWM 输出过程分析

通过定时器可以利用 GPIO 引脚进行脉冲输出。当定时器被配置为比较输出、PWM 输出功能时，捕获/比较寄存器 TIMx_CCR 用于比较功能，下面把该寄存器简称为比较寄存器。

这里直接举例说明定时器的 PWM 输出工作过程。若配置脉冲计数器 TIMx_CNT 为向上计数，而自动重装载寄存器 TIMx_ARR 被配置为 N，即 TIMx_CNT 的当前计数值 X 在 TIMxCLK 时钟源的驱动下不断累加，当 TIMx_CNT 的计数值 X 大于 N 时，会重置 TIMx_CNT 数值为 0 并重新计数。

而在 TIMx_CNT 计数的同时，TIMx_CNT 的计数值 X 会与比较寄存器 TIMx_CCR 预先存储的数值 A 进行比较。当脉冲计数器 TIMx_CNT 的计数值 X 小于比较寄存器 TIMx_CCR 的值 A 时，输出高电平(或低电平)；反之，当脉冲计数器的计数值 X 大于或等于比较寄存器的值 A 时，输出低电平(或高电平)。

如此循环，得到的输出脉冲周期就为自动重装载寄存器 TIMx_ARR 存储的数值(N+1)乘以触发脉冲的时钟周期，其脉冲宽度则为比较寄存器 TIMx_CCR 的值 A 乘以触发脉冲的时钟周期，即输出 PWM 的占空比为 A/(N+1)。

图 10.12 所示为自动重装载寄存器 TIMx_ARR 被配置为 N=8，向上计数，比较寄存器 TIMx_CCR 的值被设置为 4、8、大于 8、等于 0 时的输出时序图。图中 OCxREF 为 GPIO 引脚输出时序，CCxIF 为触发中断时序。

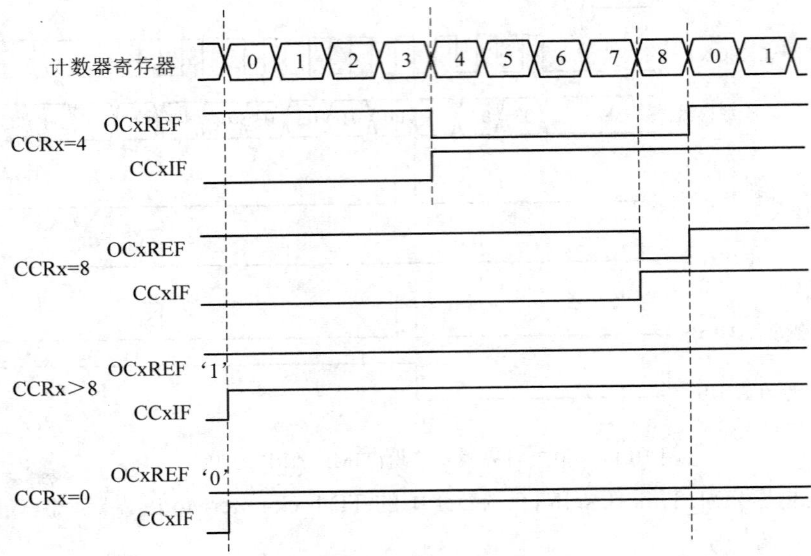

图 10.12　PWM 输出时序图

10.3.6　PWM 输入过程分析

当定时器被配置为输入功能时，可以检测输入到 GPIO 引脚的信号(频率检测、输入 PWM 检测)，此时捕获/比较寄存器 TIMx_CCR 用于捕获功能，下面把该寄存器简称为捕获寄存器。

图 10.13 所示为 PWM 输入时的脉冲宽度检测时序图。

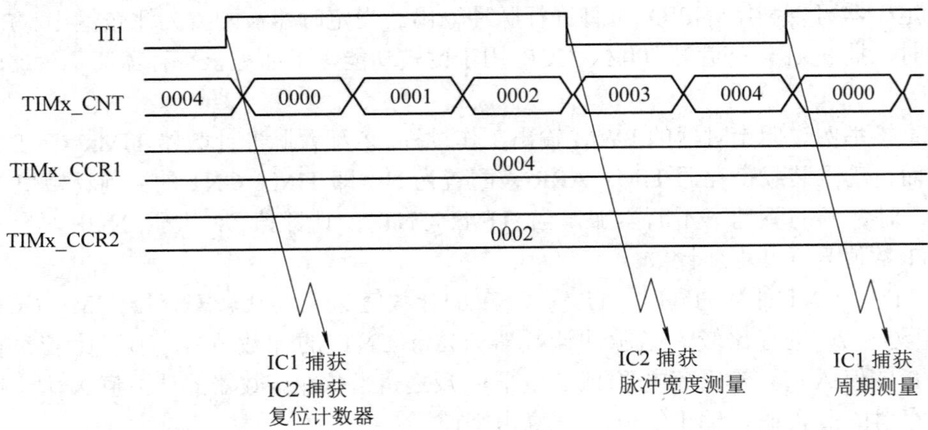

图 10.13　PWM 输入时的脉冲宽度检测时序图

按照图 10.13 所示来分析 PWM 输入脉冲宽度检测的工作过程。要测量的 PWM 脉冲通过 GPIO 引脚输入到定时器的脉冲检测通道，其时序为图 10.13 中的 TI1。把脉冲计数器

TIMx_CNT 配置为向上计数，自动重装载寄存器 TIMx_ARR 的 N 值配置为足够大。

在输入脉冲 TI1 的上升沿没到达时，触发 IC1 和 IC2 输入捕获中断，这时把脉冲计数器 TIMX_CNT 的计数值复位为 0，于是 TIMx_CNT 的计数值 X 在 TIMxCLK 的驱动下从 0 开始不断累加，直到 TI1 出现下降沿，触发 IC2 捕获事件，此时捕获寄存器 TIMx_CCR2 把脉冲计数器 TIMx_CNT 的当前值 2 存储起来，而 TIMx_CNT 继续累加，直到 TI1 出现第二个上升沿，触发了 IC1 捕获事件，此时 TIMx_CNT 的当前计数值 4 被保存到 TIMx_CCR1 中。

很明显，TIMx_CCR1(加 1)的值乘以 TIMxCLK 的周期就是待检测的 PWM 输入脉冲周期，TIMx_CCR2(加 1)的值乘以 TIMxCLK 的周期就是待检测的 PWM 输入脉冲的高电平时间，有了这两个数值就可以计算出 PWM 脉冲的频率、占空比了。

可以看出，正因为捕获/比较寄存器的存在，才使得通用定时器的功能如此强大。

10.3.7　定时器时间的计算

定时时间由 TIM_TimeBaseInitTypeDef 中的 TIM_Prescaler 和 TIM_Period 设定。TIM_Period 的大小实际上表示的是需要经过 TIM_Period 次计数后才能发生一次更新或中断。TIM_Prescaler 是时钟预分频数。

设脉冲频率为 TIMxCLK，则定时公式为

$$T = (\text{TIM\_Period} + 1) \times (\text{TIM\_Prescaler} + 1)/\text{TIMxCLK}$$

假设系统时钟是 72MHz，时钟系统部分初始化程序如下：

```
TIM_TimeBaseStructure.TIM_Period = 1999;          //计数值 1999
TIM_TimeBaseStructure.TIM_Prescaler =35999;       //分频 35 999
```

则系统时间为

$$\begin{aligned} T &= (\text{TIM\_Period} + 1) \times (\text{TIM\_Prescaler} + 1) \div \text{TIMxCLK} \\ &= (1999 + 1) \times (35\,999 + 1) \div 72 \times 10^6 = 1\ \text{s} \end{aligned}$$

10.3.8　定时器中断

以 TIM2 为例，TIM2 中断通道在中断向量表中的序号为 28，优先级为 25。TIM2 能够引起中断的中断源或事件有很多，如更新事件(上溢/下溢)、输入捕获、输出匹配、DMA 申请等。所有 TIM2 的中断事件都是通过一个 TIM2 中断通道向 Cortex-M3 内核提出中断申请的。Cortex-M3 内核对于每个外部中断通道都有相应的控制字和控制位，用于控制该中断通道。与 TIM2 中断通道相关的控制字/位在 NVIC 中有 13 位，它们是 PRI_28(IP[28]) 的 8 位(只用高 4 位)以及中断通道允许、中断通道清除(相当于禁止中断)、中断通道 Pending 置位、中断 Pending 清除、正在被服务的中断(Active)标志位各 1 位。

TIM2 的中断过程如下：

1. 初始化过程

初始化过程包括：设置寄存器 AIRC 和 PRIGROUP 的值，规定系统中的抢占优先级和副优先级的个数(在 4 位中占用的位数)；设置 TIM2 寄存器，允许相应的中断，如允许 UIE(TIM2_DIER 的第[0]位)；设置 TIM2 中断通道的抢占优先级和副优先级(IP[28]，在 NVIC

寄存器组中)设置允许 TIM2 中断通道，在 NVIC 寄存器组的 ISER 寄存器中的 1 位。

2. 中断响应过程

当 TIM2 的 UIE 条件成立(更新、上溢或下溢)时，硬件将 TIM2 本身的寄存器中的 UIE 中断标志位置位，然后通过 TIM2 中断通道向内核申请中断服务。此时内核硬件将 TIM2 中断通道的 Pending 标志位置位，表示 TIM2 有中断申请。如果当前有中断正在处理，TIM2 的中断级别不够高，则保持 Pending 标志位(当然用户可以在软件中通过写 ICPR 寄存器中相应的位将本次中断清除掉)。当内核有空时，开始响应 TIM2 的中断，进入 TIM2 的中断服务。此时硬件将 IABR 寄存器中相应的标志位置位，表示 TIM2 中断正在被处理。同时硬件清除 TIM2 的 Pending 标志位。

3. 执行 TIM2 的中断服务程序

所有 TIM2 的中断事件都是在一个 TIM2 中断服务程序中完成的，所以进入中断程序后，中断程序首先要判断是哪个 TIM2 的中断源需要服务，然后转移到相应的服务代码去。注意，不要忘记清除该中断标志位，硬件是不会自动清除 TIM2 寄存器中具体的中断标志位的。如果 TIM2 本身的中断源多于 2 个，那么它们服务的先后次序就由用户编写的中断服务程序决定。所以用户在编写服务程序时，应该根据实际情况和要求，通过软件的方式，将重要的中断优先处理。

4. 中断返回

内核执行完中断服务程序后，便进入中断返回过程。在这个过程中，硬件将 IABR 寄存器中相应的标志位清除，表示该中断处理完成。如果 TIM2 本身还有中断标志位被置位，表示 TIM2 还有中断在申请，则重新将 TIM2 的 Pending 标志位置为 1，等待再次进入 TIM2 的中断服务。TIM2 中断服务函数是 stm32f10x_it.c 中的函数 TIM2_IRQHandler( )。

10.4 高级定时器

STM32F103 系列的高级定时器 TIM1 和 TIM8 除了具有通用定时器的所有功能外，还可以作为一个分配到 6 个通道的三相 PWM 发生器，具有带死区插入的互补 PWM 输出。STM32F103 系列的高级定时器适合多种用途，包括测量输入信号的脉冲宽度(输入捕获)或产生输出波形(输出比较、PWM、嵌入死区时间的互补 PWM 等)。使用定时器预分频器和 RCC 时钟控制预分频器，可以实现脉冲宽度和波形周期从几微秒到几毫秒的调节。STM32F103 系列的每个高级定时器都是完全独立的，没有互相共享任何资源，但它们可以一起同步操作。

STM32F103 系列高级定时器的内部结构相较基本定时器和通用定时器要复杂一些，但其核心仍然是由一个可编程的 16 位预分频器驱动的具有自动重装载功能的 16 位计数器 TIMx_CNT。与通用定时器相比，高级定时器主要多了 BRK 和 DTG 两个结构，因而具有死区时间的控制功能。高级定时器还有一个紧急制动输入通道、一个可以和编码器连接的霍尔传感器接口。高级定时器可以广泛用于电机控制领域，如三相步进电机的控制。图 10.14 是高级定时器内部结构图。

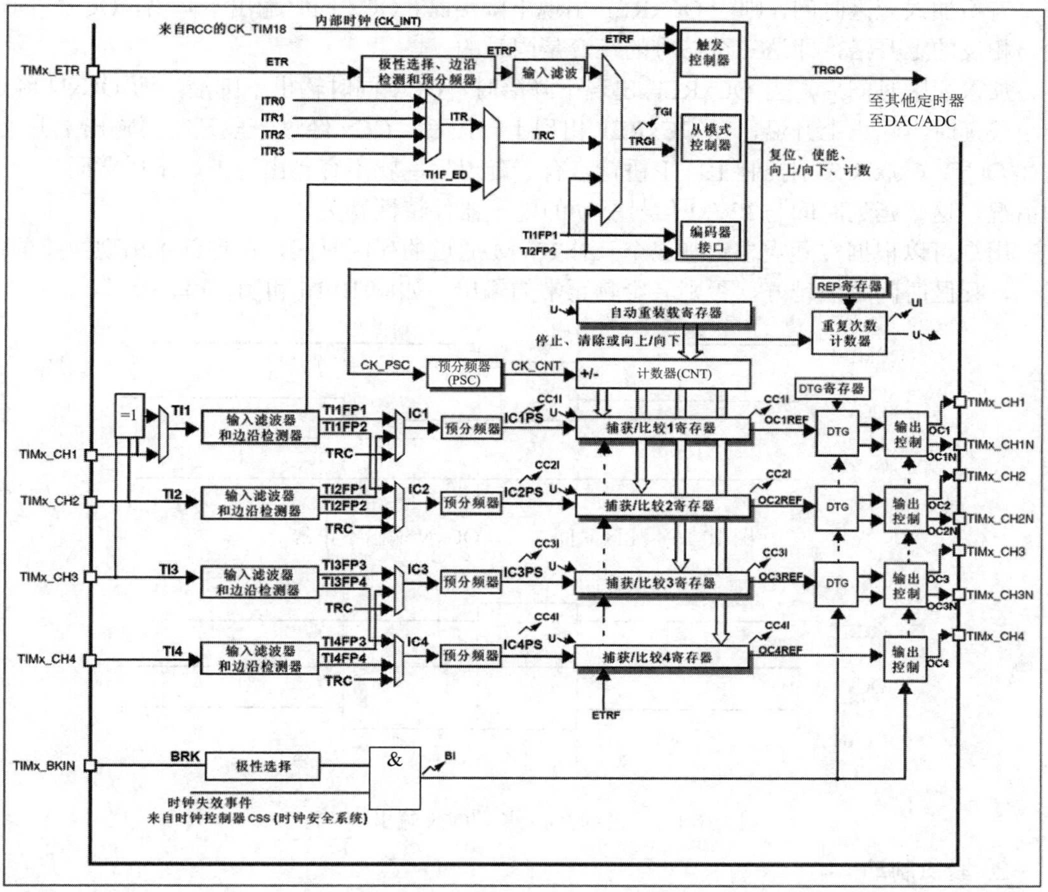

图 10.14　高级定时器内部结构图

1. 死区控制

在 H 桥、三相桥的 PWM 驱动电路中，上、下两个桥臂的 PWM 驱动信号是互补的，即上、下桥臂轮流导通，但实际上为了防止出现上、下桥臂同时导通(会造成短路)，在上、下桥臂切换时要留一小段时间，这时上、下桥臂都施加关断信号，这个上、下桥臂都关断的时间称为死区时间。

STM32 的高级定时器可以配置输出互补的 PWM 信号，并且在这个 PWM 信号中加入死区时间，为电机的控制提供了极大的便利。如图 10.15 所示，OCxREF 为参考信号(可理解为原信号)，OCx 和 OCxN 为定时器通过 GPIO 引脚输出的 PWM 互补信号。

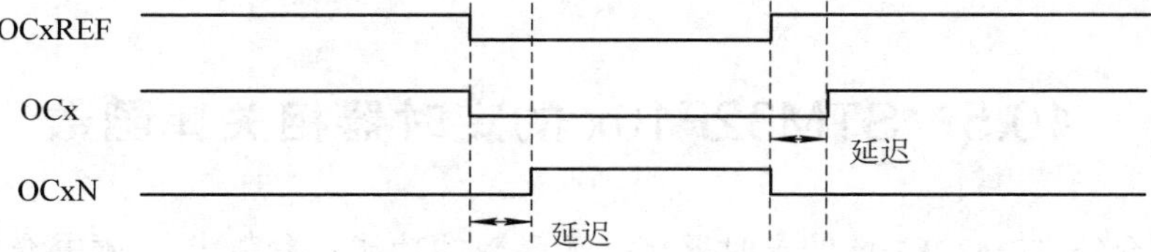

图 10.15　带死区插入的互补输出

若不加入死区时间，则当 OCxREF 出现下降沿时，OCx 同时输出下降沿，OCxN 同时输出相反的上升沿，即这三个信号的跳变是同时的。

加入死区时间后，当 OCxREF 出现下降沿时，OCx 同时输出下降沿，而 OCxN 经过一小段延时再输出上升沿，在 OCxREF 出现上升沿后，OCx 经过一段延时再输出上升沿。假如 OCx、OCxN 分别控制上、下桥臂，有了延迟后，就不容易出现上、下桥臂同时导通的情况。这个延迟时间与 PWM 信号驱动的电子器件特性有关。

用户可以根据实际需求定制三个互补 PWM 通道的死区时间，在保证不出现短路的情况下，死区时间越短越好，否则会影响正常的输出，如图 10.16 和图 10.17 所示。

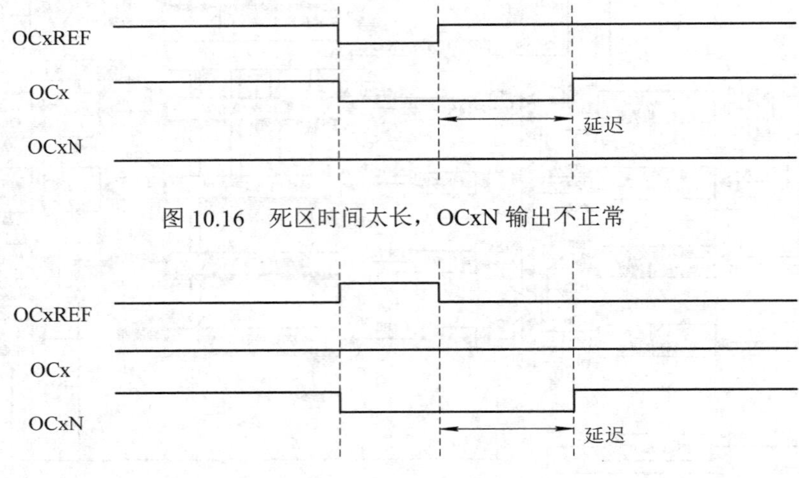

图 10.16　死区时间太长，OCxN 输出不正常

图 10.17　死区时间太长，OCx 输出不正常

2. 紧急制动

高级定时器的 PWM 输出通道和它们的互补通道可以对制动输入作出反应。制动输入既可以来自指定的外部引脚，也可以来自监视着外部调整振荡器的时钟安全系统。制动功能完全由硬件实现，以保证在 STM32 的时钟崩溃或者外部硬件发生错误时，将 PWM 输出固定在一个安全的状态。

3. 霍尔传感器接口

不仅是通用定时器，高级定时器也可以与霍尔传感器连接，便于用户测量电机角速度。其工作原理是：每个定时器的前三个引脚通过一个异或门与捕获通道 1 连接，当电机转动掠过每个传感器时，就会在捕获通道上产生捕获事件。该捕获事件将当前定时值装入捕获寄存器，同时复位该定时器的计数值。因此，捕获寄存器中记录的定时值可以反馈出电机速度。

10.5　STM32F10x 的定时器相关库函数

本节将介绍 STM32F10x 的定时器相关库函数的功能及参数定义(本书介绍和使用的库函数均基于 STM32F10x 标准外设库的最新版本)。

STM32F10x 的定时器相关库函数存放在 STM32F10x 标准外设库的 stm32f10x_tim.h 和 stm32f10x_tim.c 文件中。其中，stm32f10x_tim.h 头文件用来存放定时器相关结构体和宏的定义以及定时器库函数声明，stm32f10x_tim.c 源代码文件用来存放定时器库函数定义。

如果在用户应用程序中使用 STM32F10x 的定时器相关库函数，则需要将定时器相关库函数的头文件包含进来。该步骤可以在应用程序文件开头添加#include"stm32f10x_tim.h"语句。

常用的 STM32F10x 定时器库函数如下：

- TIM_DeInit：将 TIMx 的寄存器恢复为复位启动时的默认值。
- TIM_TimeBaseInit：根据 TIM_TimeBaseInitStruct 中指定的参数初始化 TIMx 寄存器。
- TIM_OC1Init：根据 TIM_OCInitStruct 中指定的参数初始化 TIMx 的通道 1。
- TIM_OC2Init：根据 TIM_OCInitStruct 中指定的参数初始化 TIMx 的通道 2。
- TIM_OC3Init：根据 TIM_OCInitStruct 中指定的参数初始化 TIMx 的通道 3。
- TIM_OC4Init：根据 TIM_OCInitStruct 中指定的参数初始化 TIMx 的通道 4。
- TIM_OC1PreloadConfig：使能或禁止 TIMx 在 CCR1 上预装载寄存器。
- TIM_OC2PreloadConfig：使能或禁止 TIMx 在 CCR2 上预装载寄存器。
- TIM_OC3PreloadConfig：使能或禁止 TIMx 在 CCR3 上预装载寄存器。
- TIM_OC4PreloadConfig：使能或禁止 TIMx 在 CCR4 上预装载寄存器。
- TIM_ARRPreloadConfig：使能或禁止 TIMx 在 ARR 上预装载寄存器。
- TIM_CtrlPWMOutputs：使能或禁止 TIMx 的主输出。
- TIM_Cmd:使能或禁止 TIMx。
- TIM_GetFlagStatus：查询指定的 TIMx 标志位的状态。
- TIM_ClearFlag：清除指定的 TIMx 待处理标志位。
- TIM_ITConfig：使能或禁止指定的 TIMx 中断。
- TIM_GetITStatus：检查指定的 TIMx 中断是否发生。
- TIM_ClearITPendingBit：清除指定的 TIMx 中断的挂起位。

下面以表格的形式介绍上述常用库函数的具体参数。

1. 函数 TIM_DeInit

函数 TIM_DeInit 的具体参数如表 10.3 所示。

表 10.3　函数 TIM_DeInit 的具体参数

函数名	TIM_DeInit
函数原型	void TIM_DeInit(TIM_TypeDef* TIMx)
功能描述	将 TIMx 的寄存器恢复为复位启动时的默认值
输入参数	TIMx：要恢复初始设置的定时器，x 可以是 1，2，…，8，用来选择 TIM1～TIM8
输出参数	无
返回值	无

2. 函数 TIM_TimeBaseInit

函数 TIM_TimeBaseInit 的具体参数如表 10.4 所示。

表 10.4　函数 TIM_TimeBaseInit 的具体参数

函数名	TIM_TimeBaseInit
函数原型	void TIM_TimeBaseInit (TIM_TypeDef* TIMx, TIM_TimeBaseInitTypeDef* TIM_TimeBaseInitStruct)
功能描述	根据 TIM_TimeBaseInitStruct 中指定的参数初始化 TIMx 寄存器
输入参数	TIMx：选择定时器，x 可以是 1，2，…，8，用来选择 TIM1~TIM8； TIM_TimeBaseInitStruct：指向结构体 TIM_TimeBaseInitTypeDef 的指针，包含定时器 TIM 的配置信息
输出参数	无
返回值	无

3. 函数 TIM_OC1Init

函数 TIM_OC1Init 的具体参数如表 10.5 所示。

表 10.5　函数 TIM_OC1Init 的具体参数

函数名	TIM_OC1Init
函数原型	void TIM_OC1Init(TIM_TypeDef* TIMx, TIM_OCInitTypeDef* TIM_OCInitStruct)
功能描述	根据 TIM_OCInitStruct 中指定的参数初始化 TIMx 的通道 1
输入参数	TIMx：选择定时器，x 可以是 1，2，3，4，5，8； TIM_OCInitStruct：指向结构体 TIM_OCInitTypeDef 的指针，包含定时器 TIM 的输出相关配置信息
输出参数	无
返回值	无

4. 函数 TIM_OC2Init

函数 TIM_OC2Init 的具体参数如表 10.6 所示。

表 10.6　函数 TIM_OC2Init 的具体参数

函数名	TIM_OC2Init
函数原型	void TIM_OC2Init(TIM_TypeDef* TIMx, TIM_OCInitTypeDef* TIM_OCInitStruct)
功能描述	根据 TIM_OCInitStruct 中指定的参数初始化 TIMx 的通道 2
输入参数	TIMx：选择定时器，x 可以是 1，2，3，4，5，8； TIM_OCInitStruct：指向结构体 TIM_OCInitTypeDef 的指针，包含定时器 TIM 的输出相关配置信息
输出参数	无
返回值	无

5. 函数 TIM_OC3Init

函数 TIM_OC3Init 的具体参数如表 10.7 所示。

表 10.7　函数 TIM_OC3Init 的具体参数

函数名	TIM_OC3Init
函数原型	void TIM_OC3Init(TIM_TypeDef* TIMx, TIM_OCInitTypeDef* TIM_OCInitStruct)
功能描述	根据 TIM_OCInitStruct 中指定的参数初始化 TIMx 的通道 3
输入参数	TIMx：选择定时器，x 可以是 1，2，3，4，5，8； TIM_OCInitStruct：指向结构体 TIM_OCInitTypeDef 的指针，包含定时器 TIM 的输出相关配置信息
输出参数	无
返回值	无

6. 函数 TIM_OC4Init

函数 TIM_OC4Init 的具体参数如表 10.8 所示。

表 10.8　函数 TIM_OC4Init 的具体参数

函数名	TIM_OC4Init
函数原型	void TIM_OC4Init(TIM_TypeDef* TIMx, TIM_OCInitTypeDef* TIM_OCInitStruct)
功能描述	根据 TIM_OCInitStruct 中指定的参数初始化 TIMx 的通道 4
输入参数	TIMx：选择定时器，x 可以是 1，2，3，4，5，8； TIM_OCInitStruct：指向结构体 TIM_OCInitTypeDef 的指针，包含定时器 TIM 的输出相关配置信息
输出参数	无
返回值	无

7. 函数 TIM_OC1PreloadConfig

函数 TIM_OC1PreloadConfig 的具体参数如表 10.9 所示。

表 10.9　函数 TIM_OC1PreloadConfig 的具体参数

函数名	TIM_OC1PreloadConfig
函数原型	void TIM_OC1PreloadConfig(TIM_TypeDef* TIMx, uint16_t TIM_OCPreload)
功能描述	使能或禁止 TIMx 在 CCR1 上预装载寄存器
输入参数	TIMx：选择定时器，x 可以是 1，2，3，4，5，8； TIM_OCPreload：输入比较预装载状态，可以是以下设置之一： • TIM_OCPreload_Enable：开启 TIMx 在 CCR1 上的预装载功能，预装载值只有在下一个更新事件到来时才被传送至 TIMx 的 CCR1 寄存器中； • TIM_OCPreload_Disable：关闭 TIMx 在 CCR1 上的预装载功能，预装载值随时被传送至 TIMx 的 CCR1 寄存器中，并且新装载的数值立即起作用
输出参数	无
返回值	无

8. 函数 TIM_OC2PreloadConfig

函数 TIM_OC2PreloadConfig 的具体参数如表 10.10 所示。

表 10.10　函数 TIM_OC2PreloadConfig 的具体参数

函数名	TIM_OC2PreloadConfig
函数原型	void TIM_OC2PreloadConfig(TIM_TypeDef* TIMx, uint16_t TIM_OCPreload)
功能描述	使能或禁止 TIMx 在 CCR2 上预装载寄存器
输入参数	TIMx：选择定时器，x 可以是 1，2，3，4，5，8； TIM_OCPreload：输入比较预装载状态，可以是以下设置之一： • TIM_OCPreload_Enable：开启 TIMx 在 CCR2 上的预装载功能，预装载值只有在下一个更新事件到来时才被传送至 TIMx 的 CCR2 寄存器中； • TIM_OCPreload_Disable：关闭 TIMx 在 CCR2 上的预装载功能，预装载值随时被传送至 TIMx 的 CCR2 寄存器中，并且新装载的数值立即起作用
输出参数	无
返回值	无

9. 函数 TIM_OC3PreloadConfig

函数 TIM_OC3PreloadConfig 的具体参数如表 10.11 所示。

表 10.11　函数 TIM_OC3PreloadConfig 的具体参数

函数名	TIM_OC3PreloadConfig
函数原型	void TIM_OC3PreloadConfig(TIM_TypeDef* TIMx, uint16_t TIM_OCPreload)
功能描述	使能或禁止 TIMx 在 CCR3 上预装载寄存器
输入参数	TIMx：选择定时器，x 可以是 1，2，3，4，5，8； TIM_OCPreload：输入比较预装载状态，可以是以下设置之一： • TIM_OCPreload_Enable：开启 TIMx 在 CCR3 上的预装载功能，预装载值只有在下一个更新事件到来时才被传送至 TIMx 的 CCR3 寄存器中； • TIM_OCPreload_Disable：关闭 TIMx 在 CCR3 上的预装载功能，预装载值随时被传送至 TIMx 的 CCR3 寄存器中，并且新装载的数值立即起作用
输出参数	无
返回值	无

10. 函数 TIM_OC4PreloadConfig

函数 TIM_OC4PreloadConfig 的具体参数如表 10.12 所示。

表 10.12　函数 TIM_OC4PreloadConfig 的具体参数

函数名	TIM_OC4PreloadConfig
函数原型	void TIM_OC4PreloadConfig(TIM_TypeDef* TIMx, uint16_t TIM_OCPreload)
功能描述	使能或禁止 TIMx 在 CCR4 上预装载寄存器
输入参数	TIMx：选择定时器，x 可以是 1，2，3，4，5，8； TIM_OCPreload：输入比较预装载状态，可以是以下设置之一： • TIM_OCPreload_Enable：开启 TIMx 在 CCR4 上的预装载功能，预装载值只有在下一个更新事件到来时才被传送至 TIMx 的 CCR4 寄存器中； • TIM_OCPreload_Disable：关闭 TIMx 在 CCR4 上的预装载功能，预装载值随时被传送至 TIMx 的 CCR4 寄存器中，并且新装载的数值立即起作用
输出参数	无
返回值	无

11. 函数 TIM_ARRPreloadConfig

函数 TIM_ARRPreloadConfig 的具体参数如表 10.13 所示。

表 10.13　函数 TIM_ARRPreloadConfig 的具体参数

函数名	TIM_ARRPreloadConfig
函数原型	void TIM_ARRPreloadConfig(TIM_TypeDef* TIMx, FunctionalState NewState)
功能描述	使能或禁止 TIMx 在 ARR 上预装载寄存器
输入参数	TIMx：选择定时器，x 可以是 1，2，3，4，5，8； NewState：TIMx_CR1 寄存器 ARPE 位的新状态，可以是以下设置之一： • ENABLE：开启 TIMx 在 ARR 上的预装载功能，预装载值只有在下一个更新事件到来时才被传送至 TIMx 的 ARR 寄存器中； • DISABLE：关闭 TIMx 在 ARR 上的预装载功能，预装载值随时被传送至 TIMx 的 ARR 寄存器中，并且新装载的数值立即起作用
输出参数	无
返回值	无

12. 函数 TIM_CtrlPWMOutputs

函数 TIM_CtrlPWMOutputs 的具体参数如表 10.14 所示。

表 10.14　函数 TIM_CtrlPWMOutputs 的具体参数

函数名	TIM_CtrlPWMOutputs
函数原型	void TIM_CtrlPWMOutputs(TIM_TypeDef* TIMx, FunctionalState NewState)
功能描述	使能或禁止 TIMx 的主输出
输入参数	TIMx：选择定时器，x 可以是 1，2，3，4，5，8； NewState：TIMx 主输出的新状态，可以是以下设置之一： ENABLE：使能 TIMx 的主输出； DISABLE：关闭 TIMx 的主输出
输出参数	无
返回值	无

13. 函数 TIM_Cmd

函数 TIM_Cmd 的具体参数如表 10.15 所示。

表 10.15 函数 TIM_Cmd 的具体参数

函数名	TIM_Cmd
函数原型	void TIM_Cmd(TIM_TypeDef* TIMx, FunctionalState NewState)
功能描述	使能或禁止 TIMx
输入参数	TIMx：选择定时器，x 可以是 1，2，3，4，5，8； NewState：TIMx 主输出的新状态，可以是以下设置之一： ENABLE：使能 TIMx； DISABLE：禁止 TIMx
输出参数	无
返回值	无

14. 函数 TIM_GetFlagStatus

函数 TIM_GetFlagStatus 的具体参数如表 10.16 所示。

表 10.16 函数 TIM_GetFlagStatus 的具体参数

函数名	TIM_GetFlagStatus
函数原型	FlagStatus TIM_GetFlagStatus(TIM_TypeDef* TIMx, uint16_t TIM_FLAG)
功能描述	查询指定的 TIMx 标志位的状态(是否置位)，但并不检测该中断是否被屏蔽。因此，当该位置位时，指定的 TIMx 中断并不一定得到响应
输入参数	TIMx：选择定时器，x 可以是 1，2，3，4，5，8； TIM_FLAG：待查询的 TIM 标志位，可以是以下设置之一： • TIM_FLAG_Update：TIM 更新标志； • TIM_FLAG_CC1：TIM 捕获/比较 1 标志位； • TIM_FLAG_CC2：TIM 捕获/比较 2 标志位； • TIM_FLAG_CC3：TIM 捕获/比较 3 标志位； • TIM_FLAG_CC4：TIM 捕获/比较 4 标志位； • TIM_FLAG_COM：TIM 通信标志位； • TIM_FLAG_Trigger：TIM 触发标志位； • TIM_FLAG_Break：TIM 刹车标志位； • TIM_FLAG_CC1OF：TIM 捕获/比较 1 溢出标志位； • TIM_FLAG_CC2OF：TIM 捕获/比较 2 溢出标志位； • TIM_FLAG_CC3OF：TIM 捕获/比较 3 溢出标志位； • TIM_FLAG_CC4OF：TIM 捕获/比较 4 溢出标志位
输出参数	无
返回值	无

15. 函数 TIM_ClearFlag

函数 TIM_ClearFlag 的具体参数如表 10.17 所示。

表 10.17　函数 TIM_ClearFlag 的具体参数

函数名	TIM_ClearFlag
函数原型	void TIM_ClearFlag(TIM_TypeDef* TIMx, uint16_t TIM_FLAG)
功能描述	清除指定的 TIMx 待处理标志位
输入参数	TIMx：选择定时器，x 可以是 1，2，3，4，5，8； TIM_FLAG：待清除的 TIM 标志位，具体见表 10.16 中的同名参数
输出参数	无
返回值	无

16. 函数 TIM_ITConfig

函数 TIM_ITConfig 的具体参数如表 10.18 所示。

表 10.18　函数 TIM_ITConfig 的具体参数

函数名	TIM_ITConfig
函数原型	void TIM_ITConfig(TIM_TypeDef* TIMx, uint16_t TIM_IT, FunctionalState NewState)
功能描述	使能或禁止指定的 TIMx 中断
输入参数	TIMx：选择定时器，x 可以是 1，2，3，4，5，8； TIM_IT：待使能或禁止的 TIM 中断源，可以是以下设置的任意组合： • TIM_EventSource_Update：TIM 更新中断； • TIM_EventSource_CC1：TIM 捕获/比较 1 中断； • TIM_EventSource_CC2：TIM 捕获/比较 2 中断； • TIM_EventSource_CC3：TIM 捕获/比较 3 中断； • TIM_EventSource_CC4：TIM 捕获/比较 4 中断； • TIM_EventSource_COM：TIM 通信中断； • TIM_EventSource_Trigger：TIM 触发中断； • TIM_EventSource_Break：TIM 刹车中断； • NewState：指定的 TIMx 中断源的新状态，可以是以下设置之一： • ENABLE：使能指定的 TIMx 中断； • DISABLE：禁止指定的 TIMx 中断
输出参数	无
返回值	无

17. 函数 TIM_GetITStatus

函数 TIM_GetITStatus 的具体参数如表 10.19 所示。

表 10.19　函数 TIM_GetITStatus 的具体参数

函数名	TIM_GetITStatus
函数原型	ITStatus TIM_GetITStatus(TIM_TypeDef* TIMx, uint16_t TIM_IT)
功能描述	检查指定的 TIMx 中断是否发生，即查询指定的 TIMx 标志位的状态并检测该中断是否被屏蔽
输入参数	TIMx：选择定时器，x 可以是 1，2，3，4，5，8； TIM_IT：待查询状态的 TIM 中断源，具体设置见表 10.18 中的同名参数
输出参数	无
返回值	无

18. 函数 TIM_ClearITPendingBit

函数 TIM_ClearITPendingBit 的具体参数如表 10.20 所示。

表 10.20　函数 TIM_ClearITPendingBit 的具体参数

函数名	TIM_ClearITPendingBit
函数原型	void TIM_ClearITPendingBit(TIM_TypeDef* TIMx, uint16_t TIM_IT)
功能描述	清除指定的 TIMx 中断的挂起位(中断请求位)
输入参数	TIMx：选择定时器，x 可以是 1，2，3，4，5，8； TIM_IT：待清除的 TIM 中断请求标志，具体设置见表 10.18 中的同名参数
输出参数	无
返回值	无

10.6　STM32F103 的定时器开发实例

10.6.1　开发实例(一)：准确定时

1. 开发要求

本实例要求：通过通用定时器 TIM3 实现精准定时，定时时间为 1 s；在 TIM3 的中断服务函数中实现秒数相加；每当定时器中断达到 1 s 时，进入中断服务函数，执行秒数加 1，通过秒数的奇偶性控制开发板上 LED0(DS0)的点亮和熄灭。

2. 硬件设计

开发板上的 LED0(DS0)与 STM32F103ZET6 微控制器的 PB5 相连接，电路图如图 10.18 所示。

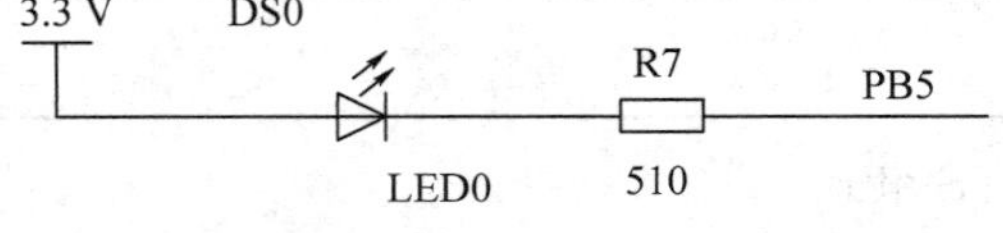

图 10.18　LED0 电路接口图

由于该实例是使用定时器中断控制 LED0，因此需要对待定的时间进行分析。考虑到使用开发板为以 ARM Cortex-M3 为内核的 STM32F103ZET6，其系统时钟 FSysClk = 72 MHz，系统周期 TSysPClk = 1/FSysClk = 1/72 μs。其闪烁频率为 1 Hz，即产生正脉冲 1 s，负脉冲 1 s。定时器要定时 1 s，可设计数次数为 N，则由 1/72 μs 乘以 N 等于 1 s 可求得 $N = 72 \times 10^6$。考虑到定时器的计数器为 16 位，计数最大值为 65 535，现在 N 的数值已超过最大计数值，因此需要对时钟频率进行分频。先将时钟频率 3600 分频至 20 kHz，则由 $1/20 \times 10^{-3}$ s 乘以 N 等于 1 s 可求得计数次数 $N = 2 \times 10^4$。由此，可得分频值为 3600，计数值为 20 000。采用向下计数的计数模式(定时器具有三种计数模式：向上计数、向下计数、向上/向下计数)。

3. 软件流程设计

本实例使用定时器实现 LED0 闪烁，软件设计主要实现以下功能：

(1) 配置 RCC 寄存器组，使用 PLL 输出 72 MHz 时钟作为主时钟，并配置 PCLK1 时钟为主时钟 2 分频。

(2) 配置 GPIOB 的 5 引脚(PB5)为推挽输出模式。

(3) 配置 TIM3 时基单元：分频数为 3600，计数值为 20 000。

(4) 配置 NVIC 使能 TIM3 中断。

以上功能的实现，在软件设计中采用基于前/后台的构架，故其流程也分为前台和后台两个部分。

1) 后台(主程序)

本实例的后台程序主要由系统初始化和一个 While 无限循环构成，其具体流程图如图 10.19 所示。

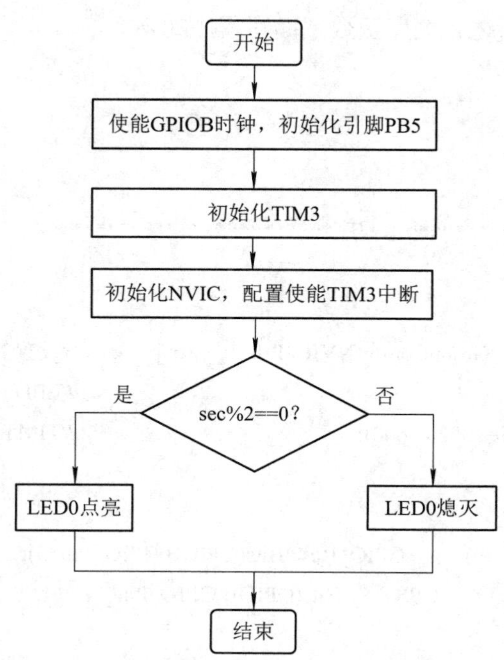

图 10.19　定时器中断控制 LED0 的后台程序流程图

2) 前台(TIM3 中断服务函数)

本实例的前台为 TIM3 中断服务函数，主要实现其计数，当定时时间达到 1 s 时实现数字累加，并通过数字的奇偶性控制 LED0 的开关。为了使程序便于理解，当计数达到 60 以后，自动归 1。其具体流程图如图 10.20 所示。

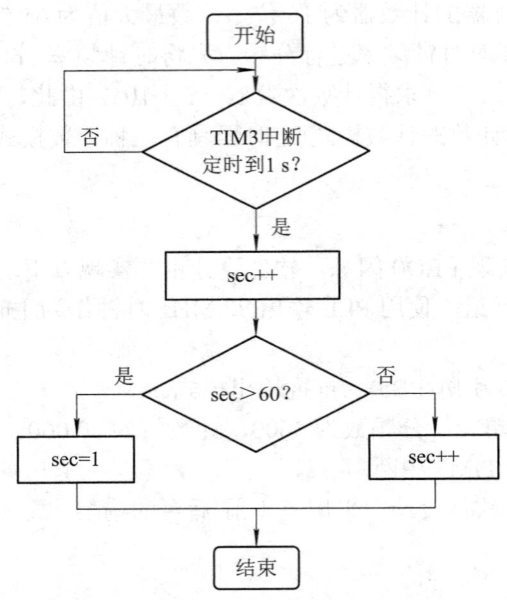

图 10.20　定时器中断控制 LED0 的前台程序流程图

4. 程序清单

结合流程图及本章所述相关库函数，编写程序如下。

(1) 后台程序：

```
#include "led.h"
#include "sys.h"
#include "timer.h"
//************************主程序************************
int main(void)
    {
        NVIC_PriorityGroupConfig(NVIC_PriorityGroup_2);     //设置 NVIC
        LED_Init();                                         //LED 端口初始化
        TIM3_Int_Init(20000,3600);                          //TIM3 配置
        while(1)
        {
            if(sec%2==0)        GPIO_ResetBits(GPIOB,GPIO_Pin_5);
            else            GPIO_SetBits(GPIOB,GPIO_Pin_5);
        }
    }
```

```
//************************LED 初始化程序************************
void LED_Init(void)
{
    GPIO_InitTypeDef   GPIO_InitStructure;
    RCC_APB2PeriphClockCmd( RCC_APB2Periph_GPIOB, ENABLE);   //使能 PB 端口时钟
    GPIO_InitStructure.GPIO_Pin = GPIO_Pin_5;                //LED→PB5 端口配置
    GPIO_InitStructure.GPIO_Mode = GPIO_Mode_Out_PP;         //推挽输出
    GPIO_InitStructure.GPIO_Speed = GPIO_Speed_50MHz;        //设置 I/O 口速度为 50 MHz
    GPIO_Init(GPIOB, &GPIO_InitStructure);                   //根据设定参数初始化 GPIOB
    GPIO_SetBits(GPIOB,GPIO_Pin_5);                          //PB5 输出高
}
//************************TIM3 中断初始化程序************************
void TIM3_Int_Init(u16 arr,u16 psc)
{
    TIM_TimeBaseInitTypeDef   TIM_TimeBaseStructure;
    NVIC_InitTypeDef NVIC_InitStructure;
    RCC_APB1PeriphClockCmd(RCC_APB1Periph_TIM3, ENABLE);     //时钟使能
        //定时器 TIM3 初始化
    TIM_TimeBaseStructure.TIM_Period = arr;
        //设置在下一个更新事件装入活动的自动重装载寄存器周期的值
    TIM_TimeBaseStructure.TIM_Prescaler =psc;
        //设置用来作为 TIM3 时钟频率除数的预分频值
    TIM_TimeBaseStructure.TIM_ClockDivision = TIM_CKD_DIV1;
        //设置时钟分割：TDTS = Tck_tim
    TIM_TimeBaseStructure.TIM_CounterMode = TIM_CounterMode_Up;
        //TIM3 向上计数模式
    TIM_TimeBaseInit(TIM3, &TIM_TimeBaseStructure);
        //根据指定的参数初始化 TIM3 的时间基数单位
    TIM_ITConfig(TIM3,TIM_IT_Update,ENABLE );
        //使能指定的 TIM3 中断，允许更新中断
    //中断优先级 NVIC 设置
    NVIC_InitStructure.NVIC_IRQChannel = TIM3_IRQn;                  //TIM3 中断
    NVIC_InitStructure.NVIC_IRQChannelPreemptionPriority = 0;        //抢占优先级 0 级
    NVIC_InitStructure.NVIC_IRQChannelSubPriority = 3;               //副优先级 3 级
    NVIC_InitStructure.NVIC_IRQChannelCmd = ENABLE;                  //IRQ 通道被使能
    NVIC_Init(&NVIC_InitStructure);                                  //初始化 NVIC 寄存器
    TIM_Cmd(TIM3, ENABLE);                                           //使能 TIM3
}
```

(2) 前台程序：

```
//************************TIM3 中断服务函数************************
void TIM3_IRQHandler(void)                                    //TIM3 中断
{
  if (TIM_GetITStatus(TIM3, TIM_IT_Update) != RESET)     //检查 TIM3 更新中断发生与否
      {
       sec++;
         if(sec>60)    sec=1;
      }
      TIM_ClearITPendingBit(TIM3, TIM_IT_Update   );     //清除 TIM3 更新中断标志
}
```

5. 实验结果

每过 1 s TIM3 产生一次中断，变量 sec 实现一次加 1(加到 60 后归 1)，主函数中判断 sec 的时间，从而控制 LED0 亮和灭各 1 s。程序编译通过后，下载到开发板上可以看到 LED0 闪烁，用示波器观察也可以看到 PB5 引脚电平的变化。考虑到并不是每个用户都有开发板和示波器，这里采用软件仿真的方式来验证程序。本实例在 Keil μVision5 集成开发环境下运行，该软件提供了一个十分有用的功能：逻辑分析仪(Logic Analyzer)。在进入软件模拟状态时，它可以提供一个图形显示界面，用以跟踪显示应用程序中某个变量或者寄存器位的变化曲线。Logic Analyzer 还提供了一般逻辑分析仪都具备的分析统计功能，诸如提供时间单位、测量波形宽度等。Logic Analyzer 是一个十分强大而实用的组件。在使用软件仿真时，需要设置开发环境，具体按照以下步骤进行：

(1) 点击 Target Options 选项图标，见图 10.21。

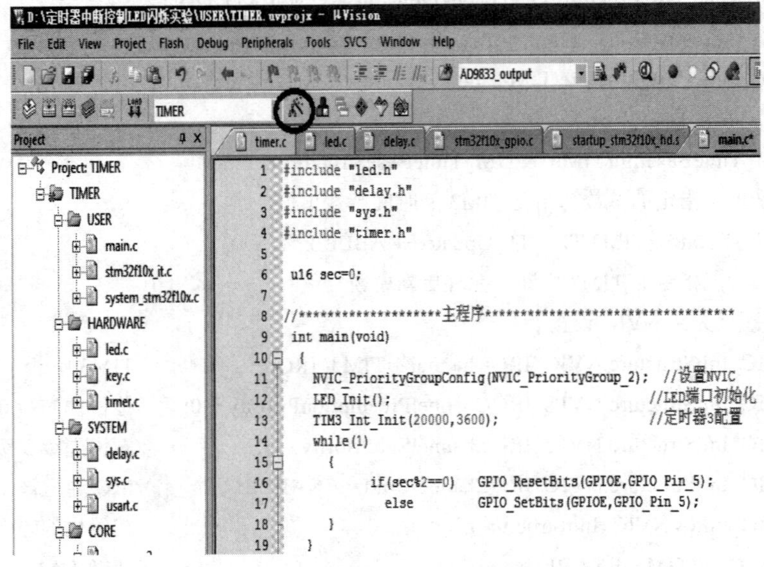

图 10.21　打开 Target Options 设置

(2) 选中 Debug 选项卡，见图 10.22。

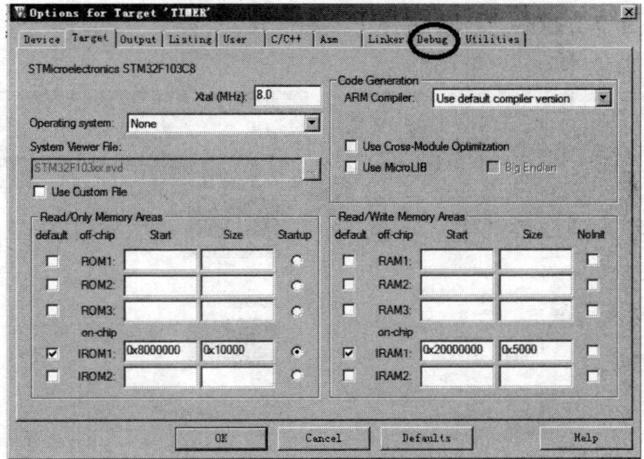

图 10.22　Debug 选项卡

(3) 选中 Use Simulator 选项，然后点击“OK”按钮，见图 10.23。

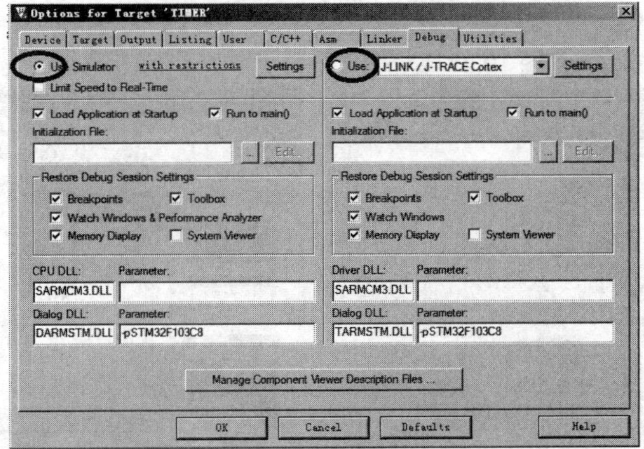

图 10.23　选择软件仿真

下面进行软件仿真，具体按照以下步骤进行：

(1) 点击 Start/Stop Debug Session 选项图标，见图 10.24。

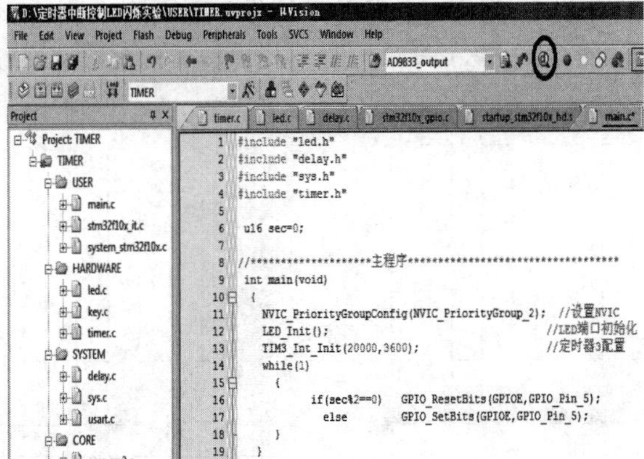

图 10.24　点击 Start/Stop Debug Session 选项图标

(2) 点击 Analysis Windows 选项图标，见图 10.25。

(3) 点击 Setup 选项卡，见图 10.26。

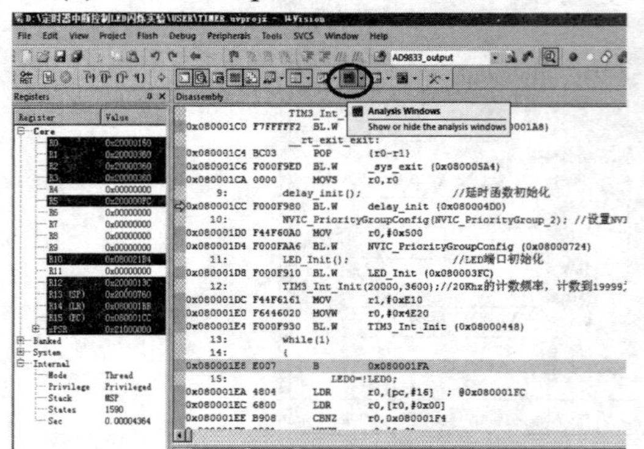

图 10.25　点击 Analysis Windows 选项图标

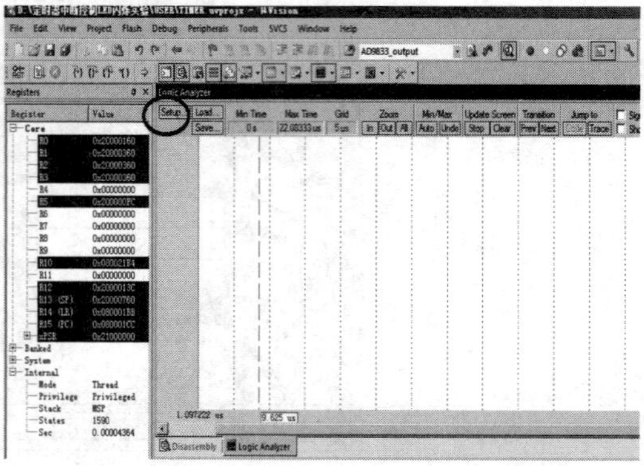

图 10.26　点击 Setup 选项卡

(4) 点击 NEW(Insert)图标，见图 10.27，在下面的文本框中输入端口号 PORTB.5，然后点击“Close”按钮。

(5) 点击运行图标，见图 10.28。

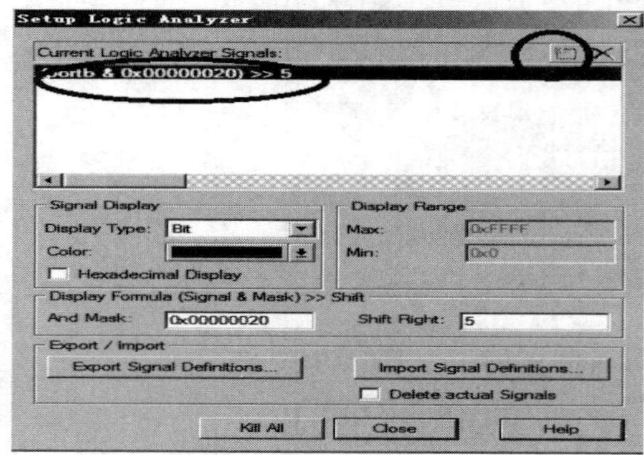

图 10.27　点击 NEW(Insert)图标

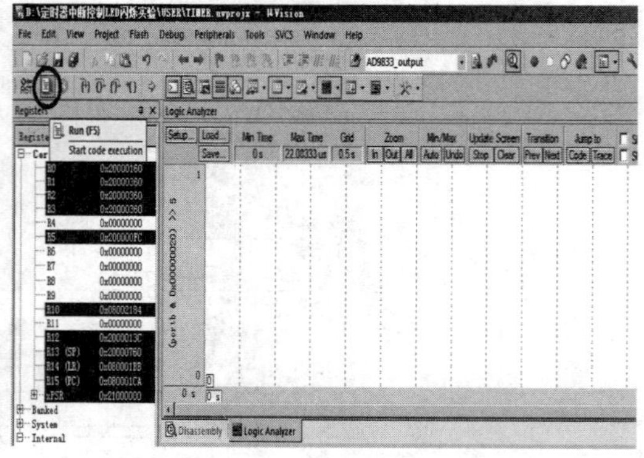

图 10.28　点击运行图标

这时应出现如图 10.29 所示的信号波形，若没有出现逻辑分析仪界面，可点击工具栏中的▾按钮。

勾选分析仪界面中的 Cursor 选项，出现时间标签，可以用来测量周期、频率，见图 10.30。

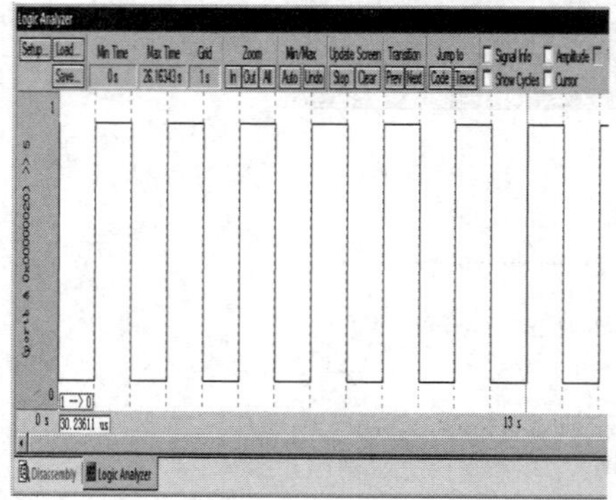

图 10.29　PORTB.5 输出信号波形

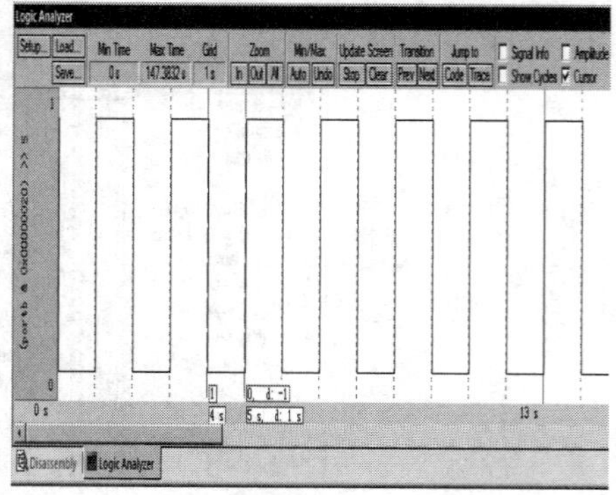

图 10.30　勾选 Cursor 选项

可以看到，这样测量出来的信号的周期约为 2 s，与我们配置的 1 s 翻转一次一致。

仿真完毕，点击 Start/Stop Debug Session 图标就可以回到正常的代码编辑模式。

10.6.2　开发实例(二)：定时器比较输出功能

1. 开发要求

本实例要求：通过定时器 TIM2 的比较输出功能控制输出波形；将 TIM2 的 4 个通道设置为比较触发模式，并设置在比较匹配事件发生时翻转。

2. 硬件设计

GPIOA 口的 4 个引脚(PA0～PA3)外接 4 个 LED(LED1～LED4)，用于输出显示。当比较匹配事件发生时，对应的灯点亮。其中 PA0 引脚所连接的 LED1 以 4 s 周期闪烁，PA1 引脚所连接的 LED2 以 2 s 周期闪烁，PA2 引脚所连接的 LED3 以 1 s 周期闪烁，PA3 引脚所连接的 LED4 以 0.5 s 周期闪烁。具体硬件电路如图 10.31 所示。

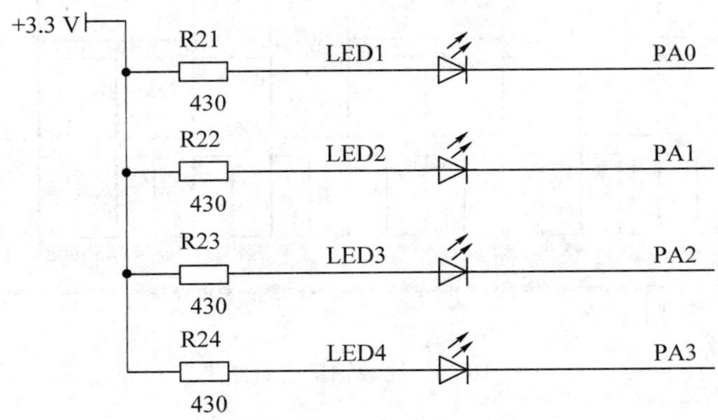

图 10.31　LED1～LED4 电路接口图

3. 软件流程设计

本实例的主要功能是将 TIM2 的 4 个通道设置为比较触发模式，并设置在比较匹配事件发生时驱动 GPIOA 口的引脚翻转，从而控制 LED1～LED4 闪烁，其具体流程图如图 10.32 所示。

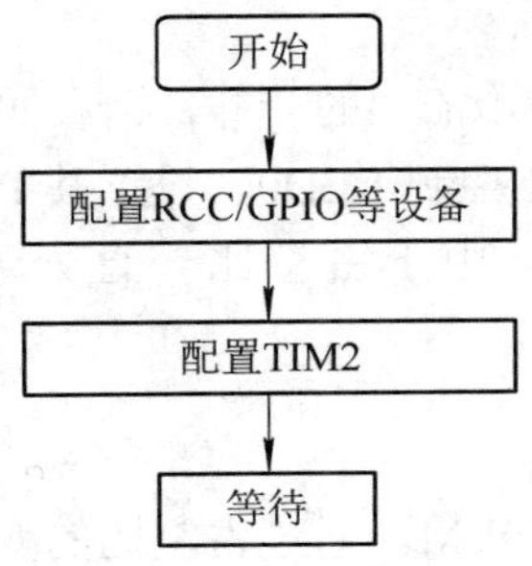

图 10.32　定时器比较输出程序流程图

4. 程序清单

源程序详见二维码。

定时器比较输出功能源程序

5. 实验结果

本实例的功能是通过 TIM2 的比较输出功能控制 PA0～PA3 这 4 个引脚，当匹配事件发生时，引脚输出电平翻转，从而控制 LED1～LED4 闪烁。其仿真步骤及设置可参照开发实例(一)，仿真结果如图 10.33 所示。

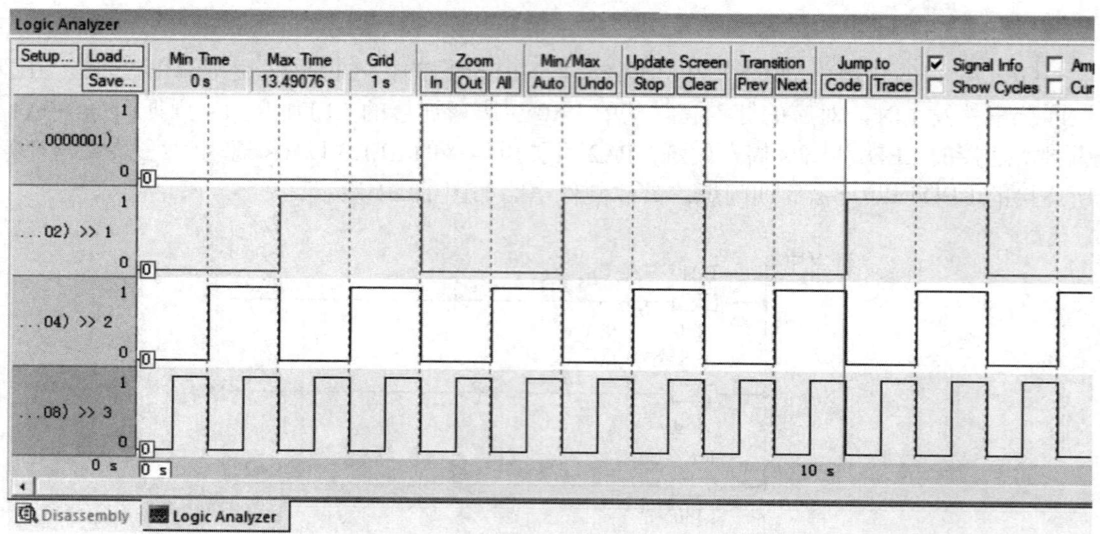

图 10.33　比较输出仿真结果

10.6.3　开发实例(三)：PWM 输出

1. 开发要求

本实例要求：使用 TIM3 来产生 PWM 输出；把 TIM3 的通道 2 重映射到 PB5 上，用产生的 PWM 来控制 DS0 的亮度(DS0 从亮逐渐变暗，再逐渐变亮)。

2. 硬件设计

这里用到的硬件电路和开发实例(一)的一样，请参照图 10.18。

本实例使用定时器产生 PWM 控制 LED0，设置其 PWM 频率为 80 kHz，计算方法与前面描述一致，这里不再重复；由于占空比一直处于变化之中，故使用函数 TIM_SetCompare2()实现。

3. 软件流程设计

本实例主要通过定时器产生 PWM，通过占空比的变化控制 LED0 的亮暗变化，具体程序流程图如图 10.34 所示。

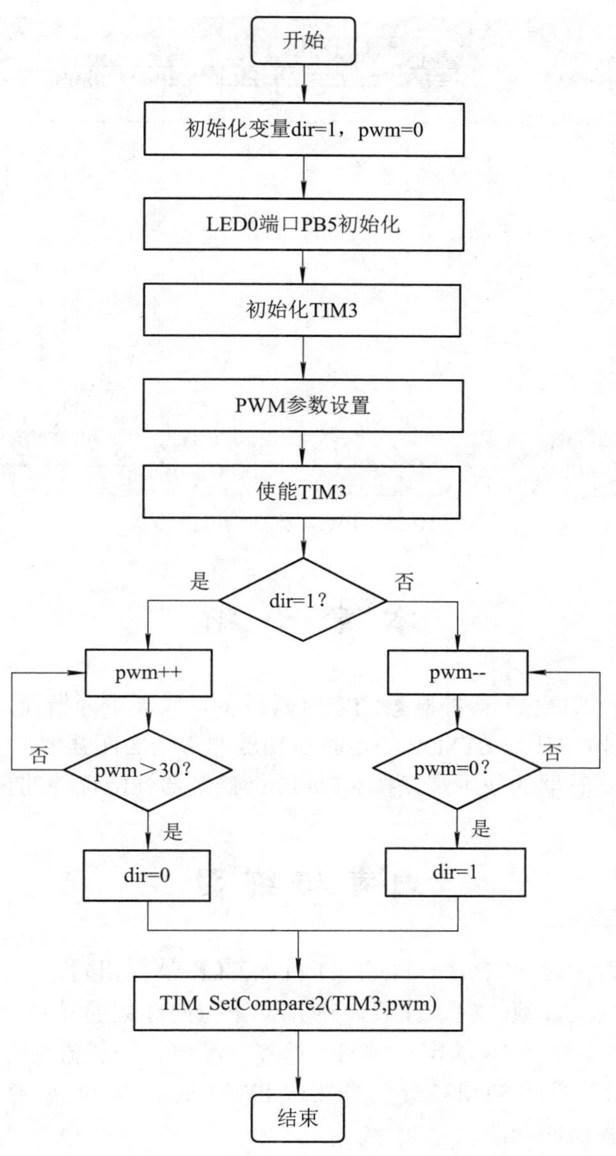

图 10.34　用 PWM 控制 LED0 的程序流程图

PWM 输出源程序

4. 程序清单

源程序详见二维码。

5. 实验结果

本实例的功能是通过 TIM3 的通道 2(PB5)引脚输出一个占空比可变的 PWM 信号，再用这个信号驱动 LED0，看到的现象是 LED0 会逐渐变亮，再逐渐变暗，依次循环。我们采用软件模拟仿真的方式来验证实验现象，具体设置可参照开发实例(一)，仿真结果如图 10.35 所示。

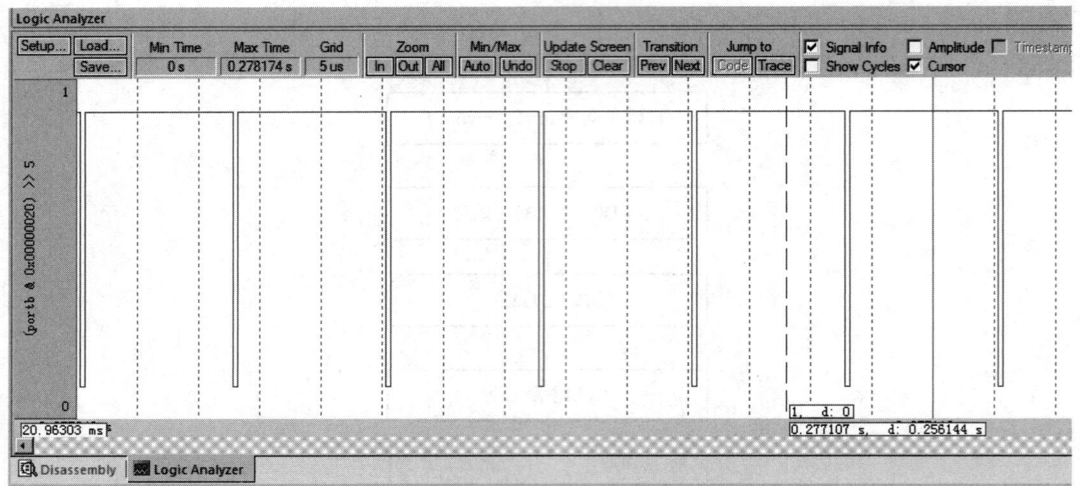

图 10.35　PWM 仿真输出波形

本 章 小 结

本章主要介绍了 STM32 微控制器的定时器设备。以理论为指导，配合恰当的实验，向读者展示了定时器的应用。STM32 的定时器功能非常全面而强大，可以说，充分地掌握 STM32 微控制器的定时器的使用是发挥 STM32 微控制器性能优势的重点之一。

思 考 与 练 习

1. 选择内部时钟源时，TIM1～TIM8 的 TIMxCLK 是否相同？
2. 分析并比较向上计数、向下计数、向上/向下双向计数的异同。
3. TIM3 定时器要得到 3 s 的定时时间，计算分频值、装载值及时钟分频因子。
4. 什么是 PWM？通过 STM32 定时器实现 PWM 输出的设计要点有哪些？
5. 简述影子寄存器的功能。
6. 试利用定时器实现一个数码管间隔 500 ms 的自动数显功能，数显范围为 0～9。
7. 用 PWM 控制一个 LED，按 100 ms 的间隔，实现亮度从 0%～100%的循环变化，每次变化 10%。

第 11 章 USART 原理及应用

11.1 USART 概 述

USART，英文全称为 Universal Synchronous/Asynchronous Receiver/Transmitter，译成中文是“通用同步/异步串行接收/发送器”，人们常常称其为串口。USART 在当代的通用计算机(即个人 PC)上几乎已经消失殆尽，因为其通信速率、距离、硬件特性等已经不适合 PC 的要求，取而代之的是“通用串行通信口”，也就是常说的 USB 口。但是在嵌入式应用领域里，USART 的地位仍然无可替代。因为在嵌入式硬件平台上，对通信的数据量、速率等要求并不是很高，而 USART 极低的硬件资源消耗、不错的可靠性、简洁的协议以及高度的灵活性，使得其非常符合嵌入式设备的应用需求。利用 USART 可以轻松实现 PC 与嵌入式主控器的通信，如用以实时查看一些变量的值，这对一些调试手段较为匮乏的低端控制平台(如 51 单片机平台)显得非常重要。

基于 ARM Cortex-M3 内核的 STM32 处理器有非常强大的仿真调试单元，通过标准的 JTAG 调试设备可以完成对其进行实时监控的任务。但即便如此，USART 的存在仍然无法忽视，如在一些数据通信复杂的总线网络，只有使用 USART 才可以实时查看该网络内部的数据流。退一步来说，众多的上位机软件，大多也都是通过 USART 与主控器完成通信的。

11.2 数据通信的基本概念

在嵌入式系统中，微控制器经常需要与外围设备(如 LCD、传感器等)或其他微控制器交换数据，一般采用并行或串行的方式实现数据交换。

11.2.1 并行和串行

并行通信是指使用多条数据线传输数据。并行通信时，各个位同时在不同的数据线上传输，数据可以字或字节为单位并行进行传输，就像具有多车道(数据线)的街道可以同时让多辆车(位)通行一样。显然，并行通信的优点是传输速度快，一般用于传输大量、紧急的数据。例如，在嵌入式系统中，微控制器与 LCD 之间的数据交换通常采用并行通信的方式。但是并行通信的缺点也很明显，它需要占用更多的 I/O 口，传输距离较短，且易受外界信号干扰。

串行通信是指使用一条数据线将数据一位一位地依次传输，每一位数据占据一个固定的时间长度，就像只有一条车道(数据线)的街道一次只能允许一辆车(位)通行一样。它的优点是只需寥寥几根线(如数据线、时钟线或地线等)便可实现系统与系统间或系统与部件间的数据交换，且传输距离较长。因此，串行通信被广泛应用于嵌入式系统中，其缺点是由于只使用一根数据线，数据传输速度较慢。

11.2.2　单工、半双工和全双工

单工(simplex)是最简单的一种通信方式。在这种方式下，数据只能单向传输：一端固定地作为发送方，只能发送但不能接收数据；另一端固定地作为接收方，只能接收但不能发送数据。例如，日常生活中对广播和电视采用的就是单工方式。

半双工(half duplex)是指在同一条通路上数据可以双向传输，但在同一时刻这条通路上只能有一个方向的数据在传输，即半双工通信的一端可以发送也可以接收数据，但不能在发送数据的同时接收数据。例如，辩论就是半双工方式，正方和反方可以轮流发言；但不能同时发言。

全双工(full duplex)是指使用不同通路实现数据向两个方向传输，从而使数据在两个方向上可以同时进行传输，即全双工通信的双方可以同时发送和接收数据。例如，电话就是全双工通信。

11.2.3　同步和异步

在数据通信过程中，发送端和接收端只有相互“协调”，才能实现数据的正确传输。发送端和接收端之间的协调方式有两种：同步和异步。因此，数据通信也被分为同步通信和异步通信两种。

同步通信通过在发送端和接收端之间使用共同的时钟使它们保持“协调”。在同步通信中，发送端和接收端之间必然通过一根时钟信号线连接，并且双方只有在时钟沿跳变时才能发送和接收数据。同步通信的发送端和接收端都多占用了一个 I/O 口用于时钟，但数据传输速度快，适用于需要高速通信的场合。

异步通信在发送端和接收端之间不存在共同的时钟。通常异步通信中的数据以指定的格式打包为帧进行传输，并在一个数据帧的开头和结尾使用起始位和停止位实现收发间的“协调”。起始位和停止位用来通知接收端一个新数据帧的到来或者一个数据帧的结束。由于每个数据帧中都包含额外的起始位(1 位)和停止位(1 位～2 位)，异步通信的数据传输速率远低于同步通信，但在发送端和接收端无需额外的时钟线。本章讲述的 USART 属于异步通信。

11.3　STM32 的 USART 及其基本特性

STM32F10x 处理器的通用同步/异步收发器(USART)单元提供 2～5 个独立的异步串行通信接口，皆可工作于中断和 DMA 模式，如图 11.1 所示。而 STM32F103 内置 3 个通用

同步/异步收发器(USART1、USART2 和 USART3)和 2 个通用异步收发器(USART4 和 USART5)。

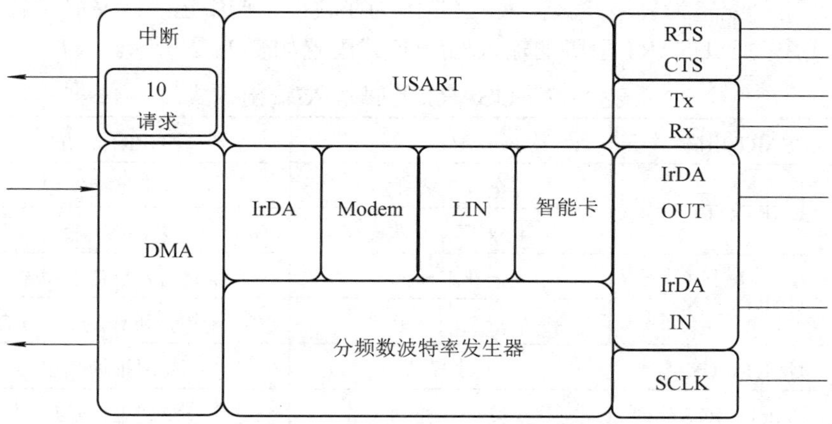

图 11.1　USART 功能模块

11.3.1　端口重映射

STM32 上有很多 I/O 口，也有很多的内置外设，为了节省引脚，这些内置外设都是与 I/O 口共用引脚，在 STM32 中称其为 I/O 引脚的复用，类似 51 单片机的 P3 端口。很多复用功能的引脚还可以通过重映射，从不同的 I/O 引脚引出，即复用功能的引脚是可以通过程序改变的。重映射功能的优点是 PCB 设计人员可以不必把某些信号在 PCB 上绕一大圈完成连接，在方便 PCB 设计的同时，潜在地减少了信号的交叉干扰。重映射功能的潜在优势是在不需要同时使用多个复用功能时，虚拟地增加复用功能的数量。例如，STNM32 上最多有 3 个 USART 接口，当需要更多 USART 接口而又不需要同时使用它们时，可以通过这个重映射功能实现更多的 USART 接口。USART2 外设的 TX、RX 分别对应 PA2、PA3，但若 PA2、PA3 引脚连接了其他设备，却还要用 USART2，就需要打开 GPIOD 重映射功能，把 USART2 设备的 TX、RX 映射到 PD5、PD6 上。读者可能会问：USART2 是不是可以映射到任意引脚呢？答案是否定的，它只能映射到固定的引脚。表 11.1 是 USART2 重映射表。

表 11.1　USART2 重映射

复用功能	USART2_REMAP = 0	USART_REMAP = 1
USART2_CTS	PA0	PD3
USART2_RTS	PA1	PD4
USART2_TX	PA2	PD5
USART2_RX	PA3	PD6

STM32 模块具有重映射功能的引脚包括晶体振荡器的引脚(在不接晶振时，可以作为普通 I/O 口)；CAN 模块引出接口；JTAG 调试接口；大部分定时器的引出接口；大部分 USART 的引出接口；I^2C1 的引出接口；SPI1 的引出接口。其他外设的重映射可以参考

STM32F103 手册。

细心的读者在读程序时会发现，程序中 UARTx_TX 引脚配置为复用推挽输出，而 UARTx_RX 引脚配置为复用开漏输入。这是因为在数据手册中已经定义好了各个端口的输入/输出模式，关于 USART 引脚的输入/输出模式配置如表 11.2 所示。

表 11.2　USART 管脚输入/输出模式

USART 引脚	配置	GPIO 配置
UARTx_TX	全双工模式	复用推挽输出
	半双工同步模式	复用推挽输出
UARTx_RX	全双工模式	浮空输入或带上拉输入
	半双工同步模式	未用，可作为通用 I/O
UARTx_CK	同步模式	复用推挽输出
UARTx_RTS	硬件流控制	复用推挽输出
UARTx_CTS	硬件流控制	浮空输入或带上拉输入

11.3.2　USART 功能

STM32F10x 处理器的 5 个接口提供异步通信，支持 IrDA SIR ENDEC 传输编解码、多处理器通信模式、单线半双工通信模式和 LIN 主/从功能。

USART1 接口通信速率可达 4.5 Mb/s，其他接口通信速率为 2.25 Mb/s，USART1、USART2 和 USART3 接口具有硬件的 CTS 和 RTS 信号管理，兼容 ISO7816 的智能卡模式和类 SPI 通信模式，除 UART5 外，所有其他接口都可以使用 DMA 操作。

STM32 处理器 USART 功能之多几乎囊括了开发人员能想到的和无法想象的，从 USART 的配备上可见一斑：

(1) 可实现全双工的异步通信。

(2) 符合 NRZ 标准格式。

(3) 配备分频数波特率发生器；波特率可编程，发送和接收共用，最高达 4.5 Mb/s。

(4) 可编程数据长度达 8 位或 9 位。

(5) 可配置的停止位，支持 1 或 2 个停止位。

(6) 可充当 LIN 总线主机，发送同步断开符；还可充当 LIN 总线从机，检测断开符。当 USART 配置成 LIN 总线模式时，可生成 13 位断开符，可检测 10/11 位断开符。

(7) 发送方为同步传输提供时钟。

(8) 配备 IRDA、SIR 编码/解码器，在正常模式下支持 3/16 位的持续时间。

(9) 智能卡模拟功能：智能卡接口支持 ISO7816-3 标准里定义的异步智能卡协议，支持智能卡协议里的 0.5 和 1.5 个停止位填充。

(10) 可实现单线半双工通信。

(11) 可使用 DMA 多缓冲器通信，支持在 SRAM 里利用集中式 DMA 缓冲接收/发送字节。

(12) 具有单独的发送器和接收器使能位。

(13) 3 种检测标志：接收缓冲器满标志；发送缓冲器空标志；传输结束标志。

(14) 2 种校验控制：发送校验位；对接收数据进行校验。

(15) 4 个错误检测标志：溢出错误标志；噪音错误标志；帧错误标志；校验错误标志。

(16) 10 个中断源：CTS 改变中断；LIN 断开符检测中断；发送数据寄存器空中断；发送完成中断；接收数据寄存器满中断；检测到总线为空闲中断；溢出错误中断；帧错误中断；噪音错误中断；校验错误中断。

(17) 支持多处理器通信，如果地址不匹配，则进入静默模式。

(18) 可从静默模式中唤醒(通过空闲总线检测或地址标志检测)。

(19) 2 种唤醒接收器的方式：通过地址位(MSB，第 9 位)；通过总线空闲。

可以看到，STM32 的 USART 除了其最根本的串行通信功能之外，还可以用于 LIN 总线应用(一种单总线，常用于汽车电子领域)、IRDA(红外通信)应用、SmartCard(智能卡)应用等。配合 STM32 的 DMA 单元可以得到更为快速的串行数据传输，而众多的错误检测功能足以保证 USART 通信的稳定与可靠性。

11.3.3 USART 结构

STM32 的 USART 硬件结构如图 11.2 所示。接口通过 RX(接收数据输入)、TX(发送数据输出)和 GND 3 个引脚与其他设备连接在一起。

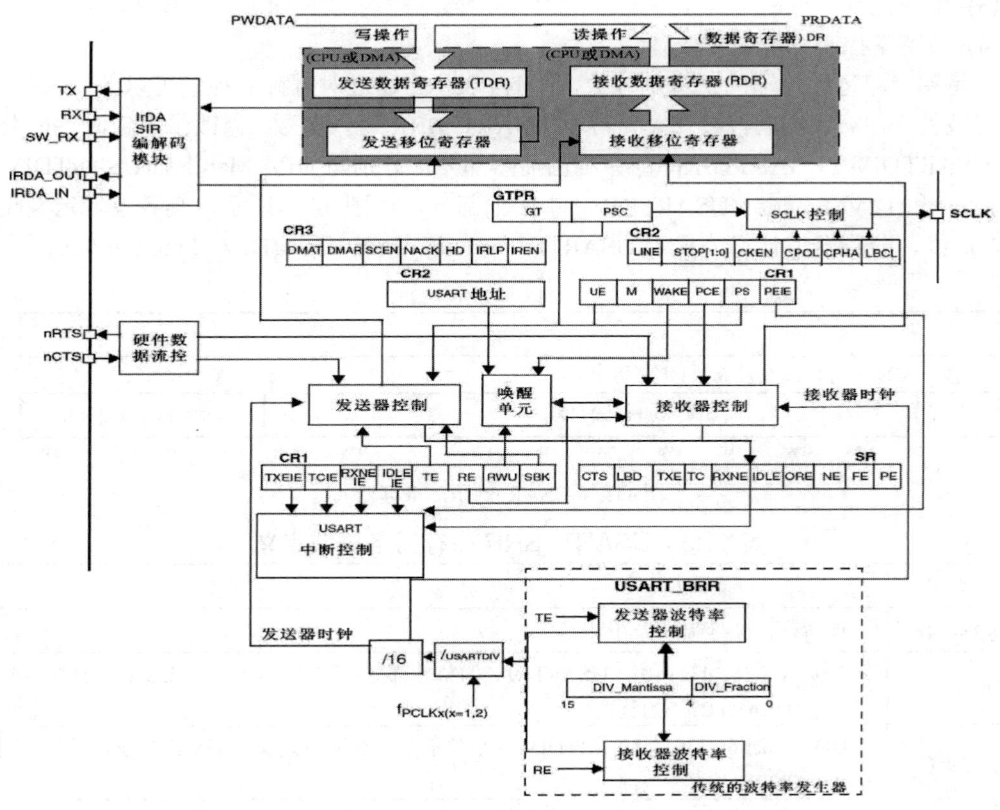

图 11.2　USART 硬件结构框图

RX 通过采样技术来区别数据和噪声，从而恢复数据。当发送器被禁止时，输出引脚恢复到它的 I/O 端口配置。当发送器被激活，并且不发送数据时，TX 引脚处于高电平。USART 硬件结构可分为以下 4 个部分。

(1) 发送部分和接收部分，包括相应的引脚和寄存器。收发控制器根据寄存器配置对数据存储转移部分的移位寄存器进行控制。

当需要发送数据时，内核或 DMA 外设把数据从内存(变量)写入发送数据寄存器 TDR 后，发送控制器将适时地自动把数据从 TDR 加载到发送移位寄存器中，然后通过串口线 TX，把数据逐位地发送出去。在数据从 TDR 转移到发送移位寄存器时，会产生发送数据寄存器 TDR 已空事件 TXE；当数据从发送移位寄存器全部发送出去后，会产生数据发送完成事件 TC，这些事件可以在状态寄存器中查询到。

而接收数据则是一个逆过程，数据从串口线 RX 逐位地输入到接收移位寄存器中，然后自动地转移到接收数据寄存器 RDR，最后用软件程序或 DMA 读取到内存(变量)中。

(2) 发送器控制和接收器控制部分，包括相应的控制寄存器。围绕着发送器和接收器控制部分，有多个寄存器(CR1、CR2、CR3、SR)，即 USART 的 3 个控制寄存器(Control Register)及一个状态寄存器(Status Register)。通过向寄存器写入各种控制参数来控制发送和接收，如奇偶校验位、停止位等，还包括对 USART1 中断的控制；串口的状态在任何时候都可以从状态寄存器中查询到。

(3) 中断控制部分。

(4) 波特率控制部分。

波特率，即每秒传输的二进制位数，用 b/s 表示。通过对时钟的控制可以改变波特率。在配置波特率时，我们向波特比率寄存器 USART_BRR 写入参数，修改了串口时钟的分频频值 USARTDIV。USART_BRR 寄存器包括两部分，分别是 DIV_Mantissa(USARTDIV 的整数)部分和 DIV_Fraction(USARTDIV 的小数)部分，如图 11.3 所示，其各位域定义见表 11.3。最终，分频器值计算公式为 USARTDIV= DIV_ Mantissa+ (DIV_ Fraction / 16)。

31	30	29	28	27	26	25	24	23	22	21	20	19	18	17	16
保留															
15	**14**	**13**	**12**	**11**	**10**	**9**	**8**	**7**	**6**	**5**	**4**	**3**	**2**	**1**	**0**
DIV_Mantissa[11:0]												DIV_Fraction[3:0]			
rw	rw	rw	rw	rw	rw	rw	rw	rw	rw	rw	rw	rw	rw	rw	rw

图 11.3　USART_BRR 寄存器

表 11.3　USART_BRR 寄存器各位域定义

位	定　义
位 31：16	保留位，硬件强制为 0
位 15：4	DIV_Mantissa[11：0]：USARTDIV 的整数部分。这 12 位定义了 USART 分频器除法因子(USARTDIV)的整数部分
位 3：0	DIV_Fraction [30]：USARTDIV 的小数部分。这 4 位定义了 USART 分频器除法因子(USARTDIV)的小数部分

USARTDIV 是对串口外设的时钟源进行分频的，对于 USART1，由于它挂载在 APB2

总线上，所以它的时钟源为 f_{PCLK2}；而 USART2、USART3 挂载在 APB1 上，时钟源则为 f_{PCLK1}，串口的时钟源经过 USARTDIV 分频后分别输出作为发送器时钟及接收器时钟来控制发送和接收的时序。

11.3.4　USART 帧格式

USART 帧格式如图 11.4 所示，字长可以为 8 或 9 位。在起始位期间，TX 引脚接低电平；在停止位期间，TX 引脚处于高电平。

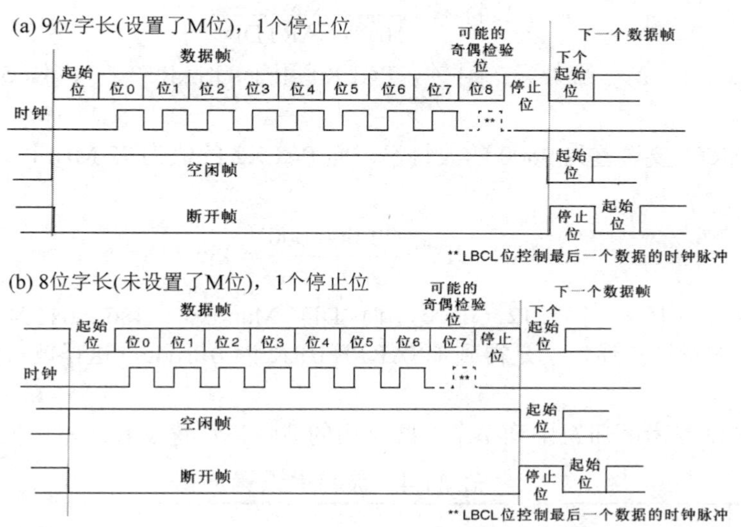

图 11.4　USART 帧格式

完全由 1 组成的帧称为空闲帧，完全由 0 组成的帧称为断开帧。

停止位有 0.5、1、1.5、2 个几种情况，如图 11.5 所示。

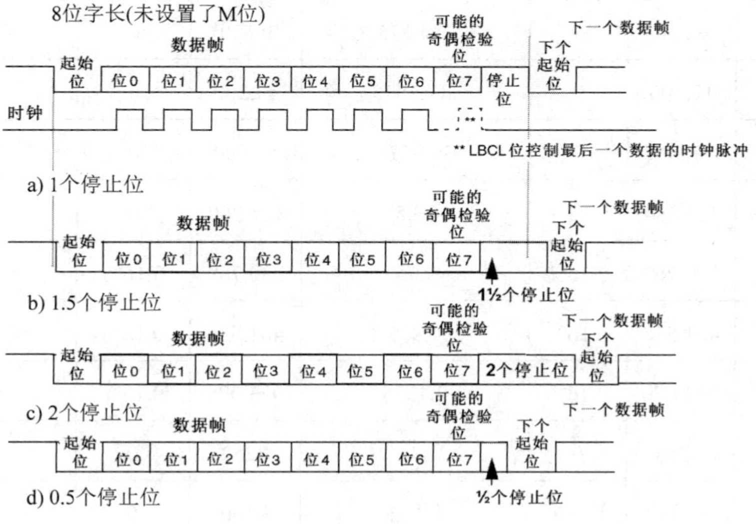

图 11.5　停止位

11.3.5 USART 波特率设置

波特率是串行通信的重要指标，用于表征数据传输的速度，但与字符的实际传输速度不同。字符的实际传输速度是指每秒内所传字符帧的帧数，与字符帧格式有关。例如，波特率为 1200 b/s 的通信系统，若采用 11 数据位字符帧，则字符的实际传输速度为 1200/11 = 109.09 帧/秒，每位的传输时间为 1/1200 s。

发送和接收的波特率计算公式为

$$波特率 = \frac{f_{PCLKx}}{16 \times USARTDIV}$$

式中，f_{PCLKx}(x = 1、2)是给外设的时钟，PCLK1 用于 USART2、3、4、5，PCLK2 用于 USART1。

假设 USART1 要设置为 9600 的波特率，而 PCLK2 的值为 72 MHz，这样根据上面公式即

$$USARTDIV = \frac{72\ 000\ 000}{9600 \times 16} = 486.75$$

故 DIV_Fraction = 16 × 0.75 = 12 = 0x0c，而 DIV_Mantissa = 486 = 0x1d4，按照寄存器 USART_BRR 的特性描述，于是得到 USART1_BRR 为 0x1d4c，这样就可以得到 9600 的波特率。

在《STM32 参考手册》中列举了一些常用的波特率设置及其误差，见表 11.4。

表 11.4　波特率设置

波特率期望值 (Kb/s)	f_{PCLK} = 36 MHz			f_{PCLK} = 72 MHz		
	实际值	误差%	USART_BRR 中的值	实际值	误差%	USART_BRR 中的值
2.4	2.400	0	937.5	2.400	0	1875
9.6	9.600	0	234.375	9.600	0	468.75
19.2	19.200	0	117.1875	19.200	0	234.375
57.6	57.600	0	39.0625	57.600	0	78.125
115.2	115.384	0.15%	19.5	115.200	0	39.0625
230.4	230.769	0.16%	9.75	230.769	0.16%	19.5
460	461.538	0.16%	4.875	461.538	0.16%	9.75
921.6	923.076	0.16%	2.4375	923.076	0.16%	4.875
2250	2250	0	1	2250	0	2
4500	不可能	不可能	不可能	4500	0	1

11.3.6　USART 硬件流控制

数据在两个串口之间传输时，经常会出现丢失的现象，或者因两台计算机的处理速度不同，如台式机与单片机之间的通信，若接收端数据缓冲区已满，则此时继续发送来的数据就会丢失。硬件流控制可以解决这个问题，当接收端数据处理能力不足时，就发出“不再接收”的信号，发送端即停止发送，直至收到“可以继续发送”的信号再发送数据。因此，硬件流控制可以控制数据传输的进程，防止数据的丢失。硬件流控制常用的有 RTS/CTS(请求发送/清除发送)流控制和 DTR/DSR(数据终端就绪/数据设置就绪)流控制。用 RTS/CTS 流控制时，应将通信两端的 RTS、CTS 线对应相连，数据终端设备(如计算机)使用 RTS 来起始调制解调器或其他数据通信设备的数据流，而数据通信设备(如调制解调器)则用 CTS 来启动和暂停来自计算机的数据流。这种硬件握手方式的过程是：在编程时根据接收端缓冲区大小设置一个高位标志和一个低位标志，当缓冲区内数据量达到高位时，在接收端设置 CTS 线，当发送端的程序检测到 CTS 有效后，就停止发送数据，直到接收端缓冲区的数据量低于低位而将 CTS 取反。RTS 则用于表明接收设备是否准备好接收数据。

利用 nCTS 输入和 nRTS 输出可以控制两个设备之间的串行数据流。图 11.6 所示为两个 USART 之间的硬件流控制。

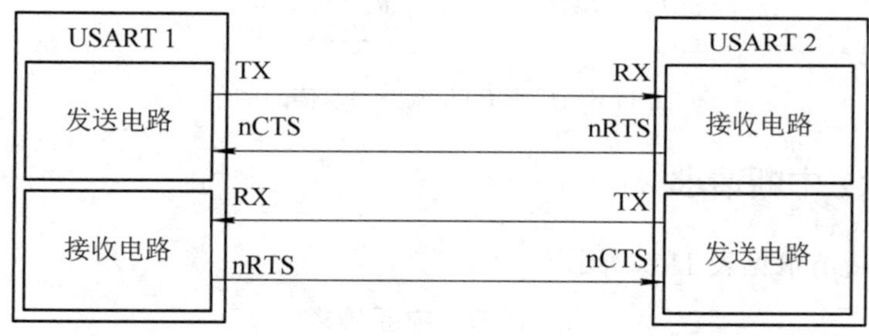

图 11.6　两个 USART 之间的硬件流控制

1. RTS 流控制

如果 RTS 流控制被使能(RTSE = 1)，只要 USART 接收器准备好接收新的数据，nRTS 就变成有效(低电平)。当接收寄存器内有数据到达时，nRTS 被释放，由此表明希望在当前帧结束时停止数据传输。图 11.7 所示的是一个启用 RTS 流控制通信的例子。

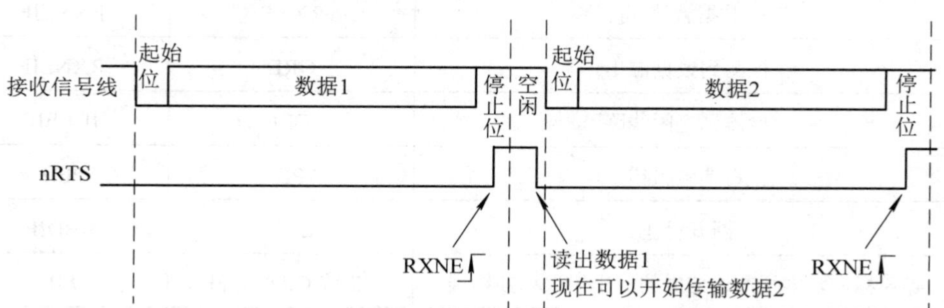

图 11.7　启用 RTS 流控制通信的例子

2. CTS 流控制

如果 CTS 流控制被使能(CTSE =1)，发送器在发送下一帧前检查 nCTS 输入。如果 nCTS 有效(低电平)，则发送下一个数据(假设那个数据是准备发送的，即 TXE = 0)，否则下一帧数据不发送。若 nCTS 在传输期间变成无效，当前的传输完成后停止发送。当 CTSE = 1 时，只要 nCTS 输入变换状态，硬件就自动设置 CTSIF 状态位，它表明接收器是否已准备好进行通信。如果设置了 USART_CT3 寄存器的 CTSIE 位，则产生中断。图 11.8 所示的是一个启用 CTS 流控制通信的例子。

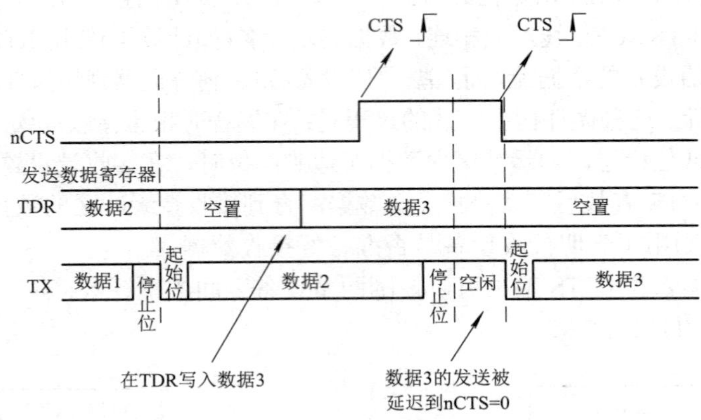

图 11.8　启用 CTS 流控制通信的例子

11.3.7　USART 中断请求

USART 中断请求见表 11.5 所示。

表 11.5　中断请求

中　断	中断标志	使能位
发送数据寄存器空	TXE	TXEIE
CTS 标志	CTS	CTSIE
发送完成	TC	TCIE
接收数据就绪(可读)	RXNE	RXNEIE
检测到数据溢出	ORE	RXNEIE
检测到空闲线路	IDLE	IDLEIE
奇偶检验错	PE	PEIE
断开标志	LBD	LBDIE
噪声标志，多缓冲通信中的溢出错误和帧错误	NE 或 ORT 或 FE	EIE

USART 的各种中断事件被连接到同一个中断向量，如图 11.9 所示。

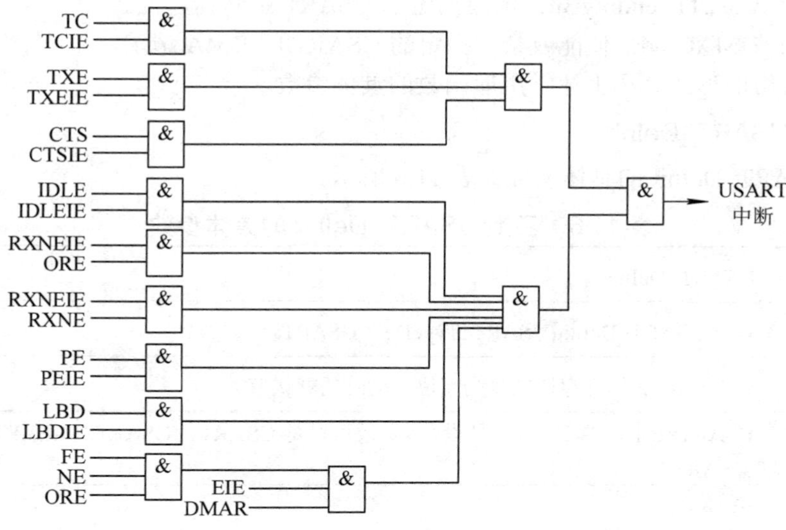

图 11.9 USART 中断映像图

11.4 STM32F10x 的 USART 相关库函数

本节将介绍 STM32F10x 的 USART 相关库函数的用法及其参数定义。如果在 USART 的开发过程中用到时钟系统相关库函数(如打开/关闭 USART 时钟)，可参见前述章节的时钟系统相关库函数的介绍。STM32F10x 的 USART 库函数存放在 STM32F10x 标准外设库的 stm32f10x_usart.h、stm32f10x_usart.c 等文件中。其中，头文件 stm32f10x_usart.h 用来存放 USART 相关结构体、宏定义以及 USART 库函数的声明；源代码文件 stm32f10x_usart.c 用来存放 USART 库函数定义。

如果在用户应用程序中要使用 STM32F10x 的 USART 相关库函数，需将 USART 库函数的头文件包含进来。该步骤可通过在用户应用程序文件开头添加#include “stm32f10x_usart.h”语句或者在工程目录下的 stm32110x_conf.h 文件中去除//# include “stm3210x_usar.h”语句前的注释符//完成。

STM32F10x 的 USART 常用库函数如下：

- USART_DeInit：将 USARTx 的寄存器恢复为复位启动时的默认值。
- USART_Init：根据 USARTInitStruct 中指定的参数初始化指定 USART 的寄存器。
- USART_Cmd：使能或禁止指定 USART。
- USART_SendData：通过 USART 发送单个数据。
- USART_ReceiveData：返回指定 USART 最近接收到的数据。
- USART_GetFlagStatus：查询指定 USART 的标志位状态。
- USART_ClearFlag：清除指定 USART 的标志位。
- USART_ITConfig：使能或禁止指定的 USART 中断。
- USART_GetITStatus：查询指定的 USART 中断是否发生。

- USART_ClearITPendingBit：清除指定的 USART 中断挂起位。
- USART_DMACmd：使能或禁止指定的 USART 的 DMA 请求。

下面以表格的形式介绍上述常用库函数的具体参数。

1. 函数 USART_DeInit

函数 USART_DeInit 的具体参数如表 11.6 所示。

表 11.6　函数 USART_DeInit 的具体参数

函数名	USART_DeInit
函数原型	void USART_DeInit(USART_TypeDef* USARTx)
功能描述	将 USARTx 的寄存器恢复为复位启动时的默认值
输入参数	USARTx：指定的 USART 外设，该参数可以是 USART1、USART2、USART3、USART4 和 USART5
输出参数	无
返回值	无

2. 函数 USART_Init

函数 USART_Init 的具体参数如表 11.7 所示。

表 11.7　函数 USART_Init 的具体参数

函数名	USART_Init
函数原型	void USART_Init(USART_TypeDef* USARTx，　USART_InitTypeDef* USART_InitStruct)
功能描述	根据 USARTInitStruct 中指定的参数初始化指定 USART 的寄存器
输入参数 1	USARTx：x 可以是 1、2 或者 3，用来选择 USART 外设
输入参数 2	USART_InitStruct：指向 USART_InitTypeDef 的指针，包含外设 USART 的配置信息
输出参数	无
返回值	无

USART_InitTypeDef 定义于文件“stm32f10x_usart.h”中。

```
typedef struct
{
        uint32_t USART_BaudRate;
        uint16_t USART_WordLength;
        uint16_t USART_StopBits;
        uint16_t USART_Parity;
        uint16_t USART_Mode;
        uint16_t USART_HardwareFlowControl;
} USART_InitTypeDef;
```

(1) USART_BaudRate：设置 USART 的传输波特率，常用值为 115 200、57 600、38 400、9600、4800、2400 和 1200 等。

(2) USART_WordLength：设置 USART 数据帧中数据位的位数。具体设置如下：

- USART_WordLength_8b：8 位数据。
- USART_WordLength_9b：9 位数据。

(3) USART_StopBits：定义发送的停止位数目。取值如下：

- USART_StopBits_1 ：在帧结尾传输 1 个停止位。
- USART_StopBits_0_5：在帧结尾传输 0.5 个停止位。
- USART_StopBits_2：在帧结尾传输 2 个停止位。
- USART_StopBits_1_5：在帧结尾传输 1.5 个停止位。

(4) USART_Parity：定义奇偶模式。取值如下：

- USART_Parity_No：奇偶失能。
- USART_Parity_Even：奇模式。
- USART_Parity_Odd：偶模式。

注意：奇偶校验一旦使用，必须在发送数据的 MSB 位插入经计算的奇偶位(字长 9 位时第 9 位，字长 8 位时第 8 位)。

(5) USART_Mode：指定使能或者失能的发送和接收模式。具体设置如下：

- USART_Mode_Rx：发送使能。
- USART_Mode_Tx：接收使能。

(6) USART_HardwareFlowControl：设置是否使能 USART 硬件流模式。具体设置如下：

- USART_HardwareFlowControl_None：禁止硬件流控制。
- USART_HardwareFlowControl_RTS：使能发送请求 RTC。
- USART_HardwareFlowControl_CTS：使能清除发送 CTS。
- USART_HardwareFlowControl_RTS_CTS：使能 RTS 和 CTS。

3. 函数 USART_Cmd

函数 USART_Cmd 的具体参数如表 11.8 所示。

表 11.8　函数 USART_Cmd 的具体参数

函数名	USART_Cmd
函数原型	void USART_Cmd(USART_TypeDef* USARTx，Functiona lState NewState)
功能描述	使能或禁止指定 USART
输入参数	USARTx：x 可以是 1、2 或者 3，用来选择 USART 外设； NewState：外设 USARTx 的新状态
输出参数	无
返回值	无

4. 函数 USART_SendData

函数 USART_SendData 的具体参数如表 11.9 所示。

表 11.9　函数 USART_SendData 的具体参数

函数名	USART_SendData
函数原型	void USART_SendData(USART_TypeDef* USARTx，　uint16_t Data)
功能描述	通过 USART 发送单个数据
输入参数	USARTx：x 可以是 1、2 或者 3，用来选择 USART 外设； Data：待发送的数据
输出参数	无
返回值	无

5. 函数 USART_ReceiveData

函数 USART_ ReceiveData 的具体参数如表 11.10 所示。

表 11.10　函数 USART_ ReceiveData 的具体参数

函数名	USART_ReceiveData
函数原型	uint16_t USART_ReceiveData(USART_TypeDef* USARTx)
功能描述	返回指定 USART 最近接收到的数据
输入参数	USARTx：x 可以是 1、2 或者 3，用来选择 USART 外设
输出参数	无
返回值	收到的字

6. 函数 USART_GetFlagStatus

函数 USART_ GetFlagStatus 参数如表 11.11 所示。

表 11.11　函数 USART_ GetFlagStatus 具体参数

函数名	USART_GetFlagStatus
函数原型	FlagStatus USART_GetFlagStatus(USART_TypeDef* USARTx，　uint16_t USART_FLAG)
功能描述	检查指定 USART 的标志位是否置位
输入参数	USARTx：x 可以是 1、2 或者 3，用来选择 USART 外设； USART_FLAG：待查询的指定 USART 标志位
输出参数	无
返回值	USARTx 指定标志位的新状态

(1) USART_FLAG：待查询的指定 USART 标志位。具体设置如下：

- USART_FLAG_CTS：CTS 标志位。
- USART_FLAG_LBD：LIN 断开检测标志位。
- USART_FLAG_TXE：发送数据寄存器空标志位。
- USART_FLAG_TC：发送完成标志位。
- USART_FLAG_RXNE：接收数据寄存器非空标志位。
- USART_FLAG_IDLE：空闲总线标志位。
- USART_FLAG_ORE：溢出错误标志位。
- USART_FLAG_NE：噪声错误标志位。
- USART_FLAG_FE：帧错误标志位。
- USART_FLAG_PE：奇偶错误标志。

(2) USARTx：指定标志位的新状态。取值如下：

- SET：USARTx 指定标志位置位。
- RESET：USARTx 指定标志位清零。

7. 函数 USART_ClearFlag

函数 USART_ClearFlag 的具体参数如表 11.12 所示。

表 11.12　函数 USART_ ClearFlag 的具体参数

函数名	USART_ClearFlag
函数原型	void USART_ClearFlag(USART_TypeDef* USARTx，uint16_t USART_FLAG)
功能描述	清除指定的 USART 标志位
输入参数	USARTx：x 可以是 1、2 或者 3，用来选择 USART 外设； USART_FLAG：清除指定 USART 标志位
输出参数	无
返回值	无

USART_FLAG：清除指定 USART 标志位。具体设置如下：

- USART_FLAG_CTS：CTS 标志位。
- USART_FLAG_LBD：LIN 断开检测标志位。
- USART_FLAG_TC：发送完成标志位。
- USART_FLAG_RXNE：接收数据寄存器非空标志位。

注意：

- 对于 USART_FLAG_TC，也可通过一次读寄存器 USART_SR(USART_GetFlagStatus( )) 和紧跟着的写寄存器 USART_DR(SendData( ))的连续操作清除。
- 对于 USART_FLAG_RXNE，也可通过读寄存器 USART_DR(USART_SendData ( )) 清除。
- 对于 USART_FLAG_ORE、USART_FLAG_NE、USART_FLAG_FE、USART_FLAG_PE 和 USART_FLAG_IDLE 等，可通过依次读 USART_SR(USART_GetFlagStatus( ))和 USART_DR

(USART_ReceiveData ( ))的连续操作清除。

8. 函数 USART_ITConfig

函数 USART_ ITConfig 的具体参数如表 11.13 所示。

表 11.13　函数 USART_ ITConfig 的具体参数

函数名	USART_ITConfig
函数原型	void USART_ITConfig(USART_TypeDef* USARTx，uint16_t USART_IT，FunctionalState NewState)
功能描述	使能或者禁止指定的 USART 中断
输入参数	USARTx：x 可以是 1、2 或者 3，用来选择 USART 外设； USART_IT：待使能或者禁止的 USARTx 中断源； NewState：指定 USARTx 中断的新状态
输出参数	无
返回值	无

(1) USART_IT：待使能或者禁止的 USARTx 中断源。具体设置如下：

- USART_IT_PE：奇偶错误中断。
- USART_IT_TXE：发送中断。
- USART_IT_TC：发送完成中断。
- USART_IT_RXNE：接收中断。
- USART_IT_IDLE：空闲总线中断。
- USART_IT_CTS：CTS 中断。
- USART_IT_ERR：错误中断。

(2) NewState：指定 USARTx 中断的新状态。具体设置如下：

- ENABLE：使能指定 USARTx 中断。
- DISABLE：清除指定 USARTx 中断。

9. 函数 USART_GetITStatus

函数 USART_ GetITStatus 的具体参数如表 11.14 所示。

表 11.14　函数 USART_ GetITStatus 的具体参数

函数名	USART_GetITStatus
函数原型	ITStatus USART_GetITStatus(USART_TypeDef* USARTx，　uint16_t USART_IT)
功能描述	查询指定的 USART 中断是否发生
输入参数	USARTx：x 可以是 1、2 或者 3，用来选择 USART 外设； USART_IT：待查询的 USARTx 中断源
输出参数	无
返回值	USARTx 指定中断的最新状态

(1) USART_IT：待查询的 USARTx 中断源。具体设置如下：

- USART_ IT _CTS：CTS 中断标志位(UART4 和 UART5 没有)。
- USART_ IT _LBD：LIN 断开检测中断标志位。
- USART_ IT _TXE：发送数据寄存器空中断标志位。
- USART_ IT _TC：发送完成中断标志位。
- USART_ IT _RXNE：接收数据寄存器非空中断标志位。
- USART_ IT _IDLE：空闲总线中断标志位。
- USART_ IT _ORE：溢出错误中断标志位。
- USART_ IT _NE：噪声错误中断标志位。
- USART_ IT _FE：帧错误中断标志位。
- USART_ IT _PE：奇偶错误中断标志位。

(2) USARTx：指定中断的最新状态。具体设置如下：

- SET：USARTx 指定中断请求位置位。
- RESET：USARTx 指定中断请求位清零。

10. 函数 USART_ClearITPendingBit

函数 USART_ ClearITPendingBit 的具体参数如表 11.15 所示。

表 11.15　函数 USART_ ClearITPendingBit 的具体参数

函数名	USART_ClearITPendingBit
函数原型	void USART_ClearITPendingBit(USART_TypeDef* USARTx，uint16_t USART_IT)
功能描述	清除指定的 USART 的中断挂起位
输入参数	USARTx：x 可以是 1、2 或者 3，用来选择 USART 外设； USART_IT：待清除的 USARTx 中断源
输出参数	无
返回值	无

USART_IT：待清除的 USARTx 中断源。具体设置如下：

- USART_ IT _CTS：CTS 中断标志位(UART4 和 UART5 没有)。
- USART_ IT _LBD：LIN 断开检测中断标志位。
- USART_ IT _TC：发送完成中断标志位。
- USART_ IT _RXNE：接收数据寄存器非空中断标志位。

11. 函数 USART_DMACmd

函数 USART_ DMACmd 的具体参数如表 11.16 所示。

表 11.16　函数 USART_DMACmd 的具体参数

函数名	USART_ DMACmd
函数原型	void USART_DMACmd(USART_TypeDef* USARTx，　uint16_t USART_DMAReq，FunctionalState NewState)
功能描述	使能或禁止指定的 USART 的 DMA 请求
输入参数	USARTx：x 可以是 1、2 或者 3，用来选择 USART 外设； USART_DMAReq：使能或禁止指定的 USARTx 的 DMA 请求； NewState：指定 USARTx 的 DMA 请求源的新状态
输出参数	无
返回值	无

(1) USART_DMAReq：使能或禁止指定的 USARTx 的 DMA 请求。具体设置如下：

- USART_DMAReq_Tx：发送 DMA 请求。
- USART_DMAReq_Rx：接收 DMA 请求。

(2) NewState：指定 USARTx 的 DMA 请求源的新状态。具体设置如下：

- ENABLE：使能 USARTx 的 DMA 请求。
- DISABLE：禁止 USARTx 的 DMA 请求。

11.5　STM32F10x 的 USART 开发实例

1. 开发要求

本实例是通过通用串口 1 和上位机对话，STM32 在收到上位机发过来的字符串(以回车换行结束)后，将其原原本本地回传给上位机。下载程序后，LED0 闪烁，提示程序在运行，同时每隔一定时间，通过串口 1 输出一段信息到计算机。STM32F103 单片机的 USART1 与 PC 串口之间的通信速率和通信协议规定如下：数据传输波特率为 115 200 b/s，数据格式为 8 位数据位，无奇偶检验位，1 位停止位，无数据流控制。

2. 硬件设计

对于 PC 来说，它的 DB-9 串口使用的是基于负逻辑的 RS232 电平标准，而 STM32F103 的 USART 使用的是基于正逻辑的 TTL/CMOS 电平标准。因此，如欲将这两者相连并进行通信，必须在两者之间添加电平转换芯片(如 MAX232)。具体硬件原理图如图 11.10 所示。

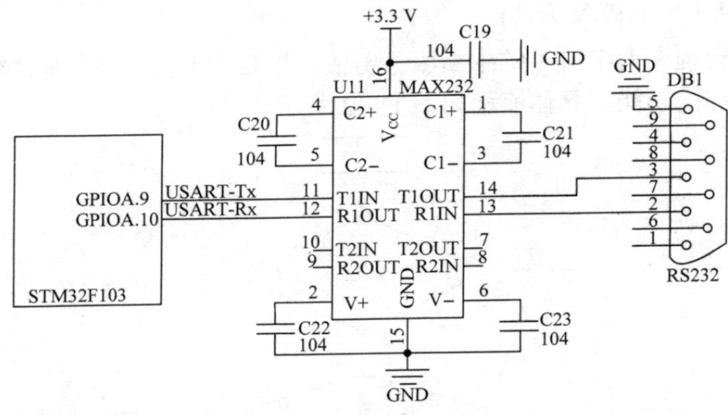

图 11.10　串口通信实验硬件原理图

3. 软件流程设计

基于开发要求，为实现与串口的通信，需要实现串口中断的发送与串口中断的接收。因此，本例的软件设计也采用基于前/后台的构架，故其流程也分为前台和后台两个部分。

1) 后台(主程序)

本例的后台程序主要是由系统初始化和一个 while 无限循环构成，具体流程，如图 11.11 所示。

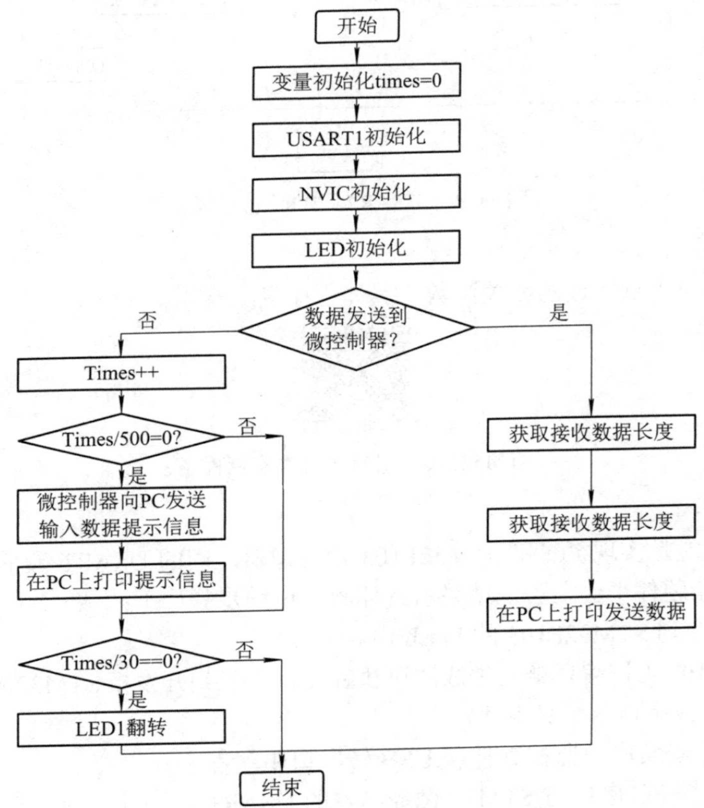

图 11.11　USART 通信主程序流程图

2) 前台(串口 1 中断服务函数)

本实例的前台程序为串口 1 的中断服务函数，主要实现在 PC 向微控制器发送数据时微控制器接收数据的功能，具体流程如图 11.12 所示。

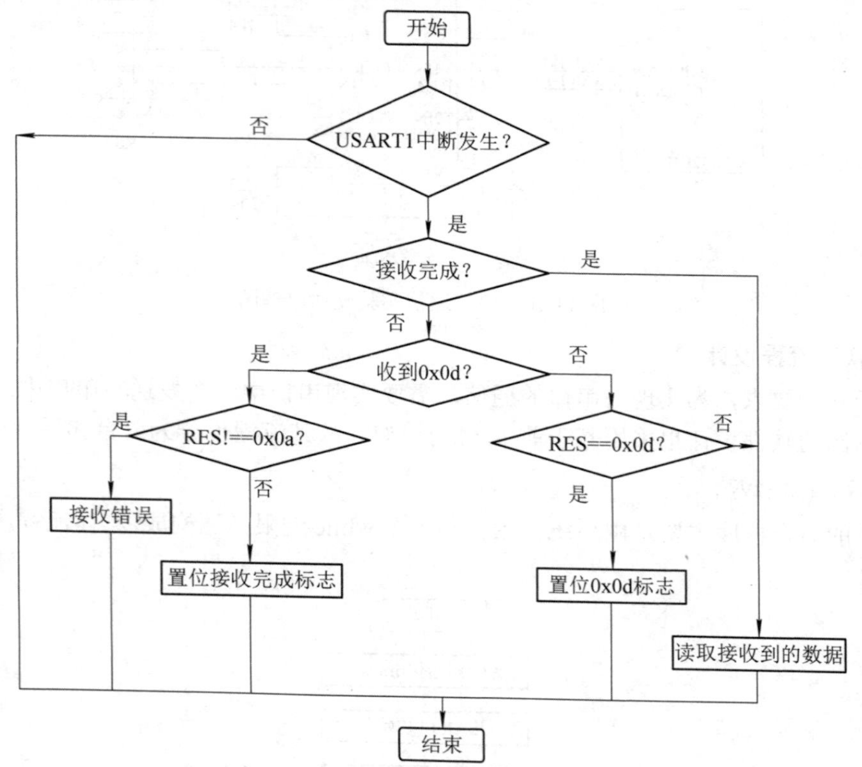

图 11.12　USART1 中断服务函数

4. 程序清单

结合流程图及本章所述的相关函数，具体程序见二维码。

STM32F10x USART 开发实例程序

5. 实验结果

该实例的功能是实现 PC 和 STM32F103 微处理器之间的 USART 通信，图 11.11、图 11.12 所示需要在硬件平台上验证结果。具体验证过程步骤如下：

(1) 下载程序到 STM32F103 的 Flash 中。

将 STM32F103 工程编译链接生成的可执行文件下载到开发板 STM32F103 微控制器中(可通过 ST-Link 或串口等工具下载)。

(2) 在 PC 上安装串口监控软件和 USB 转串口驱动程序。

为实现并监控 PC 串口与 STM32 微控制器的 USART 之间的通信，必须在 PC 上安装串口监控软件。目前，免费的串口监控软件很多，都可以通过 Internet 下载得到，如

AccessPort、串口调试助手等。

若计算机没有 DB-9 接口，可以通过 USB 转串口芯片(如常见的 CH340、PL2303 等)，这时需要在计算机上安装 USB 转串口芯片的对应驱动程序。

完成 USB 转串口驱动安装后，PC 将与 USB 转串口芯片相连的 USB 口识别为串口，此时在 Windows 设备管理器的“端口(COM 和 LPT)”列表中，将显示为“USB-SERIAL…”如图 11.13 所示。这样，PC 才能与 STM32 微控制器的 USART 进行异步全双工串行数据通信。

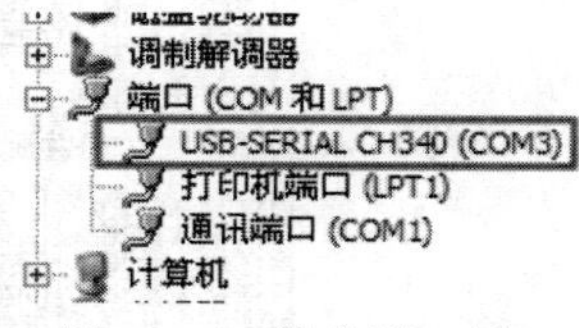

图 11.13 设备端口号

(3) 打开 PC 上的数据串口监控软件，监测 PC 串口数据。

为了与 PC 串口建立通信，在复位 STM32F103 微控制器运行本实例程序前，先在计算机上进行以下配置：

① 找到 PC 上的 COM 口编号。无论是 PC 上自带的 DB-9 串口，还是经 USB 口芯片(如 CH340)转换而得的 USB 串口，都会有一个 COM 口编号。这个编号可以在 Windows 设备管理器的“端口(COM 和 LPT)”下查得，如图 11.13 所示。

本实验在不带 DB-9 串口的 PC 上通过外接 USB 转串口芯片 CH340，将 PC 上的 USB 口转换为串口(USB-SERIAL CH340) ，编号为 COM3，如图 11.13 所示。

② 打开 PC 串口助手，监测 PC 串口数据。通过对上述程序中的数据和识别的 COM 口号，对串口助手进行配置(如果匹配不当，将会导致通信失败)，配置结果如图 11.14 所示。

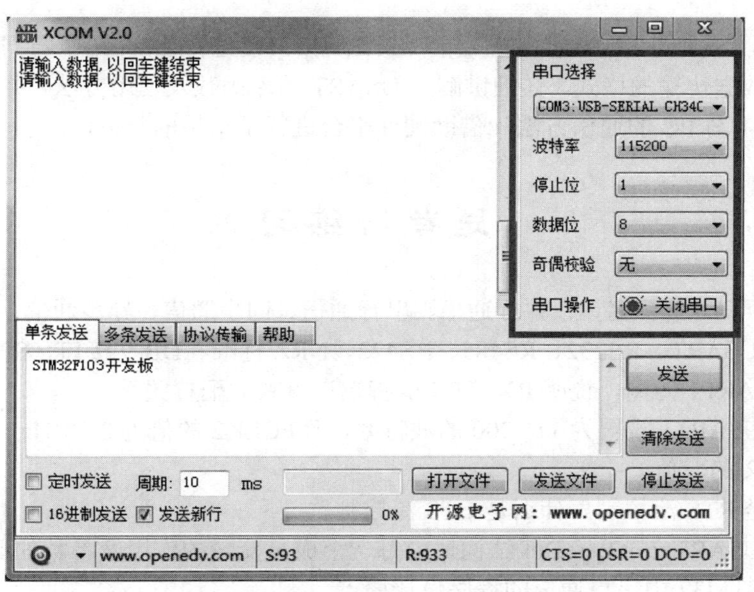

图 11.14 串口助手数据匹配结果图

(4) 复位 STM32F103，观察运行结果，按开发板上的 Reset 键，使 STM32F103 微控制器复位后运行刚才下载的程序。在串口助手上打开串口，将提示“请输入数据，以回车键结束”，在输入框内输入数据，按回车键后，将在串口助手上打印一模一样的数据，完成通信，满足其要求，如图 11.15 所示。开发板上的 LED 灯闪烁，表示系统正常运行。

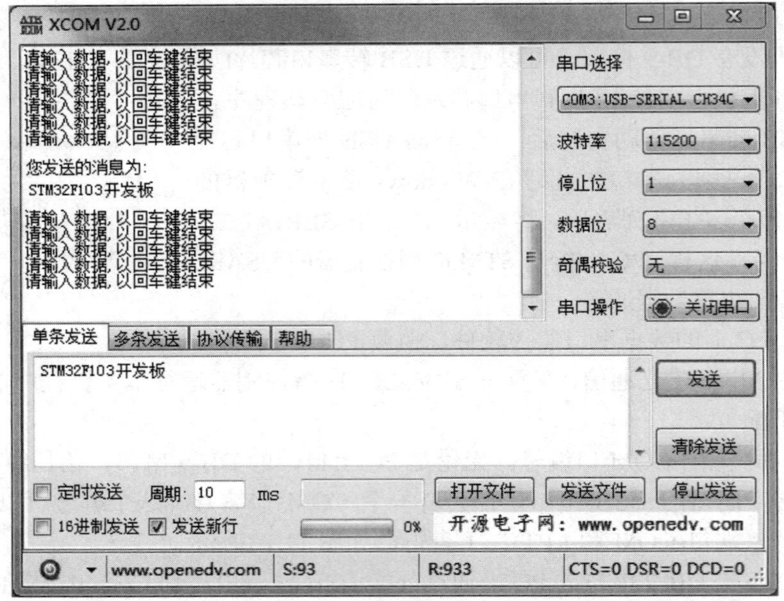

图 11.15　串口程序运行结果图

本 章 小 结

本章介绍了 STM32F103 微处理器的 USART 接口设备特性，介绍了数据通信的相关概念，USART 数据传输的格式，详细讲解了 USART 的库函数及使用方法，并通过一个例子展示了 USART 与 PC 的通信方法，借助硬件平台进行了结果的验证。

思 考 与 练 习

1. 查阅资料，解释名词：并行通信、串行通信、同步通信、异步通信、全双工、半双工、UART、USART、RS232、RS485、RS422、NRZ 标准、DB-9 接口、SPI、I^2C。

2. 以 USART1 为例，说明 RX、TX 引脚端口重映射配置关系。

3. 假设 USART1 设置为 115 200 的波特率，而 PCLK2 的值为 36 MHz，求计数寄存器 USART1_BRR 的取值。

4. 什么是 RTS 流控制？什么是 CTS 流控制？

5. 解释 USART_InitTypeDef 结构体中每一个成员变量的作用及参数的取值。

6. 简述 STM32 中串口通信的程序设计要点。

7. 利用 USART2，实现波特率 9600、8 位数据位、1 位停止位、无校验的串行通信，PC 发送“A”，STM32 系统回送“I am here!”。

8. 通过查阅资料，学习并试编写 USART 的同步模式、硬件流模式、多处理器模式、LIN 模式、IrDA 模式、智能卡模拟等通信程序。